教育部高等学校电子信息类专业教学指导委员会规划教材
高等学校电子信息类专业系列教材

线性代数

周生彬 高妍南 高秀娥 编著

清华大学出版社
北京

内 容 简 介

本书参考国内外优秀教材编写而成。全书共分 7 章，包括线性方程组和矩阵、行列式、向量组及矩阵的秩、向量空间、特征值与相似矩阵、二次型、线性空间与线性变换。

本书从求解线性方程组出发，比较自然地引出矩阵、初等变换和矩阵的秩等概念，并以线性方程组为主线，以矩阵为主要工具，阐明线性代数的基本概念、基本理论和基本方法。每章结尾都包含应用举例和 MATLAB 练习两部分内容，既注重培养学生理论联系实际的能力，又有助于增强学生利用数学软件求解基本的线性代数问题的能力。

本书可作为高等学校理工科和经济管理各专业“线性代数”课程的教材，也可作为报考硕士研究生的参考书，还可供科技工作者参考。

图书在版编目(CIP)数据

线性代数/周生彬，高妍南，高秀娥编著. —北京：清华大学出版社，2022.2
高等学校电子信息类专业系列教材
ISBN 978-7-302-60059-6

Ⅰ. ①线…　Ⅱ. ①周…　②高…　③高…　Ⅲ. ①线性代数－高等学校－教材　Ⅳ. ①O151.2

中国版本图书馆 CIP 数据核字(2022)第 023305 号

责任编辑： 王　芳　李　晔
封面设计： 李召霞
责任校对： 李建庄
责任印制： 朱雨萌

出版发行： 清华大学出版社
网　　址： http://www.tup.com.cn, http://www.wqbook.com
地　　址： 北京清华大学学研大厦 A 座　　**邮　　编：** 100084
社 总 机： 010-83470000　　**邮　　购：** 010-83470235
投稿与读者服务： 010-62776969, c-service@tup.tsinghua.edu.cn
质 量 反 馈： 010-62772015, zhiliang@tup.tsinghua.edu.cn
课 件 下 载： http://www.tup.com.cn, 010-83470236
印 装 者： 天津鑫丰华印务有限公司
经　　销： 全国新华书店
开　　本： 185mm×260mm　　**印　　张：** 13.75　　**字　　数：** 332 千字
版　　次： 2022 年 3 月第 1 版　　**印　　次：** 2022 年 3 月第 1 次印刷
印　　数： 1～1500
定　　价： 49.00 元

产品编号：092470-01

前言

PREFACE

线性代数作为一门数学基础课程，其地位已经上升到与微积分同等重要的程度。它不仅能够培养学生的计算和抽象思维能力，也是科学研究和处理工程技术领域问题的有力工具。

本书针对线性代数课程的特点，结合编者从事线性代数教学的经验和体会，并参考国内外优秀教材编写而成。线性代数主要研究有限线性空间的结构和线性空间上的线性变换，具有内容抽象、逻辑性强等特点。本书注重理论基础，旨在阐明抽象理论背后的应用背景，重在培养学生能力，提升学生对数学学习的兴趣。本书从求解线性方程组出发，比较自然地引出矩阵、初等变换和矩阵的秩等概念，并以线性方程组为主线，以矩阵为主要工具，阐明线性代数的基本概念、基本理论和基本方法。本书通过大量的应用实例，将线性代数的理论知识与现代科学技术及生产、生活实践紧密联系起来，使学生在学习线性代数基本知识的同时，了解所学的理论知识是如何在实践中应用的。本书将线性代数与 MATLAB 软件紧密结合，每一章的结尾都包含大量的计算机操作练习，这些练习不但有助于学生理解线性代数的基本知识，还能够增强学生的动手能力和解决实际问题的能力。

由于编者水平有限，书中不足之处在所难免，敬请读者批评指正。

编　者

2021 年 12 月

目录

CONTENTS

第 1 章　线性方程组和矩阵

求解线性方程组是数学中最重要的问题之一，许多复杂的实际问题通常都可以转化为线性方程组的求解问题。线性方程组广泛应用于商业、经济学、社会学、生态学、人口统计学、遗传学、电子学、工程学以及物理学等领域。将线性方程组表示为矩阵形式后，研究起来会更加方便、直观。另外，矩阵的理论和方法广泛应用于现代科学技术的各个领域。本章从讨论求解线性方程组开始, 进而引入矩阵的概念并介绍矩阵的运算、初等矩阵和分块矩阵等。

1.1　线性方程组

含有 n 个未知量 m 个方程的线性方程组定义为：

$$\begin{cases} a_{11}x_1 + a_{12}x_2 + \cdots + a_{1n}x_n = b_1 \\ a_{21}x_1 + a_{22}x_2 + \cdots + a_{2n}x_n = b_2 \\ \qquad\vdots \\ a_{m1}x_1 + a_{m2}x_2 + \cdots + a_{mn}x_n = b_m \end{cases} \tag{1.1}$$

其中，a_{ij} 是第 i 个方程第 j 个未知量的系数，b_i 是第 i 个方程的常数项，$i = 1,2,\cdots,m; j = 1,2,\cdots,n$。式 (1.1) 称为 $m \times n$ 的线性方程组。当常数项 $b_1, b_2, \cdots, b_m$ 不全为零时，线性方程组 (1.1) 称为 n 元非齐次线性方程组。当常数项 $b_1, b_2, \cdots, b_m$ 全为零时，式 (1.1) 为：

$$\begin{cases} a_{11}x_1 + a_{12}x_2 + \cdots + a_{1n}x_n = 0 \\ a_{21}x_1 + a_{22}x_2 + \cdots + a_{2n}x_n = 0 \\ \qquad\vdots \\ a_{m1}x_1 + a_{m2}x_2 + \cdots + a_{mn}x_n = 0 \end{cases} \tag{1.2}$$

式 (1.2) 称为 n 元齐次线性方程组。n 元线性方程组通常简称为线性方程组或方程组。下面是几个线性方程组的例子：

$$
\text{(a)}\begin{cases} x_1+2x_2=5 \\ 2x_1+3x_2=8 \end{cases} \qquad \text{(b)}\begin{cases} x_1-x_2+x_3=2 \\ 2x_1+x_2-x_3=4 \end{cases} \qquad \text{(c)}\begin{cases} x_1+x_2=2 \\ x_1-x_2=1 \\ x_1=4 \end{cases}
$$

方程组 (a) 称为 2×2 方程组，方程组 (b) 称为 2×3 方程组，方程组 (c) 称为 3×2 方程组。

若有序 n 元数组 $(x_1,x_2,\cdots,x_n)$ 满足 $m\times n$ 方程组中所有的方程，则称其为 $m\times n$ 方程组的解。例如，有序数对 $(1,2)$ 为方程组 (a) 的唯一解; 有序三元组 $(2,0,0)$ 为方程组 (b) 的解。事实上，对任意的实数 α，有序三元组 $(2,\alpha,\alpha)$ 均为方程组 (b) 的解，因此，方程组 (b) 有无穷多个解；但是，方程组 (c) 无解。由方程组 (c) 的第三个方程可知，$x_1=4$，将其代入前两个方程，则

$$
\begin{cases} 4+x_2=2 \\ 4-x_2=1 \end{cases}
$$

由于不存在实数 x_2 能同时满足上述两个方程，故方程组 (c) 无解。如果线性方程组无解，则称该方程组是不相容的。如果线性方程组至少存在一个解，则称该方程组是相容的。由此，方程组 (c) 是不相容的，方程组 (a) 和 (b) 均为相容的。

线性方程组的所有解的集合称为方程组的解集。如果线性方程组不相容，则其解集为空集。相容的线性方程组的解集必非空，此时方程组只能有且只有一个解，或有无穷多个解。因此，求解线性方程组，就是寻找其解集。也就是说，对于线性方程组需要讨论以下问题：

(1) 方程组是否有解?

(2) 有解时，其解是否唯一?

(3) 如果有多个解，如何求出其所有的解?

为了解决这些问题，首先引入等价方程组的概念。

定义 1.1.1 若两个含有相同变量的方程组具有相同的解集，则称它们是等价的。

显然，交换方程组中任意两个方程的位置，不会影响方程组的解集。重新排列后的方程组等价于原方程组。例如，方程组

$$
\begin{cases} x_1+2x_2=4 \\ 3x_1-x_2=2 \\ 4x_1+x_2=6 \end{cases} \quad \text{和} \quad \begin{cases} 4x_1+x_2=6 \\ 3x_1-x_2=2 \\ x_1+2x_2=4 \end{cases}
$$

含有 3 个相同的方程，因此，它们必有相同的解集。

若将方程组中的某一方程两端同乘一个非零常数，则方程组的解集不变，并且新方程组等价于原方程组。例如，方程组

$$
\begin{cases} x_1+x_2+x_3=3 \\ -2x_1-x_2+4x_3=1 \end{cases} \quad \text{和} \quad \begin{cases} 2x_1+2x_2+2x_3=6 \\ -2x_1-x_2+4x_3=1 \end{cases}
$$

是等价的。

若将方程组中某一方程的倍数加到另一方程上，新的方程组将与原方程组等价。由此可得，n 元数组 $(x_1,x_2,\cdots,x_n)$ 满足两个方程

$$\begin{cases} a_{i1}x_1+a_{i2}x_2+\cdots+a_{in}x_n=b_i \\ a_{j1}x_1+a_{j2}x_2+\cdots+a_{jn}x_n=b_j \end{cases}$$

的充要条件是，它满足方程

$$\begin{cases} a_{i1}x_1+a_{i2}x_2+\cdots+a_{in}x_n=b_i \\ (a_{j1}+\alpha a_{i1})x_1+(a_{j2}\alpha a_{i2})x_2+\cdots+(a_{jn}+\alpha a_{in})x_n=b_j+\alpha b_i \end{cases}$$

综上所述，有 3 种运算可以得到等价的方程组：

(1) 交换任意两个方程的顺序；

(2) 用一个非零常数乘以一个方程；

(3) 把一个方程的倍数加到另一个方程上。

其实，这种方法就是中学阶段学过的消元法求解线性方程组。只不过中学时所求解的方程组中未知变量的个数与方程的个数相等，且个数较少，而今后要求解的方程组是一般的 m 个方程、n 个未知量的情形，其中 m 与 n 可能不相等，且个数较多。下面举例说明。

例 1.1.1　解方程组

$$\begin{cases} x_1+2x_2+x_3=3 \\ 3x_1-x_2-3x_3=-1 \\ 2x_1+3x_2+x_3=4 \end{cases} \tag{1.3}$$

解: 方程组 (1.3) 的第二式减去第一式的 3 倍，可得

$$-7x_2-6x_3=-10$$

第三式减去第一式的 2 倍，可得

$$-x_2-x_3=-2$$

若将方程组 (1.3) 中的第二式和第三式分别用上面两个新方程替换后，则得到等价的方程组

$$\begin{cases} x_1+2x_2+x_3=3 \\ -7x_2-6x_3=-10 \\ -x_2-x_3=-2 \end{cases} \tag{1.4}$$

若方程组 (1.4) 的第三个方程替换为它与第二个方程的 $-1/7$ 倍的和，得

$$\begin{cases} x_1+2x_2+x_3=3 \\ -7x_2-6x_3=-10 \\ -\dfrac{1}{7}x_3=-\dfrac{4}{7} \end{cases} \tag{1.5}$$

形如 (1.5) 的方程组称为严格三角形方程组。由方程组 (1.5) 的第三个方程可得 $x_3 = 4$。将其代入第二个方程，有 $x_2 = -2$。将 $x_2 = -2, x_3 = 4$ 代入第一个方程，可得 $x_1 = 3$。由于方程组 (1.3) 与方程组 (1.5) 是等价的，因此，方程组 (1.3) 的解为 $(3, -2, 4)$。

定义 1.1.2 若方程组中第 k 个方程的前 $k-1$ 个变量的系数均为零，且 $x_k(k = 1, 2, \cdots, n)$ 的系数不为零，则称该方程组为严格三角形方程组。

任何 $n \times n$ 的严格三角形方程组均可采用和上例相同的求解方法求解。首先，从第 n 个方程解得 x_n，将其代入第 $n-1$ 个方程解得 x_{n-1}，将 x_n 和 x_{n-1} 代入第 $n-2$ 个方程得 x_{n-2}，以此类推。称这种求解严格三角形方程组的方法为回代法。

回顾上例中的方程组。可以把方程组与一个以 x_i 的系数构成的 3×3 的数字阵列联系起来。

$$\begin{bmatrix} 1 & 2 & 1 \\ 3 & -1 & -3 \\ 2 & 3 & 1 \end{bmatrix}$$

这个阵列称为方程组的系数矩阵。简单地说，矩阵就是一个矩形的数字阵列。一个 m 行 n 列的矩阵称为 $m \times n$ 矩阵。如果矩阵的行数和列数相等，则称该矩阵为方阵。

如果在系数矩阵右侧添加一列方程组的右端项，则可得到一个新的矩阵

$$\left[\begin{array}{ccc|c} 1 & 2 & 1 & 3 \\ 3 & -1 & -3 & -1 \\ 2 & 3 & 1 & 4 \end{array}\right]$$

这个矩阵称为方程组的增广矩阵。一般地，当 $m \times r$ 的矩阵 $\boldsymbol{B}$ 采用上述方法附加到一个 $m \times n$ 矩阵 $\boldsymbol{A}$ 上时，相应的增广矩阵记为 $(\boldsymbol{A}|\boldsymbol{B})$。若

$$\boldsymbol{A} = \begin{bmatrix} a_{11} & a_{12} & \cdots & a_{1n} \\ a_{21} & a_{22} & \cdots & a_{2n} \\ \vdots & \vdots & & \vdots \\ a_{m1} & a_{m2} & \cdots & a_{mn} \end{bmatrix}, \quad \boldsymbol{B} = \begin{bmatrix} b_{11} & b_{12} & \cdots & b_{1n} \\ b_{21} & b_{22} & \cdots & b_{2n} \\ \vdots & \vdots & & \vdots \\ b_{m1} & b_{m2} & \cdots & b_{mn} \end{bmatrix}$$

则

$$(\boldsymbol{A}|\boldsymbol{B}) = \left[\begin{array}{cccc|cccc} a_{11} & a_{12} & \cdots & a_{1n} & b_{11} & b_{12} & \cdots & b_{1n} \\ a_{21} & a_{22} & \cdots & a_{2n} & b_{21} & b_{22} & \cdots & b_{2n} \\ \vdots & \vdots & & \vdots & \vdots & \vdots & & \vdots \\ a_{m1} & a_{m2} & \cdots & a_{mn} & b_{m1} & b_{m2} & \cdots & b_{mn} \end{array}\right]$$

每一方程组均对应于一个增广矩阵，形如

$$\left[\begin{array}{cccc|c} a_{11} & a_{12} & \cdots & a_{1n} & b_1 \\ a_{21} & a_{22} & \cdots & a_{2n} & b_2 \\ \vdots & \vdots & & \vdots & \vdots \\ a_{m1} & a_{m2} & \cdots & a_{mn} & b_m \end{array}\right]$$

方程组的求解可以通过对增广矩阵的运算得到。未知量 x_i 作为位置标识符，在计算结束前可以省略。用于得到等价方程组的 3 个运算，可对应于下列增广矩阵的行运算。

定义 1.1.3　下面 3 种运算称为矩阵的初等行运算:

(1) 交换矩阵的两行(对换 i, j 两行，记作 $i \leftrightarrow j$)；

(2) 以非零实数 k 乘以某行(第 i 行乘 k，记为 kr_i)；

(3) 将某一行所有元素的 k 倍加到另一行对应的元素上(第 j 行的 k 倍加到第 i 行上，记作 $r_i + kr_j$)。

方程组 (1.3) 的增广矩阵为

$$(\boldsymbol{A}|\boldsymbol{b}) = \left[\begin{array}{ccc|c} 1 & 2 & 1 & 3 \\ 3 & -1 & -3 & -1 \\ 2 & 3 & 1 & 4 \end{array}\right]$$

该方程组可以转化为对 $(\boldsymbol{A}|\boldsymbol{b})$ 进行相应的初等行变换：

$$(\boldsymbol{A}|\boldsymbol{b}) \xrightarrow[-2r_1+r_3]{-3r_1+r_2} \left[\begin{array}{ccc|c} 1 & 2 & 1 & 3 \\ 0 & -7 & -6 & -10 \\ 0 & -1 & -1 & -2 \end{array}\right] \tag{1.6}$$

$$\xrightarrow{-\frac{1}{7}r_2+r_3} \left[\begin{array}{ccc|c} 1 & 2 & 1 & 3 \\ 0 & -7 & -6 & -10 \\ 0 & 0 & -\frac{1}{7} & -\frac{4}{7} \end{array}\right] \tag{1.7}$$

矩阵 (1.7) 就是与原方程组等价的严格三角形方程组的增广矩阵。使用回代法容易得到此方程组的解。

例 1.1.2　求解线性方程组:

$$\begin{cases} 2x_1 - x_2 - x_3 + x_4 = 2 \\ x_1 + x_2 - 2x_3 + x_4 = 4 \\ 4x_1 - 6x_2 + 2x_3 - 2x_4 = 4 \\ 3x_1 + 6x_2 - 9x_3 + 7x_4 = 9 \end{cases}$$

解: 方程组的增广矩阵为

$$
(\boldsymbol{A}|\boldsymbol{b}) = \left[\begin{array}{cccc|c} 2 & -1 & -1 & 1 & 2 \\ 1 & 1 & -2 & 1 & 4 \\ 4 & -6 & 2 & -2 & 4 \\ 3 & 6 & -9 & 7 & 9 \end{array}\right]
$$

$$
\xrightarrow[\frac{1}{2}r_3]{r_1 \leftrightarrow r_2} \left[\begin{array}{cccc|c} 1 & 1 & -2 & 1 & 4 \\ 2 & -1 & -1 & 1 & 2 \\ 2 & -3 & 1 & -1 & 2 \\ 3 & 6 & -9 & 7 & 9 \end{array}\right]
$$

$$
\xrightarrow[r_4-3r_1]{r_2-2r_1, r_3-2r_1} \left[\begin{array}{cccc|c} 1 & 1 & -2 & 1 & 4 \\ 0 & -3 & 3 & -1 & -6 \\ 0 & -5 & 5 & -3 & -6 \\ 0 & 3 & -3 & 4 & -3 \end{array}\right]
$$

$$
\xrightarrow[r_4+r_2]{r_3-\frac{5}{3}r_2} \left[\begin{array}{cccc|c} 1 & 1 & -2 & 1 & 4 \\ 0 & -3 & 3 & -1 & -6 \\ 0 & 0 & 0 & -\dfrac{4}{3} & 4 \\ 0 & 0 & 0 & 3 & -9 \end{array}\right]
$$

$$
\xrightarrow[r_4-3r_3]{\left(-\frac{3}{4}\right)r_3, \left(-\frac{1}{3}\right)r_2} \left[\begin{array}{cccc|c} 1 & 1 & -2 & 1 & 4 \\ 0 & 1 & -1 & \dfrac{1}{3} & 2 \\ 0 & 0 & 0 & 1 & -3 \\ 0 & 0 & 0 & 0 & 0 \end{array}\right] \tag{1.8}
$$

$$
\xrightarrow[r_1-r_3]{r_2-\frac{1}{3}r_3} \left[\begin{array}{cccc|c} 1 & 1 & -2 & 0 & 7 \\ 0 & 1 & -1 & 0 & 3 \\ 0 & 0 & 0 & 1 & -3 \\ 0 & 0 & 0 & 0 & 0 \end{array}\right]
$$

$$
\xrightarrow{r_1-r_2} \left[\begin{array}{cccc|c} 1 & 0 & -1 & 0 & 4 \\ 0 & 1 & -1 & 0 & 3 \\ 0 & 0 & 0 & 1 & -3 \\ 0 & 0 & 0 & 0 & 0 \end{array}\right] \tag{1.9}
$$

其中，形如式 (1.8) 的矩阵称为行阶梯形，对应的方程组为

$$\begin{cases} x_1 + x_2 - 2x_3 + x_4 = 4 \\ x_2 - x_3 + \dfrac{1}{3}x_4 = 2 \\ x_4 = -3 \end{cases} \tag{1.10}$$

增广矩阵每一行的第一个非零元对应的变量称为首变量。因此，x_1、x_2、x_4 为首变量。化简过程中跳过的列对应的变量称为自由变量。因此，x_3 为自由变量。如果将式 (1.10) 中的自由变量移到等式右端，得到方程组

$$\begin{cases} x_1 + x_2 + x_4 = 4 + 2x_3 \\ x_2 + \dfrac{1}{3}x_4 = 2 + x_3 \\ x_4 = -3 \end{cases} \tag{1.11}$$

方程组 (1.11) 即为未知量 x_1、x_2、x_4 的严格三角形方程组。因此，对任意给定的变量 x_3，均存在唯一解。令 $x_3 = \alpha$，α 为任意实数，则得到原方程组的解为: $x_1 = 4 + \alpha, x_2 = 3 + \alpha, x_3 = \alpha, x_4 = -3$。

形如 (1.9) 的矩阵称为行最简形，对应的方程组为

$$\begin{cases} x_1 - x_3 = 4 \\ x_2 - x_3 = 3 \\ x_4 = -3 \end{cases} \tag{1.12}$$

通常，矩阵 (1.8) 对应的方程组可以继续进行消元过程，直到各方程的首变量之前的所有项均被消去，得到的结果矩阵 (1.9) 为行最简形的。

定义 1.1.4 若一个矩阵满足:

(1) 每一非零行中第一个非零元为 1;

(2) 每个非零行的第一个非零元素位于上一行第一个非零元素的右边;

(3) 没有一个非零行位于零行之下;

则称其为行阶梯形矩阵。

例 1.1.3 下列矩阵为行阶梯形矩阵:

$$\begin{bmatrix} 1 & 4 & 2 \\ 0 & 1 & 3 \\ 0 & 0 & 1 \end{bmatrix}, \quad \begin{bmatrix} 1 & 2 & 3 \\ 0 & 0 & 1 \\ 0 & 0 & 0 \end{bmatrix}, \quad \begin{bmatrix} 1 & 3 & 1 & 0 \\ 0 & 0 & 1 & 3 \\ 0 & 0 & 0 & 0 \end{bmatrix}$$

例 1.1.4 下列矩阵不是行阶梯形矩阵:

$$\begin{bmatrix} 2 & 4 & 6 \\ 0 & 3 & 5 \\ 0 & 0 & 4 \end{bmatrix}, \quad \begin{bmatrix} 0 & 0 & 0 \\ 0 & 1 & 0 \end{bmatrix}, \quad \begin{bmatrix} 0 & 1 \\ 1 & 0 \end{bmatrix}$$

定义 1.1.5 若一个矩阵满足:

(1) 矩阵是行阶梯形矩阵;

(2) 每一行的第一个非零元是该列唯一的非零元;

则称该矩阵为行最简形。

下列矩阵为行最简形:

$$\begin{bmatrix}1&0&0&3\\0&1&0&2\\0&0&1&1\end{bmatrix},\quad\begin{bmatrix}0&1&2&0\\0&0&0&1\\0&0&0&0\end{bmatrix},\quad\begin{bmatrix}1&2&0&1\\0&0&1&3\\0&0&0&0\end{bmatrix}$$

定义 1.1.6 利用初等行运算将线性方程组的增广矩阵化为行最简形的过程称为高斯消元法。

例 1.1.5 用高斯消元法解方程组

$$\begin{cases}-x_1+x_2-x_3+3x_4=0\\3x_1+x_2-x_3-x_4=0\\2x_1-x_2-2x_3-x_4=0\end{cases}$$

解:

$$\left[\begin{array}{rrrr|r}-1&1&-1&3&0\\3&1&-1&-1&0\\2&-1&-2&-1&0\end{array}\right]\to\left[\begin{array}{rrrr|r}-1&1&-1&3&0\\0&4&-4&8&0\\0&1&-4&5&0\end{array}\right]$$

$$\to\left[\begin{array}{rrrr|r}-1&1&-1&3&0\\0&4&-4&8&0\\0&0&-3&3&0\end{array}\right]\to\left[\begin{array}{rrrr|r}1&-1&1&-3&0\\0&1&-1&2&0\\0&0&1&-1&0\end{array}\right]\text{(行阶梯形)}$$

$$\to\left[\begin{array}{rrrr|r}1&-1&0&-2&0\\0&1&0&1&0\\0&0&1&-1&0\end{array}\right]\to\left[\begin{array}{rrrr|r}1&0&0&-1&0\\0&1&0&1&0\\0&0&1&-1&0\end{array}\right]\text{(行最简形)}$$

若令 x_4 为任意实数 a,则 $x_1=a,x_2=-a,x_3=a$。因此,所有形如 $(a,-a,a,a)$ 的四元组均为方程组的解。

如果线性方程组的右端项全为 0,则称其为齐次的。齐次方程组总是相容的,求其一个解并不难,只要令所有未知量为 0,即可满足方程组。因此,如果 $m\times n$ 方程组有唯一解,则必然是其平凡解 $(0,0,\cdots,0)$。例 1.1.5 即为相容的齐次方程组,其中含有 $m=3$ 个方程和 $n=4$ 个未知量。当 $n>m$ 时,总是存在自由变量,因此方程组存在非平凡解。事实上,有如下定理。

定理 1.1.1 若 $n>m$，则 $m\times n$ 的齐次线性方程组有非平凡解。

证明: 齐次方程组总是相容的。因为其增广矩阵的行阶梯形最多有 m 个非零行，故至多有 m 个首变量。又由于变量个数 n 满足 $n>m$，故必存在自由变量。而自由变量可任意取值，对自由变量的任一组值，均可得到方程组的一组解。

1.2 矩阵的定义

首先引入矩阵的定义。

定义 1.2.1 由 $m\times n$ 个数 $a_{ij}(i=1,2,\cdots,m;j=1,2,\cdots,n)$ 按一定次序排成 m 行 n 列的数表

$$\begin{bmatrix} a_{11} & a_{12} & \cdots & a_{1n} \\ a_{21} & a_{22} & \cdots & a_{2n} \\ \vdots & \vdots & & \vdots \\ a_{m1} & a_{m2} & \cdots & a_{mn} \end{bmatrix}$$

称为 $m\times n$ 矩阵，通常用大写字母 $\boldsymbol{A},\boldsymbol{B},\boldsymbol{C},\cdots$ 表示。这 $m\times n$ 个数称为矩阵 $\boldsymbol{A}$ 的元素，简称为元。数 a_{ij} 位于矩阵的第 i 行第 j 列，称为矩阵 $\boldsymbol{A}$ 的 (i,j) 元。以数 a_{ij} 为 (i,j) 元的矩阵可简记为 (a_{ij}) 或 $(a_{ij})_{m\times n}$。$m\times n$ 矩阵 $\boldsymbol{A}$ 也记作 $\boldsymbol{A}_{m\times n}$。

元素为实数的矩阵称为实矩阵，元素为复数的矩阵称为复矩阵，本书中的矩阵除特别说明外，都指实矩阵。

行数与列数都等于 n 的矩阵称为 n 阶矩阵或 n 阶方阵，这时 $a_{11},a_{22},\cdots,a_{nn}$ 所在的位置称为主对角线，另一条对角线称为次对角线。元素都为零的矩阵称为零矩阵，记作 $\boldsymbol{O}$。

称由实数组成的 n 元数组为向量。如果将 n 元数组表示为 $1\times n$ 矩阵，则称为行向量。若将 n 元数组表示为 $n\times 1$ 矩阵，则称为列向量。在使用矩阵方程时，通常用列向量（n 的矩阵）表示方程的解。所有的 $n\times 1$ 的实矩阵构成的集合称为 n 维欧几里得空间，记作 $\mathbb{R}^n$。由于本书大部分使用列向量，因此一般省略"列"字，并简称为 $\mathbb{R}^n$ 中的向量。列向量的标准记号采用黑斜体小写字母。

$$\boldsymbol{x}=\begin{bmatrix} x_1 \\ x_2 \\ \vdots \\ x_n \end{bmatrix}$$

行向量通常没有标准的记号。本书中，为区分行向量和列向量，在字母上面加上水平箭头表示行向量。例如：

$$\overrightarrow{\boldsymbol{x}} = (x_1, x_2, x_3, x_4) \quad , \quad \boldsymbol{y} = \begin{bmatrix} x_1 \\ x_2 \\ x_3 \\ x_4 \end{bmatrix}$$

分别表示 4 项的行向量和列向量。

给定 $m \times n$ 矩阵 $\boldsymbol{A}$，经常会使用它的特定行或列。矩阵 $\boldsymbol{A}$ 的第 j 个列向量的标准记号为 $\boldsymbol{a}_j$。矩阵 $\boldsymbol{A}$ 的第 i 个行向量没有通用的标准记号。本书中，将 $\boldsymbol{A}$ 的第 i 个行向量记为 $\overrightarrow{\boldsymbol{a}}_i$。

设 $\boldsymbol{A}$ 为 $m \times n$ 矩阵，则 $\boldsymbol{A}$ 的行向量为

$$\overrightarrow{\boldsymbol{a}}_i = (a_{i1}, a_{i2}, \cdots, a_{in}), \quad i = 1, 2, \cdots, m$$

列向量为

$$\boldsymbol{a}_j = \begin{bmatrix} a_{1j} \\ a_{2j} \\ \vdots \\ a_{mj} \end{bmatrix}, \quad j = 1, 2, \cdots, n$$

矩阵 $\boldsymbol{A}$ 可以用它的列向量或者行向量表示。

$$\boldsymbol{A} = (\boldsymbol{a}_1, \boldsymbol{a}_2, \cdots, \boldsymbol{a}_n) \quad \text{或} \quad \boldsymbol{A} = \begin{bmatrix} \overrightarrow{\boldsymbol{a}}_1 \\ \overrightarrow{\boldsymbol{a}}_2 \\ \vdots \\ \overrightarrow{\boldsymbol{a}}_m \end{bmatrix}$$

定义 1.2.2 行数和列数分别相等的矩阵称为同型矩阵 。

定义 1.2.3 若矩阵 $\boldsymbol{A}$ 与 $\boldsymbol{B}$ 是同型矩阵, 且它们的对应元素相等, 即

$$a_{ij} = b_{ij}, (i = 1, 2, \cdots, m; j = 1, 2, \cdots, n)$$

则称矩阵 $\boldsymbol{A}$ 与矩阵 $\boldsymbol{B}$ 相等，记作 $\boldsymbol{A} = \boldsymbol{B}$。

下面介绍几种重要的特殊矩阵。

1. 对角矩阵

若 n 阶矩阵 $\boldsymbol{A} = (a_{ij})_{n \times n}$ 中的元素满足 $a_{ij} = 0 (i \neq j; i, j = 1, 2, \cdots, n)$，即

$$\boldsymbol{A} = \begin{bmatrix} a_{11} & & & \\ & a_{22} & & \\ & & \ddots & \\ & & & a_{nn} \end{bmatrix}$$

则称 $\boldsymbol{A}$ 为对角矩阵，记作 $\mathrm{diag}(a_{11},a_{22},\cdots,a_{nn})$，称 n 阶方阵

$$\boldsymbol{A}=\begin{bmatrix}1 & & & \\ & 1 & & \\ & & \ddots & \\ & & & 1\end{bmatrix}$$

为单位矩阵，记作 $\boldsymbol{I}$ 或 $\boldsymbol{E}$，称 $\lambda\boldsymbol{I}=\mathrm{diag}(\lambda,\lambda,\cdots,\lambda)$ 为数量矩阵。

2. 上（下）三角阵

n 阶方阵 $\boldsymbol{A}=(a_{ij})_{n\times n}$，当 $i>j$ 时，$a_{ij}=0(j=1,2,\cdots,n-1)$ 的矩阵称为上三角阵；当 $i<j$ 时，$a_{ij}=0(j=2,3,\cdots,n)$ 的矩阵称为下三角阵。上、下三角阵形状分别为

$$\begin{bmatrix}a_{11} & a_{12} & \cdots & a_{1n}\\ & a_{22} & \cdots & a_{2n}\\ & & \ddots & \vdots\\ & & & a_{nn}\end{bmatrix} \text{和} \begin{bmatrix}a_{11} & & & \\ a_{21} & a_{22} & & \\ \vdots & \vdots & \ddots & \\ a_{n1} & a_{n2} & \cdots & a_{nn}\end{bmatrix}$$

3. 对称矩阵和反对称矩阵

若方阵 $\boldsymbol{A}=(a_{ij})_{n\times n}$ 的元素满足 $a_{ij}=a_{ji}(i,j=1,2,\cdots,n)$，则称 $\boldsymbol{A}$ 为对称矩阵；若 $a_{ij}=-a_{ji}(i,j=1,2,\cdots,n)$，则称 $\boldsymbol{A}$ 为反对称矩阵。

4. 矩阵 $\boldsymbol{A}$ 的负矩阵

若 $\boldsymbol{A}=(a_{ij})_{m\times n}$，则称 $-\boldsymbol{A}=(-a_{ij})_{m\times n}$ 为 $\boldsymbol{A}$ 的负矩阵。

1.3　矩阵的运算

1.3.1　矩阵的加法

两个同型矩阵的加法可以通过对应元素相加得到。

定义 1.3.1　设 $\boldsymbol{A}=(a_{ij})$ 和 $\boldsymbol{B}=(b_{ij})$ 都是 $m\times n$ 矩阵，则它们的和 $\boldsymbol{A}+\boldsymbol{B}$ 也是 $m\times n$ 矩阵，规定为

$$\boldsymbol{A}+\boldsymbol{B}=\begin{bmatrix}a_{11}+b_{11} & a_{12}+b_{12} & \cdots & a_{1n}+b_{1n}\\ a_{21}+b_{21} & a_{22}+b_{22} & \cdots & a_{2n}+b_{2n}\\ \vdots & \vdots & & \vdots\\ a_{m1}+b_{m1} & a_{m2}+b_{m2} & \cdots & a_{mn}+b_{mn}\end{bmatrix}$$

应该注意，只有当两个矩阵是同型矩阵时，这两个矩阵才能进行加法运算。

由定义可知，矩阵加法满足下列运算规律（设 $\boldsymbol{A},\boldsymbol{B},\boldsymbol{C}$ 都是 $m\times n$ 矩阵）：

(1) $\boldsymbol{A}+\boldsymbol{B}=\boldsymbol{B}+\boldsymbol{A}$;

(2) $(\boldsymbol{A}+\boldsymbol{B})+\boldsymbol{C}=\boldsymbol{A}+(\boldsymbol{B}+\boldsymbol{C})$;

(3) $\boldsymbol{A}+\boldsymbol{O}=\boldsymbol{A}$, $\boldsymbol{A}+(-\boldsymbol{A})=\boldsymbol{O}$。

由此规定矩阵的减法为：$\boldsymbol{A}-\boldsymbol{B}=\boldsymbol{A}+(-\boldsymbol{B})$。

1.3.2 矩阵的数乘

定义 1.3.2 设 $\boldsymbol{A}$ 为 $m\times n$ 矩阵，α 为实数，则 $\alpha\boldsymbol{A}$ 为 $m\times n$ 矩阵，规定为

$$\alpha\boldsymbol{A}=\begin{bmatrix}\alpha a_{11} & \alpha a_{12} & \cdots & \alpha a_{1n}\\ \alpha a_{21} & \alpha a_{22} & \cdots & \alpha a_{2n}\\ \vdots & \vdots & & \vdots\\ \alpha a_{m1} & \alpha a_{m2} & \cdots & \alpha a_{mn}\end{bmatrix}$$

数乘矩阵满足下列运算规律（设 $\boldsymbol{A},\boldsymbol{B}$ 为 $m\times n$ 矩阵，α,β 为实数）：

(1) $(\alpha\beta)\boldsymbol{A}=\alpha(\beta\boldsymbol{A})$;

(2) $(\alpha+\beta)\boldsymbol{A}=\alpha\boldsymbol{A}+\beta\boldsymbol{A}$;

(3) $\alpha(\boldsymbol{A}+\boldsymbol{B})=\alpha\boldsymbol{A}+\alpha\boldsymbol{B}$。

矩阵的加法与数乘矩阵统称为矩阵的线性运算。

1.3.3 矩阵的乘法

矩阵的乘法是极为重要的运算。引入矩阵乘法定义方式的主要原因来源于线性方程组的应用。若有如下的单变量的线性方程：

$$ax=b \tag{1.13}$$

通常认为 a、x 和 b 都是标量；然而，它们也可以看成 1×1 矩阵。现在的目标就是将方程 (1.13) 推广，使得任一 $m\times n$ 线性方程组都可表示为一个矩阵方程

$$\boldsymbol{Ax}=\boldsymbol{b}$$

其中，$\boldsymbol{A}$为 $m\times n$ 矩阵，$\boldsymbol{x}$为 $\mathbb{R}^n$中的向量，$\boldsymbol{b}$ 为 $\mathbb{R}^m$ 中的向量。为此如下定义矩阵的乘法。

定义 1.3.3 设 $\boldsymbol{A}=(a_{ij})$ 为 $m\times n$ 矩阵，$\boldsymbol{B}=(b_{ij})$ 为 $n\times r$ 矩阵，则矩阵 $\boldsymbol{A}$ 与矩阵 $\boldsymbol{B}$ 的乘积 $\boldsymbol{AB}=\boldsymbol{C}=(c_{ij})$ 是一个 $m\times r$ 矩阵，其元素定义为

$$c_{ij}=\overrightarrow{\boldsymbol{a}}_i\boldsymbol{b}_j=\sum_{k=1}^{n}a_{ik}b_{kj}\quad(i=1,2,\cdots,m;j=1,2,\cdots,r)$$

例 1.3.1 将下列方程组写为矩阵方程 $\boldsymbol{Ax}=\boldsymbol{b}$。

$$\begin{cases}3x_1+2x_2+x_3=5\\ x_1-2x_2+5x_3=-2\\ 2x_1+x_2-3x_3=1\end{cases}$$

解: 令 $\boldsymbol{A}=\begin{bmatrix}3&2&1\\1&-2&5\\2&1&-3\end{bmatrix}$, $\boldsymbol{x}=\begin{bmatrix}x_1\\x_2\\x_3\end{bmatrix}$, $\boldsymbol{b}=\begin{bmatrix}5\\-2\\1\end{bmatrix}$, 则

$$\boldsymbol{Ax}=\begin{bmatrix}3&2&1\\1&-2&5\\2&1&-3\end{bmatrix}\begin{bmatrix}x_1\\x_2\\x_3\end{bmatrix}=\begin{bmatrix}5\\-2\\1\end{bmatrix}=\boldsymbol{b}$$

对于一般的线性方程组 (1.1)，应用矩阵的乘法可以表示为

$$\boldsymbol{Ax}=\boldsymbol{b}$$

其中

$$\boldsymbol{A}=\begin{bmatrix}a_{11}&a_{12}&\cdots&a_{1n}\\a_{21}&a_{22}&\cdots&a_{2n}\\\vdots&\vdots&&\vdots\\a_{m1}&a_{m2}&\cdots&a_{mn}\end{bmatrix},\quad \boldsymbol{x}=\begin{bmatrix}x_1\\x_2\\\vdots\\x_n\end{bmatrix},\quad \boldsymbol{b}=\begin{bmatrix}b_1\\b_2\\\vdots\\b_m\end{bmatrix}$$

类似地, 从变量 $x_1,x_2,\cdots,x_n$ 到变量 $y_1,y_2,\cdots,y_m$ 的线性变换

$$\begin{cases}y_1=a_{11}x_1+a_{12}x_2+\cdots+a_{1n}x_n\\y_2=a_{21}x_1+a_{22}x_2+\cdots+a_{2n}x_n\\\qquad\vdots\\y_m=a_{m1}x_1+a_{m2}x_2+\cdots+a_{mn}x_n\end{cases}$$

也可以表示成矩阵形式

$$\boldsymbol{y}=\boldsymbol{Ax}$$

其中，矩阵 $\boldsymbol{A}$ 称为线性变换的系数矩阵。不难看出，线性变换与其系数矩阵是一一对应的，因此可以利用矩阵来研究线性变换，也可以利用线性变换来解释矩阵的含义。

例如，矩阵 $\begin{bmatrix}\cos\phi&-\sin\phi\\\sin\phi&\cos\phi\end{bmatrix}$ 对应的线性变换

$$\begin{cases}b_1=a_1\cos\phi-a_2\sin\phi\\b_2=a_1\sin\phi+a_2\cos\phi\end{cases}$$

把 xOy 平面上的向量 $\boldsymbol{\alpha}=\begin{bmatrix}a_1\\a_2\end{bmatrix}$ 变换为向量 $\boldsymbol{\beta}=\begin{bmatrix}b_1\\b_2\end{bmatrix}$。设 $\boldsymbol{\alpha}$ 的长度为 r，辐角为 θ，即设 $a_1=r\cos\theta,a_2=r\sin\theta$，那么

$$\begin{cases} b_1 = r(\cos\phi\cos\theta - \sin\phi\sin\theta) = r\cos(\theta+\phi) \\ b_2 = r(\sin\phi\cos\theta + \cos\phi\sin\theta) = r\sin(\theta+\phi) \end{cases}$$

这表明 $\boldsymbol{\beta}$ 的长度为 r，而辐角为 $\theta+\phi$。因此，该线性变换保持向量 $\boldsymbol{\alpha}$ 的长度不变，并将 $\boldsymbol{\alpha}$ 依逆时针方向旋转 ϕ。

例 1.3.2 若

$$\boldsymbol{A} = \begin{bmatrix} 3 & -2 \\ 2 & 4 \\ 1 & -3 \end{bmatrix} \quad 及 \quad \boldsymbol{B} = \begin{bmatrix} -2 & 1 & 3 \\ 4 & 1 & 6 \end{bmatrix}$$

则由定义 1.3.3, 有

$$\begin{aligned} \boldsymbol{AB} &= \begin{bmatrix} 3 & -2 \\ 2 & 4 \\ 1 & -3 \end{bmatrix} \begin{bmatrix} -2 & 1 & 3 \\ 4 & 1 & 6 \end{bmatrix} \\ &= \begin{bmatrix} -14 & 1 & -3 \\ 12 & 6 & 30 \\ -14 & -2 & -15 \end{bmatrix} \end{aligned}$$

但

$$\boldsymbol{BA} = \begin{bmatrix} -1 & -1 \\ 20 & -22 \end{bmatrix}$$

例 1.3.3 若

$$\boldsymbol{A} = \begin{bmatrix} 3 & 4 \\ 1 & 2 \end{bmatrix} \quad 及 \quad \boldsymbol{B} = \begin{bmatrix} 1 & 2 \\ 4 & 5 \\ 3 & 6 \end{bmatrix}$$

则不可能将 $\boldsymbol{A}$ 乘以 $\boldsymbol{B}$, 因为 $\boldsymbol{A}$ 的列数不等于 $\boldsymbol{B}$ 的行数。然而，可以用 $\boldsymbol{B}$ 乘以 $\boldsymbol{A}$。

$$\boldsymbol{BA} = \begin{bmatrix} 1 & 2 \\ 4 & 5 \\ 3 & 6 \end{bmatrix} \begin{bmatrix} 3 & 4 \\ 1 & 2 \end{bmatrix} = \begin{bmatrix} 5 & 8 \\ 17 & 26 \\ 15 & 24 \end{bmatrix}$$

若 $\boldsymbol{A}$和$\boldsymbol{B}$均为$n \times n$矩阵，则$\boldsymbol{AB}$和$\boldsymbol{BA}$也将是$n \times n$的矩阵，但一般它们不相等。

例 1.3.4 若

$$\boldsymbol{A} = \begin{bmatrix} 1 & 1 \\ 0 & 0 \end{bmatrix} \quad 及 \quad \boldsymbol{B} = \begin{bmatrix} 1 & 1 \\ 2 & 2 \end{bmatrix}$$

则

$$AB=\begin{bmatrix}1&1\\0&0\end{bmatrix}\begin{bmatrix}1&1\\2&2\end{bmatrix}=\begin{bmatrix}3&3\\0&0\end{bmatrix}$$

$$BA=\begin{bmatrix}1&1\\2&2\end{bmatrix}\begin{bmatrix}1&1\\0&0\end{bmatrix}=\begin{bmatrix}1&1\\2&2\end{bmatrix}$$

因此，$\boldsymbol{AB}\neq\boldsymbol{BA}$。

由以上例子可知，矩阵的乘法不满足交换律。在矩阵的乘法中必须注意矩阵的顺序。$\boldsymbol{AB}$ 是 $\boldsymbol{A}$ 左乘 $\boldsymbol{B}$ 的乘积，$\boldsymbol{BA}$ 是 $\boldsymbol{A}$ 右乘 $\boldsymbol{B}$ 的乘积，$\boldsymbol{AB}$ 有意义时，$\boldsymbol{BA}$ 可能没有意义（如例 1.3.3）。若 $\boldsymbol{A}$ 是 $m\times n$ 矩阵, $\boldsymbol{B}$ 是 $n\times m$ 矩阵，则 $\boldsymbol{AB}$ 与 $\boldsymbol{BA}$ 都有意义，但 $\boldsymbol{AB}$ 是 m 阶方阵，$\boldsymbol{BA}$ 是 n 阶方阵，当 $m\neq n$ 时 $\boldsymbol{AB}\neq\boldsymbol{BA}$（如例 1.3.2）。即使 $\boldsymbol{A}$、$\boldsymbol{B}$ 均为 $n\times n$ 矩阵，此时 $\boldsymbol{AB}$ 和 $\boldsymbol{BA}$ 都是 $n\times n$ 矩阵，但一般它们不相等（如例 1.3.4）。总之，矩阵的乘法不满足交换律，即在一般情形下, $\boldsymbol{AB}\neq\boldsymbol{BA}$。

例 1.3.5 设 $\boldsymbol{A}=\begin{bmatrix}1&1\\-1&-1\end{bmatrix}$, $\boldsymbol{B}=\begin{bmatrix}-2&2\\2&-2\end{bmatrix}$, $\boldsymbol{C}=\begin{bmatrix}-3&3\\3&-3\end{bmatrix}$，则

$$AB=\begin{bmatrix}1&1\\-1&-1\end{bmatrix}\begin{bmatrix}-2&2\\2&-2\end{bmatrix}=\begin{bmatrix}0&0\\0&0\end{bmatrix}$$

$$AC=\begin{bmatrix}1&1\\-1&-1\end{bmatrix}\begin{bmatrix}-3&3\\3&-3\end{bmatrix}=\begin{bmatrix}0&0\\0&0\end{bmatrix}$$

即 $\boldsymbol{AB}=\boldsymbol{AC}$，但不能得到 $\boldsymbol{B}=\boldsymbol{C}$。

例 1.3.5 表明，矩阵 $\boldsymbol{A}\neq\boldsymbol{O},\boldsymbol{B}\neq\boldsymbol{O}$，但却有 $\boldsymbol{AB}=\boldsymbol{O}$。也就是说，若有两个矩阵 $\boldsymbol{A}$、$\boldsymbol{B}$ 满足 $\boldsymbol{AB}=\boldsymbol{O}$，不能得出 $\boldsymbol{A}=\boldsymbol{O}$ 或 $\boldsymbol{B}=\boldsymbol{O}$ 的结论；若 $\boldsymbol{A}\neq\boldsymbol{O}$ 而 $\boldsymbol{A}(\boldsymbol{X}-\boldsymbol{Y})=\boldsymbol{O}$，也不能得出 $\boldsymbol{X}=\boldsymbol{Y}$ 的结论；另外，$\boldsymbol{AB}=\boldsymbol{AC}$, 也得不到 $\boldsymbol{B}=\boldsymbol{C}$。综上可知，矩阵的乘法不满足消去律。

矩阵的乘法虽然不满足交换律和消去律，但仍满足如下的结合律和分配律：

(1) $(\boldsymbol{AB})\boldsymbol{C}=\boldsymbol{A}(\boldsymbol{BC})$；

(2) $\alpha(\boldsymbol{AB})=(\alpha\boldsymbol{A})\boldsymbol{B}=\boldsymbol{A}(\alpha\boldsymbol{B})$ （α 为常数）；

(3) $\boldsymbol{A}(\boldsymbol{B}+\boldsymbol{C})=\boldsymbol{AB}+\boldsymbol{AC}$；

(4) $(\boldsymbol{B}+\boldsymbol{C})\boldsymbol{A}=\boldsymbol{BA}+\boldsymbol{CA}$。

对于单位矩阵 $\boldsymbol{I}$，容易验证

$$\boldsymbol{I}_m\boldsymbol{A}_{m\times n}=\boldsymbol{A}_{m\times n},\quad \boldsymbol{A}_{m\times n}\boldsymbol{I}_n=\boldsymbol{A}_{m\times n}$$

或简写为

$$\boldsymbol{IA}=\boldsymbol{AI}=\boldsymbol{A}$$

可见，单位矩阵 $\boldsymbol{I}$ 在矩阵乘法中的作用类似于数 1。

由 $(\lambda\boldsymbol{I})\boldsymbol{A}=\lambda\boldsymbol{A},\boldsymbol{A}(\lambda\boldsymbol{I})=\lambda\boldsymbol{A}$，可知数量矩阵 $\lambda\boldsymbol{I}$ 与矩阵 $\boldsymbol{A}$ 的乘积等于数 λ 与 $\boldsymbol{A}$ 的乘积。当 $\boldsymbol{A}$ 为 n 阶方阵时，由

$$(\lambda\boldsymbol{I}_n)\boldsymbol{A}_n=\lambda\boldsymbol{A}_n=\boldsymbol{A}_n(\lambda\boldsymbol{I}_n)$$

表明数量矩阵 $\lambda\boldsymbol{I}$ 与任何同阶方阵都是可交换的。

有了矩阵的乘法，就可以定义矩阵的幂。设 $\boldsymbol{A}$ 是 n 阶方阵，定义

$$\boldsymbol{A}^k=\underbrace{\boldsymbol{A}\boldsymbol{A}\cdots\boldsymbol{A}}_{k\text{个}}$$

其中，k 为正整数，显然只有方阵的幂才有意义。

由于矩阵的乘法满足结合律，所以矩阵的幂满足以下运算规律：

$$\boldsymbol{A}^k\boldsymbol{A}^l=\boldsymbol{A}^{k+l},\quad (\boldsymbol{A}^k)^l=\boldsymbol{A}^{kl}$$

其中，k、l 为正整数。因为矩阵乘法一般不满足交换律，所以对于两个 n 阶矩阵 $\boldsymbol{A}$ 与 $\boldsymbol{B}$，一般来说，$(\boldsymbol{A}\boldsymbol{B})^k\neq\boldsymbol{A}^k\boldsymbol{B}^k$。

1.4 矩阵的转置

给定 $m\times n$ 矩阵 $\boldsymbol{A}$，构造一个与 $\boldsymbol{A}$ 行列互换的 $n\times m$ 矩阵常常是非常有用的。

定义 1.4.1 一个 $m\times n$ 矩阵的转置为 $n\times m$ 矩阵 $\boldsymbol{B}$，定义为

$$b_{ji}=a_{ij}\tag{1.14}$$

其中，$j=1,2,\cdots,n;i=1,2,\cdots,m$。$\boldsymbol{A}$ 的转置记为 $\boldsymbol{A}^{\mathrm{T}}$。

由式 (1.14) 可知，$\boldsymbol{A}^{\mathrm{T}}$ 的第 j 行元素分别与 $\boldsymbol{A}$ 的第 j 列元素相同，并且 $\boldsymbol{A}^{\mathrm{T}}$ 的第 i 列元素分别与 $\boldsymbol{A}$ 的第 j 行元素相同。显然，$\boldsymbol{A}$ 为对称阵的充要条件是 $\boldsymbol{A}^{\mathrm{T}}=\boldsymbol{A}$。

矩阵的转置也是一种运算，满足下述运算规律：

(1) $(\boldsymbol{A}^{\mathrm{T}})^{\mathrm{T}}=\boldsymbol{A}$；

(2) $(\boldsymbol{A}+\boldsymbol{B})^{\mathrm{T}}=\boldsymbol{A}^{\mathrm{T}}+\boldsymbol{B}^{\mathrm{T}}$；

(3) $(\lambda\boldsymbol{A})^{\mathrm{T}}=\lambda\boldsymbol{A}^{\mathrm{T}}$；

(4) $(\boldsymbol{A}\boldsymbol{B})^{\mathrm{T}}=\boldsymbol{B}^{\mathrm{T}}\boldsymbol{A}^{\mathrm{T}}$。

这里仅证明规律 (4)。

证明： 设 $\boldsymbol{A}=(a_{ij})_{m\times s},\boldsymbol{B}=(b_{ij})_{s\times n}$，记 $\boldsymbol{A}\boldsymbol{B}=\boldsymbol{C}=(c_{ij})_{m\times n}$，$\boldsymbol{B}^{\mathrm{T}}\boldsymbol{A}^{\mathrm{T}}=\boldsymbol{D}=(d_{ij})_{n\times m}$。由定义 1.3.3，有

$$c_{ji}=\sum_{k=1}^{s}a_{jk}b_{ki}$$

而 $\boldsymbol{B}^{\mathrm{T}}$ 的第 i 行元素为 $b_{1i},b_{2i},\cdots,b_{si}$，$\boldsymbol{A}^{\mathrm{T}}$ 的第 j 列元素为 $a_{j1},a_{j2},\cdots,a_{js}$，因而，

$$d_{ij}=\sum_{k=1}^{s}b_{ki}a_{jk}=\sum_{k=1}^{s}a_{jk}b_{ki}$$

所以,

$$c_{ji} = d_{ij}\ (i = 1, 2, \cdots, n; j = 1, 2, \cdots, m)$$

即 $\boldsymbol{C}^{\mathrm{T}} = \boldsymbol{D}$，或

$$(\boldsymbol{AB})^{\mathrm{T}} = \boldsymbol{B}^{\mathrm{T}}\boldsymbol{A}^{\mathrm{T}}$$

■

性质 (2) 和性质 (4) 可推广到有限个矩阵的和与乘积的情形，即

$$(\boldsymbol{A}_1 + \boldsymbol{A}_2 + \cdots + \boldsymbol{A}_k)^{\mathrm{T}} = \boldsymbol{A}_1^{\mathrm{T}} + \boldsymbol{A}_2^{\mathrm{T}} + \cdots + \boldsymbol{A}_k^{\mathrm{T}}$$
$$(\boldsymbol{A}_1\boldsymbol{A}_2\cdots\boldsymbol{A}_k)^{\mathrm{T}} = \boldsymbol{A}_k^{\mathrm{T}}\boldsymbol{A}_{k-1}^{\mathrm{T}}\cdots\boldsymbol{A}_1^{\mathrm{T}}$$

例 1.4.1 已知

$$\boldsymbol{A} = \begin{bmatrix} 2 & 0 & -1 \\ 1 & 3 & 2 \end{bmatrix}, \quad \boldsymbol{B} = \begin{bmatrix} 1 & 7 & -1 \\ 4 & 2 & 3 \\ 2 & 0 & 1 \end{bmatrix}$$

求 $(\boldsymbol{AB})^{\mathrm{T}}$。

解法 1 因为

$$\boldsymbol{AB} = \begin{bmatrix} 2 & 0 & -1 \\ 1 & 3 & 2 \end{bmatrix}\begin{bmatrix} 1 & 7 & -1 \\ 4 & 2 & 3 \\ 2 & 0 & 1 \end{bmatrix} = \begin{bmatrix} 0 & 14 & -3 \\ 17 & 13 & 10 \end{bmatrix}$$

所以

$$(\boldsymbol{AB})^{\mathrm{T}} = \begin{bmatrix} 0 & 17 \\ 14 & 13 \\ -3 & 10 \end{bmatrix}$$

解法 2

$$(\boldsymbol{AB})^{\mathrm{T}} = \boldsymbol{B}^{\mathrm{T}}\boldsymbol{A}^{\mathrm{T}} = \begin{bmatrix} 1 & 4 & 2 \\ 7 & 2 & 0 \\ -1 & 3 & 1 \end{bmatrix}\begin{bmatrix} 0 & 17 \\ 14 & 13 \\ -3 & 10 \end{bmatrix} = \begin{bmatrix} 0 & 17 \\ 14 & 13 \\ -3 & 10 \end{bmatrix}$$

例 1.4.2 设 $\boldsymbol{A}$、$\boldsymbol{B}$ 为 n 阶方阵，且 $\boldsymbol{A}$ 为对称阵，试证：$\boldsymbol{B}^{\mathrm{T}}\boldsymbol{AB}$ 也是对称阵。

证明: 要证 $\boldsymbol{B}^{\mathrm{T}}\boldsymbol{AB}$ 是对称阵，即要证 $(\boldsymbol{B}^{\mathrm{T}}\boldsymbol{AB})^{\mathrm{T}} = \boldsymbol{B}^{\mathrm{T}}\boldsymbol{AB}$。

因为 $\boldsymbol{A}$ 是对称阵，所以 $\boldsymbol{A} = \boldsymbol{A}^{\mathrm{T}}$，故

$$(\boldsymbol{B}^{\mathrm{T}}\boldsymbol{AB})^{\mathrm{T}} = (\boldsymbol{B}^{\mathrm{T}}(\boldsymbol{AB}))^{\mathrm{T}} = (\boldsymbol{AB})^{\mathrm{T}} \cdot (\boldsymbol{B}^{\mathrm{T}})^{\mathrm{T}}$$
$$= \boldsymbol{B}^{\mathrm{T}}\boldsymbol{A}^{\mathrm{T}}\boldsymbol{B} = \boldsymbol{B}^{\mathrm{T}}\boldsymbol{AB}$$

■

例 1.4.3 设 $\boldsymbol{A}$ 是 n 阶反对称阵，$\boldsymbol{B}$ 是 n 阶对称阵，则 $\boldsymbol{AB}+\boldsymbol{BA}$ 是 n 阶反对称阵。

证明: 要证 $\boldsymbol{AB}+\boldsymbol{BA}$ 是反对称阵，即要证 $(\boldsymbol{AB}+\boldsymbol{BA})^{\mathrm{T}}=-(\boldsymbol{AB}+\boldsymbol{BA})$。

因为 $\boldsymbol{A}$ 是反对称阵，$\boldsymbol{B}$ 是对称阵，所以

$$\boldsymbol{A}^{\mathrm{T}}=-\boldsymbol{A},\quad \boldsymbol{B}^{\mathrm{T}}=\boldsymbol{B}$$

而

$$\begin{aligned}(\boldsymbol{AB}+\boldsymbol{BA})^{\mathrm{T}}&=(\boldsymbol{AB})^{\mathrm{T}}+(\boldsymbol{BA})^{\mathrm{T}}=\boldsymbol{B}^{\mathrm{T}}\boldsymbol{A}^{\mathrm{T}}+\boldsymbol{A}^{\mathrm{T}}\boldsymbol{B}^{\mathrm{T}}\\&=\boldsymbol{B}(-\boldsymbol{A})+(-\boldsymbol{A})\boldsymbol{B}=-(\boldsymbol{BA}+\boldsymbol{AB})\\&=-(\boldsymbol{AB}+\boldsymbol{BA})\end{aligned}$$

■

1.5 矩阵的逆

矩阵乘法中的单位矩阵 $\boldsymbol{I}$ 与实数乘法中的数 1 的作用是类似的，即 $\boldsymbol{IA}=\boldsymbol{AI}$ 对任意 $n\times n$ 矩阵 $\boldsymbol{A}$ 都成立。另外，对于实数 a，如果存在数 b 使得 $ab=ba=1$，则称它有关于乘法的逆元。任何非零实数 a 均有一个乘法逆元 $b=1/a$。实数乘法的逆的概念可以推广到矩阵乘法的逆。

定义 1.5.1 对于 n 阶矩阵 $\boldsymbol{A}$，如果存在 n 阶矩阵 $\boldsymbol{B}$，使得

$$\boldsymbol{AB}=\boldsymbol{BA}=\boldsymbol{I}$$

则称 $\boldsymbol{A}$ 是可逆的，矩阵 $\boldsymbol{B}$ 称为 $\boldsymbol{A}$ 的乘法逆元或逆矩阵。

由定义 1.5.1 可知，可逆矩阵及其逆矩阵是同阶方阵且 $\boldsymbol{A}$ 与 $\boldsymbol{B}$ 的地位是平等的，故也称 $\boldsymbol{A}$ 与 $\boldsymbol{B}$ 是互逆的。

由定义 1.5.1 可以证明：若 $\boldsymbol{A}$ 是可逆的，则 $\boldsymbol{A}$ 的逆矩阵是唯一的。事实上，若 $\boldsymbol{B}$、$\boldsymbol{C}$ 都是 $\boldsymbol{A}$ 的逆矩阵，则有

$$\boldsymbol{B}=\boldsymbol{BI}=\boldsymbol{B}(\boldsymbol{AC})=(\boldsymbol{BA})\boldsymbol{C}=\boldsymbol{IC}=\boldsymbol{C}$$

因此，$\boldsymbol{A}$ 的逆矩阵是唯一的。

通常将 $\boldsymbol{A}$ 的逆矩阵记作 $\boldsymbol{A}^{-1}$，即若 $\boldsymbol{AB}=\boldsymbol{BA}=\boldsymbol{I}$，则 $\boldsymbol{B}=\boldsymbol{A}^{-1}$。

例 1.5.1 容易验证矩阵 $\begin{bmatrix}2&4\\3&1\end{bmatrix}$ 和 $\begin{bmatrix}-\dfrac{1}{10}&\dfrac{2}{5}\\\dfrac{3}{10}&-\dfrac{1}{5}\end{bmatrix}$ 互为逆矩阵；3×3 矩阵 $\begin{bmatrix}1&2&3\\0&1&4\\0&0&1\end{bmatrix}$ 和 $\begin{bmatrix}1&-2&5\\0&1&-4\\0&0&1\end{bmatrix}$ 互为逆矩阵；但是矩阵 $\begin{bmatrix}1&0\\0&0\end{bmatrix}$ 没有逆矩阵。事实上，若 $\boldsymbol{B}$ 为任一

2×2 矩阵, 则

$$
\boldsymbol{BA} = \begin{bmatrix} b_{11} & b_{12} \\ b_{21} & b_{22} \end{bmatrix} \begin{bmatrix} 1 & 0 \\ 0 & 0 \end{bmatrix} = \begin{bmatrix} b_{11} & 0 \\ b_{21} & 0 \end{bmatrix}
$$

因此, $\boldsymbol{BA}$ 不可能等于 $\boldsymbol{I}$。

值得注意的是，只有方阵才有乘法逆元。因此，对于非方阵，不应使用术语可逆或不可逆。

经常要用到可逆矩阵的乘积。可以证明，任意多个可逆矩阵的乘积仍是可逆的。

定理 1.5.1 若 $n \times n$ 矩阵 $\boldsymbol{A}$ 和 $\boldsymbol{B}$ 是可逆的, 则 $\boldsymbol{AB}$ 也是可逆的, 且

$$
(\boldsymbol{AB})^{-1} = \boldsymbol{B}^{-1}\boldsymbol{A}^{-1}
$$

证明:

$$
\begin{aligned}
(\boldsymbol{B}^{-1}\boldsymbol{A}^{-1})\boldsymbol{AB} &= \boldsymbol{B}^{-1}(\boldsymbol{A}^{-1}\boldsymbol{A})\boldsymbol{B} = \boldsymbol{B}^{-1}\boldsymbol{B} = \boldsymbol{I} \\
(\boldsymbol{AB})(\boldsymbol{B}^{-1}\boldsymbol{A}^{-1}) &= \boldsymbol{A}(\boldsymbol{BB}^{-1})\boldsymbol{A}^{-1} = \boldsymbol{AA}^{-1} = \boldsymbol{I}
\end{aligned}
$$

■

由此可得，若 $\boldsymbol{A}_1, \boldsymbol{A}_2, \cdots, \boldsymbol{A}_k$ 均为 $m \times n$ 可逆矩阵，则乘积 $\boldsymbol{A}_1\boldsymbol{A}_2\cdots\boldsymbol{A}_k$ 为可逆矩阵, 且

$$
(\boldsymbol{A}_1\boldsymbol{A}_2\cdots\boldsymbol{A}_k)^{-1} = \boldsymbol{A}_k^{-1}\cdots\boldsymbol{A}_2^{-1}\boldsymbol{A}_1^{-1}
$$

随后的章节将进一步研究如何确定矩阵是否可逆、如何求逆矩阵以及逆矩阵的性质。

1.6 初等矩阵

本节将介绍通过矩阵乘法，而不是使用行运算求解线性方程组。给定 $m \times n$ 线性方程组

$$
\boldsymbol{Ax} = \boldsymbol{b} \tag{1.15}
$$

通过初等行运算可以得到一个等价的行阶梯形方程组，这个过程可以通过在方程组 (1.15) 两端同时左乘一系列特殊矩阵得到，这些特殊的矩阵称为初等矩阵。利用初等矩阵可以得到一种求逆矩阵的方法。首先考虑线性方程组两端同时左乘一个可逆矩阵的作用。

定理 1.6.1 若在方程组 (1.15) 两端同时左乘一个可逆的 $m \times m$ 矩阵 $\boldsymbol{M}$, 则得到它的一个等价方程组。

证明: 在方程组 (1.15) 两端同时左乘 $\boldsymbol{M}$, 得到

$$
\boldsymbol{MAx} = \boldsymbol{Mb} \tag{1.16}
$$

显然, 方程组 (1.15) 的解也是方程组 (1.16) 的解。另一方面, 若 $\hat{\boldsymbol{x}}$ 为方程组 (1.16) 的解, 则 $\boldsymbol{M}^{-1}(\boldsymbol{MA}\hat{\boldsymbol{x}}) = \boldsymbol{M}^{-1}(\boldsymbol{Mb})$, 即 $\boldsymbol{A}\hat{\boldsymbol{x}} = \boldsymbol{b}$。因此, 这两个方程组是等价的。

■

由定理 1.6.1 可知，可以将一系列的可逆矩阵 $\boldsymbol{E}_1, \boldsymbol{E}_2, \cdots, \boldsymbol{E}_k$ 应用到方程组 (1.15) 的两端，从而得到一个较简单的方程组

$$\boldsymbol{U}\boldsymbol{x} = \boldsymbol{c} \tag{1.17}$$

其中，$\boldsymbol{U} = \boldsymbol{E}_k\boldsymbol{E}_{k-1}\cdots\boldsymbol{E}_1$，$\boldsymbol{c} = \boldsymbol{E}_k\boldsymbol{E}_{k-1}\cdots\boldsymbol{E}_1\boldsymbol{b}$。由于可逆矩阵的乘积仍为可逆矩阵，因此方程组 (1.17) 和方程组 (1.15) 是等价的。

下面将说明矩阵的 3 种初等行运算可以用 $\boldsymbol{A}$ 左乘一个初等矩阵来实现。

定义 1.6.1 从单位矩阵 $\boldsymbol{I}$ 开始，只进行一次初等运算，得到的矩阵称为初等矩阵。

对应于 3 种初等行（列）运算，有 3 种类型的初等矩阵。

类型 I： 交换单位矩阵 $\boldsymbol{I}$ 的两行（列）得到的矩阵为第 I 类初等矩阵。

例 1.6.1 令

$$\boldsymbol{E}_1 = \begin{bmatrix} 0 & 1 & 0 \\ 1 & 0 & 0 \\ 0 & 0 & 1 \end{bmatrix}$$

则$\boldsymbol{E}_1$是第 I 类初等矩阵，因为它可由交换单位矩阵$\boldsymbol{I}$的前两行得到。令$\boldsymbol{A}$为3×3矩阵，则

$$\boldsymbol{E}_1\boldsymbol{A} = \begin{bmatrix} 0 & 1 & 0 \\ 1 & 0 & 0 \\ 0 & 0 & 1 \end{bmatrix} \begin{bmatrix} a_{11} & a_{12} & a_{13} \\ a_{21} & a_{22} & a_{23} \\ a_{31} & a_{32} & a_{33} \end{bmatrix} = \begin{bmatrix} a_{21} & a_{22} & a_{23} \\ a_{11} & a_{12} & a_{13} \\ a_{31} & a_{32} & a_{33} \end{bmatrix}$$

$$\boldsymbol{A}\boldsymbol{E}_1 = \begin{bmatrix} a_{11} & a_{12} & a_{13} \\ a_{21} & a_{22} & a_{23} \\ a_{31} & a_{32} & a_{33} \end{bmatrix} \begin{bmatrix} 0 & 1 & 0 \\ 1 & 0 & 0 \\ 0 & 0 & 1 \end{bmatrix} = \begin{bmatrix} a_{12} & a_{11} & a_{13} \\ a_{22} & a_{21} & a_{23} \\ a_{32} & a_{31} & a_{33} \end{bmatrix}$$

$\boldsymbol{A}$ 左乘 $\boldsymbol{E}_1$ 的作用是交换矩阵 $\boldsymbol{A}$ 的第一行和第二行，$\boldsymbol{A}$ 右乘 $\boldsymbol{E}_1$ 的作用是交换矩阵 $\boldsymbol{A}$ 的第一列和第二列。

类型 II： 单位矩阵 $\boldsymbol{I}$ 的某行（列）乘以一个非零常数得到的矩阵为第 II 类初等矩阵。

例 1.6.2

$$\boldsymbol{E}_2 = \begin{bmatrix} 1 & 0 & 0 \\ 0 & 1 & 0 \\ 0 & 0 & 3 \end{bmatrix}$$

为第 II 类初等矩阵。若 $\boldsymbol{A}$ 为 3×3 矩阵，则

$$\boldsymbol{E}_2\boldsymbol{A} = \begin{bmatrix} 1 & 0 & 0 \\ 0 & 1 & 0 \\ 0 & 0 & 3 \end{bmatrix} \begin{bmatrix} a_{11} & a_{12} & a_{13} \\ a_{21} & a_{22} & a_{23} \\ a_{31} & a_{32} & a_{33} \end{bmatrix} = \begin{bmatrix} a_{11} & a_{12} & a_{13} \\ a_{21} & a_{22} & a_{23} \\ 3a_{31} & 3a_{32} & 3a_{33} \end{bmatrix}$$

$$
\boldsymbol{AE}_2=\begin{bmatrix}a_{11}&a_{12}&a_{13}\\a_{21}&a_{22}&a_{23}\\a_{31}&a_{32}&a_{33}\end{bmatrix}\begin{bmatrix}1&0&0\\0&1&0\\0&0&3\end{bmatrix}=\begin{bmatrix}a_{11}&a_{12}&3a_{13}\\a_{21}&a_{22}&3a_{23}\\a_{31}&a_{32}&3a_{33}\end{bmatrix}
$$

左乘 $\boldsymbol{E}_2$ 的作用是将矩阵的第三行乘以 3 的初等行运算，右乘矩阵 $\boldsymbol{E}_2$ 的作用是将矩阵的第三列乘以 3 的初等列运算。

类型 Ⅲ： 单位矩阵 $\boldsymbol{I}$ 的某一行（列）乘以一个非零常数加到另一行（列）得到的矩阵为第Ⅲ类初等矩阵。

例 1.6.3

$$
\boldsymbol{E}_3=\begin{bmatrix}1&0&3\\0&1&0\\0&0&1\end{bmatrix}
$$

为第Ⅲ类初等矩阵。若 $\boldsymbol{A}$ 为 3×3 矩阵，则

$$
\boldsymbol{E}_3\boldsymbol{A}=\begin{bmatrix}1&0&3\\0&1&0\\0&0&1\end{bmatrix}\begin{bmatrix}a_{11}&a_{12}&a_{13}\\a_{21}&a_{22}&a_{23}\\a_{31}&a_{32}&a_{33}\end{bmatrix}=\begin{bmatrix}a_{11}+3a_{31}&a_{12}+3a_{32}&a_{13}+3a_{33}\\a_{21}&a_{22}&a_{23}\\a_{31}&a_{32}&a_{33}\end{bmatrix}
$$

$$
\boldsymbol{AE}_3=\begin{bmatrix}a_{11}&a_{12}&a_{13}\\a_{21}&a_{22}&a_{23}\\a_{31}&a_{32}&a_{33}\end{bmatrix}\begin{bmatrix}1&0&3\\0&1&0\\0&0&1\end{bmatrix}=\begin{bmatrix}a_{11}&a_{12}&3a_{11}+a_{13}\\a_{21}&a_{22}&3a_{21}+a_{23}\\a_{31}&a_{32}&3a_{31}+a_{33}\end{bmatrix}
$$

左乘 $\boldsymbol{E}_3$ 的作用是将矩阵的第三行的 3 倍加到矩阵的第一行，右乘 $\boldsymbol{E}_3$ 的作用是将矩阵的第一列的 3 倍加到第三列。

定理 1.6.2 设 $\boldsymbol{E}$ 为 $n\times n$ 初等矩阵（即 $\boldsymbol{E}$ 是由 $\boldsymbol{I}$ 经过一次行运算或一次列运算得到的）。若 $\boldsymbol{A}$ 为 $n\times r$ 矩阵，$\boldsymbol{A}$ 左乘 $\boldsymbol{E}$ 的作用是对 $\boldsymbol{A}$ 进行相应的行运算。若 $\boldsymbol{B}$ 为 $m\times n$ 矩阵，$\boldsymbol{B}$ 右乘 $\boldsymbol{E}$ 的作用是对 $\boldsymbol{B}$ 进行相应的列运算。

定理 1.6.3 若 $\boldsymbol{E}$ 为初等矩阵，则 $\boldsymbol{E}$ 是可逆的，且 $\boldsymbol{E}^{-1}$ 为与 $\boldsymbol{E}$ 同类型的初等矩阵。

证明： 若 $\boldsymbol{E}$ 为第Ⅰ类初等矩阵，且是由 $\boldsymbol{I}$ 交换第 i 行（列）和第 j 行（列）得到，则 $\boldsymbol{E}$ 可通过交换这两行（列）回到 $\boldsymbol{I}$。于是 $\boldsymbol{EE}=\boldsymbol{I}$，即 $\boldsymbol{E}^{-1}=\boldsymbol{E}$。其他两种情形可以类似地进行证明，具体证明过程留给读者。

■

定义 1.6.2 若矩阵 $\boldsymbol{A}$ 经过有限次初等行（列）变换得到矩阵 $\boldsymbol{B}$，则称矩阵 $\boldsymbol{A}$ 与矩阵 $\boldsymbol{B}$ 是行（列）等价的。

由定义可知，如果 $\boldsymbol{A}$ 与 $\boldsymbol{B}$ 是行等价的，则存在有限个初等矩阵序列 $\boldsymbol{E}_1,\boldsymbol{E}_2,\cdots,\boldsymbol{E}_k$，使得

$$
\boldsymbol{B}=\boldsymbol{E}_k\boldsymbol{E}_{k-1}\cdots\boldsymbol{E}_1\boldsymbol{A}
$$

特别地，有下面的定理成立。

定理 1.6.4 行等价的两个增广矩阵所确定的线性方程组是等价方程组。

也就是说，方程组 $\boldsymbol{Ax}=\boldsymbol{b}$ 和 $\boldsymbol{Bx}=\boldsymbol{c}$ 是等价方程组的充分必要条件为相应的增广矩阵 $(\boldsymbol{A}|\boldsymbol{b})$ 和 $(\boldsymbol{B}|\boldsymbol{c})$ 是行等价的。

由定义容易得到以下行（列）等价矩阵的性质：

性质 1.6.1

(1) 任意的矩阵 $\boldsymbol{A}$ 都和自身是行(列)等价的。

(2) 若 $\boldsymbol{A}$ 与 $\boldsymbol{B}$ 是行(列)等价的，则 $\boldsymbol{B}$ 与 $\boldsymbol{A}$ 是行(列)等价的。

(3) 若 $\boldsymbol{A}$ 与 $\boldsymbol{B}$ 是行(列)等价的，$\boldsymbol{B}$ 与 $\boldsymbol{C}$ 是行(列)等价的，则 $\boldsymbol{A}$ 与 $\boldsymbol{C}$ 是行(列)等价的。

我们不加证明地给出可逆矩阵的等价条件。

定理 1.6.5 令 $\boldsymbol{A}$ 为 $n\times n$ 矩阵，则下列命题是等价的:

(1) $\boldsymbol{A}$ 是可逆的。

(2) $\boldsymbol{Ax}=0$ 仅有平凡解 0。

(3) $\boldsymbol{A}$ 与 $\boldsymbol{I}$ 行等价。

推论 1.6.1 n 个未知量、n 个方程的线性方程组 $\boldsymbol{Ax}=\boldsymbol{b}$ 有唯一解的充分必要条件是矩阵 $\boldsymbol{A}$ 是可逆的。

由定理 1.6.5 可知，若 $\boldsymbol{A}$ 为可逆的，则 $\boldsymbol{A}$ 与 $\boldsymbol{I}$ 行等价，即存在初等矩阵 $\boldsymbol{E}_1,\boldsymbol{E}_2,\cdots,\boldsymbol{E}_k$，使得

$$\boldsymbol{E}_k\boldsymbol{E}_{k-1}\cdots\boldsymbol{E}_1\boldsymbol{A}=\boldsymbol{I} \tag{1.18}$$

式 (1.18) 两端右乘 $\boldsymbol{A}^{-1}$，得到

$$\boldsymbol{E}_k\boldsymbol{E}_{k-1}\cdots\boldsymbol{E}_1\boldsymbol{I}=\boldsymbol{A}^{-1} \tag{1.19}$$

式 (1.18) 表明 $\boldsymbol{A}$ 经过一系列初等行变换后可变为单位矩阵 $\boldsymbol{I}$，式 (1.19) 表明 $\boldsymbol{I}$ 经过同样的一系列初等行变换后可变为 $\boldsymbol{A}^{-1}$。因此，可以得到一种求 $\boldsymbol{A}^{-1}$ 的方法。

定理 1.6.6 如果对可逆矩阵 $\boldsymbol{A}$ 和同阶单位矩阵 $\boldsymbol{I}$ 进行同样的初等行变换，那么当 $\boldsymbol{A}$ 变为 $\boldsymbol{I}$ 时，$\boldsymbol{I}$ 就变为 $\boldsymbol{A}^{-1}$，即

$$(\boldsymbol{A}\mid\boldsymbol{I})\xrightarrow{\text{一系列初等行变换}}(\boldsymbol{I}\mid\boldsymbol{A}^{-1})$$

例 1.6.4 设

$$\boldsymbol{A}=\begin{bmatrix}1&4&3\\-1&-2&0\\2&2&3\end{bmatrix}$$

求 $\boldsymbol{A}^{-1}$。

解:

$$\left[\begin{array}{rrr|rrr} 1 & 4 & 3 & 1 & 0 & 0 \\ -1 & -2 & 0 & 0 & 1 & 0 \\ 2 & 2 & 3 & 0 & 0 & 1 \end{array}\right] \to \left[\begin{array}{rrr|rrr} 1 & 4 & 3 & 1 & 0 & 0 \\ 0 & 2 & 3 & 1 & 1 & 0 \\ 0 & -6 & -3 & -2 & 0 & 1 \end{array}\right]$$

$$\to \left[\begin{array}{rrr|rrr} 1 & 4 & 3 & 1 & 0 & 0 \\ 0 & 2 & 3 & 1 & 1 & 0 \\ 0 & 0 & 6 & 1 & 3 & 1 \end{array}\right] \to \left[\begin{array}{rrr|rrr} 1 & 4 & 0 & \frac{1}{2} & -\frac{3}{2} & -\frac{1}{2} \\ 0 & 2 & 0 & \frac{1}{2} & -\frac{1}{2} & -\frac{1}{2} \\ 0 & 0 & 6 & 1 & 3 & 1 \end{array}\right]$$

$$\to \left[\begin{array}{rrr|rrr} 1 & 0 & 0 & -\frac{1}{2} & -\frac{1}{2} & \frac{1}{2} \\ 0 & 2 & 0 & \frac{1}{2} & -\frac{1}{2} & -\frac{1}{2} \\ 0 & 0 & 6 & 1 & 3 & 1 \end{array}\right] \to \left[\begin{array}{rrr|rrr} 1 & 0 & 0 & -\frac{1}{2} & -\frac{1}{2} & \frac{1}{2} \\ 0 & 1 & 0 & \frac{1}{4} & -\frac{1}{4} & -\frac{1}{4} \\ 0 & 0 & 1 & \frac{1}{6} & \frac{1}{2} & \frac{1}{6} \end{array}\right]$$

因此,

$$\boldsymbol{A}^{-1} = \begin{bmatrix} -\frac{1}{2} & -\frac{1}{2} & \frac{1}{2} \\ \frac{1}{4} & -\frac{1}{4} & -\frac{1}{4} \\ \frac{1}{6} & \frac{1}{2} & \frac{1}{6} \end{bmatrix}$$

例 1.6.5 解方程组

$$\begin{cases} x_1 + 4x_2 + 3x_3 = 12 \\ -x_1 - 2x_2 = -12 \\ 2x_1 + 2x_2 + 3x_3 = -8 \end{cases}$$

解: 该方程组的系数矩阵为例 1.6.4 中的矩阵 $\boldsymbol{A}$, 因此方程组的解为

$$\boldsymbol{x} = \boldsymbol{A}^{-1}\boldsymbol{b} = \begin{bmatrix} -\frac{1}{2} & -\frac{1}{2} & \frac{1}{2} \\ \frac{1}{4} & -\frac{1}{4} & -\frac{1}{4} \\ \frac{1}{6} & \frac{1}{2} & \frac{1}{6} \end{bmatrix} \begin{bmatrix} 12 \\ -12 \\ 8 \end{bmatrix} = \begin{bmatrix} 4 \\ 4 \\ -\frac{8}{3} \end{bmatrix}$$

1.7 分块矩阵

通常将行数和列数较多的矩阵看成由若干子矩阵复合而成很有用。这种方法可将大矩阵的运算转化为小矩阵的运算。将矩阵 $\boldsymbol{C}$ 用若干横线和竖线分成许多个小矩阵，每个小矩阵成为 $\boldsymbol{C}$ 的子块，以子块为元素的形式上的矩阵称为分块矩阵。

例如，将 3×4 矩阵

$$C = \begin{bmatrix} a_{11} & a_{12} & a_{13} & a_{14} \\ a_{21} & a_{22} & a_{23} & a_{24} \\ a_{31} & a_{32} & a_{33} & a_{34} \end{bmatrix}$$

分成子块的方法很多，下面列出 3 种分块形式：

$$(1) \left[\begin{array}{cc|cc} a_{11} & a_{12} & a_{13} & a_{14} \\ a_{21} & a_{22} & a_{23} & a_{24} \\ \hline a_{31} & a_{32} & a_{33} & a_{34} \end{array}\right];$$

$$(2) \left[\begin{array}{c|cc|c} a_{11} & a_{12} & a_{13} & a_{14} \\ a_{21} & a_{22} & a_{23} & a_{24} \\ \hline a_{31} & a_{32} & a_{33} & a_{34} \end{array}\right];$$

$$(3) \left[\begin{array}{c|c|c|c} a_{11} & a_{12} & a_{13} & a_{14} \\ a_{21} & a_{22} & a_{23} & a_{24} \\ a_{31} & a_{32} & a_{33} & a_{34} \end{array}\right]。$$

分法 (1) 可记为

$$\boldsymbol{A} = \begin{bmatrix} \boldsymbol{A}_{11} & \boldsymbol{A}_{12} \\ \boldsymbol{A}_{21} & \boldsymbol{A}_{22} \end{bmatrix}$$

其中，$\boldsymbol{A}_{11} = \begin{bmatrix} a_{11} & a_{12} \\ a_{21} & a_{22} \end{bmatrix}$，$\boldsymbol{A}_{12} = \begin{bmatrix} a_{13} & a_{14} \\ a_{23} & a_{24} \end{bmatrix}$，$\boldsymbol{A}_{21} = \begin{bmatrix} a_{31} & a_{32} \end{bmatrix}$，$\boldsymbol{A}_{22} = \begin{bmatrix} a_{33} & a_{34} \end{bmatrix}$，即 $\boldsymbol{A}_{11}$、$\boldsymbol{A}_{12}$、$\boldsymbol{A}_{21}$、$\boldsymbol{A}_{22}$ 为 $\boldsymbol{A}$ 的子块，而 $\boldsymbol{A}$ 形式上为以这些子块为元素的分块矩阵。分法 (2) 和 (3) 的分块矩阵可以类似写出。

分块矩阵的运算规则与普通矩阵的运算规则类似，分别说明如下。

1. 分块矩阵的加法

设矩阵 $\boldsymbol{A}$ 与矩阵 $\boldsymbol{B}$ 有相同的行数和列数，采用相同的分块方法，有

$$\boldsymbol{A} = \begin{bmatrix} \boldsymbol{A}_{11} & \boldsymbol{A}_{12} & \cdots & \boldsymbol{A}_{1r} \\ \boldsymbol{A}_{21} & \boldsymbol{A}_{22} & \cdots & \boldsymbol{A}_{2r} \\ \vdots & \vdots & & \vdots \\ \boldsymbol{A}_{s1} & \boldsymbol{A}_{s2} & \cdots & \boldsymbol{A}_{sr} \end{bmatrix}, \quad \boldsymbol{B} = \begin{bmatrix} \boldsymbol{B}_{11} & \boldsymbol{B}_{12} & \cdots & \boldsymbol{B}_{1r} \\ \boldsymbol{B}_{21} & \boldsymbol{B}_{22} & \cdots & \boldsymbol{B}_{2r} \\ \vdots & \vdots & & \vdots \\ \boldsymbol{B}_{s1} & \boldsymbol{B}_{s2} & \cdots & \boldsymbol{B}_{sr} \end{bmatrix}$$

其中 $\boldsymbol{A}_{ij}$ 与 $\boldsymbol{B}_{ij}$ 有相同的行数和列数，则

$$\boldsymbol{A}+\boldsymbol{B}=\begin{bmatrix}\boldsymbol{A}_{11}+\boldsymbol{B}_{11} & \boldsymbol{A}_{12}+\boldsymbol{B}_{12} & \cdots & \boldsymbol{A}_{1r}+\boldsymbol{B}_{1r}\\ \boldsymbol{A}_{21}+\boldsymbol{B}_{21} & \boldsymbol{A}_{22}+\boldsymbol{B}_{22} & \cdots & \boldsymbol{A}_{2r}+\boldsymbol{B}_{2r}\\ \vdots & \vdots & & \vdots\\ \boldsymbol{A}_{s1}+\boldsymbol{B}_{s1} & \boldsymbol{A}_{s2}+\boldsymbol{B}_{s2} & \cdots & \boldsymbol{A}_{sr}+\boldsymbol{B}_{sr}\end{bmatrix}$$

2. 分块矩阵的数乘

设 $\boldsymbol{A}=\begin{bmatrix}\boldsymbol{A}_{11} & \boldsymbol{A}_{12} & \cdots & \boldsymbol{A}_{1r}\\ \boldsymbol{A}_{21} & \boldsymbol{A}_{22} & \cdots & \boldsymbol{A}_{2r}\\ \vdots & \vdots & & \vdots\\ \boldsymbol{A}_{s1} & \boldsymbol{A}_{s2} & \cdots & \boldsymbol{A}_{sr}\end{bmatrix}$，$\lambda$ 为常数，则

$$\lambda\boldsymbol{A}=\begin{bmatrix}\lambda\boldsymbol{A}_{11} & \lambda\boldsymbol{A}_{12} & \cdots & \lambda\boldsymbol{A}_{1r}\\ \lambda\boldsymbol{A}_{21} & \lambda\boldsymbol{A}_{22} & \cdots & \lambda\boldsymbol{A}_{2r}\\ \vdots & \vdots & & \vdots\\ \lambda\boldsymbol{A}_{s1} & \lambda\boldsymbol{A}_{s2} & \cdots & \lambda\boldsymbol{A}_{sr}\end{bmatrix}$$

3. 分块矩阵的乘法

设 $\boldsymbol{A}$ 为 $m\times l$ 矩阵，$\boldsymbol{B}$ 为 $l\times r$ 矩阵，分块为

$$\boldsymbol{A}=\begin{bmatrix}\boldsymbol{A}_{11} & \boldsymbol{A}_{12} & \cdots & \boldsymbol{A}_{1t}\\ \boldsymbol{A}_{21} & \boldsymbol{A}_{22} & \cdots & \boldsymbol{A}_{2t}\\ \vdots & \vdots & & \vdots\\ \boldsymbol{A}_{s1} & \boldsymbol{A}_{s2} & \cdots & \boldsymbol{A}_{st}\end{bmatrix},\quad \boldsymbol{B}=\begin{bmatrix}\boldsymbol{B}_{11} & \boldsymbol{B}_{12} & \cdots & \boldsymbol{B}_{1r}\\ \boldsymbol{B}_{21} & \boldsymbol{B}_{22} & \cdots & \boldsymbol{B}_{2r}\\ \vdots & \vdots & & \vdots\\ \boldsymbol{B}_{t1} & \boldsymbol{B}_{t2} & \cdots & \boldsymbol{B}_{tr}\end{bmatrix}$$

其中 $\boldsymbol{A}_{i1},\boldsymbol{A}_{i2},\cdots,\boldsymbol{A}_{it}$ 的列数分别等于 $\boldsymbol{B}_{1j},\boldsymbol{B}_{2j},\cdots,\boldsymbol{B}_{tj}$ 的行数，则

$$\boldsymbol{AB}=\begin{bmatrix}\boldsymbol{C}_{11} & \boldsymbol{C}_{12} & \cdots & \boldsymbol{C}_{1r}\\ \boldsymbol{C}_{21} & \boldsymbol{C}_{22} & \cdots & \boldsymbol{C}_{2r}\\ \vdots & \vdots & & \vdots\\ \boldsymbol{C}_{s1} & \boldsymbol{C}_{s2} & \cdots & \boldsymbol{C}_{sr}\end{bmatrix}$$

其中，

$$\boldsymbol{C}_{ij}=\sum_{k=1}^{t}\boldsymbol{A}_{ik}\boldsymbol{B}_{kj}\quad(i=1,2,\cdots,s;\ j=1,2,\cdots,r)$$

例 1.7.1 设

$$A=\begin{bmatrix}1&0&0&0\\0&1&0&0\\-1&2&1&0\\1&1&0&1\end{bmatrix},\quad B=\begin{bmatrix}1&0&1&0\\-1&2&0&1\\1&0&4&1\\-1&-1&2&0\end{bmatrix}$$

求 AB。

解: 把 A、B 分块成

$$A=\left[\begin{array}{cc:cc}1&0&0&0\\0&1&0&0\\\hdashline -1&2&1&0\\1&1&0&1\end{array}\right]=\begin{bmatrix}I&O\\A_1&I\end{bmatrix}$$

$$B=\left[\begin{array}{cc:cc}1&0&1&0\\-1&2&0&1\\\hdashline 1&0&4&1\\-1&-1&2&0\end{array}\right]=\begin{bmatrix}B_{11}&I\\B_{21}&B_{22}\end{bmatrix}$$

则

$$AB=\begin{bmatrix}I&O\\A_1&I\end{bmatrix}\begin{bmatrix}B_{11}&I\\B_{21}&B_{22}\end{bmatrix}=\begin{bmatrix}B_{11}&I\\A_1B_{11}+B_{21}&A_1+B_{22}\end{bmatrix}$$

而

$$\begin{aligned}A_1B_{11}+B_{21}&=\begin{bmatrix}-1&2\\1&1\end{bmatrix}\begin{bmatrix}1&0\\-1&2\end{bmatrix}+\begin{bmatrix}1&0\\-1&-1\end{bmatrix}\\&=\begin{bmatrix}-3&4\\0&2\end{bmatrix}+\begin{bmatrix}1&0\\-1&-1\end{bmatrix}=\begin{bmatrix}-2&4\\-1&1\end{bmatrix}\\A_1+B_{22}&=\begin{bmatrix}-1&2\\1&1\end{bmatrix}+\begin{bmatrix}4&1\\2&0\end{bmatrix}=\begin{bmatrix}3&3\\3&1\end{bmatrix}\end{aligned}$$

于是,

$$AB=\left[\begin{array}{cc:cc}1&0&1&0\\-1&2&0&1\\\hdashline -2&4&3&3\\-1&1&3&1\end{array}\right]$$

4. 分块矩阵的转置

设 $\boldsymbol{A}=\begin{bmatrix}\boldsymbol{A}_{11} & \boldsymbol{A}_{12} & \cdots & \boldsymbol{A}_{1r}\\ \boldsymbol{A}_{21} & \boldsymbol{A}_{22} & \cdots & \boldsymbol{A}_{2r}\\ \vdots & \vdots & & \vdots\\ \boldsymbol{A}_{s1} & \boldsymbol{A}_{s2} & \cdots & \boldsymbol{A}_{sr}\end{bmatrix}$，则 $\boldsymbol{A}^{\mathrm{T}}=\begin{bmatrix}\boldsymbol{A}_{11}^{\mathrm{T}} & \boldsymbol{A}_{21}^{\mathrm{T}} & \cdots & \boldsymbol{A}_{s1}^{\mathrm{T}}\\ \boldsymbol{A}_{12}^{\mathrm{T}} & \boldsymbol{A}_{22}^{\mathrm{T}} & \cdots & \boldsymbol{A}_{s2}^{\mathrm{T}}\\ \vdots & \vdots & & \vdots\\ \boldsymbol{A}_{1r}^{\mathrm{T}} & \boldsymbol{A}_{2r}^{\mathrm{T}} & \cdots & \boldsymbol{A}_{sr}^{\mathrm{T}}\end{bmatrix}$。

5. 分块矩阵的逆

设 $\boldsymbol{A}$ 为 n 阶方阵，若 $\boldsymbol{A}$ 的分块矩阵只有在对角线上有非零子块，其余子块都为零矩阵, 且在对角线上的子块都是方阵，即

$$\boldsymbol{A}=\begin{bmatrix}\boldsymbol{A}_1 & & & \boldsymbol{O}\\ & \boldsymbol{A}_2 & & \\ & & \ddots & \\ \boldsymbol{O} & & & \boldsymbol{A}_s\end{bmatrix}$$

其中，$\boldsymbol{A}_i\ (i=1,2,\cdots,s)$ 都是方阵，那么称 $\boldsymbol{A}$ 为分块对角矩阵。若 $\boldsymbol{A}_i\ (i=1,2,\cdots,s)$ 均为可逆矩阵，则

$$\boldsymbol{A}^{-1}=\begin{bmatrix}\boldsymbol{A}_1^{-1} & & & \boldsymbol{O}\\ & \boldsymbol{A}_2^{-1} & & \\ & & \ddots & \\ \boldsymbol{O} & & & \boldsymbol{A}_s^{-1}\end{bmatrix}$$

例 1.7.2　设 $\boldsymbol{A}=\begin{bmatrix}5 & 0 & 0\\ 0 & 3 & 1\\ 0 & 2 & 1\end{bmatrix}$，求 $\boldsymbol{A}^{-1}$。

解: 因

$$\boldsymbol{A}=\left[\begin{array}{c:cc}5 & 0 & 0\\ \hdashline 0 & 3 & 1\\ 0 & 2 & 1\end{array}\right]=\begin{bmatrix}\boldsymbol{A}_1 & \boldsymbol{O}\\ \boldsymbol{O} & \boldsymbol{A}_2\end{bmatrix}$$

$$\boldsymbol{A}_1=(5),\boldsymbol{A}_1^{-1}=\left(\frac{1}{5}\right);\boldsymbol{A}_2=\begin{bmatrix}3 & 1\\ 2 & 1\end{bmatrix},\boldsymbol{A}_2^{-1}=\begin{bmatrix}1 & -1\\ -2 & 3\end{bmatrix}$$

所以

$$
\boldsymbol{A}^{-1}=\left[\begin{array}{c:cc}
\frac{1}{5} & 0 & 0 \\
\hdashline
0 & 1 & -1 \\
0 & -2 & 3
\end{array}\right]
$$

对矩阵分块时，有两种非常有用的分块方法，分别是按列分块和按行分块。

如果 $\boldsymbol{A}$ 为 $m\times n$ 矩阵，则 $\boldsymbol{A}$ 可按列分块为

$$
\boldsymbol{A}=\begin{bmatrix}\boldsymbol{a}_1 & \boldsymbol{a}_2 & \cdots & \boldsymbol{a}_n\end{bmatrix}
$$

按行分块为

$$
\boldsymbol{A}=\begin{bmatrix}\boldsymbol{a}_1^{\mathrm{T}} \\ \boldsymbol{a}_2^{\mathrm{T}} \\ \vdots \\ \boldsymbol{a}_m^{\mathrm{T}}\end{bmatrix}
$$

设 $\boldsymbol{A}$ 为 $m\times n$ 矩阵，$\boldsymbol{B}$ 为按列分块的 $n\times r$ 矩阵 $\boldsymbol{B}=\begin{bmatrix}\boldsymbol{b}_1 & \boldsymbol{b}_2 & \cdots & \boldsymbol{b}_r\end{bmatrix}$，则 $\boldsymbol{A}$ 与 $\boldsymbol{B}$ 的分块乘法为

$$
\boldsymbol{AB}=\begin{bmatrix}\boldsymbol{Ab}_1 & \boldsymbol{Ab}_2 & \cdots & \boldsymbol{Ab}_n\end{bmatrix}
$$

若 $\boldsymbol{A}$ 为按行分块的矩阵，$\boldsymbol{B}$ 为 $n\times r$ 矩阵，则

$$
\boldsymbol{AB}=\begin{bmatrix}\boldsymbol{a}_1^{\mathrm{T}}\boldsymbol{B} \\ \boldsymbol{a}_2^{\mathrm{T}}\boldsymbol{B} \\ \vdots \\ \boldsymbol{a}_m^{\mathrm{T}}\boldsymbol{B}\end{bmatrix}
$$

也就是说，乘积矩阵 $\boldsymbol{AB}$ 的每一列为矩阵 $\boldsymbol{A}$ 与矩阵 $\boldsymbol{B}$ 的列向量的乘积，其每一行为矩阵 $\boldsymbol{A}$ 的行向量与矩阵 $\boldsymbol{B}$ 的乘积。

另外，有

$$
\boldsymbol{AB}=\begin{bmatrix}\boldsymbol{a}_1^{\mathrm{T}} \\ \boldsymbol{a}_2^{\mathrm{T}} \\ \vdots \\ \boldsymbol{a}_m^{\mathrm{T}}\end{bmatrix}\begin{bmatrix}\boldsymbol{b}_1 & \boldsymbol{b}_2 & \cdots & \boldsymbol{b}_r\end{bmatrix}=\begin{bmatrix}\boldsymbol{a}_1^{\mathrm{T}}\boldsymbol{b}_1 & \boldsymbol{a}_1^{\mathrm{T}}\boldsymbol{b}_2 & \cdots & \boldsymbol{a}_1^{\mathrm{T}}\boldsymbol{b}_r \\ \boldsymbol{a}_2^{\mathrm{T}}\boldsymbol{b}_1 & \boldsymbol{a}_2^{\mathrm{T}}\boldsymbol{b}_2 & \cdots & \boldsymbol{a}_2^{\mathrm{T}}\boldsymbol{b}_r \\ \vdots & \vdots & & \vdots \\ \boldsymbol{a}_m^{\mathrm{T}}\boldsymbol{b}_1 & \boldsymbol{a}_m^{\mathrm{T}}\boldsymbol{b}_2 & \cdots & \boldsymbol{a}_m^{\mathrm{T}}\boldsymbol{b}_r\end{bmatrix}=\boldsymbol{C}=(c_{ij})_{m\times r}
$$

其中，有

$$c_{ij}=\boldsymbol{a}_i^{\mathrm{T}}\boldsymbol{b}_j=\begin{bmatrix}a_{i1} & a_{i2} & \cdots & a_{in}\end{bmatrix}\begin{bmatrix}b_{1j}\\ b_{2j}\\ \vdots\\ b_{nj}\end{bmatrix}=\sum_{k=1}^{n}a_{ik}b_{kj}$$

由此可以进一步领会矩阵相乘的定义。

例 1.7.3　证明矩阵 $\boldsymbol{A}=\boldsymbol{O}$ 的充分必要条件是方阵 $\boldsymbol{A}^{\mathrm{T}}\boldsymbol{A}=\boldsymbol{O}$。

证明: 必要性显然成立。下面证明充分性。

设 $\boldsymbol{A}=(a_{ij})_{m\times n}$，把 $\boldsymbol{A}$ 按列分块为 $\boldsymbol{A}=\begin{bmatrix}\boldsymbol{a}_1 & \boldsymbol{a}_2 & \cdots & \boldsymbol{a}_n\end{bmatrix}$，则

$$\boldsymbol{A}^{\mathrm{T}}\boldsymbol{A}=\begin{bmatrix}\boldsymbol{a}_1^{\mathrm{T}}\\ \boldsymbol{a}_2^{\mathrm{T}}\\ \vdots\\ \boldsymbol{a}_n^{\mathrm{T}}\end{bmatrix}\begin{bmatrix}\boldsymbol{a}_1 & \boldsymbol{a}_2 & \cdots & \boldsymbol{a}_n\end{bmatrix}=\begin{bmatrix}\boldsymbol{a}_1^{\mathrm{T}}\boldsymbol{a}_1 & \boldsymbol{a}_1^{\mathrm{T}}\boldsymbol{a}_2 & \cdots & \boldsymbol{a}_1^{\mathrm{T}}\boldsymbol{a}_n\\ \boldsymbol{a}_2^{\mathrm{T}}\boldsymbol{a}_1 & \boldsymbol{a}_2^{\mathrm{T}}\boldsymbol{a}_2 & \cdots & \boldsymbol{a}_2^{\mathrm{T}}\boldsymbol{a}_n\\ \vdots & \vdots & & \vdots\\ \boldsymbol{a}_n^{\mathrm{T}}\boldsymbol{a}_1 & \boldsymbol{a}_n^{\mathrm{T}}\boldsymbol{a}_2 & \cdots & \boldsymbol{a}_n^{\mathrm{T}}\boldsymbol{a}_n\end{bmatrix}$$

即 $\boldsymbol{A}^{\mathrm{T}}\boldsymbol{A}$ 的 (i,j) 元为 $\boldsymbol{a}_i^{\mathrm{T}}\boldsymbol{a}_j$，因 $\boldsymbol{A}^{\mathrm{T}}\boldsymbol{A}=\boldsymbol{O}$，故

$$\boldsymbol{a}_i^{\mathrm{T}}\boldsymbol{a}_j=0\ (i,j=1,2,\cdots,n)$$

特别地，有

$$\boldsymbol{a}_j^{\mathrm{T}}\boldsymbol{a}_j=0\ (j=1,2,\cdots,n)$$

而

$$\boldsymbol{a}_j^{\mathrm{T}}\boldsymbol{a}_j=\begin{bmatrix}a_{1j} & a_{2j} & \cdots & a_{mj}\end{bmatrix}\begin{bmatrix}a_{1j}\\ a_{2j}\\ \vdots\\ a_{mj}\end{bmatrix}=a_{1j}^2+a_{2j}^2+\cdots+a_{mj}^2$$

由 $a_{1j}^2+a_{2j}^2+\cdots+a_{mj}^2=0$（因$a_{ij}$为实数），得

$$a_{1j}=a_{2j}=\cdots=a_{mj}=0\ (j=1,2,\cdots,n)$$

即

$$\boldsymbol{A}=\boldsymbol{O}$$

■

1.8　应用举例

应用 1: 信息检索

因特网上数据库的发展带动了信息存储和信息检索的巨大进步，现代检索技术的基本理论就是矩阵理论和线性代数。

在典型情况下，一个数据库包含一组文档，并且希望通过搜索这些文档找到最符合特定搜索内容的文档。根据数据库的类型，可以像在期刊上搜索论文、在因特网上搜索网页、在图书馆中搜索图书或在电影集中搜索某部电影一样搜索这些条目。

为说明搜索是如何进行的，假设数据库包含 m 个文档和 n 个可用于搜索的关键字的字典字。假设字典字是按拼音字母顺序进行排序的，那么可将数据库表示为一个 $m \times n$ 矩阵 $\boldsymbol{A}$。矩阵 $\boldsymbol{A}$ 的每一列表示一个文档，$\boldsymbol{A}$ 的第 j 列的第一个元素 a_{1j} 为第 j 个文档中第一个字典字出现的相对频率；元素 a_{2j} 表示第 j 个文档中出现的第二个字典字的相对频率；等等。用 $\mathbb{R}^m$ 中的一个向量 $\boldsymbol{x}$ 表示用于搜索的关键字。如果第 i 个关键字在搜索列表中，则向量 $\boldsymbol{x}$ 中的第 i 个元素 x_i 为 1；否则，令 $x_i = 0$。为完成搜索，只需要用 $\boldsymbol{A}^{\mathrm{T}}$ 乘以 $\boldsymbol{x}$。

1. 简单匹配搜索

一类最简单的搜索是确定每个文档中有多少个搜索关键字，这种方法不考虑字的相对频率问题。例如，假设数据库中包含下列书名：

B1. 应用线性代数

B2. 线性代数基础

B3. 线性代数基础及其应用

B4. 线性代数及其应用

B5. 线性代数及应用

B6. 矩阵代数及应用

B7. 矩阵理论

按照拼音字母顺序给出关键字集合：

$$\text{代数, 基础, 矩阵, 理论, 线性, 应用}$$

对简单匹配搜索，只需在数据库矩阵中使用 0 和 1，而不必考虑关键字的相对频率。因此矩阵的 (i,j) 元素用 1 表示第 i 个单词出现在第 j 个书名中，0 表示第 i 个单词不出现在第 j 个书名中。设给出的书名列表对应的数据库矩阵定义为表 1.1 中的阵列。

表 1.1 线性代数书籍数据库的阵列表示

关键字	书籍						
	B1	B2	B3	B4	B5	B6	B7
代数	1	1	1	1	1	1	0
基础	0	1	1	0	0	0	0
矩阵	0	0	0	0	0	1	1
理论	0	0	0	0	0	0	1
线性	1	1	1	1	1	0	0
应用	1	0	1	1	1	1	0

如果搜索的关键字是“代数”“线性”“应用”，则数据库矩阵和搜索向量为

$$
\boldsymbol{A}=\begin{bmatrix}1&1&1&1&1&1&0\\0&1&1&0&0&0&0\\0&0&0&0&0&1&1\\0&0&0&0&0&0&1\\1&1&1&1&1&0&0\\1&0&1&1&1&1&0\end{bmatrix},\quad \boldsymbol{x}=\begin{bmatrix}1\\0\\0\\0\\1\\1\end{bmatrix}
$$

如果令 $\boldsymbol{y}=\boldsymbol{A}^{\mathrm{T}}\boldsymbol{x}$，则

$$
\boldsymbol{y}=\begin{bmatrix}1&0&0&0&1&1\\1&1&0&0&1&0\\1&1&0&0&1&1\\1&0&0&0&1&1\\1&0&0&0&1&1\\1&0&1&0&0&1\\0&0&1&1&0&0\end{bmatrix}\begin{bmatrix}1\\0\\0\\0\\1\\1\end{bmatrix}=\begin{bmatrix}3\\2\\3\\3\\3\\2\\0\end{bmatrix}
$$

y_1 的值就是搜索关键字在第一个书名中的数量，y_2 的值就是搜索关键字在第二个书名中的数量，等等。因为 $y_1=y_3=y_4=y_5=3$，故书名 B1、B3、B4 和 B5 必然包含所有 3 个搜索词。如果搜索设置为匹配所有搜索词，那么搜索引擎将返回第一、第三、第四和第五个书名。

2. 相对频率搜索

非盈利数据库的搜索通常会找到所有包含搜索关键字的文档，并将它们按照相对频率进行排序。此时，数据库矩阵的元素反映出关键字在文档中出现的频率。例如，假设数据库所有关键字的字典中第六个词为“代数”、第八个词为“应用”，字典中的单词采用拼音字母顺序排序。如果数据库中文档 9 包含关键字字典中的单词的总次数为 200，且若“代数”在文档中出现 10 次，而“应用”出现 6 次，则这些单词的相对频率分别为 10/200 和 6/200，并且它们对应的数据库中的元素分别为

$$
a_{69}=0.05 \quad \text{和} \quad a_{89}=0.03
$$

为搜索这两个词，令搜索向量 $\boldsymbol{x}$ 的分量 x_6 和 x_8 为 1，其他分量为 0，并计算

$$
\boldsymbol{y}=\boldsymbol{A}^{\mathrm{T}}\boldsymbol{x}
$$

$\boldsymbol{y}$ 中对应于文档 9 的元素为

$$
y_9=a_{69}\cdot 1+a_{89}\cdot 1=0.08
$$

这说明文档 9 中出现搜索词为 200 次中的 16 次（所有单词出现次数的 8%）。如果 y_i 为向量 $\boldsymbol{y}$ 中最大的元素，则说明数据库中的文档 j 包含关键字的相对频率最大。

3. 网络搜索和网页分级

现代网络搜索很容易出现在数以十亿计的文档中搜索成百上千个关键字的情形。尽管因特网上网页的数据库矩阵极其巨大，但是搜索却可以极大简化，因为矩阵和搜索向量均是稀疏的，即任一列中大多数元素为 0。

对网络搜索，好的搜索引擎应能通过简单的匹配找到所有包含关键字的网页，但这些网页并不是按照其关键字的相对频率进行排序的。这在电子商务中很自然，因为希望出售商品的人可以通过重复使用关键字，来保证他们的网页总是处于任何使用相对频率的搜索中级别最高的位置。事实上，很容易将某一关键字列表在不知不觉中重复上百次。如果将单词的前景色和网页的背景色设为相同，那么浏览者将不会察觉到词语的重复。

对网络搜索，一个更为先进的算法，需要将包含所有的搜索关键字的网页进行分级。在第 5 章的应用中将进一步介绍如何使用马尔可夫链模拟网上冲浪并得到网页分级的模型。

应用 2：网络和图

图论是应用数学中的一个重要领域，事实上所有的应用科学中都用到图论构造模型问题。图论在通信网络中更为有用。

一个图定义为顶点和无序的顶点对（或称为边）的集合。图 1.1 给出了一个图的几何表示。可以将节点 V_1、V_2、V_3、V_4、V_5 看成通信网络的节点。

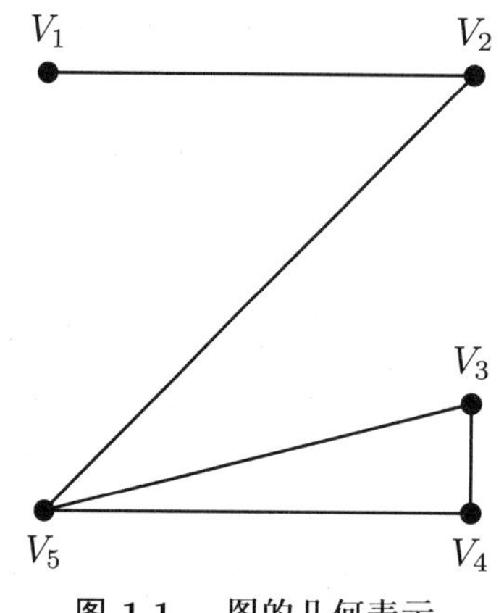

图 1.1　图的几何表示

将两个顶点互相连接的线段对应于边，表示如下：

$$\{V_1, V_2\}, \{V_2, V_5\}, \{V_3, V_4\}, \{V_3, V_5\}, \{V_4, V_5\}$$

每条边表示网络中两个节点之间有直接通信链路。

一个实际的通信网络可能包含大量的节点和边。事实上，如果有几百万个顶点，网络的图形将变得十分混乱。另一个方法是使用矩阵来表示网络。如果图中共包含 n 个顶点，则可定义一个 $n \times n$ 的矩阵 $\boldsymbol{A}$ 为

$$a_{ij} = \begin{cases} 1, & \{V_i, V_j\}\text{是图的一条边} \\ 0, & \text{没有边连接顶点}V_i\text{和}V_j \end{cases}$$

矩阵 $\boldsymbol{A}$ 称为图的邻接矩阵。图 1.1 的邻接矩阵为

$$\boldsymbol{A}=\begin{bmatrix}0&1&0&0&0\\1&0&0&0&1\\0&0&0&1&1\\0&0&1&0&1\\0&1&1&1&0\end{bmatrix}$$

注意，矩阵 $\boldsymbol{A}$ 是对称的。事实上，任何邻接矩阵必然是对称的，因为如果 $\{V_i,V_j\}$ 是图的一条边，则 $a_{ij}=a_{ji}=1$；否则如果没有边连接顶点 V_i 和 V_j，则 $a_{ij}=a_{ji}=0$。在每种情况下都有 $a_{ij}=a_{ji}$。

可以将图中的路径看成连接一个顶点到另一个顶点的边的序列。例如，图 1.1 的边 $\{V_1,V_2\}$,$\{V_2,V_5\}$ 就表示从顶点 V_1 到顶点 V_5 的一条路径，称该路径的长度为 2，因为它包含了两条边。一个简单表示路径的方法是将顶点间的移动用箭头表示。因此 $V_1\to V_2\to V_5$ 表示从 V_1 到 V_5 长度为 2 的路径。类似地，$V_4\to V_5\to V_2\to V_1$ 表示从 V_4 到 V_1 长度为 3 的路径。一条路径可能多次经过同一条边。例如，$V_5\to V_3\to V_5\to V_3$ 就是一条从 V_5 到 V_3 长度为 3 的路径。一般地，利用邻接矩阵的幂次，可以求任意两定点间给定长度的路径的条数。

定理 1.8.1 设 $\boldsymbol{A}$ 为某图的 $n\times n$ 邻接矩阵，且 $a_{ij}^{(k)}$ 表示 $\boldsymbol{A}^k$ 的 (i,j) 元素，则 $a_{ji}^{(k)}$ 等于定点 V_i 和 V_j 间长度为 k 的路径的条数。

例 1.8.1 为求图 1.1 中任何两个顶点间长度为 3 的路径的数量，只需计算

$$\boldsymbol{A}^3=\begin{bmatrix}0&2&1&1&0\\2&0&1&1&4\\1&1&2&3&4\\1&1&3&2&4\\0&4&4&4&2\end{bmatrix}$$

因此，从 V_3 到 V_5 长度为 3 的路径的数量为 $a_{35}^{(3)}=4$。注意，矩阵 $\boldsymbol{A}^3$ 是对称的，这说明从顶点 V_i 到 V_j 长度为 3 的路径数与从顶点 V_j 到 V_i 长度为 3 的路径数相同。

1.9 MATLAB 练习

本书中的上机练习均使用 MATLAB 软件完成，该软件的介绍可参考文献 [6]、[7]。本章练习中用到的 MATLAB 命令有 inv、floor、rand、tic、toc、rref、abs、max、round、sum、eye、triu、ones、zeros 和 magic。可以通过查看 MATLAB 的帮助系统得到相关命令的使用说明。例如，想知道命令 rand 如何使用，只需输入：help rand，然后按 Enter 键即

可。引入的运算有 +、 −、 ∗、′、\，其中，+ 和 − 表示通常的标量及矩阵的加法和减法运算；∗ 表示标量或矩阵的乘法；对所有元素为实数的矩阵，′ 运算对应于矩阵的转置运算。若 $\boldsymbol{A}$ 为 $n\times n$ 可逆矩阵，$\boldsymbol{B}$ 为 $n\times m$ 矩阵，则运算 $\boldsymbol{A}\backslash\boldsymbol{B}$ 等价于计算 $\boldsymbol{A}^{-1}\boldsymbol{B}$。

1. 利用 rand 命令生成 4×4 矩阵 $\boldsymbol{A}$ 和 $\boldsymbol{B}$。求下列指定的 $\boldsymbol{A}_1$、$\boldsymbol{A}_2$、$\boldsymbol{A}_3$、$\boldsymbol{A}_4$，并确定哪些矩阵是相等的。可以利用 MATLAB 计算两个矩阵的差来确定两个矩阵是否相等。

(1) $\boldsymbol{A}_1=\boldsymbol{A}*\boldsymbol{B}, \boldsymbol{A}_2=\boldsymbol{B}*\boldsymbol{A}, \boldsymbol{A}_3=(\boldsymbol{A}'*\boldsymbol{B}')', \boldsymbol{A}_4=(\boldsymbol{B}'*\boldsymbol{A}')'$；

(2) $\boldsymbol{A}_1=\boldsymbol{A}'*\boldsymbol{B}', \boldsymbol{A}_2=(\boldsymbol{A}*\boldsymbol{B})', \boldsymbol{A}_3=\boldsymbol{B}'*\boldsymbol{A}', \boldsymbol{A}_4=(\boldsymbol{B}*\boldsymbol{A})'$；

(3) $\boldsymbol{A}_1=\mathrm{inv}(\boldsymbol{A}*\boldsymbol{B}), \boldsymbol{A}_2=\mathrm{inv}(\boldsymbol{A})*\mathrm{inv}(\boldsymbol{B}), \boldsymbol{A}_3=\mathrm{inv}(\boldsymbol{B}*\boldsymbol{A}), \boldsymbol{A}_4=\mathrm{inv}(\boldsymbol{A})*\mathrm{inv}(\boldsymbol{B})$;

(4) $\boldsymbol{A}_1=\mathrm{inv}((\boldsymbol{A}*\boldsymbol{B})'), \boldsymbol{A}_2=\mathrm{inv}(\boldsymbol{A}'*\boldsymbol{B}'), \boldsymbol{A}_3=\mathrm{inv}(\boldsymbol{A}')*\mathrm{inv}(\boldsymbol{B}'), \boldsymbol{A}_4=(\mathrm{inv}(\boldsymbol{A})*\mathrm{inv}(\boldsymbol{B}))'$。

2. 令 $n=200$ 并使用命令

$$\boldsymbol{A}=\mathrm{floor}(10*\mathrm{rand}(n));\boldsymbol{b}=\mathrm{sum}(\boldsymbol{A}')';\boldsymbol{z}=\mathrm{ones}(n,1)$$

生成一个 $n\times n$ 矩阵和 $\mathbb{R}^n$ 中的两个向量，它们的元素均为整数（因为矩阵和向量都很大，所以添加分号来抑制输出）。

(1) 方程组 $\boldsymbol{Ax}=\boldsymbol{b}$ 的解应为向量 $\boldsymbol{z}$。为什么？试说明。可在 MATLAB 中利用“\”运算或计算 $\boldsymbol{A}^{-1}$，然后用 $\boldsymbol{A}^{-1}$ 乘以 $\boldsymbol{b}$ 来求解。比较这两种计算方法的速度和精度。将使用 MATLAB 命令 tic 和 toc 来测量每个计算过程消耗的时间。只需用下面的命令：

$$\mathrm{tic},\quad \boldsymbol{x}=\boldsymbol{A}\setminus\boldsymbol{b};\ \mathrm{toc}$$

$$\mathrm{tic},\quad \boldsymbol{y}=\mathrm{inv}(\boldsymbol{A})*\boldsymbol{b};\ \mathrm{toc}$$

哪一种方法更快?

为比较这两种方法的精度，可以测量求得的解 $\boldsymbol{x}$ 和 $\boldsymbol{y}$ 与真解 $\boldsymbol{z}$ 的近似程度。利用下面的命令：

$$\max(\mathrm{abs}(\boldsymbol{x}-\boldsymbol{z}))$$

$$\max(\mathrm{abs}(\boldsymbol{y}-\boldsymbol{z}))$$

哪种方法得到的解更精确?

(2) 用 $n=500$ 和 $n=1000$ 替换 (1) 中的 n。

3. 令 $\boldsymbol{A}=\mathrm{floor}(10*\mathrm{rand}(6))$。根据构造，矩阵 $\boldsymbol{A}$ 的元素都为整数。将矩阵 $\boldsymbol{A}$ 的第六列更改，使得矩阵 $\boldsymbol{A}$ 为奇异的。令

$$\boldsymbol{B}=\boldsymbol{A}',\ \boldsymbol{A}(:,6)=-\mathrm{sum}(\boldsymbol{B}(1:5,:))'$$

(1) 设 $\boldsymbol{x}=\mathrm{ones}(6,1)$，并利用 MATLAB 计算 $\boldsymbol{Ax}$。为什么说 $\boldsymbol{A}$ 必为奇异的？试说明。通过化为行最简形来判断 $\boldsymbol{A}$ 是奇异的。

(2) 令

$$\boldsymbol{B}=\boldsymbol{x}*[1:6]$$

乘积 $\boldsymbol{AB}$ 应为零矩阵。为什么？用 MATLAB 的 ∗ 运算计算 $\boldsymbol{AB}$ 进行验证。

(3) 令

$$\boldsymbol{C} = \text{floor}(10 * \text{rand}(6)) \quad 和 \quad \boldsymbol{D} = \boldsymbol{B} + \boldsymbol{C}$$

尽管 $\boldsymbol{C} \neq \boldsymbol{D}$，但乘积 $\boldsymbol{AC}$ 和 $\boldsymbol{AD}$ 是相等的。为什么？计算 $\boldsymbol{A} * \boldsymbol{C}$ 和 $\boldsymbol{A} * \boldsymbol{D}$ 并验证它们确实相等。

4. 采用如下方式构造一个矩阵。令

$$\boldsymbol{B} = \text{eye}(10) - \text{triu}(\text{ones}(10), 1)$$

为什么说 $\boldsymbol{B}$ 必为奇异的？令

$$\boldsymbol{C} = \text{inv}(\boldsymbol{B}) \quad 且 \quad \boldsymbol{x} = \boldsymbol{C}(:, 10)$$

现在用 $\boldsymbol{B}(10, 1) = -1/256$ 将 $\boldsymbol{B}$ 进行微小改变。利用 MATLAB 计算乘积 $\boldsymbol{Bx}$。由这个计算结果，可得出关于新矩阵 $\boldsymbol{B}$ 的什么结论？它是否仍然为奇异的？试说明原因。用 MATLAB 计算它的行最简形。

5. 生成一个矩阵 $\boldsymbol{A}$：

$$\boldsymbol{A} = \text{floor}(10 * \text{rand}(6))$$

并生成一个向量 $\boldsymbol{b}$：

$$\boldsymbol{b} = \text{floor}(20 * \text{rand}(6, 1)) - 10$$

(1) 因为 $\boldsymbol{A}$ 是随机生成的，所以可以认为它是非奇异的。那么方程 $\boldsymbol{Ax} = \boldsymbol{b}$ 应有唯一解。用运算 \ 求解。用 MATLAB 计算 $[\boldsymbol{A} \quad \boldsymbol{b}]$ 的行最简形 $\boldsymbol{U}$。比较 $\boldsymbol{U}$ 的最后一列和解 $\boldsymbol{x}$，结果是什么？在精确算术运算时，它们应当是相等的。为什么？为比较它们，计算差 $U(:, 7) - \boldsymbol{x}$ 或用 format long 考查它们。

(2) 现在改变 $\boldsymbol{A}$，使它成为奇异的。令

$$\boldsymbol{A}(:, 3) = \boldsymbol{A}(:, 1:2) * [4\ 3]'$$

利用 MATLAB 计算 rref($[\boldsymbol{A}\ \boldsymbol{b}]$)。方程组 $\boldsymbol{Ax} = \boldsymbol{b}$ 有多少组解？

(3) 令

$$\boldsymbol{y} = \text{floor}(20 * \text{rand}(6, 1) - 10 \quad 且 \quad \boldsymbol{c} = \boldsymbol{A} * \boldsymbol{y}$$

为什么说方程组 $\boldsymbol{Ax} = \boldsymbol{b}$ 必为相容的？计算 $[\boldsymbol{A}\ \boldsymbol{c}]$ 的最简形 $\boldsymbol{U}$。方程组 $\boldsymbol{Ax} = \boldsymbol{c}$ 有多少解？

(4) 由阶梯形矩阵确定的自由变量为 x_3。通过考查矩阵 $\boldsymbol{U}$ 对应的方程组，可以求得 $x_3 = 0$ 时对应的解。将这个解作为列向量 $\boldsymbol{w}$ 输入 MATLAB 中。为检验 $\boldsymbol{Aw} = \boldsymbol{c}$，计算剩余向量 $\boldsymbol{c} - \boldsymbol{Aw}$。

(5) 令 $\boldsymbol{U}(:, 7) = \text{zeors}(6, 1)$。矩阵 $\boldsymbol{U}$ 对应于 $(\boldsymbol{A}|\boldsymbol{0})$ 的行最简形。用 $\boldsymbol{U}$ 求自由变量 $x_3 = 1$ 时齐次方程组的解（手工计算），并将结果输入为向量 $\boldsymbol{z}$。用 $\boldsymbol{A} * \boldsymbol{z}$ 检验结论。

(6) 令 $\boldsymbol{v} = \boldsymbol{w} + 3 * \boldsymbol{z}$。向量 $\boldsymbol{v}$ 应为方程组 $\boldsymbol{Ax} = \boldsymbol{c}$ 的解。为什么？用 MATLAB 计算剩余向量 $\boldsymbol{c} - \boldsymbol{Av}$ 来验证 $\boldsymbol{v}$ 为方程组的解。在这个解中，自由向量 x_3 的取值是什么？如何使用向量 $\boldsymbol{w}$ 和 $\boldsymbol{z}$ 来求所有可能的方程组的解？

6. 令

$$\boldsymbol{B}=[-1,-1;1,1] \quad 和 \quad \boldsymbol{A}=[\text{zeros}(2),\text{eye}(2);\text{eye}(2),\boldsymbol{B}]$$

验证 $\boldsymbol{B}^2=\boldsymbol{O}$。

(1) 用 MATLAB 计算 $\boldsymbol{A}^2$、$\boldsymbol{A}^4$、$\boldsymbol{A}^6$ 及 $\boldsymbol{A}^8$。猜想用子矩阵 $\boldsymbol{I}$、$\boldsymbol{O}$ 和 $\boldsymbol{B}$ 如何表示分块形式的矩阵 $\boldsymbol{A}^{2k}$。用数学归纳法证明该猜想对任何正整数 k 都是成立的。

(2) 用 MATLAB 计算 $\boldsymbol{A}^3$、$\boldsymbol{A}^5$、$\boldsymbol{A}^7$ 及 $\boldsymbol{A}^9$。猜想用子矩阵 $\boldsymbol{I}$、$\boldsymbol{O}$ 和 $\boldsymbol{B}$ 如何表示分块形式的矩阵 $\boldsymbol{A}^{2k-1}$。用数学归纳法证明该猜想对任何正整数 k 都是成立的。

7. (1) MATLAB 命令

$$\boldsymbol{A}=\text{floor}(10*\text{rand}(6)),\ \boldsymbol{B}=\boldsymbol{A}'*\boldsymbol{A}$$

将得到元素为整数的对称矩阵。为什么？用这种方法计算 $\boldsymbol{B}$ 来验证结论。然后，将 $\boldsymbol{B}$ 划分为 4 个 3×3 子矩阵。在 MATLAB 中求子矩阵，令

$$\boldsymbol{B}11=\boldsymbol{B}(1:3,1:3),\ \boldsymbol{B}12=\boldsymbol{B}(1:3,4:6)$$

并用 $\boldsymbol{B}$ 的第 4 行到第 6 行类似地定义 $\boldsymbol{B}21$ 和 $\boldsymbol{B}22$。

(2) 令 $\boldsymbol{C}=\text{inv}(B11)$，应有 $\boldsymbol{C}^{\mathrm{T}}=\boldsymbol{C}$ 和 $\boldsymbol{B}21^{\mathrm{T}}=\boldsymbol{B}21$。为什么？用 MATLAB 运算符 $'$ 计算转置，并验证结论。然后，令

$$\boldsymbol{E}=\boldsymbol{B}21*\boldsymbol{C} \quad 和 \quad \boldsymbol{F}=\boldsymbol{B}22-\boldsymbol{B}21*\boldsymbol{C}*\boldsymbol{B}21'$$

利用 MATLAB 函数 eye 和zeros 构造

$$\boldsymbol{L}=\begin{bmatrix}\boldsymbol{I} & \boldsymbol{O}\\ \boldsymbol{E} & \boldsymbol{I}\end{bmatrix},\quad \boldsymbol{D}=\begin{bmatrix}\boldsymbol{B}11 & \boldsymbol{O}\\ \boldsymbol{O} & \boldsymbol{F}\end{bmatrix}$$

计算 $\boldsymbol{H}=\boldsymbol{L}*\boldsymbol{D}*\boldsymbol{L}'$，并通过计算 $\boldsymbol{H}-\boldsymbol{B}$ 与 $\boldsymbol{B}$ 进行比较。证明：若用算术运算精确计算 $\boldsymbol{LDL}^{\mathrm{T}}$，它应准确等于 $\boldsymbol{B}$。

1.10 习题

1. 解下列方程组。

(1) $\begin{cases} x_1-2x_2=5\\ 3x_1+x_2=1 \end{cases}$

(2) $\begin{cases} x_1+2x_2-x_3=1\\ 2x_1-x_2+x_3=3\\ -x_1+2x_2+3x_3=7 \end{cases}$

(3) $\begin{cases} 2x_1+x_2+3x_3=1\\ 4x_1+3x_2+5x_3=1\\ 6x_1+5x_2+5x_3=-3 \end{cases}$

(4) $\begin{cases} \quad\quad\quad x_2 + x_3 + x_4 = 0 \\ 3x_1 \quad + 3x_3 - 4x_4 = 7 \\ x_1 + x_2 + x_3 + 2x_4 = 6 \\ 2x_1 + 3x_2 + x_3 + 3x_4 = 6 \end{cases}$

2. 利用 3×5 的增广矩阵求解线性方程组。

$$\begin{cases} x_1 + 2x_2 - 2x_3 = 1 \\ 2x_1 + 5x_2 + x_3 = 9 \\ x_1 + 3x_2 + 4x_3 = 9 \end{cases} \qquad \begin{cases} x_1 + 2x_2 - 2x_3 = 9 \\ 2x_1 + 5x_2 + x_3 = 9 \\ x_1 + 3x_2 + 4x_3 = -2 \end{cases}$$

3. 给定方程组

$$\begin{cases} -m_1x_1 + x_2 = b_1 \\ -m_2x_1 + x_2 = b_2 \end{cases}$$

其中，m_1、m_2、b_1 和 b_2 为常数。

(1) 试证：若 $m_1 \neq m_2$，则方程组有唯一解。

(2) 若 $m_1 = m_2$，试证仅当 $b_1 = b_2$ 时方程组相容。

(3) 试给出 (1) 和 (2) 的几何表示。

4. 考虑形如

$$\begin{cases} a_{11}x_1 + a_{12}x_2 = 0 \\ a_{21}x_1 + a_{22}x_2 = 0 \end{cases}$$

的方程组，其中，a_{11}、a_{12}、a_{21}、a_{22} 均为常数。试说明该方程组必相容。

5. 给出一个有 3 个未知量的线性方程的几何表示。给出一个 3×3 线性方程组可能解集的几何表示。

6. 下列矩阵哪些是行阶梯形的？哪些是行最简形的？并将行阶梯形化为行最简形。

(1) $\begin{bmatrix} 1 & 2 & 3 & 4 \\ 0 & 0 & 1 & 2 \end{bmatrix}$ (2) $\begin{bmatrix} 1 & 2 & 3 & 4 \\ 0 & 0 & 1 & 2 \end{bmatrix}$ (3) $\begin{bmatrix} 1 & 2 & 3 & 4 \\ 0 & 0 & 1 & 2 \end{bmatrix}$

(4) $\begin{bmatrix} 1 & 0 & 0 \\ 0 & 0 & 0 \\ 0 & 0 & 1 \end{bmatrix}$ (5) $\begin{bmatrix} 1 & 0 & 0 \\ 0 & 0 & 0 \\ 0 & 0 & 1 \end{bmatrix}$ (6) $\begin{bmatrix} 1 & 0 & 0 \\ 0 & 0 & 0 \\ 0 & 0 & 1 \end{bmatrix}$

(7) $\begin{bmatrix} 1 & 0 & 0 & 1 & 2 \\ 0 & 1 & 0 & 2 & 4 \\ 0 & 0 & 1 & 3 & 6 \end{bmatrix}$ (8) $\begin{bmatrix} 1 & 0 & 0 & 1 & 2 \\ 0 & 1 & 0 & 2 & 4 \\ 0 & 0 & 1 & 3 & 6 \end{bmatrix}$ (9) $\begin{bmatrix} 1 & -2 & 2 \\ 0 & 1 & -1 \\ 0 & 0 & 1 \end{bmatrix}$

7. 利用高斯消元法，给出与下列方程组等价且系数矩阵为行阶梯形方程组。指出方程组是否是相容的。如果方程组是相容的且没有自由变量，则利用回代法求其唯一解。如果方程组是相容的且存在自由变量，则将其化为行最简形并求所有解。

(1) $\begin{cases} 2x_1+3x_2+x_3=1 \\ x_1+x_2+x_3=3 \\ 3x_1+4x_2+2x_3=4 \end{cases}$ (2) $\begin{cases} x_1+2x_2-3x_3+x_4=1 \\ -x_1-x_2+4x_3-x_4=6 \\ -2x_1-4x_2+7x_3-x_4=1 \end{cases}$

(3) $\begin{cases} x_1-2x_2=3 \\ 2x_1+x_2=1 \\ -5x_1+8x_2=4 \end{cases}$ (4) $\begin{cases} -x_1+2x_2-x_3=2 \\ -2x_1+2x_2+x_3=4 \\ 3x_1+2x_2+2x_3=5 \\ -3x_1+8x_2+5x_3=17 \end{cases}$

(5) $\begin{cases} x_1+x_2+x_3+x_4=0 \\ 2x_1+3x_2-x_3-x_4=2 \\ 3x_1+2x_2+x_3+x_4=5 \\ 3x_1+6x_2-x_3-x_4=4 \end{cases}$ (6) $\begin{cases} x_1+3x_2+x_3+x_4=3 \\ 2x_1-2x_2+x_3+2x_4=8 \\ x_1-5x_2+\qquad x_4=5 \end{cases}$

(7) $\begin{cases} x_1+3x_2+x_3+x_4=3 \\ 2x_1-2x_2+x_3+2x_4=8 \\ 3x_1+x_2+2x_3-x_4=-1 \end{cases}$ (8) $\begin{cases} x_1+x_2+x_3+x_4=0 \\ 2x_1+x_2-x_3+3x_4=0 \\ x_1-2x_2+x_3+x_4=0 \end{cases}$

8. 利用几何法说明，含有 2 个方程和 3 个变量的齐次线性方程组有无穷多解。对非齐次的 2×3 线性方程组会有多少组解？给出答案的几何解释。

9. 考虑线性方程组，其增广矩阵为

$$\left[\begin{array}{ccc|c} 1 & 2 & 1 & 0 \\ 2 & 5 & 3 & 0 \\ -1 & 1 & \beta & 0 \end{array}\right]$$

(1) 该方程组是否不相容？试说明。

(2) 当 β 取何值时，该方程组有无穷多解？

10. 考虑线性方程组，其增广矩阵为

$$\left[\begin{array}{ccc|c} 1 & 1 & 3 & 2 \\ 1 & 2 & 4 & 3 \\ 1 & 3 & a & b \end{array}\right]$$

(1) 当 a、b 取何值时，该方程组有唯一解？

(2) 当 a、b 取何值时，该方程组有无穷多解？

(3) 当 a、b 取何值时，该方程组不相容？

11. 设 $\boldsymbol{A}=\begin{bmatrix}1 & 2\\ 1 & -2\end{bmatrix}$，$\boldsymbol{b}=\begin{bmatrix}4\\ 0\end{bmatrix}$，$\boldsymbol{c}=\begin{bmatrix}-3\\ 2\end{bmatrix}$

(1) 将 $\boldsymbol{b}$ 写为 $\boldsymbol{A}$ 的列向量 $\boldsymbol{a}_1$ 和 $\boldsymbol{a}_2$ 的线性组合的形式。

(2) 利用 (1) 的结果确定线性方程组 $\boldsymbol{Ax}=\boldsymbol{b}$ 的解。方程组有其他的解吗？试说明。

(3) 将 $\boldsymbol{c}$ 写为列向量 $\boldsymbol{a}_1$ 和 $\boldsymbol{a}_2$ 的线性组合的形式。

12. 对下列的 $\boldsymbol{A}$ 和 $\boldsymbol{b}$，通过考查 $\boldsymbol{b}$ 与 $\boldsymbol{A}$ 的列向量的关系确定方程组 $\boldsymbol{Ax}=\boldsymbol{b}$ 是否是相容的。解释每一情形的答案。

(1) $\boldsymbol{A}=\begin{bmatrix}2 & 1\\ -2 & -1\end{bmatrix}$，$\boldsymbol{b}=\begin{bmatrix}3\\ 1\end{bmatrix}$

(2) $\boldsymbol{A}=\begin{bmatrix}1 & 4\\ 2 & 3\end{bmatrix}$，$\boldsymbol{b}=\begin{bmatrix}5\\ 5\end{bmatrix}$

(3) $\boldsymbol{A}=\begin{bmatrix}3 & 2 & 1\\ 3 & 2 & 1\\ 3 & 2 & 1\end{bmatrix}$，$\boldsymbol{b}=\begin{bmatrix}1\\ 0\\ -1\end{bmatrix}$

13. 说明为什么下列代数法则中将实数 a 和 b 用 $n\times n$ 矩阵 $\boldsymbol{A}$ 和 $\boldsymbol{B}$ 替换后一般是不成立的。

(1) $(a+b)^2=a^2+2ab+b^2$

(2) $(a+b)(a-b)=a^2-b^2$

14. 若将习题 1 法则中的实数 a 替换为 $n\times n$ 矩阵 $\boldsymbol{A}$，将 b 替换为 $n\times n$ 单位矩阵 $\boldsymbol{I}$，它们是否成立？

15. 求非零矩阵 $\boldsymbol{A}$ 和 $\boldsymbol{B}$，满足 $\boldsymbol{AB}=\boldsymbol{O}$。

16. 矩阵

$$\begin{bmatrix}1 & -1\\ 1 & -1\end{bmatrix}$$

有性质 $\boldsymbol{A}^2=\boldsymbol{O}$。是否存在 2×2 的对称非零矩阵满足这个性质？证明你的结论。

17. 设

$$\boldsymbol{A}=\begin{bmatrix}1 & 1 & 1\\ 1 & 1 & -1\\ 1 & -1 & 1\end{bmatrix},\boldsymbol{B}=\begin{bmatrix}1 & 2 & 3\\ -1 & -2 & 4\\ 0 & 5 & 1\end{bmatrix}$$

求 $3\boldsymbol{AB}-2\boldsymbol{A}$ 及 $\boldsymbol{A}^{\mathrm{T}}\boldsymbol{B}$。

18. 已知两个线性变换:

$$\begin{cases} x_1 = 2y_1 + y_3 \\ x_2 = -2y_1 + 3y_2 + 2y_3 \\ x_3 = 4y_1 + y_2 + 5y_3 \end{cases}, \quad \begin{cases} y_1 = -3z_1 + z_2 \\ y_2 = 2z_1 + z_3 \\ y_3 = -z_2 + 3z_3 \end{cases}$$

求从 z_1、z_2、z_3 到 x_1、x_2、x_3 的线性变换。

19. 下列哪个是初等矩阵? 将每一初等矩阵进行分类。

(1) $\begin{bmatrix} 0 & 1 \\ 1 & 0 \end{bmatrix}$ (2) $\begin{bmatrix} 2 & 0 \\ 0 & 3 \end{bmatrix}$ (3) $\begin{bmatrix} 1 & 0 & 0 \\ 0 & 1 & 0 \\ 5 & 0 & 1 \end{bmatrix}$ (4) $\begin{bmatrix} 1 & 0 & 0 \\ 0 & 5 & 0 \\ 0 & 0 & 1 \end{bmatrix}$

20. 对下列每一对矩阵，求一个初等矩阵 $\boldsymbol{E}$ 使得 $\boldsymbol{EA} = \boldsymbol{B}$。

(1) $\boldsymbol{A} = \begin{bmatrix} 2 & -1 \\ 5 & 3 \end{bmatrix}$ $\boldsymbol{B} = \begin{bmatrix} -4 & 2 \\ 5 & 3 \end{bmatrix}$

(2) $\boldsymbol{A} = \begin{bmatrix} 2 & 1 & 3 \\ -2 & 4 & 5 \\ 3 & 1 & 4 \end{bmatrix}$ $\boldsymbol{B} = \begin{bmatrix} 2 & 1 & 3 \\ 3 & 1 & 4 \\ -2 & 4 & 5 \end{bmatrix}$

(3) $\boldsymbol{A} = \begin{bmatrix} 4 & -2 & 3 \\ 1 & 0 & 2 \\ -2 & 3 & 1 \end{bmatrix}$ $\boldsymbol{B} = \begin{bmatrix} 4 & -2 & 3 \\ 1 & 0 & 2 \\ 0 & 3 & 5 \end{bmatrix}$

21. 对下列每一对矩阵，求一个初等矩阵 $\boldsymbol{E}$ 使得 $\boldsymbol{AE} = \boldsymbol{B}$。

(1) $\boldsymbol{A} = \begin{bmatrix} 4 & 1 & 3 \\ 2 & 1 & 4 \\ 1 & 3 & 2 \end{bmatrix}$ $\boldsymbol{B} = \begin{bmatrix} 3 & 1 & 4 \\ 4 & 1 & 2 \\ 2 & 3 & 1 \end{bmatrix}$

(2) $\boldsymbol{A} = \begin{bmatrix} 2 & 4 \\ 1 & 6 \end{bmatrix}$ $\boldsymbol{B} = \begin{bmatrix} 2 & -2 \\ 1 & 3 \end{bmatrix}$

(3) $\boldsymbol{A} = \begin{bmatrix} 4 & -2 & 3 \\ -2 & 4 & 2 \\ 6 & 1 & -2 \end{bmatrix}$ $\boldsymbol{B} = \begin{bmatrix} 2 & -2 & 3 \\ -1 & 4 & 2 \\ 3 & 1 & -2 \end{bmatrix}$

22. 给定

$$A=\begin{bmatrix}1&2&4\\2&1&3\\1&0&2\end{bmatrix},\quad B=\begin{bmatrix}1&2&4\\2&1&3\\2&2&6\end{bmatrix},\quad C=\begin{bmatrix}1&2&4\\0&-1&-3\\2&2&6\end{bmatrix}$$

(1) 求初等矩阵 $\boldsymbol{E}$，使得 $\boldsymbol{EA}=\boldsymbol{B}$。

(2) 求初等矩阵 $\boldsymbol{F}$，使得 $\boldsymbol{FB}=\boldsymbol{C}$。

(3) $\boldsymbol{C}$ 与 $\boldsymbol{A}$ 行等价吗？试说明。

23. 给定

$$\boldsymbol{A}=\begin{bmatrix}2&1&1\\6&4&5\\4&1&3\end{bmatrix}$$

(1) 求初等矩阵 $\boldsymbol{E}_1$、$\boldsymbol{E}_2$、$\boldsymbol{E}_3$，使得

$$\boldsymbol{E}_3\boldsymbol{E}_2\boldsymbol{E}_1\boldsymbol{A}=\boldsymbol{U}$$

其中，$\boldsymbol{U}$ 为上三角矩阵。

(2) 求矩阵 $\boldsymbol{E}_1$、$\boldsymbol{E}_2$、$\boldsymbol{E}_3$ 的逆，并令 $\boldsymbol{L}=\boldsymbol{E}_1^{-1}\boldsymbol{E}_2^{-1}\boldsymbol{E}_3^{-1}$。矩阵 $\boldsymbol{L}$ 是何种类型的？验证 $\boldsymbol{A}=\boldsymbol{L}U$。

24. 给定

$$\boldsymbol{A}=\begin{bmatrix}2&1\\6&4\end{bmatrix}$$

(1) 将 $\boldsymbol{A}^{-1}$ 写为初等矩阵的乘积。

(2) 将 $\boldsymbol{A}$ 写为初等矩阵的乘积。

25. 求下列矩阵的逆矩阵。

(1) $\begin{bmatrix}1&2\\2&5\end{bmatrix}$　　(2) $\begin{bmatrix}1&2&3\\2&2&1\\3&4&3\end{bmatrix}$

(3) $\begin{bmatrix}1&2&-1\\3&4&-2\\5&-4&1\end{bmatrix}$　　(4) $\begin{bmatrix}5&0&0\\0&3&1\\0&2&1\end{bmatrix}$

(5) $\begin{bmatrix}1&0&0&0\\1&2&0&0\\2&1&3&0\\1&2&1&4\end{bmatrix}$　　(6) $\begin{bmatrix}3&-2&0&-1\\0&2&2&1\\1&-2&-3&-2\\0&1&2&1\end{bmatrix}$

26. 解下列矩阵方程。

(1) $\boldsymbol{X}\begin{bmatrix}2 & 1 & -1\\ 2 & 1 & 0\\ 1 & -1 & 1\end{bmatrix}=\begin{bmatrix}1 & -1 & 3\\ 4 & 3 & 2\end{bmatrix}$

(2) $\begin{bmatrix}1 & 4\\ -1 & 2\end{bmatrix}\boldsymbol{X}\begin{bmatrix}2 & 0\\ -1 & 1\end{bmatrix}=\begin{bmatrix}3 & 1\\ 0 & -1\end{bmatrix}$

(3) $\begin{bmatrix}0 & 1 & 0\\ 1 & 0 & 0\\ 0 & 0 & 1\end{bmatrix}\boldsymbol{X}\begin{bmatrix}1 & 0 & 0\\ 0 & 0 & 1\\ 0 & 1 & 0\end{bmatrix}=\begin{bmatrix}1 & -4 & 3\\ 2 & 0 & -1\\ 1 & -2 & 0\end{bmatrix}$

(4) $\begin{bmatrix}2 & 1\\ 5 & 4\end{bmatrix}\boldsymbol{X}\begin{bmatrix}1 & 3 & 3\\ 1 & 4 & 3\\ 1 & 3 & 4\end{bmatrix}=\begin{bmatrix}1 & 0 & -1\\ 1 & -2 & 0\end{bmatrix}$

27. 证明：$\boldsymbol{B}$ 行等价于 $\boldsymbol{A}$ 的充要条件是，存在可逆矩阵 $\boldsymbol{M}$，使得 $\boldsymbol{B}=\boldsymbol{M}\boldsymbol{A}$。

28. 计算下列分块乘法。

(1) $\left[\begin{array}{ccc:c}1 & 1 & 1 & -1\\ 2 & 1 & 2 & -1\end{array}\right]\left[\begin{array}{ccc}4 & -2 & 1\\ 2 & 3 & 1\\ 1 & 1 & 2\\ \hdashline 1 & 2 & 3\end{array}\right]$ (2) $\left[\begin{array}{cc}4 & -2\\ 2 & 3\\ 1 & 1\\ \hdashline 1 & 2\end{array}\right]\left[\begin{array}{ccc|c}1 & 1 & 1 & -1\\ 2 & 1 & 2 & -1\end{array}\right]$

(3) $\left[\begin{array}{cc:cc}\frac{3}{5} & -\frac{4}{5} & 0 & 0\\ \frac{4}{5} & \frac{3}{5} & 0 & 0\\ \hdashline 0 & 0 & 1 & 0\end{array}\right]\left[\begin{array}{cc:c}\frac{3}{5} & \frac{4}{5} & 0\\ -\frac{4}{5} & \frac{3}{5} & 0\\ \hdashline 0 & 0 & 1\\ 0 & 0 & 0\end{array}\right]$ (4) $\left[\begin{array}{ccc:cc}0 & 0 & 1 & 0 & 0\\ 0 & 1 & 0 & 0 & 0\\ 1 & 0 & 0 & 0 & 0\\ \hdashline 0 & 0 & 0 & 0 & 1\\ 0 & 0 & 0 & 1 & 0\end{array}\right]\left[\begin{array}{cc}1 & -1\\ 2 & -2\\ 3 & -3\\ \hdashline 4 & -4\\ 5 & -5\end{array}\right]$

29. 计算 $\begin{bmatrix}1 & 2 & 1 & 0\\ 0 & 1 & 0 & 1\\ 0 & 0 & 2 & 1\\ 0 & 0 & 0 & 3\end{bmatrix}\begin{bmatrix}1 & 0 & 3 & 1\\ 0 & 1 & 2 & -1\\ 0 & 0 & -2 & 3\\ 0 & 0 & 0 & -3\end{bmatrix}$。

30. 设 $\boldsymbol{A}=\begin{bmatrix} 2 & 3 & 0 & 0 & 0 \\ 2 & 1 & 0 & 0 & 0 \\ 0 & 0 & 1 & 1 & 1 \\ 0 & 0 & 0 & 1 & 1 \\ 0 & 0 & 0 & 0 & 1 \end{bmatrix}$，利用矩阵的分块求 $\boldsymbol{A}^{-1}$。

31. 令 $\boldsymbol{A}=\begin{bmatrix} \boldsymbol{A}_{11} & \boldsymbol{A}_{12} \\ \boldsymbol{O} & \boldsymbol{A}_{22} \end{bmatrix}$，其中 4 个分块矩阵均为 $n\times n$ 矩阵。

(1) 若 $\boldsymbol{A}_{11}$ 和 $\boldsymbol{A}_{22}$ 为可逆矩阵，证明：$\boldsymbol{A}$ 可逆且 $\boldsymbol{A}^{-1}$ 形如 $\begin{bmatrix} \boldsymbol{A}_{11}^{-1} & \boldsymbol{C} \\ \boldsymbol{O} & \boldsymbol{A}_{22}^{-1} \end{bmatrix}$。

(2) 求 $\boldsymbol{C}$。

32. 令 $\boldsymbol{A}$ 和 $\boldsymbol{B}$ 为 $n\times n$ 的矩阵，并定义 $2n\times 2n$ 矩阵 $\boldsymbol{S}$ 和 $\boldsymbol{M}$ 为

$$\boldsymbol{S}=\begin{bmatrix} \boldsymbol{I} & \boldsymbol{A} \\ \boldsymbol{O} & \boldsymbol{I} \end{bmatrix}, \qquad \boldsymbol{M}=\begin{bmatrix} \boldsymbol{AB} & \boldsymbol{O} \\ \boldsymbol{B} & \boldsymbol{O} \end{bmatrix}$$

求 $\boldsymbol{S}^{-1}$ 的分块形式，并计算乘积 $\boldsymbol{S}^{-1}\boldsymbol{MS}$ 的分块形式。

33. 令 $\boldsymbol{A}=\begin{bmatrix} \boldsymbol{A}_{11} & \boldsymbol{A}_{12} \\ \boldsymbol{A}_{21} & \boldsymbol{A}_{22} \end{bmatrix}$，其中 $\boldsymbol{A}_{11}$ 为 $k\times k$ 的可逆矩阵。证明：$\boldsymbol{A}$ 可分解为乘积

$$\begin{bmatrix} \boldsymbol{I} & \boldsymbol{O} \\ \boldsymbol{B} & \boldsymbol{I} \end{bmatrix}\begin{bmatrix} \boldsymbol{A}_{11} & \boldsymbol{A}_{12} \\ \boldsymbol{O} & \boldsymbol{C} \end{bmatrix}$$

其中，$\boldsymbol{B}=\boldsymbol{A}_{21}\boldsymbol{A}_{11}^{-1}$，$\boldsymbol{C}=\boldsymbol{A}_{22}-\boldsymbol{A}_{21}\boldsymbol{A}_{11}^{-1}\boldsymbol{A}_{12}$。

第 2 章 行 列 式

每个方形矩阵都可以和一个称为矩阵行列式的实数相对应，这个实数将说明矩阵是否可逆。行列式是一个重要的数学工具，不仅在线性代数和数学的其他分支中广泛应用，而且在工程技术和管理科学中也有重要应用。本章主要讨论行列式的定义、性质、计算方法及行列式在解 n 元线性方程组中的应用。

2.1 矩阵的行列式

对每个 $n \times n$ 矩阵 $\boldsymbol{A}$，均可定义一个实数 $\det(\boldsymbol{A})$，该实数的值将说明矩阵是否可逆。在引入一般的行列式的定义之前，考虑如下的情形。

情形 1: 1×1 矩阵。

对于 1×1 矩阵 $\boldsymbol{A} = (a)$，当且仅当 $a \neq 0$ 时，$\boldsymbol{A}$ 是可逆的。因此，如果定义

$$\det(\boldsymbol{A}) = a$$

则当且仅当 $\det(\boldsymbol{A}) \neq 0$ 时，$\boldsymbol{A}$ 是可逆的。

情形 2: 2×2 矩阵。

令

$$\boldsymbol{A} = \begin{bmatrix} a_{11} & a_{12} \\ a_{21} & a_{22} \end{bmatrix}$$

由定理 1.6.5，$\boldsymbol{A}$ 可逆的充要条件为 $\boldsymbol{A}$ 行等价于 $\boldsymbol{I}$。因此，若 $a_{11} \neq 0$，可利用如下的运算检测 $\boldsymbol{A}$ 是否行等价于 $\boldsymbol{I}$。

(1) 将 $\boldsymbol{A}$ 的第 2 行乘以 a_{11}：

$$\begin{bmatrix} a_{11} & a_{12} \\ a_{11}a_{21} & a_{11}a_{22} \end{bmatrix}$$

(2) 从新的第二行中减去 a_{21} 乘以第一行：

$$\begin{bmatrix} a_{11} & a_{12} \\ 0 & a_{11}a_{22} - a_{21}a_{12} \end{bmatrix}$$

因为 $a_{11} \neq 0$，上面矩阵行等价于 $\boldsymbol{I}$ 的充要条件为

$$a_{11}a_{22} - a_{21}a_{12} \neq 0 \tag{2.1}$$

若 $a_{11} = 0$，则可以交换 $\boldsymbol{A}$ 的两行，得到 $\begin{bmatrix} a_{21} & a_{22} \\ 0 & a_{12} \end{bmatrix}$，该矩阵行等价于 $\boldsymbol{I}$ 的充要条件是 $a_{21}a_{12} \neq 0$。当 $a_{11} = 0$ 时，这个条件等价于式 (2.1)。因此，若 $\boldsymbol{A}$ 为任意 2×2 矩阵，且定义

$$\det(\boldsymbol{A}) = a_{11}a_{22} - a_{12}a_{21}$$

当且仅当 $\det(\boldsymbol{A}) \neq 0$ 时，$\boldsymbol{A}$ 是可逆的。

注： 通常用两条竖线间包括的阵列表示给定矩阵的行列式。例如，若 $\boldsymbol{A} = \begin{bmatrix} 3 & 4 \\ 2 & 1 \end{bmatrix}$，则 $\begin{vmatrix} 3 & 4 \\ 2 & 1 \end{vmatrix}$ 表示 $\boldsymbol{A}$ 的行列式。

情形 3: 3×3 矩阵。

可以通过对一个 3×3 矩阵作行运算，并观察它是否行等价于单位矩阵 $\boldsymbol{I}$，以检验该矩阵是否可逆。对任意的 3×3 矩阵，为了消去第一列，首先假设 $a_{11} \neq 0$。则第二行和第三行分别减去第一行乘以 $\dfrac{a_{21}}{a_{11}}$ 和 $\dfrac{a_{31}}{a_{11}}$ 即可实现消元过程。

$$\begin{bmatrix} a_{11} & a_{12} & a_{13} \\ a_{21} & a_{22} & a_{23} \\ a_{31} & a_{32} & a_{33} \end{bmatrix} \to \begin{bmatrix} a_{11} & a_{12} & a_{13} \\ 0 & \dfrac{a_{11}a_{22} - a_{21}a_{12}}{a_{11}} & \dfrac{a_{11}a_{23} - a_{21}a_{13}}{a_{11}} \\ 0 & \dfrac{a_{11}a_{32} - a_{31}a_{12}}{a_{11}} & \dfrac{a_{11}a_{33} - a_{31}a_{13}}{a_{11}} \end{bmatrix}$$

右侧的矩阵行等价于 $\boldsymbol{I}$ 的充要条件为

$$a_{11} \begin{vmatrix} \dfrac{a_{11}a_{22} - a_{21}a_{12}}{a_{11}} & \dfrac{a_{11}a_{23} - a_{21}a_{13}}{a_{11}} \\ \dfrac{a_{11}a_{32} - a_{31}a_{12}}{a_{11}} & \dfrac{a_{11}a_{33} - a_{31}a_{13}}{a_{11}} \end{vmatrix} \neq 0$$

上式可化简为

$$a_{11}a_{22}a_{33} - a_{11}a_{32}a_{23} - a_{12}a_{21}a_{33} + a_{12}a_{31}a_{23} + a_{13}a_{21}a_{32} - a_{13}a_{31}a_{22} \neq 0 \tag{2.2}$$

因此，如果定义

$$\det(\boldsymbol{A}) = a_{11}a_{22}a_{33} - a_{11}a_{23}a_{32} - a_{12}a_{21}a_{33} + a_{12}a_{23}a_{31} + a_{13}a_{21}a_{32} - a_{13}a_{22}a_{31} \tag{2.3}$$

则当 $a_{11} \neq 0$ 时，矩阵可逆的充要条件为 $\det(\boldsymbol{A}) \neq 0$。

当 $a_{11}=0$ 时，有如下 3 种情形：

(1) $a_{11}=0, a_{21}\neq 0$;

(2) $a_{11}=a_{21}=0, a_{31}\neq 0$;

(3) $a_{11}=a_{21}=a_{31}=0$。

容易验证，情形 (1) 和 (2) 分别是式 (2.2) 在 $a_{11}=0$ 和 $a_{11}=a_{21}=0$ 时的特殊情形。对于情形 (3)，显然矩阵 $\boldsymbol{A}$ 不行等价于 $\boldsymbol{I}$，因此 $\boldsymbol{A}$ 是不可逆的。此时如果令式 (2.3) 中的 a_{11}、a_{21} 和 a_{31} 都等于 0，则有 $\det(\boldsymbol{A})=0$。

下面希望定义一个 $n\times n$ 矩阵的行列式。注意到，对于 2×2 矩阵

$$\boldsymbol{A}=\begin{bmatrix} a_{11} & a_{12} \\ a_{21} & a_{22} \end{bmatrix}$$

其行列式可以用两个 1×1 矩阵定义：

$$\boldsymbol{M}_{11}=(a_{22}) \quad \text{和} \quad \boldsymbol{M}_{12}=(a_{21})$$

矩阵 $\boldsymbol{M}_{11}$ 为 $\boldsymbol{A}$ 删除第一行第一列得到的 1×1 矩阵，$\boldsymbol{M}_{12}$ 为 $\boldsymbol{A}$ 删除第一行第二列得到的 1×1 矩阵。此时，$\boldsymbol{A}$ 的行列式可表示为如下形式：

$$\det(\boldsymbol{A})=a_{11}a_{22}-a_{12}a_{21}=a_{11}\det(\boldsymbol{M}_{11})-a_{12}\det(\boldsymbol{M}_{12}) \tag{2.4}$$

对于 3×3 矩阵 $\boldsymbol{A}$，可将式 (2.3) 改写为

$$\det(\boldsymbol{A})=a_{11}(a_{22}a_{33}-a_{32}a_{23})-a_{12}(a_{21}a_{33}-a_{31}a_{23})+a_{13}(a_{21}a_{32}-a_{31}a_{22})$$

令 $\boldsymbol{M}_{1j}$ $(j=1,2,3)$ 表示删除 $\boldsymbol{A}$ 的第一行和第 j 列得到的 2×2 矩阵，则 $\boldsymbol{A}$ 的行列式可表示为

$$\det(\boldsymbol{A})=a_{11}\det(\boldsymbol{M}_{11})-a_{12}\det(\boldsymbol{M}_{12})+a_{13}\det(\boldsymbol{M}_{13}) \tag{2.5}$$

其中，$\boldsymbol{M}_{11}=\begin{bmatrix} a_{22} & a_{23} \\ a_{32} & a_{33} \end{bmatrix}$，$\boldsymbol{M}_{12}=\begin{bmatrix} a_{21} & a_{23} \\ a_{31} & a_{33} \end{bmatrix}$，$\boldsymbol{M}_{13}=\begin{bmatrix} a_{21} & a_{22} \\ a_{31} & a_{32} \end{bmatrix}$。

为得到 $n>3$ 时的一般情况，引入如下定义。

定义 2.1.1 令 $\boldsymbol{A}=(a_{ij})$ 为 $n\times n$ 矩阵，并用 $\boldsymbol{M}_{ij}$ 表示删除 $\boldsymbol{A}$ 中包含 a_{ij} 的行和列得到的 $(n-1)\times(n-1)$ 矩阵。矩阵 $\boldsymbol{M}_{ij}$ 的行列式称为 a_{ij} 的子式。定义 a_{ij} 的代数余子式为

$$A_{ij}=(-1)^{i+j}\det(\boldsymbol{M}_{ij})$$

考虑到这个定义，对 2×2 矩阵 $\boldsymbol{A}$，式 (2.4) 可改写为

$$\det(\boldsymbol{A})=a_{11}A_{11}+a_{12}A_{12} \quad (n=2) \tag{2.6}$$

式 (2.6) 称为 $\det(\boldsymbol{A})$ 按第一行的代数余子式展开。注意到，式 (2.4) 也可写为

$$\det(\boldsymbol{A})=a_{21}(-a_{12})+a_{22}a_{11}=a_{21}A_{21}+a_{22}A_{22} \tag{2.7}$$

式 (2.7) 将 $\det(\boldsymbol{A})$ 表示为 $\boldsymbol{A}$ 的第二行元素及其代数余子式的形式。事实上，没必要按照矩阵的行进行展开，行列式也可按照列进行展开。

$$\begin{aligned}\det(\boldsymbol{A}) &= a_{11}a_{22} + a_{21}(-a_{12}) \\ &= a_{11}A_{11} + a_{21}A_{21} \qquad \text{（第一列）} \\ \det(\boldsymbol{A}) &= a_{12}(-a_{21}) + a_{22}a_{11} \\ &= a_{12}A_{12} + a_{22}A_{22} \qquad \text{（第二列）}\end{aligned}$$

对于 3×3 矩阵 $\boldsymbol{A}$，有

$$\det(\boldsymbol{A}) = a_{11}A_{11} + a_{12}A_{12} + a_{13}A_{13}$$

因此，3×3 矩阵的行列式可以矩阵的第一行及其相应的代数余子式定义。类似于 2×2 矩阵的情形，3×3 矩阵的行列式可以用矩阵的任一行或列的代数余子式展开来表示。例如，式 (2.3) 可写为

$$\begin{aligned}\det(\boldsymbol{A}) &= a_{12}a_{31}a_{23} - a_{13}a_{31}a_{22} - a_{11}a_{32}a_{23} + a_{13}a_{21}a_{32} + a_{11}a_{22}a_{33} - a_{12}a_{21}a_{33} \\ &= a_{31}(a_{12}a_{23} - a_{13}a_{22}) - a_{32}(a_{11}a_{23} - a_{13}a_{21}) + a_{33}(a_{11}a_{22} - a_{12}a_{21}) \\ &= a_{31}A_{31} + a_{32}A_{32} + a_{33}A_{33}\end{aligned}$$

上式是按照 $\boldsymbol{A}$ 的第三行展开的。

类似地，4×4 矩阵的行列式可以定义为按第一行展开，并通过 4 个 3×3 行列式来定义。由此可给出 n 阶行列式的递归定义。

定义 2.1.2 $n \times n$ 矩阵 $\boldsymbol{A}$ 的行列式，记为 $\det(\boldsymbol{A})$ 或 $|\boldsymbol{A}|$，是一个与矩阵 $\boldsymbol{A}$ 对应的数，可如下递归定义为:

$$\det(\boldsymbol{A}) = |\boldsymbol{A}| = \begin{cases} a_{11}, & n = 1 \\ a_{11}A_{11} + a_{12}A_{12} + \cdots + a_{1n}A_{1n}, & n > 1 \end{cases}$$

其中，$A_{1j} = (-1)^{1+j}\det(\boldsymbol{M}_{1j})$，$j = 1, 2, \cdots, n$ 为元素 a_{1j} 对应的代数余子式，$\boldsymbol{M}_{1j}$ 表示删除 $\boldsymbol{A}$ 中包含 a_{1j} 的行和列得到的 $(n-1) \times (n-1)$ 矩阵，即

$$\boldsymbol{M}_{1j} = \begin{bmatrix} a_{21} & a_{22} & \cdots & a_{2,j-1} & a_{2,j+1} & \cdots & a_{2n} \\ a_{31} & a_{32} & \cdots & a_{3,j-1} & a_{3,j+1} & \cdots & a_{3n} \\ \vdots & \vdots & & \vdots & \vdots & & \vdots \\ a_{n1} & a_{n2} & \cdots & a_{n,j-1} & a_{n,j+1} & \cdots & a_{nn} \end{bmatrix}.$$

事实上，没有必要限制在按照矩阵的第一行进行展开，行列式也可以按照矩阵的某一行或某一列进行展开。下面不加证明地给出如下定理。

定理 2.1.1 设 $\boldsymbol{A}$ 为 $n \times n$ 矩阵，其中 $n \geqslant 2$，则 $\det(\boldsymbol{A})$ 可表示为 $\boldsymbol{A}$ 的任何行或列的余子式展开，即

$$\begin{aligned}\det(\boldsymbol{A}) &= a_{i1}A_{i1} + a_{i2}A_{i2} + \cdots + a_{in}A_{in} \\ &= a_{1j}A_{1j} + a_{2j}A_{2j} + \cdots + a_{nj}A_{nj}\end{aligned}$$

其中，A_{ij} 为元素 a_{ij} 对应的代数余子式，$i = 1, 2, \cdots, n$；$j = 1, 2, \cdots, n$。

由此可知，行列式是元素 a_{ij} 的乘积构成的和式，称为行列式的展开式，展开式共有 $n!$ 项，每一项都是取自不同的行、不同的列的元素的乘积，展开式中带正负号的项各占一半。

利用定义计算行列式时，通常使用零元素最多的行或列展开以减少工作量。

例 2.1.1 设

$$\boldsymbol{A}=\begin{bmatrix}0&2&3&0\\0&4&5&0\\0&1&0&3\\2&0&1&3\end{bmatrix}$$

利用行列式的定义计算 $\det(\boldsymbol{A})$。

解: 按第一列向下展开，得

$$\det(\boldsymbol{A})=\begin{vmatrix}0&2&3&0\\0&4&5&0\\0&1&0&3\\2&0&1&3\end{vmatrix}=(-1)^{4+1}\cdot 2\begin{vmatrix}2&3&0\\4&5&0\\1&0&3\end{vmatrix}$$

$$=-2\cdot(-1)^{3+3}\cdot 3\begin{vmatrix}2&3\\4&5\end{vmatrix}=12$$

例 2.1.2 设 $n\times n$ 矩阵

$$\boldsymbol{A}=\begin{bmatrix}&&&\lambda_1\\&&\lambda_2&\\&\iddots&&\\\lambda_n&&&\end{bmatrix}$$

其中，次对角线上方、下方的元素全为 0。证明: $\det(\boldsymbol{A})=(-1)^{\frac{n(n-1)}{2}}\lambda_1\lambda_2\cdots\lambda_n$。

证明: 由行列式的定义可得

$$\det(\boldsymbol{A})=\begin{vmatrix}&&&\lambda_1\\&&\lambda_2&\\&\iddots&&\\\lambda_n&&&\end{vmatrix}=(-1)^{n+1}\lambda_1\begin{vmatrix}&&&\lambda_2\\&&\lambda_3&\\&\iddots&&\\\lambda_n&&&\end{vmatrix}$$

$$=(-1)^{n+1}\lambda_1\det(\boldsymbol{M}_{1,n})$$

又

$$\begin{aligned}\det(\boldsymbol{M}_{1,n}) &= \begin{vmatrix} & & & \lambda_2 \\ & & \lambda_3 & \\ & \iddots & & \\ \lambda_n & & & \end{vmatrix} \\ &= (-1)^{n-1+1}\lambda_2 \begin{vmatrix} & & & \lambda_3 \\ & & \lambda_4 & \\ & \iddots & & \\ \lambda_n & & & \end{vmatrix} \\ &= (-1)^n \lambda_2 \det(\boldsymbol{M}_{2,n-1}) = (-1)^{n-2}\lambda_2 \det(\boldsymbol{M}_{2,n-1})\end{aligned}$$

于是利用递推关系可得

$$\begin{aligned}\det(\boldsymbol{A}) &= (-1)^{n+1}\lambda_1 \det(\boldsymbol{M}_{1,n}) \\ &= (-1)^{n-1}\lambda_1(-1)^{n-2}\lambda_2 \det(\boldsymbol{M}_{2,n-1}) \\ &\ \ \vdots \\ &= (-1)^{(n-1)+(n-2)+\cdots+2+1}\lambda_1\lambda_2\cdots\lambda_n \\ &= (-1)^{\frac{n(n-1)}{2}}\lambda_1\lambda_2\cdots\lambda_n\end{aligned}$$

■

例 2.1.3　设 $n \times n$ 矩阵

$$\boldsymbol{A} = \begin{bmatrix} a_{11} & & & \\ a_{21} & a_{22} & & \\ \vdots & \vdots & \ddots & \\ a_{n1} & a_{n2} & \cdots & a_{nn} \end{bmatrix}$$

其中，主对角线上方元素全为 0，即当 $i < j$ 时，$a_{ij} = 0$。证明：$\det(\boldsymbol{A}) = a_{11}a_{22}\cdots a_{nn}$。

证明： 对 n 应用数学归纳法。显然，当 $n = 1$ 时，结论成立。假设该结论对所有的 $n-1$ 阶矩阵成立，则对 n 阶矩阵 $\boldsymbol{A}$，由行列式的定义，有

$$\det(\boldsymbol{A}) = \begin{vmatrix} a_{11} & & & \\ a_{21} & a_{22} & & \\ \vdots & \vdots & \ddots & \\ a_{n1} & a_{n2} & \cdots & a_{nn} \end{vmatrix} = (-1)^{1+1}a_{11}\begin{vmatrix} a_{22} & & \\ \vdots & \ddots & \\ a_{n2} & \cdots & a_{nn} \end{vmatrix} = a_{11}\det(\boldsymbol{M}_{11})$$

由于 $\boldsymbol{M}_{11}$ 为 $n-1$ 阶矩阵，故由归纳假设有 $\det(\boldsymbol{A}) = a_{11}a_{22}\cdots a_{nn}$。

■

2.2 行列式的性质

本节讨论行列式的性质。

性质 2.2.1 设 $\boldsymbol{A}$ 为 $n\times n$ 矩阵，则 $\det(\boldsymbol{A})=\det(\boldsymbol{A}^{\mathrm{T}})$。

证明: 对 n 采用数学归纳法证明。当 $n=1$ 时，因为 1×1 矩阵是对称的，所以该结论对 $n=1$ 是成立的。假设 $n=k$ 时结论成立，当 $n=k+1$ 时，对 $(k+1)\times(k+1)$ 矩阵 $\boldsymbol{A}$ 按照第一行展开，有

$$\det(\boldsymbol{A})=(-1)^{1+1}a_{11}\det(\boldsymbol{M}_{11})+(-1)^{1+2}a_{12}\det(\boldsymbol{M}_{12})+\cdots+(-1)^{1+(k+1)}\det(\boldsymbol{M}_{1(k+1)})$$

由于 $\boldsymbol{M}_{ij}$ 均为 $k\times k$ 矩阵，由归纳假设有

$$\det(\boldsymbol{A})=(-1)^{1+1}a_{11}\det(\boldsymbol{M}_{11}^{\mathrm{T}})+(-1)^{1+2}a_{12}\det(\boldsymbol{M}_{12}^{\mathrm{T}})+\cdots+(-1)^{1+(k+1)}\det(\boldsymbol{M}_{1(k+1)}^{\mathrm{T}}) \tag{2.8}$$

式 (2.8) 的右端恰是 $\det(\boldsymbol{A})$ 按照 $\boldsymbol{A}^{\mathrm{T}}$ 的第一列展开的。因此

$$\det(\boldsymbol{A}^{\mathrm{T}})=\det(\boldsymbol{A})$$

■

性质 2.2.2 设 $\boldsymbol{A}$ 为 $n\times n$ 矩阵，则有如下结论。

(1) 若 $\boldsymbol{A}$ 有一行（列）包含的元素全为零，则 $\det(\boldsymbol{A})=0$。

(2) 若 $\boldsymbol{A}$ 有两行（列）相等，则 $\det(\boldsymbol{A})=0$。

以上性质容易利用行列式的定义加以证明。具体证明过程留给读者完成（见练习）。

性质 2.2.3 设 $\boldsymbol{A}$ 为 $n\times n$ 矩阵。若交换矩阵 $\boldsymbol{A}$ 的两行，则 $\boldsymbol{A}$ 的行列式改变符号。

证明: 应用数学归纳法证明。当 $n=2$ 时，结论显然成立。假设 $n=k$ 时，结论成立。当 $n=k+1$ 时，对 $(k+1)\times(k+1)$ 矩阵 $\boldsymbol{A}$，按未被换行的第 l 行展开，有

$$\det(\boldsymbol{A})=(-1)^{l+1}a_{l1}\det(\boldsymbol{M}_{l1})+(-1)^{l+2}a_{l2}\det(\boldsymbol{M}_{l2})+\cdots+(-1)^{l+n}\det(\boldsymbol{M}_{ln})$$

由于 $\boldsymbol{M}_{lm}$，$m=1,2,\cdots,n$ 是 k 阶矩阵，且其中有两行互换，由归纳假设知，$\det(\boldsymbol{M}_{lm})$，$m=1,2,\cdots,n$ 改变符号，因此 $\det(\boldsymbol{A})$ 也改变符号。

■

性质 2.2.4 设 $\boldsymbol{A}$ 为 $n\times n$ 矩阵。矩阵 $\boldsymbol{A}$ 的某一行（列）中所有元素都乘同一个数 k，相当于用数 k 乘 $\boldsymbol{A}$ 的行列式，即

$$\begin{vmatrix} a_{11} & a_{12} & \cdots & a_{1n} \\ \vdots & \vdots & & \vdots \\ ka_{i1} & ka_{i2} & \cdots & ka_{in} \\ \vdots & \vdots & & \vdots \\ a_{n1} & a_{n2} & \cdots & a_{nn} \end{vmatrix} = k\begin{vmatrix} a_{11} & a_{12} & \cdots & a_{1n} \\ \vdots & \vdots & & \vdots \\ a_{i1} & a_{i2} & \cdots & a_{in} \\ \vdots & \vdots & & \vdots \\ a_{n1} & a_{n2} & \cdots & a_{nn} \end{vmatrix} \tag{2.9}$$

证明: 对式 (2.9) 左侧按第 i 行展开, 即可得等号右侧结果。

■

推论 2.2.1 行列式中某一行 (列) 的所有元素的公因子可以提到行列式记号的外面。

性质 2.2.5 设 $\boldsymbol{A}$ 为 $n \times n$ 矩阵。若 $\boldsymbol{A}$ 中有两行 (列) 元素成比例, 则 $\boldsymbol{A}$ 的行列式等于零。

证明: 利用推论 2.2.1 及性质 2.2.2 中的 (2) 得证。

■

性质 2.2.6 设 $\boldsymbol{A}$ 为 $n \times n$ 矩阵。若 $\boldsymbol{A}$ 的某一行 (列) 的元素都是两数之和, 例如第 i 行的元素都是两数之和:

$$\boldsymbol{A} = \begin{bmatrix} a_{11} & a_{12} & \cdots & a_{1n} \\ \vdots & \vdots & & \vdots \\ a_{i1}+b_{i1} & a_{i2}+b_{i2} & \cdots & a_{in}+b_{in} \\ \vdots & \vdots & & \vdots \\ a_{n1} & a_{n2} & \cdots & a_{nn} \end{bmatrix}$$

则有

$$\det(\boldsymbol{A}) = \begin{vmatrix} a_{11} & a_{12} & \cdots & a_{1n} \\ \vdots & \vdots & & \vdots \\ a_{i1}+b_{i1} & a_{i2}+b_{i2} & \cdots & a_{in}+b_{in} \\ \vdots & \vdots & & \vdots \\ a_{n1} & a_{n2} & \cdots & a_{nn} \end{vmatrix}$$

$$= \begin{vmatrix} a_{11} & a_{12} & \cdots & a_{1n} \\ \vdots & \vdots & & \vdots \\ a_{i1} & a_{i2} & \cdots & a_{in} \\ \vdots & \vdots & & \vdots \\ a_{n1} & a_{n2} & \cdots & a_{nn} \end{vmatrix} + \begin{vmatrix} a_{11} & a_{12} & \cdots & a_{1n} \\ \vdots & \vdots & & \vdots \\ b_{i1} & b_{i2} & \cdots & b_{in} \\ \vdots & \vdots & & \vdots \\ a_{n1} & a_{n2} & \cdots & a_{nn} \end{vmatrix}$$

证明: 将 $\det(\boldsymbol{A})$ 按照第 i 行展开, 即可证上式成立。

■

性质 2.2.7 设 $\boldsymbol{A}$ 为 $n \times n$ 矩阵。若将 $\boldsymbol{A}$ 的某一行 (列) 的各元素分别乘同一数 k, 再加到另一行 (列) 对应的元素上去, 则 $\boldsymbol{A}$ 的行列式不变, 即

$$\det(\boldsymbol{A}) = \begin{vmatrix} a_{11} & a_{12} & \cdots & a_{1n} \\ \vdots & \vdots & & \vdots \\ a_{i1} & a_{i2} & \cdots & a_{in} \\ \vdots & \vdots & & \vdots \\ a_{j1} & a_{j2} & \cdots & a_{jn} \\ \vdots & \vdots & & \vdots \\ a_{n1} & a_{n2} & \cdots & a_{nn} \end{vmatrix} = \begin{vmatrix} a_{11} & a_{12} & \cdots & a_{1n} \\ \vdots & \vdots & & \vdots \\ a_{i1} & a_{i2} & \cdots & a_{in} \\ \vdots & \vdots & & \vdots \\ ka_{i1}+a_{j1} & ka_{i2}+a_{j2} & \cdots & ka_{in}+a_{jn} \\ \vdots & \vdots & & \vdots \\ a_{n1} & a_{n2} & \cdots & a_{nn} \end{vmatrix}$$

证明: 利用性质 2.2.7 和性质 2.2.5，可证上式成立。

■

性质 2.2.8 令 $\boldsymbol{A}$ 为 $n \times n$ 矩阵。若 A_{jk} 表示 a_{jk} 的代数余子式，其中 $k = 1, 2, \cdots, n$，则

$$a_{i1}A_{j1} + a_{i2}A_{j2} + \cdots + a_{in}A_{jn} = \begin{cases} \det(\boldsymbol{A}), & i = j \\ 0, & i \neq j \end{cases} \tag{2.10}$$

证明: 若 $i = j$，式 (2.10) 恰为 $\det(\boldsymbol{A})$ 的第 i 行的展开式。为证明 $i \neq j$ 时式 (2.10) 成立，令 $\bar{\boldsymbol{A}}$ 是将 $\boldsymbol{A}$ 的第 j 行替换为 $\overline{\boldsymbol{A}}$ 的第 i 行后得到的矩阵，即

$$\overline{\boldsymbol{A}} = \begin{bmatrix} a_{11} & a_{12} & \cdots & a_{1n} \\ \vdots & \vdots & & \vdots \\ a_{i1} & a_{i2} & \cdots & a_{in} \\ \vdots & \vdots & & \vdots \\ a_{i1} & a_{i2} & \cdots & a_{in} \\ \vdots & \vdots & & \vdots \\ a_{n1} & a_{n2} & \cdots & a_{nn} \end{bmatrix}$$

因为 $\overline{\boldsymbol{A}}$ 的两行相同，因此它的行列式必为零。将 $\det(\overline{\boldsymbol{A}})$ 按照第 j 行进行展开，有

$$\begin{aligned} 0 = \det(\boldsymbol{A}) &= a_{i1}\overline{A}_{j1} + a_{i2}\overline{A}_{j2} + \cdots + a_{in}\overline{A}_{in} \\ &= a_{i1}A_{j1} + a_{i2}A_{j2} + \cdots + a_{in}A_{in} \end{aligned}$$

■

显然，性质 2.2.8 对列也是成立的。

性质 2.2.9 设 $\boldsymbol{A}$、$\boldsymbol{B}$ 均为 $n \times n$ 矩阵，λ 为常数，则有如下结论。

(1) $\det(\lambda\boldsymbol{A}) = \lambda^n \det(\boldsymbol{A})$。

(2) $\det(\boldsymbol{AB}) = \det(\boldsymbol{A})\det(\boldsymbol{B})$。

性质 2.2.9 中性质 (1) 显然成立。性质 (2) 的证明略去，仅以二阶矩阵为例加以验证。

设 $\boldsymbol{A}=\begin{bmatrix}a_{11} & a_{12}\\ a_{21} & a_{22}\end{bmatrix}$, $\boldsymbol{B}=\begin{bmatrix}b_{11} & b_{12}\\ b_{21} & b_{22}\end{bmatrix}$，则

$$\begin{aligned}\det(\boldsymbol{AB}) &= \begin{vmatrix}a_{11}b_{11}+a_{12}b_{21} & a_{11}b_{12}+a_{12}b_{12}\\ a_{21}b_{11}+b_{22}b_{21} & a_{21}b_{12}+a_{22}b_{22}\end{vmatrix}\\ &= (a_{11}b_{11}+a_{12}b_{21})(a_{21}b_{12}+a_{22}b_{22})-(a_{11}b_{12}+a_{12}b_{12})(a_{21}b_{11}+b_{22}b_{21})\\ &= a_{11}b_{11}a_{22}b_{22}+a_{12}b_{21}a_{21}b_{12}-a_{11}b_{12}a_{22}b_{21}-a_{12}b_{22}a_{21}b_{11}\\ &= a_{11}a_{22}(b_{11}b_{22}-b_{12}b_{21})+a_{12}a_{22}(b_{21}b_{12}-b_{11}b_{22})\\ &= (b_{11}b_{22}-b_{12}b_{21})(a_{11}a_{22}-a_{12}a_{22})\\ &= \det(\boldsymbol{B})\det(\boldsymbol{A})=\det(\boldsymbol{A})\det(\boldsymbol{B})\end{aligned}$$

对于方阵 $\boldsymbol{A}$、$\boldsymbol{B}$, 一般来说，$\boldsymbol{AB}\neq\boldsymbol{BA}$，但对于它们的行列式总有 $|\boldsymbol{AB}|=|\boldsymbol{BA}|$。这是因为 $|\boldsymbol{AB}|=|\boldsymbol{A}|\cdot|\boldsymbol{B}|=|\boldsymbol{B}|\cdot|\boldsymbol{A}|=|\boldsymbol{BA}|$。

例 2.2.1 令矩阵 $\boldsymbol{A}$ 为 $n\times n$ 矩阵。由 $\boldsymbol{A}$ 的各个元素的代数余子式 A_{ij} 构成的如下矩阵

$$\boldsymbol{A}^*=\begin{bmatrix}A_{11} & A_{21} & \cdots & A_{n1}\\ A_{12} & A_{22} & \cdots & A_{n2}\\ \vdots & \vdots & & \vdots\\ A_{1n} & A_{2n} & \cdots & A_{nn}\end{bmatrix},$$

称为矩阵 $\boldsymbol{A}$ 的伴随矩阵，简称伴随阵 (即将 $\boldsymbol{A}$ 的元素用其代数余子式替换后转置)。试证:

$$\boldsymbol{AA}^*=\boldsymbol{A}^*\boldsymbol{A}=\det(\boldsymbol{A})\boldsymbol{I}$$

证明: 设 $\boldsymbol{AA}^*=(b_{ij})_{n\times n}$，则由性质 2.2.8，有

$$b_{ij}=a_{i1}A_{j1}+a_{i2}A_{j2}+\cdots+a_{in}A_{jn}=\begin{cases}\det(\boldsymbol{A}), & i=j\\ 0, & i\neq j\end{cases}$$

因此，有

$$\boldsymbol{AA}^*=\det(\boldsymbol{A})\boldsymbol{I}$$

类似地，有

$$\boldsymbol{A}^*\boldsymbol{A}=\det(\boldsymbol{A})\boldsymbol{I}$$

■

由性质 2.2.9，有

$$\det(\boldsymbol{AA}^*)=\det(\boldsymbol{A})\det(\boldsymbol{A}^*)=\det(|\boldsymbol{A}|\boldsymbol{I})=|\boldsymbol{A}|^n$$

所以，当 $|\boldsymbol{A}|\neq 0$ 时，有

$$|\boldsymbol{A}^*|=|\boldsymbol{A}|^{n-1}$$

性质 2.2.6 表明：当某一行（或列）的元素为两数之和时，行列式关于该行（或列）可分解为两个行列式。若 n 阶行列式的每个元素都可表示成两个数之和，则它可分解成 2^n 个行列式。例如，二阶行列式

$$\begin{aligned}\begin{vmatrix} a+x & b+y \\ c+z & d+w \end{vmatrix} &= \begin{vmatrix} a & b+y \\ c & d+w \end{vmatrix} + \begin{vmatrix} x & b+y \\ z & d+w \end{vmatrix} \\ &= \begin{vmatrix} a & b \\ c & d \end{vmatrix} + \begin{vmatrix} a & y \\ c & w \end{vmatrix} + \begin{vmatrix} x & b \\ z & d \end{vmatrix} + \begin{vmatrix} x & y \\ z & w \end{vmatrix}\end{aligned}$$

性质 2.2.3、性质 2.2.4、性质 2.2.7 介绍了行列式关于行和列的 3 种运算，这 3 种运算对应于矩阵的 3 种初等变换，下面将矩阵的初等变换对行列式的影响总结如下。

(1) 交换矩阵的两行（或列）改变行列式的符号。

(2) 矩阵的某行（或列）乘以一个常数的作用是将行列式乘以这个标量。

(3) 矩阵的某行（或列）的倍数加到其他行（或列）上不改变行列式的值。

下一节将通过具体例子介绍如何应用这些性质计算行列式的值。

2.3 n 阶行列式的计算

本节通过具体例子来说明，利用行列式的定义和性质计算或展开 n 阶行列式的方法。为计算方便，引入以下记号: r_i 表示行列式的第 i 行，c_j 表示行列式的第 j 列，交换行列式的第 i 行（列）与第 j 行（列），记为 $r_i \leftrightarrow r_j$ $(c_i \leftrightarrow c_j)$，第 i 行（列）乘以数 $k(k \neq 0)$ 记为 kr_i (kc_i)，用数 k 乘以第 i 行（列）加到第 j 行（列）记为 kr_i+r_j (kc_i+c_j)。以上记号分别对应性质 2.2.3、性质 2.2.4、性质 2.2.7。利用这些运算可以简化行列式的计算，特别是利用运算 $kr_i + r_j$（或 $kc_i + c_j$）可以把行列式中许多元素化为 0。计算行列式常用的一种方法是利用运算 $kr_i + r_j$（或 $kc_i + c_j$）把行列式化为三角形行列式，并利用性质

$$\begin{vmatrix} a_{11} & & & \\ a_{21} & a_{22} & & \\ \vdots & \vdots & \ddots & \\ a_{n1} & a_{n2} & \cdots & a_{nn} \end{vmatrix} = \begin{vmatrix} a_{11} & a_{12} & \cdots & a_{1n} \\ & a_{22} & \cdots & a_{2n} \\ & & \ddots & \vdots \\ & & & a_{nn} \end{vmatrix} = a_{11}a_{22}\cdots a_{nn}$$

得到行列式的值。

例 2.3.1 设

$$\boldsymbol{A} = \begin{bmatrix} 3 & 1 & -1 & 2 \\ -5 & 1 & 3 & -4 \\ 2 & 0 & 1 & -1 \\ 1 & -5 & 3 & -3 \end{bmatrix}$$

计算 $\det(\boldsymbol{A})$。

解:

$$\det(\boldsymbol{A})=\begin{vmatrix}3&1&-1&2\\-5&1&3&-4\\2&0&1&-1\\1&-5&3&-3\end{vmatrix}\xlongequal{c_1\leftrightarrow c_2}\begin{vmatrix}1&3&-1&2\\1&-5&3&-4\\0&2&1&-1\\-5&1&3&-3\end{vmatrix}$$

$$\xlongequal[r_4+5r_1]{r_2-r_1}\begin{vmatrix}1&3&-1&2\\0&-8&4&-6\\0&2&1&-1\\0&16&-2&7\end{vmatrix}\xlongequal{r_2\leftrightarrow r_3}\begin{vmatrix}1&3&-1&2\\0&2&1&-1\\0&-8&4&-6\\0&16&-2&7\end{vmatrix}$$

$$\xlongequal[r_4-8r_2]{r_3+4r_2}\begin{vmatrix}1&3&-1&2\\0&2&1&-1\\0&0&8&-10\\0&0&-10&15\end{vmatrix}\xlongequal[r_4\text{提出}5]{r_3\text{提出}2}10\begin{vmatrix}1&3&-1&2\\0&2&1&-1\\0&0&4&-5\\0&0&-2&3\end{vmatrix}$$

$$\xlongequal{r_4+\frac{1}{2}r_3}\begin{vmatrix}1&3&-1&2\\0&2&1&-1\\0&0&4&-5\\0&0&0&\dfrac{1}{2}\end{vmatrix}=10\times 4=40$$

在上述解法中，先用了运算 $c_1\leftrightarrow c_2$，其目的是把 a_{11} 换成 1，从而利用运算 $r_i-a_{i1}r_1$，即可把 $a_{i1}(i=2,3,4)$ 变为 0。如果不先进行 $c_1\leftrightarrow c_2$，则由于原式中 $a_{11}=3$，需要运算 $r_i-\dfrac{a_{i1}}{3}r_1$，把 a_{i1} 变为 0，这样计算时就比较麻烦。第二步把 r_2-r_1 和 r_4+5r_1 写在一起，这是两次运算，并把第一次运算结果的书写省略了。

例 2.3.2 计算

$$\det(\boldsymbol{A})=\begin{vmatrix}a&b&c&d\\a&a+b&a+b+c&a+b+c+d\\a&2a+b&3a+2b+c&4a+3b+2c+d\\a&3a+b&6a+3b+c&10a+6b+3c+d\end{vmatrix}$$

解: 从第 4 行开始，后行减前行，得

$$\det(\boldsymbol{A})\xlongequal[r_2-r_1]{\substack{r_4-r_3\\r_3-r_2}}\begin{vmatrix}a&b&c&d\\0&a&a+b&a+b+c\\0&a&2a+b&3a+2b+c\\0&a&3a+b&6a+3b+c\end{vmatrix}\xlongequal[r_3-r_2]{r_4-r_3}\begin{vmatrix}a&b&c&d\\0&a&a+b&a+b+c\\0&0&a&2a+b\\0&0&a&3a+b\end{vmatrix}$$

$$\xlongequal{r_4-r_3}\begin{vmatrix} a & b & c & d \\ 0 & a & a+b & a+b+c \\ 0 & 0 & a & 2a+b \\ 0 & 0 & 0 & a \end{vmatrix}=a^4$$

上述诸例中都用到了把几个运算写到一起的省略写法，这里要注意各个运算的次序一般不能颠倒，这是由于后一次运算是作用在前一次运算结果上的缘故。例如

$$\begin{vmatrix} a & b \\ c & d \end{vmatrix}\xlongequal{r_1+r_2}\begin{vmatrix} a+c & b+d \\ c & d \end{vmatrix}\xlongequal{r_2-r_1}\begin{vmatrix} a+c & b+d \\ -a & -b \end{vmatrix}$$

$$\begin{vmatrix} a & b \\ c & d \end{vmatrix}\xlongequal{r_2-r_1}\begin{vmatrix} a & b \\ c-a & d-b \end{vmatrix}\xlongequal{r_1+r_2}\begin{vmatrix} c & d \\ c-a & d-b \end{vmatrix}$$

可见，两次运算当次序不同时所得结果不同。忽视后一次运算是作用在前一次运算的结果上，就会出错。例如

$$\begin{vmatrix} a & b \\ c & d \end{vmatrix}\xlongequal[r_2-r_1]{r_1+r_2}\begin{vmatrix} a+c & b+d \\ c-a & d-b \end{vmatrix}$$

这样的运算是错误的，出错的原因在于第二次运算找错了对象。

例 2.3.3 设

$$\boldsymbol{A}=\begin{bmatrix} 1+a_1 & 1 & \cdots & 1 \\ 1 & 1+a_2 & \cdots & 1 \\ \vdots & \vdots & & \vdots \\ 1 & 1 & \cdots & 1+a_n \end{bmatrix}$$

其中，$a_1a_2\cdots a_n\neq 0$。求 $\det(\boldsymbol{A})$。

解:

$$\det(\boldsymbol{A})=\begin{vmatrix} 1+a_1 & 1 & \cdots & 1 \\ 1 & 1+a_2 & \cdots & 1 \\ \vdots & \vdots & & \vdots \\ 1 & 1 & \cdots & 1+a_n \end{vmatrix}$$

$$\xlongequal[a_1,a_2,\cdots,a_n]{\text{每行分别提出}} a_1a_2\cdots a_n\begin{vmatrix} 1+\dfrac{1}{a_1} & \dfrac{1}{a_1} & \cdots & \dfrac{1}{a_1} \\ \dfrac{1}{a_2} & 1+\dfrac{1}{a_2} & \cdots & \dfrac{1}{a_2} \\ \vdots & \vdots & & \vdots \\ \dfrac{1}{a_n} & \dfrac{1}{a_n} & \cdots & 1+\dfrac{1}{a_n} \end{vmatrix}$$

$$\xlongequal[(i=2,3,\cdots,n)]{r_i+r_1} a_1a_2\cdots a_n\begin{vmatrix}1+\sum\limits_{i=1}^{n}\frac{1}{a_i} & 1+\sum\limits_{i=1}^{n}\frac{1}{a_i} & \cdots & 1+\sum\limits_{i=1}^{n}\frac{1}{a_i}\\ \frac{1}{a_2} & 1+\frac{1}{a_2} & \cdots & \frac{1}{a_2}\\ \vdots & \vdots & & \vdots\\ \frac{1}{a_n} & \frac{1}{a_n} & \cdots & 1+\frac{1}{a_n}\end{vmatrix}$$

$$\xlongequal{r_1\text{提出}1+\sum\limits_{i=1}^{n}\frac{1}{a_i}} a_1a_2\cdots a_n\left(1+\sum_{i=1}^{n}\frac{1}{a_i}\right)\begin{vmatrix}1 & 1 & \cdots & 1\\ \frac{1}{a_2} & 1+\frac{1}{a_2} & \cdots & \frac{1}{a_2}\\ \vdots & \vdots & & \vdots\\ \frac{1}{a_n} & \frac{1}{a_n} & \cdots & 1+\frac{1}{a_n}\end{vmatrix}$$

$$\xlongequal[(i=2,3,\cdots,n)]{-\frac{1}{a_i}r_1+r_i} a_1a_2\cdots a_n\left(1+\sum_{i=1}^{n}\frac{1}{a_i}\right)\begin{vmatrix}1 & 1 & \cdots & 1\\ 0 & 1 & \cdots & 0\\ \vdots & \vdots & & \vdots\\ 0 & 0 & \cdots & 1\end{vmatrix}$$

$$= a_1a_2\cdots a_n\left(1+\sum_{i=1}^{n}\frac{1}{a_i}\right)$$

例 2.3.4 计算行列式

$$D_n=\begin{vmatrix}x & -1 & 0 & \cdots & 0 & 0\\ 0 & x & -1 & \cdots & 0 & 0\\ \vdots & \vdots & \vdots & & \vdots & \vdots\\ 0 & 0 & 0 & \cdots & x & -1\\ a_n & a_{n-1} & a_{n-2} & \cdots & a_2 & x+a_1\end{vmatrix}$$

解: 方法 1，把 D_n 按第一列展开，有

$$D_n=(-1)^{1+1}xD_{n-1}+(-1)^{n+1}a_n\begin{vmatrix}-1 & 0 & \cdots & 0 & 0 & 0\\ x & -1 & \cdots & 0 & 0 & 0\\ \vdots & \vdots & & \vdots & \vdots & \vdots\\ 0 & 0 & \cdots & x & -1 & 0\\ 0 & 0 & \cdots & 0 & x & -1\end{vmatrix}$$

$$= xD_{n-1}+(-1)^{n+1}a_n(-1)^{n-1}$$

$$= xD_{n-1}+a_n$$

即

$$D_n = a_n + xD_{n-1}$$

同理，有

$$D_{n-1} = a_{n-1} + xD_{n-2}$$

从而，有

$$D_n = a_n + x(a_{n-1} + xD_{n-2}) = a_n + xa_{n-1} + x^2 D_{n-2}$$

因此，通过递推关系，有

$$\begin{aligned} D_n &= a_n + xa_{n-1} + x^2 a_{n-2} + \cdots + x^k(a_{n-k} + xD_{n-k-1}) \\ &= a_n + xa_{n-1} + x^2 a_{n-2} + \cdots + x^{n-3}(a_3 + xD_2) \\ &= a_n + a_{n-1}x + a_{n-2}x^2 + \cdots + a_2 x^{n-2} + a_1 x^{n-1} + x^n \end{aligned}$$

其中，有

$$D_2 = \begin{vmatrix} x & -1 \\ a_2 & x + a_1 \end{vmatrix} = x^2 + a_1 x + a_2$$

方法 2，

$$D_n \xlongequal[i=1,2,\cdots,n-1]{x^i c_{i+1} + c_1} \begin{vmatrix} 0 & -1 & 0 & \cdots & 0 & 0 \\ 0 & x & -1 & \cdots & 0 & 0 \\ \vdots & \vdots & \vdots & & \vdots & \vdots \\ a_n + \sum\limits_{i=1}^{n-1} a_{n-i}x^i + x^n & a_{n-1} & a_{n-2} & \cdots & a_2 & x + a_1 \end{vmatrix}$$

$$\xlongequal{\text{按}c_1\text{展开}} (-1)^{n+1}\left(a_n + \sum_{i=1}^{n-1} a_{n-i}x^i + x^n\right) \begin{vmatrix} -1 & 0 & \cdots & 0 & 0 \\ x & -1 & \cdots & 0 & 0 \\ \vdots & \vdots & & \vdots & \vdots \\ 0 & 0 & \cdots & x & -1 \end{vmatrix}$$

$$= (-1)^{n+1}(-1)^{n-1}\left(x^n + \sum_{i=1}^{n-1} a_{n-i}x^i + a_n\right)$$

$$= x^n + a_1 x^{n-1} + \cdots + a_{n-1}x + a_n$$

例 2.3.5 设 $n \times n$ 范德蒙矩阵

$$\boldsymbol{A} = \begin{bmatrix} 1 & 1 & \cdots & 1 \\ x_1 & x_2 & \cdots & x_n \\ x_1^2 & x_2^2 & \cdots & x_n^2 \\ \vdots & \vdots & & \vdots \\ x_1^{n-1} & x_2^{n-1} & \cdots & x_n^{n-1} \end{bmatrix}$$

证明:

$$\det(\boldsymbol{A}) = \prod_{n \geqslant i > j \geqslant 1} (x_i - x_j) \tag{2.11}$$

其中，记号“$\prod$”表示全体同类因子的乘积。

证明：用数学归纳法。当 $n=2$ 时，因为

$$\det(\boldsymbol{A}) = \begin{vmatrix} 1 & 1 \\ x_1 & x_2 \end{vmatrix} = x_2 - x_1 = \prod_{2 \geqslant i > j \geqslant 1} (x_i - x_j)$$

所以 $n=2$ 时式 (2.11) 成立。假设 $n=k-1$ 时式 (2.11) 成立，则当 $n=k$ 时，有

$$\det(\boldsymbol{A}) = \begin{vmatrix} 1 & 1 & \cdots & 1 \\ x_1 & x_2 & \cdots & x_k \\ x_1^2 & x_2^2 & \cdots & x_k^2 \\ \vdots & \vdots & & \vdots \\ x_1^{k-1} & x_2^{k-1} & \cdots & x_k^{k-1} \end{vmatrix}$$

$$\xlongequal[(i=k-1,k-2,\cdots,1)]{-x_1 r_i + r_{i+1}} \begin{vmatrix} 1 & 1 & 1 & \cdots & 1 \\ 0 & x_2 - x_1 & x_3 - x_1 & \cdots & x_k - x_1 \\ 0 & x_2(x_2 - x_1) & x_3(x_3 - x_1) & \cdots & x_k(x_k - x_1) \\ \vdots & \vdots & \vdots & & \vdots \\ 0 & x_2^{k-2}(x_2 - x_1) & x_3^{k-2}(x_3 - x_1) & \cdots & x_k^{k-2}(x_k - x_1) \end{vmatrix}$$

$$\xlongequal[\text{每列提出}(x_i - x_1)]{\text{按}c_1\text{展开后}} (x_2 - x_1)(x_3 - x_1)\cdots(x_k - x_1) \begin{vmatrix} 1 & 1 & \cdots & 1 \\ x_2 & x_3 & \cdots & x_k \\ x_2^2 & x_3^2 & \cdots & x_k^2 \\ \vdots & \vdots & & \vdots \\ x_2^{k-2} & x_3^{k-2} & \cdots & x_k^{k-2} \end{vmatrix}$$

上式右端行列式是 $k-1$ 阶范德蒙矩阵的行列式，按照归纳假设，它等于所有 $(x_i - x_j)$ 因子的乘积，其中 $k \geqslant i > j \geqslant 2$。故

$$\begin{aligned} \det(\boldsymbol{A}) &= (x_2 - x_1)(x_3 - x_1)\cdots(x_k - x_1) \prod_{k \geqslant i > j \geqslant 2} (x_i - x_j) \\ &= \prod_{k \geqslant i > j \geqslant 1} (x_i - x_j) \end{aligned}$$

■

本节通过具体例子给出了常用的计算行列式的方法，主要包括化三角形的方法、降

阶法、递推法、数学归纳法等。在计算 n 阶行列式时，常要使用数学归纳法（如例 2.3.4 和例 2.3.5）。

2.4 逆矩阵的性质

本节讨论逆矩阵的性质。首先，给出 $n\times n$ 矩阵行列式的值与该矩阵是否可逆的关系。

定理 2.4.1 $n\times n$ 矩阵 $\boldsymbol{A}$ 可逆的充分必要条件是 $\det(\boldsymbol{A})\neq 0$，且 $\boldsymbol{A}$ 可逆时有

$$\boldsymbol{A}^{-1}=\frac{1}{\det(\boldsymbol{A})}\boldsymbol{A}^* \tag{2.12}$$

证明： 若 $\boldsymbol{A}$ 可逆，由于 $\boldsymbol{A}\boldsymbol{A}^{-1}=\boldsymbol{I}$，所以 $\det(\boldsymbol{A}\boldsymbol{A}^{-1})=\det(\boldsymbol{A})\det(\boldsymbol{A}^{-1})=\det(\boldsymbol{I})=1$，故 $\det(\boldsymbol{A})\neq 0$。

另一方面，若 $\det(\boldsymbol{A})\neq 0$，则由例 2.2.1，有

$$\boldsymbol{A}\left(\frac{1}{\det(\boldsymbol{A})}\boldsymbol{A}^*\right)=\left(\frac{1}{\det(\boldsymbol{A})}\boldsymbol{A}^*\right)\boldsymbol{A}=\boldsymbol{I}$$

所以，按逆矩阵的定义知，$\boldsymbol{A}$ 可逆，且

$$\boldsymbol{A}^{-1}=\frac{1}{\det(\boldsymbol{A})}\boldsymbol{A}^*$$

■

当 $\det(\boldsymbol{A})\neq 0$ 时，称 $\boldsymbol{A}$ 为非奇异矩阵；当 $\det(\boldsymbol{A})=0$ 时，称 $\boldsymbol{A}$ 为奇异矩阵。由定理 2.4.1 可知，可逆矩阵即为非奇异矩阵。

推论 2.4.1 若 $\boldsymbol{AB}=\boldsymbol{I}$（或 $\boldsymbol{BA}=\boldsymbol{I}$），则 $\boldsymbol{B}=\boldsymbol{A}^{-1}$。

证明： 由 $\det(\boldsymbol{A})\det(\boldsymbol{B})=\det(\boldsymbol{I})=1$，故 $\det(\boldsymbol{A})\neq 0$，因而 $\boldsymbol{A}^{-1}$ 存在，于是

$$\boldsymbol{B}=\boldsymbol{IB}=(\boldsymbol{A}^{-1}\boldsymbol{A})\boldsymbol{B}=\boldsymbol{A}^{-1}(\boldsymbol{AB})=\boldsymbol{A}^{-1}\boldsymbol{I}=\boldsymbol{A}^{-1}$$

■

逆矩阵具有以下性质。

性质 2.4.1

(1) 若 $\boldsymbol{A}$ 可逆，则 $\boldsymbol{A}^{-1}$ 亦可逆，且 $(\boldsymbol{A}^{-1})^{-1}=\boldsymbol{A}$。

(2) 若 $\boldsymbol{A}$ 可逆，数 $\lambda\neq 0$，则 $\lambda\boldsymbol{A}$ 可逆，且 $(\lambda\boldsymbol{A})^{-1}=\dfrac{1}{\lambda}\boldsymbol{A}^{-1}$。

(3) 若 $\boldsymbol{A}$ 可逆，则 $\boldsymbol{A}^{\mathrm{T}}$ 也可逆，且 $(\boldsymbol{A}^{\mathrm{T}})^{-1}=(\boldsymbol{A}^{-1})^{\mathrm{T}}$。

(4) 若 $\boldsymbol{A}$、$\boldsymbol{B}$ 为同阶矩阵且均可逆，则 $\boldsymbol{AB}$ 也可逆，且

$$(\boldsymbol{AB})^{-1}=\boldsymbol{B}^{-1}\boldsymbol{A}^{-1}$$

(5) 若 $\boldsymbol{A}$ 可逆，则 $\det(\boldsymbol{A}^{-1})=\dfrac{1}{\det(\boldsymbol{A})}$。

证明: 性质 (1)、(2) 由定义很容易证明，这里只给出性质 (3)、(4)、(5) 的证明。

对于性质 (3)，因为 $\det(\boldsymbol{A}) \neq 0$，而 $\det(\boldsymbol{A}) = \det(\boldsymbol{A}^{\mathrm{T}})$，所以 $\boldsymbol{A}^{\mathrm{T}}$ 可逆，又 $(\boldsymbol{A}^{-1}\boldsymbol{A})^{\mathrm{T}} = \boldsymbol{A}^{\mathrm{T}}(\boldsymbol{A}^{-1})^{\mathrm{T}}$，故 $(\boldsymbol{A}^{\mathrm{T}})^{-1} = (\boldsymbol{A}^{-1})^{\mathrm{T}}$。

对于性质 (4)，因为 $\boldsymbol{A},\boldsymbol{B}$ 为同阶可逆矩阵，即 $\det(\boldsymbol{A}) \neq 0, \det(\boldsymbol{B}) \neq 0$，故 $\det(\boldsymbol{AB}) = \det(\boldsymbol{A})\det(\boldsymbol{B}) \neq 0$，所以 $\boldsymbol{AB}$ 可逆，又

$$(\boldsymbol{AB})(\boldsymbol{B}^{-1}\boldsymbol{A}^{-1}) = \boldsymbol{A}(\boldsymbol{BB}^{-1})\boldsymbol{A}^{-1} = \boldsymbol{AIA}^{-1} = \boldsymbol{I}$$

因此，$(\boldsymbol{AB})^{-1} = \boldsymbol{B}^{-1}\boldsymbol{A}^{-1}$。

该性质可以推广至有限多个同阶可逆矩阵乘积的情形，即

$$(\boldsymbol{A}_1\boldsymbol{A}_2\cdots\boldsymbol{A}_n)^{-1} = \boldsymbol{A}_n^{-1}\cdots\boldsymbol{A}_2^{-1}\boldsymbol{A}_1^{-1}$$

对于性质 (5)，因为 $\boldsymbol{AA}^{-1} = \boldsymbol{I}$，所以 $\det(\boldsymbol{AA}^{-1}) = \det(\boldsymbol{A})\det(\boldsymbol{A}^{-1}) = 1$，因而 $\det(\boldsymbol{A}^{-1}) = \dfrac{1}{\det(\boldsymbol{A})}$。

■

当 $\boldsymbol{A}$ 可逆时，还可定义

$$\boldsymbol{A}^0 = \boldsymbol{I},\quad \boldsymbol{A}^{-k} = (\boldsymbol{A}^{-1})^k$$

其中，k 为正整数。这样，当 $\boldsymbol{A}$ 可逆，λ、μ 为整数时，有

$$\boldsymbol{A}^{\lambda}\boldsymbol{A}^{\mu} = \boldsymbol{A}^{\lambda+\mu},\quad (\boldsymbol{A}^{\lambda})^{\mu} = \boldsymbol{A}^{\lambda\mu}$$

例 2.4.1 求二阶矩阵 $\boldsymbol{A} = \begin{bmatrix} a & b \\ c & d \end{bmatrix}$ 的逆矩阵。

解: $\det(\boldsymbol{A}) = ad - bc, \boldsymbol{A}^* = \begin{bmatrix} d & -b \\ -c & a \end{bmatrix}$，利用定理 2.4.1，当 $\det(\boldsymbol{A}) \neq 0$ 时，有

$$\boldsymbol{A}^{-1} = \frac{1}{\det(\boldsymbol{A})}\boldsymbol{A}^* = \frac{1}{ad-bc}\begin{bmatrix} d & -b \\ -c & a \end{bmatrix}$$

例 2.4.2 求方阵

$$\boldsymbol{A} = \begin{bmatrix} 1 & 1 & 0 \\ 1 & 2 & 0 \\ 0 & 0 & 1 \end{bmatrix}$$

的逆矩阵。

解: (1) 公式法。

$\det(\boldsymbol{A}) = 1 \neq 0$，故 $\boldsymbol{A}$ 可逆。再计算 $\det(\boldsymbol{A})$ 的代数余子式

$$A_{11}=2,\quad A_{12}=-1,\quad A_{13}=0$$
$$A_{21}=-1,\quad A_{22}=1,\quad A_{23}=0$$
$$A_{31}=0,\quad A_{32}=0,\quad A_{33}=1$$

得

$$\boldsymbol{A}^*=\begin{bmatrix}A_{11} & A_{21} & A_{31}\\ A_{12} & A_{22} & A_{32}\\ A_{13} & A_{23} & A_{33}\end{bmatrix}=\begin{bmatrix}2 & -1 & 0\\ -1 & 1 & 0\\ 0 & 0 & 1\end{bmatrix}$$

所以，

$$\boldsymbol{A}^{-1}=\frac{1}{\det(\boldsymbol{A})}\boldsymbol{A}^*=\begin{bmatrix}2 & -1 & 0\\ -1 & 1 & 0\\ 0 & 0 & 1\end{bmatrix}$$

(2) 初等行变换方法。

$$(\boldsymbol{A}\mid\boldsymbol{I})=\left[\begin{array}{ccc|ccc}1 & 1 & 0 & 1 & 0 & 0\\ 1 & 2 & 0 & 0 & 1 & 0\\ 0 & 0 & 1 & 0 & 0 & 1\end{array}\right]$$

$$\xrightarrow{-r_1+r_2}\left[\begin{array}{ccc|ccc}1 & 1 & 0 & 1 & 0 & 0\\ 0 & 1 & 0 & -1 & 1 & 0\\ 0 & 0 & 1 & 0 & 0 & 1\end{array}\right]$$

$$\xrightarrow{-r_2+r_1}\left[\begin{array}{ccc|ccc}1 & 0 & 0 & 2 & -1 & 0\\ 0 & 1 & 0 & -1 & 1 & 0\\ 0 & 0 & 1 & 0 & 0 & 1\end{array}\right]$$

故

$$\boldsymbol{A}^{-1}=\begin{bmatrix}2 & -1 & 0\\ -1 & 1 & 0\\ 0 & 0 & 1\end{bmatrix}$$

当 $\boldsymbol{A}$ 为 3 阶或更高阶矩阵时，求 $\boldsymbol{A}^{-1}$ 通常利用初等行变换方法，这种方法的计算量比公式法小得多。需要注意的是，在用初等变换求逆矩阵时，必须始终作初等行变换，而不能作初等列变换。

例 2.4.3 举反例说明 $\boldsymbol{A}$、$\boldsymbol{B}$ 均可逆，而 $\boldsymbol{A}+\boldsymbol{B}$ 不一定可逆，即使 $\boldsymbol{A}+\boldsymbol{B}$ 可逆，也不一定有 $(\boldsymbol{A}+\boldsymbol{B})^{-1}=\boldsymbol{A}^{-1}+\boldsymbol{B}^{-1}$。

解:
$$A=\begin{bmatrix}1&0\\0&1\end{bmatrix},B_1=\begin{bmatrix}1&0\\0&-1\end{bmatrix},B_2=\begin{bmatrix}2&0\\0&1\end{bmatrix}$$

显然 A 和 B_1、B_2 均可逆，但 $A+B_1=\begin{bmatrix}2&0\\0&0\end{bmatrix}$ 不可逆，$A+B_2=\begin{bmatrix}3&0\\0&2\end{bmatrix}$ 可逆，但

$(A+B_2)^{-1}=\begin{bmatrix}\frac{1}{3}&0\\0&\frac{1}{2}\end{bmatrix}$。

而
$$A^{-1}+B_2^{-1}=\begin{bmatrix}1&0\\0&1\end{bmatrix}+\begin{bmatrix}\frac{1}{2}&0\\0&1\end{bmatrix}=\begin{bmatrix}\frac{3}{2}&0\\0&2\end{bmatrix}\neq(A+B_2)^{-1}$$

由可逆矩阵的概念及其讨论可知，对于矩阵方程 $Ax=B$，当 $|A|\neq0$，即 A 可逆时，有 $x=A^{-1}B$。事实上，在 $Ax=B$ 的两边同时左乘 A^{-1}，则 $A^{-1}Ax=A^{-1}B$，故有 $x=A^{-1}B$。

例 2.4.4　设矩阵方程 $Ax=B$ 表示一齐次线性方程组，其中 A 是例 2.4.2 中所给，$B=(1,0,1)^{\mathrm{T}}$。问方程是否有解？如有解，求其解。

解: 因为 A 可逆，故有 $x=A^{-1}B$，因此该方程组有唯一解
$$x=\begin{bmatrix}2&-1&0\\-1&1&0\\0&0&1\end{bmatrix}\begin{bmatrix}1\\0\\1\end{bmatrix}=\begin{bmatrix}2\\-1\\1\end{bmatrix}$$

若 A 可逆，则方程组有唯一解；若 A 不可逆，即 $|A|\neq0$，则该方程组可能无解，可能有无穷多解，对此我们将在后续章节进行讨论。

例 2.4.5　求解矩阵方程 $AX=A^{\mathrm{T}}+X$，其中
$$A=\begin{bmatrix}2&1&0\\1&3&0\\0&0&2\end{bmatrix}$$

X 为未知的三阶方阵。

解: 原矩阵方程可改写为 $(A-I)X=A^{\mathrm{T}}$，
$$A-I=\begin{bmatrix}2&1&0\\1&3&0\\0&0&2\end{bmatrix}=\begin{bmatrix}1&0&0\\0&1&0\\0&0&1\end{bmatrix}=\begin{bmatrix}1&1&0\\1&2&0\\0&0&1\end{bmatrix}$$

因 $|\boldsymbol{A}-\boldsymbol{I}|=1\neq 0$，故 $(\boldsymbol{A}-\boldsymbol{I})$ 可逆，且

$$(\boldsymbol{A}-\boldsymbol{I})^{-1}=\begin{bmatrix}2&-1&0\\-1&1&0\\0&0&1\end{bmatrix}$$

于是

$$\begin{aligned}\boldsymbol{X}&=(\boldsymbol{A}-\boldsymbol{I})^{-1}\boldsymbol{A}^{\mathrm{T}}\\&=\begin{bmatrix}2&-1&0\\-1&1&0\\0&0&1\end{bmatrix}\begin{bmatrix}2&1&0\\1&3&0\\0&0&2\end{bmatrix}\\&=\begin{bmatrix}3&-1&0\\-1&2&0\\0&0&2\end{bmatrix}\end{aligned}$$

例 2.4.6 设方阵 $\boldsymbol{A}$ 满足方程 $\boldsymbol{A}^2-2\boldsymbol{A}-4\boldsymbol{I}=\boldsymbol{O}$，证明：$\boldsymbol{A}$、$(\boldsymbol{A}-3\boldsymbol{I})$ 都可逆，并求其逆矩阵。

证明： 由 $\boldsymbol{A}^2-2\boldsymbol{A}-4\boldsymbol{I}=\boldsymbol{O}$，有 $\boldsymbol{A}(\boldsymbol{A}-2\boldsymbol{I})=4\boldsymbol{I}$，即

$$\boldsymbol{A}\left(\frac{1}{4}(\boldsymbol{A}-2\boldsymbol{I})\right)=\boldsymbol{I}$$

故 $\boldsymbol{A}$ 可逆，且

$$\boldsymbol{A}^{-1}=\frac{1}{4}(\boldsymbol{A}-2\boldsymbol{I})$$

由 $\boldsymbol{A}^2-2\boldsymbol{A}-4\boldsymbol{I}=\boldsymbol{O}$，有

$$\boldsymbol{A}^2-2\boldsymbol{A}-3\boldsymbol{I}=\boldsymbol{I}$$

即

$$(\boldsymbol{A}+\boldsymbol{I})(\boldsymbol{A}-3\boldsymbol{I})=\boldsymbol{I}$$

故 $\boldsymbol{A}-3\boldsymbol{I}$ 可逆，且 $(\boldsymbol{A}-3\boldsymbol{I})^{-1}=\boldsymbol{A}+\boldsymbol{I}$。

2.5 克拉默法则

利用式 (2.12) 可以得到用行列式表示的 $n\times n$ 方程组 $\boldsymbol{A}\boldsymbol{x}=\boldsymbol{b}$ 的解。

定理 2.5.1（克拉默法则） 令 $\boldsymbol{A}$ 为 $n\times n$ 矩阵，令 $\boldsymbol{b}\in\mathbb{R}^n$。令 $\boldsymbol{A}_i$ 为将矩阵 $\boldsymbol{A}$ 中的第 i 列元素用 $\boldsymbol{b}$ 替换后得到的 n 阶矩阵。若 $\boldsymbol{x}$ 为方程组 $\boldsymbol{A}\boldsymbol{x}=\boldsymbol{b}$ 的唯一解，则

$$x_i = \frac{\det(\boldsymbol{A}_i)}{\det(\boldsymbol{A})}, \quad i = 1, 2, \cdots, n$$

证明: 由于

$$\boldsymbol{x} = \boldsymbol{A}^{-1}\boldsymbol{b} = \frac{\boldsymbol{A}^*}{\det(\boldsymbol{A})}\boldsymbol{b}$$

因此

$$\begin{aligned} x_i &= \frac{b_1 A_{1i} + b_2 A_{2i} + \cdots + b_n A_{ni}}{\det(\boldsymbol{A})} \\ &= \frac{\det(\boldsymbol{A}_i)}{\det(\boldsymbol{A})} \end{aligned}$$

■

例 2.5.1 用克拉默法则和逆矩阵方法求解线性方程组

$$\begin{cases} x_1 - x_2 - x_3 = 2 \\ 2x_1 - x_2 - 3x_3 = 1 \\ 3x_1 + 2x_2 - 5x_3 = 0 \end{cases}$$

解: (1) 克拉默法则。

因为方程组的系数矩阵的行列式

$$\det(\boldsymbol{A}) = \begin{vmatrix} 1 & -1 & -1 \\ 2 & -1 & -3 \\ 3 & 2 & -5 \end{vmatrix} = 3 \neq 0$$

由克拉默法则，方程组有唯一解，且

$$x_1 = \frac{1}{3}\begin{vmatrix} 2 & -1 & -1 \\ 1 & -1 & -3 \\ 0 & 2 & -5 \end{vmatrix} = 5$$

$$x_2 = \frac{1}{3}\begin{vmatrix} 1 & 2 & -1 \\ 2 & 1 & -3 \\ 3 & 0 & -5 \end{vmatrix} = 0$$

$$x_3 = \frac{1}{3}\begin{vmatrix} 1 & -1 & 2 \\ 2 & -1 & 1 \\ 3 & 2 & 0 \end{vmatrix} = 3$$

(2) 逆矩阵方法。

因 $\det(\boldsymbol{A}) = 3 \neq 0$，故 $\boldsymbol{A}$ 可逆，于是

$$
\begin{aligned}
\boldsymbol{x} &= \boldsymbol{A}^{-1}\boldsymbol{b} \\
&= \begin{bmatrix} 1 & -1 & -1 \\ 2 & -1 & -3 \\ 3 & 2 & -5 \end{bmatrix}^{-1} \begin{bmatrix} 2 \\ 1 \\ 0 \end{bmatrix} = \frac{1}{3} \begin{bmatrix} 11 & -7 & 2 \\ 1 & -2 & 1 \\ 7 & -5 & 1 \end{bmatrix} \begin{bmatrix} 2 \\ 1 \\ 0 \end{bmatrix} = \frac{1}{3} \begin{bmatrix} 15 \\ 0 \\ 9 \end{bmatrix} = \begin{bmatrix} 5 \\ 0 \\ 3 \end{bmatrix}
\end{aligned}
$$

即有

$$x_1 = 5, \quad x_2 = 0, \quad x_3 = 3$$

克拉默法则给出了一种将 $n \times n$ 线性方程组的解用行列式表示的便利方法。然而，利用克拉默法则需要计算 $n+1$ 个 n 阶行列式。即使计算两个这样的行列式，通常也要多于高斯消元法的计算量。

2.6 应用举例

信息编码

一种通用的传递信息的方法是将每一个字母与一个整数相对应，然后传输一串整数。例如，信息

SEND MONEY

可以编码为

$$5, 8, 10, 21, 7, 2, 10, 8, 3$$

其中，S 表示为 5，E 表示为 8，等等。但是，这种编码很容易破译。在一段较长的信息中，可以根据数字出现的相对频率猜测每一数字表示的字母。例如，若 8 为编码信息中最常出现的数字，则它最有可能表示字母 E，即英文中最常出现的字母。

还可以用矩阵乘法对信息做进一步的伪装。设 $\boldsymbol{A}$ 是所有元素均为整数的矩阵，且其行列式为 ± 1，由于 $\boldsymbol{A}^{-1} = \pm \boldsymbol{A}^*$，则 $\boldsymbol{A}^{-1}$ 的元素也是整数。可以对这个矩阵的信息进行变换，变换后的信息将很难被破译。为演示这种技术，令

$$\boldsymbol{A} = \begin{bmatrix} 1 & 2 & 1 \\ 2 & 5 & 3 \\ 2 & 3 & 2 \end{bmatrix}$$

需要编码的信息放置在矩阵 $\boldsymbol{B}$ 的各列上，

$$\boldsymbol{B} = \begin{bmatrix} 5 & 21 & 10 \\ 8 & 7 & 8 \\ 10 & 2 & 3 \end{bmatrix}$$

乘积为

$$\boldsymbol{AB}=\begin{bmatrix}1&2&1\\2&5&3\\2&3&2\end{bmatrix}\begin{bmatrix}5&21&10\\8&7&8\\10&2&3\end{bmatrix}=\begin{bmatrix}5&21&10\\8&7&8\\10&2&3\end{bmatrix}=\begin{bmatrix}31&37&29\\80&83&69\\54&67&50\end{bmatrix}$$

给出了用于传输的编码信息：

$$31,80,54,37,83,67,29,69,50$$

接收到信息的人可通过乘以 $\boldsymbol{A}^{-1}$ 进行译码，

$$\begin{bmatrix}1&-1&1\\2&0&-1\\-4&1&1\end{bmatrix}\begin{bmatrix}31&37&29\\80&83&69\\54&67&50\end{bmatrix}=\begin{bmatrix}5&21&10\\8&7&8\\10&2&3\end{bmatrix}$$

为构造编码矩阵 $\boldsymbol{A}$，可以从单位矩阵 $\boldsymbol{I}$ 开始，利用第三种行运算，仔细地将它的某一行的整数倍数加到其他行上。也可使用第一种行运算，这样得到的矩阵 $\boldsymbol{A}$ 将仅有整数元，且由于

$$\det(\boldsymbol{A})=\pm\det(\boldsymbol{I})=\pm1$$

因此，$\boldsymbol{A}^{-1}$ 也将有整数元。

2.7 MATLAB 练习

1. 采用如下方法随机生成整数元素的 5×5 矩阵：

$$\boldsymbol{A}=\mathrm{round}(10*\mathrm{rand}(5))\quad 和\quad \boldsymbol{B}=\mathrm{round}(20*\mathrm{rand}(5))-10$$

用 MATLAB 计算下列每对数并比较第一个是否大于第二个。

(1) $\det(\boldsymbol{A})$　$\det(\boldsymbol{A}^{\mathrm{T}})$;　　(2) $\det(\boldsymbol{A}+\boldsymbol{B})$　$\det(\boldsymbol{A})+\det(\boldsymbol{B})$;

(3) $\det(\boldsymbol{AB})$　$\det(\boldsymbol{A})\det(\boldsymbol{B})$;　　(4) $\det(\boldsymbol{A}^{\mathrm{T}}\boldsymbol{B}^{\mathrm{T}})$　$\det(\boldsymbol{A}^{\mathrm{T}})\det(\boldsymbol{B}^{\mathrm{T}})$;

(5) $\det(\boldsymbol{A}^{-1})$　$1/\det(\boldsymbol{A})$;　　(6) $\det(\boldsymbol{AB}^{-1})$　$\det(\boldsymbol{A})/\det(\boldsymbol{B})$。

2. 用 MATLAB 命令 magic(n) 生成 $n\times n$ 的魔方矩阵，计算 $n=3,4,\cdots,10$ 时的魔方矩阵的行列式，你能得到什么规律？当 $n=24,25$ 时结论是否仍然成立？

3. 令 $\boldsymbol{A}=\mathrm{round}(10*\mathrm{rand}(6))$。下列每种情形下，用 MATLAB 计算给出的另一个矩阵。说明第二个矩阵和矩阵 $\boldsymbol{A}$ 之间的关系，并计算两个矩阵的行列式。这些行列式之间有什么关联？

(1) $\boldsymbol{B}=\boldsymbol{A}$;　$\boldsymbol{B}(2,:)=\boldsymbol{A}(1,:)$;　$\boldsymbol{B}(1,:)=\boldsymbol{A}(2,:)$

(2) $\boldsymbol{C}=\boldsymbol{A}$;　$\boldsymbol{C}(3,:)=4*\boldsymbol{A}(3,:)$

(3) $\boldsymbol{D}=\boldsymbol{A}$;　$\boldsymbol{D}(5,:)=\boldsymbol{A}(5,:)+2*\boldsymbol{A}(4,:)$

4. 我们通过如下方法随机生成一个全部元素为 0 和 1 的 6×6 矩阵 $\boldsymbol{A}$：

$$\boldsymbol{A}=\mathrm{round}(\mathrm{rand}(6))$$

(1) 这些 0-1 矩阵奇异的百分比是多少? 可以用 MATLAB 命令估计这个百分比: 首先令

$$\boldsymbol{y} = \text{zeros}(1, 100)$$

然后生成 100 个测试矩阵，并且若第 j 个矩阵是奇异的，令 $y(j) = 1$，否则为 0。可通过 MATLAB 中的 for 循环实现。程序如下：

```
for j=1:100
    A=round(rand(6));
    y(j)=(det(A)==0);
end
```

（注：在一行的后面加上一个分号用于抑制输出。建议在 for 循环中用于计算的每一行后面均添加分号）为确定生成了多少奇异矩阵，使用 MATLAB 命令 sum($\boldsymbol{y}$)。生成的矩阵中奇异矩阵的百分比是多少?

(2) 对任意正整数 n，可以通过下面命令随机生成元素为从 $0 \sim n$ 的整数矩阵 $\boldsymbol{A}$:

$$\boldsymbol{A} = \text{round}(n * \text{rand}(6))$$

若 $n = 3$，采用这种方法生成的矩阵中奇异矩阵的百分比是多少? $n = 6$ 时呢? $n = 10$ 时呢? 可采用 MATLAB 对这些问题进行估计。对每种情况，生成 100 个测试矩阵，并确定其中多少矩阵是奇异的。

5. 若一个矩阵对舍入误差敏感，则及时得到的行列式将会与真实值有极大的不同。作为这个问题的例子，令

$$U = \text{round}(100 * \text{rand}(10)); \qquad U = \text{triu}(U, 1) + 0.1 * \text{eye}(10)$$

理论上，

$$\det(\boldsymbol{U}) = \det(\boldsymbol{U}^{\mathrm{T}}) = 10^{-10}$$

且

$$\det(\boldsymbol{U}\boldsymbol{U}^{\mathrm{T}}) = \det(\boldsymbol{U})\det(\boldsymbol{U}^{\mathrm{T}}) = 10^{-20}$$

用 MATLAB 计算 $\det(\boldsymbol{U})$、$\det(\boldsymbol{U}')$ 和 $\det(\boldsymbol{U} * \boldsymbol{U}')$。计算结果和理论值是否相同?

2.8 习题

1. 给定

$$\boldsymbol{A} = \begin{bmatrix} 3 & 2 & 4 \\ 1 & -2 & 3 \\ 2 & 3 & 2 \end{bmatrix}$$

(1) 求 $\det(\boldsymbol{M}_{12})$、$\det(\boldsymbol{M}_{22})$ 和 $\det(\boldsymbol{M}_{23})$ 的值；

(2) 求 A_{21}、A_{22} 和 A_{23} 的值；

(3) 利用 (2) 中的结论计算 $\det(\boldsymbol{A})$。

2. 用行列式的定义计算下列行列式。

(1) $\begin{vmatrix} 3 & 5 \\ 2 & 4 \end{vmatrix}$；　(2) $\begin{vmatrix} 2 & 0 & 0 \\ 4 & 1 & 0 \\ 7 & 3 & -2 \end{vmatrix}$；

(3) $\begin{vmatrix} 3 & 0 & 0 \\ 2 & 1 & 1 \\ 1 & 2 & 2 \end{vmatrix}$；　(4) $\begin{vmatrix} 4 & 0 & 2 & 1 \\ 5 & 0 & 4 & 2 \\ 2 & 0 & 3 & 4 \\ 1 & 0 & 2 & 3 \end{vmatrix}$。

3. 计算下列行列式。

(1) $\begin{vmatrix} 3 & 2 & -4 \\ 4 & 1 & -2 \\ 5 & 2 & -3 \end{vmatrix}$；　(2) $\begin{vmatrix} 1 & 2 & 3 \\ 4 & 5 & 6 \\ 7 & 8 & 9 \end{vmatrix}$；

(3) $\begin{vmatrix} 1+x & y & z \\ 2 & 1 & 1 \\ x & 1+y & z \\ x & y & 1+z \end{vmatrix}$；　(4) $\begin{vmatrix} a & b & a+b \\ b & a+b & a \\ a+b & a & b \end{vmatrix}$。

4. 令 $\boldsymbol{A}$ 为 3×3 矩阵，其中$a_{11}=0$，且 $a_{21}\neq 0$。证明：$\boldsymbol{A}$ 行等价于 $\boldsymbol{I}$ 的充要条件为

$$-a_{12}a_{21}a_{33}+a_{12}a_{31}a_{23}+a_{13}a_{21}a_{32}-a_{13}a_{31}a_{22}\neq 0$$

5. 利用数学归纳法证明：如果 $n\times n$ 矩阵 $\boldsymbol{A}$ 有两行或两列相等，则 $\det(\boldsymbol{A})=0$。

6. 利用行列式的性质计算下列行列式。

(1) $\begin{vmatrix} 4 & 1 & 2 & 4 \\ 1 & 2 & 0 & 2 \\ 10 & 5 & 2 & 0 \\ 0 & 1 & 1 & 7 \end{vmatrix}$；　(2) $\begin{vmatrix} 2 & 1 & 4 & 1 \\ 3 & -1 & 2 & 1 \\ 1 & 2 & 3 & 2 \\ 5 & 0 & 6 & 2 \end{vmatrix}$；

(3) $\begin{vmatrix} -ab & ac & ae \\ bd & -cd & de \\ bf & cf & -ef \end{vmatrix}$；　(4) $\begin{vmatrix} a & 1 & 0 & 0 \\ -1 & b & 1 & 0 \\ 0 & -1 & c & 1 \\ 0 & 0 & -1 & d \end{vmatrix}$；

(5) $\begin{vmatrix} 4 & 1 & 2 & 4 \\ 1 & 2 & 0 & 2 \\ 10 & 5 & 2 & 0 \\ 0 & 1 & 1 & 7 \end{vmatrix}$；　　(6) $\begin{vmatrix} 2 & 1 & 4 & 1 \\ 3 & -1 & 2 & 1 \\ 1 & 2 & 3 & 2 \\ 5 & 0 & 6 & 2 \end{vmatrix}$。

7. 证明：

(1) $\begin{vmatrix} a^2 & ab & b^2 \\ 2a & a+b & 2b \\ 1 & 1 & 1 \end{vmatrix} = (a-b)^3$；

(2) $\begin{vmatrix} ax+by & ay+bz & az+bx \\ ay+bz & az+bx & ax+by \\ az+bx & ax+by & ay+bz \end{vmatrix} = (a^3+b^3)\begin{vmatrix} x & y & z \\ y & z & x \\ z & x & y \end{vmatrix}$；

(3) $\begin{vmatrix} a^2 & (a+1)^2 & (a+2)^2 & (a+3)^2 \\ b^2 & (b+1)^2 & (b+2)^2 & (b+3)^2 \\ c^2 & (c+1)^2 & (c+2)^2 & (c+3)^2 \\ d^2 & (d+1)^2 & (d+2)^2 & (d+3)^2 \end{vmatrix} = 0$；

(4) $\begin{vmatrix} 1 & 1 & 1 & 1 \\ a & b & c & d \\ a^2 & b^2 & c^2 & d^2 \\ a^4 & b^4 & c^4 & d^4 \end{vmatrix} = (a-b)(a-c)(a-d)(b-c)(b-d)(c-d)(a+b+c+d)$；

(5) $\begin{vmatrix} x & -1 & 0 & 0 \\ 0 & x & -1 & 0 \\ 0 & 0 & x & -1 \\ a_0 & a_1 & a_2 & a_3 \end{vmatrix} = a_3x^3 + a_2x^2 + a_1x + a_0$。

8. 计算下列行列式 (D_k 为 k 阶行列式)。

(1) $D_n = \begin{vmatrix} a & \cdots & 1 \\ \vdots & & \vdots \\ 1 & \cdots & a \end{vmatrix}$，其中对角线上元素都是 a，未写出的元素都是 0。

(2) $D_n = \begin{vmatrix} x & a & \cdots & a \\ a & x & \cdots & a \\ \vdots & \vdots & & \vdots \\ a & a & \cdots & x \end{vmatrix}$。

(3) $D_{n+1} = \begin{vmatrix} a^n & (a-1)^n & \cdots & (a-n)^n \\ a^{n-1} & (a-1)^{n-1} & \cdots & (a-n)^{n-1} \\ \vdots & \vdots & & \vdots \\ a & a-1 & \cdots & a-n \\ 1 & 1 & \cdots & 1 \end{vmatrix}$，提示：利用范德蒙行列式。

(4) $D_{2n} = \begin{vmatrix} a^n & & & & & b_n \\ & \ddots & & & \cdot^{\cdot^{\cdot}} & \\ & & a_1 & b_1 & & \\ & & c_1 & d_1 & & \\ & \cdot^{\cdot^{\cdot}} & & & \ddots & \\ c_n & & & & & d_n \end{vmatrix}$，其中未写出的元素都是 0。

(5) $D_n = \begin{vmatrix} 1+a_1 & a_1 & \cdots & a_1 \\ a_2 & 1+a_2 & \cdots & a_2 \\ \vdots & \vdots & & \vdots \\ a_n & a_n & \cdots & 1+a_n \end{vmatrix}$。

(6) $D_n = \det(a_{ij})$，其中 $a_{ij} = |i-j|$。

9. 设 $\boldsymbol{A} = \begin{bmatrix} 0 & 3 & 3 \\ 1 & 1 & 0 \\ -1 & 2 & 3 \end{bmatrix}$，$\boldsymbol{AB} = \boldsymbol{A} + 2\boldsymbol{B}$，求 $\boldsymbol{B}$。

10. 设 $\boldsymbol{A} = \begin{bmatrix} 1 & 0 & 1 \\ 0 & 2 & 0 \\ 1 & 0 & 1 \end{bmatrix}$，$\boldsymbol{AB} + \boldsymbol{I} = \boldsymbol{A}^2 + \boldsymbol{B}$，求 $\boldsymbol{B}$。

11. 设方阵 $\boldsymbol{A}$ 满足 $\boldsymbol{A}^2 - \boldsymbol{A} - 2\boldsymbol{I} = \boldsymbol{O}$，证明 $\boldsymbol{A}$ 及 $\boldsymbol{A} + 2\boldsymbol{I}$ 都可逆，并求 $\boldsymbol{A}^{-1}$ 及 $(\boldsymbol{A} + 2\boldsymbol{I})^{-1}$。

12. 设方阵 $\boldsymbol{A}$ 满足 $\boldsymbol{A}^k = \boldsymbol{O}$，证明：

$$(\boldsymbol{I} - \boldsymbol{A})^{-1} = \boldsymbol{I} + \boldsymbol{A} + \boldsymbol{A}^2 + \cdots + \boldsymbol{A}^{k-1}$$

13. 设 $\boldsymbol{A}$ 为 3 阶行列式，$\det(\boldsymbol{A}) = \dfrac{1}{2}$，求 $\det((2\boldsymbol{A})^{-1} - 5\boldsymbol{A}^*)$。

14. 设 $\boldsymbol{A}=\mathrm{diag}(1,-2,1)$，$\boldsymbol{A}^*\boldsymbol{B}\boldsymbol{A}=2\boldsymbol{B}\boldsymbol{A}-8\boldsymbol{I}$，求 $\boldsymbol{B}$。

15. 已知矩阵 $\boldsymbol{A}$ 的伴随矩阵 $\boldsymbol{A}^*=\mathrm{diag}(1,1,1,8)$，且 $\boldsymbol{A}\boldsymbol{B}\boldsymbol{A}^{-1}=\boldsymbol{B}\boldsymbol{A}^{-1}+3\boldsymbol{I}$，求 $\boldsymbol{B}$。

16. 设矩阵 $\boldsymbol{A}$ 可逆，证明其伴随矩阵 $\boldsymbol{A}^*$ 也可逆，且 $(\boldsymbol{A}^*)^{-1}=(\boldsymbol{A}^{-1})^*$。

17. 设 n 阶矩阵 $\boldsymbol{A}$ 的伴随矩阵为 $\boldsymbol{A}^*$，证明：

(1) 若 $\det(\boldsymbol{A})=0$，则 $\det(\boldsymbol{A}^*)=0$;

(2) $|\boldsymbol{A}^*|=|\boldsymbol{A}|^{n-1}$。

18. 分别应用克拉默法则和逆矩阵解下列方程组。

(1) $\begin{cases} x_1+2x_2+3x_3=1 \\ 2x_1+2x_2+5x_3=2 \\ 3x_1+5x_2+x_3=3 \end{cases}$

(2) $\begin{cases} 5x_1+4x_3+2x_4=3 \\ x_1-x_2+2x_3+x_4=1 \\ 4x_1+x_2+2x_3=1 \\ x_1+x_2+x_3+x_4=0 \end{cases}$

第 3 章 向量组及矩阵的秩

本章讨论线性方程组解的基本原理。第 1 章介绍的高斯消元法虽然提供了一种求解线性方程组的基本方法，但是这种方法并没有说明方程组 $\boldsymbol{Ax}=\boldsymbol{b}$ 的增广矩阵 $(\boldsymbol{A},\boldsymbol{b})$ 满足什么条件时方程组有解。另外，利用不同的初等行变换所得到的行最简形矩阵的非零行的行数是否唯一（即自由变量的个数是否唯一）？求解时自由变量可以有不同的选择，那么对不同自由变量求得的全部解的集合是否相等？为了回答这些问题，需要引入 n 维向量的概念，定义它的线性运算，研究其线性相关性，进而引进矩阵的秩的概念。

3.1 向量组及其线性组合

第 1 章简单介绍了向量的概念，矩阵的每一列可以被看作一个列向量，因此，线性方程组 $\boldsymbol{Ax}=\boldsymbol{b}$ 可以写为列向量的形式：

$$\boldsymbol{Ax}=\begin{bmatrix} a_{11}x_1+a_{12}x_2+\cdots+a_{1n}x_n \\ a_{21}x_1+a_{22}x_2+\cdots+a_{2n}x_n \\ \vdots \\ a_{m1}x_1+a_{m2}x_2+\cdots+a_{mn}x_n \end{bmatrix}$$

$$=x_1\begin{bmatrix} a_{11} \\ a_{21} \\ \vdots \\ a_{m1} \end{bmatrix}+x_2\begin{bmatrix} a_{12} \\ a_{22} \\ \vdots \\ a_{m2} \end{bmatrix}+\cdots+x_1\begin{bmatrix} a_{1n} \\ a_{2n} \\ \vdots \\ a_{mn} \end{bmatrix}=\begin{bmatrix} b_1 \\ b_2 \\ \vdots \\ b_n \end{bmatrix} \tag{3.1}$$

因此，线性方程组可以表示为矩阵方程：

$$x_1\boldsymbol{a}_1+x_2\boldsymbol{a}_2+\cdots+x_n\boldsymbol{a}_n=\boldsymbol{b}$$

其中，$\boldsymbol{a}_1,\boldsymbol{a}_2,\cdots,\boldsymbol{a}_n$ 为 m 维列向量，$\boldsymbol{b}$ 为 n 维列向量。于是，研究方程方程组的解可以转换为研究向量之间的关系。下面讨论向量组及其线性组合。

第 1 章中已经介绍过向量的概念，现再叙述如下：

定义 3.1.1 n 个有次序的数 $a_1,a_2,\cdots,a_n$ 组成的数组 $(a_1,a_2,\cdots,a_n)^{\mathrm{T}}$ 称为 n 维向量，其中 a_i 称为向量的第 i 个分量 (或坐标)。

分量是实数的向量称为实向量，分量是复数的向量称为复向量。本书中除特殊声明外，一般只讨论实向量，即实数域 $\mathbb{R}$ 上的向量。

n 维向量可以写成一行，也可以写成一列。按第 1 章的规定，分别称为行向量和列向量，也就是 $1\times n$ 矩阵和 $n\times 1$ 矩阵，列向量的标准记号采用黑体小写字母 $\boldsymbol{\alpha},\boldsymbol{\beta},\boldsymbol{\gamma},\boldsymbol{x},\boldsymbol{y},\boldsymbol{z},\cdots$ 表示，行向量没有标准记号，通常用列向量的转置表示行向量。如 n 维列向量

$$\boldsymbol{\alpha}=\begin{bmatrix}a_1\\a_2\\\vdots\\a_n\end{bmatrix}$$

则 n 维行向量

$$\boldsymbol{\alpha}^{\mathrm{T}}=(a_1,a_2,\cdots,a_n)$$

本书中所讨论的向量在没有指明是行向量还是列向量时，都当作列向量。

在解析几何中，把“既有大小又有方向的量”叫作向量，并把可随意平行移动的有向线段作为向量的几何形象。在引进坐标系后，这种向量就有了坐标表示式：3 个有次序的实数，也就是上面定义的三维向量。因此，当 $n\leqslant 3$ 时，n 维向量可以把有向线段作为几何形象，但当 $n>3$ 时，n 维向量就不再有这种几何形象，只是沿用一些几何术语而已。

几何中，“空间”通常被看作是点的集合，即构成“空间”的元素是点，这样的空间叫作点空间。我们把三维向量的全体所组成的集合

$$\mathbb{R}^3=\{\boldsymbol{\gamma}=(x,y,z)^{\mathrm{T}}|x,y,z\in\mathbb{R}\}$$

叫作三维向量空间。在点空间取定坐标系后，空间中的点 $P(x,y,z)$ 与三维向量 $\boldsymbol{\gamma}=(x,y,z)^{\mathrm{T}}$ 之间有一一对应的关系，因此，向量空间可以类比为取定了坐标系的点空间。在讨论向量的运算时，可以把向量看作有向线段；在讨论向量集时，则把向量 $\boldsymbol{\gamma}$ 看作以 $\boldsymbol{\gamma}$ 为向径的点 P，从而把点 P 的轨迹作为向量集的图形。例如点集

$$\Pi=\{P(x,y,z)|ax+by+cz=d\}$$

是一个平面 (a,b,c不全为0)，于是向量集

$$\{\boldsymbol{\gamma}=(x,y,z)^{\mathrm{T}}|ax+by+cz=d\}$$

也叫作向量空间 $\mathbb{R}^3$ 中的平面，并把 Π 叫作它的图形。

类似地，n 维向量的全体所组成的集合

$$\mathbb{R}^n=\{\boldsymbol{x}=(x_1,x_2,\cdots,x_n)^{\mathrm{T}}|x_1,x_2,\cdots,x_n\in\mathbb{R}\}$$

叫作 n 维向量空间 (n 维欧几里得空间)。n 维向量的集合

$$\{\boldsymbol{x}=(x_1,x_2,\cdots,x_n)^{\mathrm{T}}|a_1x_1+a_2x_2+\cdots+a_nx_n=b\}$$

叫作 n 维向量空间 $\mathbb{R}^n$ 中的 $n-1$ 维超平面。

若干维数相同的列向量（或维数相同的行向量）所组成的集合叫作向量组。例如，$m\times n$ 矩阵的全体列向量是一个含 n 个 m 维列向量的向量组，它的全体行向量是一个含 m 个 n 维行向量的向量组。

由第 1 章的介绍已经知道一个矩阵可以用行向量或列向量表示；反之，一个含有有限个向量的向量组总可以构成一个矩阵。也就是说，含有有限个向量的有序向量组可以与矩阵一一对应。

定义 3.1.2　给定向量组 $\boldsymbol{\alpha}_1,\boldsymbol{\alpha}_2,\cdots,\boldsymbol{\alpha}_m$，对应任何一组实数 $c_1,c_2,\cdots,c_m$，则和式

$$c_1\boldsymbol{\alpha}_1+c_2\boldsymbol{\alpha}_2+\cdots+c_m\boldsymbol{\alpha}_m$$

称为向量组 $\boldsymbol{\alpha}_1,\boldsymbol{\alpha}_2,\cdots,\boldsymbol{\alpha}_m$ 的一个线性组合，$c_1,c_2,\cdots,c_m$ 称为这个线性组合的系数。若 $\boldsymbol{\beta}=c_1\boldsymbol{\alpha}_1+c_2\boldsymbol{\alpha}_2+\cdots+c_m\boldsymbol{\alpha}_m$，则称 $\boldsymbol{\beta}$ 可由向量组 $\boldsymbol{\alpha}_1,\boldsymbol{\alpha}_2,\cdots,\boldsymbol{\alpha}_m$ 线性表出（或线性表示），或称 $\boldsymbol{\beta}$ 是向量组 $\boldsymbol{\alpha}_1,\boldsymbol{\alpha}_2,\cdots,\boldsymbol{\alpha}_m$ 的线性组合。

由定义 3.1.2 可知：

(1) 零向量是任何向量组的线性组合；

(2) 一个向量组中的任何一个向量都可以由该向量组线性表示。

若 $\boldsymbol{A}$ 为 $m\times n$ 矩阵，且 $\boldsymbol{x}$ 为 $\mathbb{R}^n$ 中的向量，则矩阵乘积 $\boldsymbol{Ax}$ 可以表示为矩阵 $\boldsymbol{A}$ 的列向量 $\boldsymbol{a}_1,\boldsymbol{a}_2,\cdots,\boldsymbol{a}_n$ 的线性组合，即

$$\boldsymbol{Ax}=x_1\boldsymbol{a}_1+x_2\boldsymbol{a}_2+\cdots+x_n\boldsymbol{a}_n$$

因此，可以得到如下的线性方程组相容性定理。

定理 3.1.1　线性方程组 $\boldsymbol{Ax}=\boldsymbol{b}$ 相容的充要条件是向量 $\boldsymbol{b}$ 可写为矩阵 $\boldsymbol{A}$ 列向量的线性组合。

例 3.1.1　线性方程组

$$\begin{cases} x_1+2x_2=1 \\ 2x_1+4x_2=1 \end{cases}$$

是不相容的，因为向量 $\begin{bmatrix}1\\1\end{bmatrix}$ 不能表示为列向量 $\begin{bmatrix}1\\2\end{bmatrix}$ 和 $\begin{bmatrix}2\\4\end{bmatrix}$ 的线性组合。注意到，这些向量的任何线性组合为

$$x_1\begin{bmatrix}1\\2\end{bmatrix}+x_2\begin{bmatrix}2\\4\end{bmatrix}=\begin{bmatrix}x_1+2x_2\\2x_1+4x_2\end{bmatrix}$$

因此，该向量的第二个分量必为第一个分量的两倍。

3.2 向量组的线性相关性

定义 3.2.1 给定向量组 $\boldsymbol{\alpha}_1,\boldsymbol{\alpha}_2,\cdots,\boldsymbol{\alpha}_m$，如果存在不全为 0 的数 $c_1,c_2,\cdots,c_m$，使

$$c_1\boldsymbol{\alpha}_1+c_2\boldsymbol{\alpha}_2+\cdots+c_m\boldsymbol{\alpha}_m=0 \tag{3.2}$$

成立，则称向量组 $\boldsymbol{\alpha}_1,\boldsymbol{\alpha}_2,\cdots,\boldsymbol{\alpha}_m$ 线性相关；否则，称 $\boldsymbol{\alpha}_1,\boldsymbol{\alpha}_2,\cdots,\boldsymbol{\alpha}_m$ 线性无关。也就是说，若式 (3.2) 成立只能推出 $c_1=c_2=\cdots=c_m=0$，则称向量组 $\boldsymbol{\alpha}_1,\boldsymbol{\alpha}_2,\cdots,\boldsymbol{\alpha}_m$ 线性无关。

一般来说，向量组 $\boldsymbol{\alpha}_1,\boldsymbol{\alpha}_2,\cdots,\boldsymbol{\alpha}_m$ 线性相关，通常是指 $m\geqslant 2$ 的情形，但定义 3.2.1 也适用于 $m=1$ 的情形。当 $m=1$ 时，向量组只含一个向量，对于只含一个向量 $\boldsymbol{\alpha}$ 的向量组，当 $\boldsymbol{\alpha}=\mathbf{0}$ 时是线性相关的，当 $\boldsymbol{\alpha}\neq\mathbf{0}$ 时是线性无关的。对于含两个向量 $\boldsymbol{\alpha}_1$、$\boldsymbol{\alpha}_2$ 的向量组，它线性相关的充分必要条件是 $\boldsymbol{\alpha}_1$、$\boldsymbol{\alpha}_2$ 的分量对应成比例，其几何意义是两向量共线。3 个向量线性相关的几何意义是 3 个向量共面。

由定义 3.2.1 可知，若向量组中含有零向量，则此向量组必线性相关。

定理 3.2.1 向量组 $\boldsymbol{\alpha}_1,\boldsymbol{\alpha}_2,\cdots,\boldsymbol{\alpha}_m(m\geqslant 2)$ 线性相关的充要条件是 $\boldsymbol{\alpha}_1,\boldsymbol{\alpha}_2,\cdots,\boldsymbol{\alpha}_m$ 中至少有一个向量可由其余 $m-1$ 个向量线性表示。

证明: 如果向量组 $\boldsymbol{\alpha}_1,\boldsymbol{\alpha}_2,\cdots,\boldsymbol{\alpha}_m$ 线性相关，则存在不全为 0 的数 $c_1,c_2,\cdots,c_m$，使得 $c_1\boldsymbol{\alpha}_1+c_2\boldsymbol{\alpha}_2+\cdots+c_m\boldsymbol{\alpha}_m=0$。因为 $c_1,c_2,\cdots,c_m$ 不全为 0，不妨设 $c_1\neq 0$，于是有

$$\boldsymbol{\alpha}_1=-\frac{c_2}{c_1}\boldsymbol{\alpha}_2-\frac{c_3}{c_1}\boldsymbol{\alpha}_3-\cdots-\frac{c_m}{c_1}\boldsymbol{\alpha}_m$$

即 $\boldsymbol{\alpha}_1$ 能由 $\boldsymbol{\alpha}_2,\boldsymbol{\alpha}_3,\cdots,\boldsymbol{\alpha}_m$ 线性表示。

如果向量组 $\boldsymbol{\alpha}_1,\boldsymbol{\alpha}_2,\cdots,\boldsymbol{\alpha}_m$ 中有某个向量能由其余 $m-1$ 个向量线性表示，不妨设 $\boldsymbol{\alpha}_m$ 能由 $\boldsymbol{\alpha}_1,\boldsymbol{\alpha}_2,\cdots,\boldsymbol{\alpha}_{m-1}$ 线性表示，即有 $k_1,k_2,\cdots,k_{m-1}$ 使 $\boldsymbol{\alpha}_m=k_1\boldsymbol{\alpha}_1+k_2\boldsymbol{\alpha}_2+\cdots+k_{m-1}\boldsymbol{\alpha}_{m-1}$，于是

$$k_1\boldsymbol{\alpha}_1+\cdots+k_{m-1}\boldsymbol{\alpha}_{m-1}+(-1)\boldsymbol{\alpha}_m=0$$

显然 $k_1,k_2,\cdots,k_{m-1},-1$ 不全为 0 (至少 $-1\neq 0$)，所以向量组 $\boldsymbol{\alpha}_1,\boldsymbol{\alpha}_2,\cdots,\boldsymbol{\alpha}_m$ 线性相关。

■

定理 3.2.1 的等价命题是：向量组 $\boldsymbol{\alpha}_1,\boldsymbol{\alpha}_2,\cdots,\boldsymbol{\alpha}_m(m\geqslant 2)$ 线性无关的充要条件是其中任意向量都不能由其余向量线性表示。

例 3.2.1 证明 n 维向量组 $\boldsymbol{\epsilon}_1=(1,0,\cdots,0)^{\mathrm{T}}$，$\boldsymbol{\epsilon}_2=(0,1,0,\cdots,0)^{\mathrm{T}}$，$\cdots$，$\boldsymbol{\epsilon}_n=(0,0,\cdots,0,1)^{\mathrm{T}}$ 线性无关，且任意向量 $\boldsymbol{x}=(x_1,x_2,\cdots,x_n)^{\mathrm{T}}$ 可由 $\boldsymbol{\epsilon}_1,\boldsymbol{\epsilon}_2,\cdots,\boldsymbol{\epsilon}_n$ 线性表示。

证明: 设存在 n 个数 $c_1,c_2,\cdots,c_n$，使

$$c_1\boldsymbol{\epsilon}_1+c_2\boldsymbol{\epsilon}_2+\cdots+c_n\boldsymbol{\epsilon}_n=\mathbf{0}$$

于是有 $(c_1,c_2,\cdots,c_n)^{\mathrm{T}}=\mathbf{0}$，从而必有 $c_1=c_2=\cdots=c_n=0$，故 $\boldsymbol{\epsilon}_1,\boldsymbol{\epsilon}_2,\cdots,\boldsymbol{\epsilon}_n$ 线性无关。另外，由于 $\boldsymbol{x}=(x_1,x_2,\cdots,x_n)^{\mathrm{T}}=x_1\boldsymbol{\epsilon}_1+x_2\boldsymbol{\epsilon}_1+\cdots+x_n\boldsymbol{\epsilon}_1$，所以线性表示显然成立。

■

通常将 $\boldsymbol{\epsilon}_1, \boldsymbol{\epsilon}_2, \cdots, \boldsymbol{\epsilon}_n$ 称为基本向量。

例 3.2.2　设 $\mathbb{R}^3$ 中的向量 $\boldsymbol{\alpha}_1 = (1, 2, 4)^{\mathrm{T}}$，$\boldsymbol{\alpha}_2 = (2, 1, 3)^{\mathrm{T}}$，$\boldsymbol{\alpha}_3 = (1, 2, 4)^{\mathrm{T}}$，那么向量组 $\boldsymbol{\alpha}_1, \boldsymbol{\alpha}_2, \boldsymbol{\alpha}_3$ 是否线性相关？

解： 设存在 c_1, c_2, c_3 使 $c_1\boldsymbol{\alpha}_1 + c_2\boldsymbol{\alpha}_2 + c_3\boldsymbol{\alpha}_3 = \mathbf{0}$，即

$$c_1(1, 2, 4)^{\mathrm{T}} + c_2(2, 1, 3)^{\mathrm{T}} + c_3(1, 2, 4)^{\mathrm{T}} = \mathbf{0}$$

由此得方程组

$$\begin{cases} c_1 + 2c_2 + 4c_3 = 0 \\ 2c_1 + c_2 - c_3 = 0 \\ 4c_1 + 3c_2 + c_3 = 0 \end{cases}$$

由于此方程组的系数矩阵

$$\boldsymbol{A} = \begin{bmatrix} 1 & 2 & 4 \\ 2 & 1 & -1 \\ 4 & 3 & 1 \end{bmatrix}$$

的行列式 $\det(\boldsymbol{A}) = 0$，故方程组有非平凡解。因此，向量组 $\boldsymbol{\alpha}_1, \boldsymbol{\alpha}_2, \boldsymbol{\alpha}_3$ 线性相关。

一般地，有如下定理。

定理 3.2.2　由 m 个 n 维向量组成的向量组 $\boldsymbol{\alpha}_1 = (a_{11}, a_{21}, \cdots, a_{n1})^{\mathrm{T}}$，$\boldsymbol{\alpha}_2 = (a_{12}, a_{22}, \cdots, a_{n2})^{\mathrm{T}}$，$\cdots$，$\boldsymbol{\alpha}_m = (a_{1m}, a_{2m}, \cdots, a_{nm})^{\mathrm{T}}$ 线性相关的充要条件是齐次线性方程组

$$\begin{bmatrix} a_{11} & a_{12} & \cdots & a_{1m} \\ a_{21} & a_{22} & \cdots & a_{2m} \\ \vdots & \vdots & & \vdots \\ a_{n1} & a_{n2} & \cdots & a_{nm} \end{bmatrix} \begin{bmatrix} x_1 \\ x_2 \\ \vdots \\ x_m \end{bmatrix} = \begin{bmatrix} 0 \\ 0 \\ \vdots \\ 0 \end{bmatrix} \tag{3.3}$$

有非零解。

证明： 设

$$x_1\boldsymbol{\alpha}_1 + x_2\boldsymbol{\alpha}_2 + \cdots + x_m\boldsymbol{\alpha}_m = \mathbf{0} \tag{3.4}$$

即

$$x_1 \begin{bmatrix} a_{11} \\ a_{21} \\ \vdots \\ a_{n1} \end{bmatrix} + x_2 \begin{bmatrix} a_{12} \\ a_{22} \\ \vdots \\ a_{n2} \end{bmatrix} + \cdots + x_m \begin{bmatrix} a_{1m} \\ a_{2m} \\ \vdots \\ a_{nm} \end{bmatrix} = \begin{bmatrix} 0 \\ 0 \\ \vdots \\ 0 \end{bmatrix} \tag{3.5}$$

由于式 (3.5) 即为式 (3.3) 的向量表示形式，因此，若 $\boldsymbol{\alpha}_1, \boldsymbol{\alpha}_2, \cdots, \boldsymbol{\alpha}_m$ 线性相关，则必存在不全为零的数 $x_1, x_2, \cdots, x_m$ 使式 (3.4) 成立，即齐次线性方程组 (3.3) 有非零解；反

之，若方程组 (3.3) 有非零解，也就是有不全为零的数 $x_1, x_2, \cdots, x_m$ 使式 (3.4) 成立，故 $\boldsymbol{\alpha}_1, \boldsymbol{\alpha}_2, \cdots, \boldsymbol{\alpha}_m$ 线性相关。

■

定理 3.2.2 的等价命题是：$\boldsymbol{\alpha}_1, \boldsymbol{\alpha}_2, \cdots, \boldsymbol{\alpha}_m$ 线性无关的充要条件是齐次线性方程组 (3.3) 只有零解。

在定理 3.2.2 中，若 $n < m$，则由高斯消去法知，方程组 (3.3) 求解时必有自由变量，即必有非零解。因此任何 $n+1$ 个 n 维向量都是线性相关的。所以在 $\mathbb{R}^n$ 中，任何一组线性无关的向量最多只能含有 n 个向量。

推论 3.2.1 当 $m > n$ 时，m 个 n 维向量 $\boldsymbol{\alpha}_1, \boldsymbol{\alpha}_2, \cdots, \boldsymbol{\alpha}_m$ 一定线性相关。

定理 3.2.3 若向量组 $\boldsymbol{\alpha}_1, \boldsymbol{\alpha}_2, \cdots, \boldsymbol{\alpha}_m$ 线性无关，而 $\boldsymbol{\beta}, \boldsymbol{\alpha}_1, \boldsymbol{\alpha}_2, \cdots, \boldsymbol{\alpha}_m$ 线性相关，则 $\boldsymbol{\beta}$ 可由 $\boldsymbol{\alpha}_1, \boldsymbol{\alpha}_2, \cdots, \boldsymbol{\alpha}_m$ 线性表示，且表示法唯一。

证明: 因为 $\boldsymbol{\beta}, \boldsymbol{\alpha}_1, \boldsymbol{\alpha}_2, \cdots, \boldsymbol{\alpha}_m$ 线性相关，所以存在不全为零的数 $c, c_1, \cdots, c_m$ 使

$$c\boldsymbol{\beta} + c_1\boldsymbol{\alpha}_1 + \cdots + c_m\boldsymbol{\alpha}_m = \mathbf{0}$$

显然 $c \neq 0$(若 $c = 0$，则由 $\boldsymbol{\alpha}_1, \boldsymbol{\alpha}_2, \cdots, \boldsymbol{\alpha}_m$ 线性无关，有 $c_1 = c_2 = \cdots = c_m = 0$，这与 $c, c_1, \cdots, c_m$ 不全为零相矛盾)，于是

$$\boldsymbol{\beta} = -\frac{c_1}{c}\boldsymbol{\alpha}_1 - \frac{c_2}{c}\boldsymbol{\alpha}_2 - \cdots - \frac{c_m}{c}\boldsymbol{\alpha}_m$$

下面证明表示法的唯一性。

设有两种表示方法: $\boldsymbol{\beta} = k_1\boldsymbol{\alpha}_1 + k_2\boldsymbol{\alpha}_2 + \cdots + k_m\boldsymbol{\alpha}_m$，$\boldsymbol{\beta} = l_1\boldsymbol{\alpha}_1 + l_2\boldsymbol{\alpha}_2 + \cdots + l_m\boldsymbol{\alpha}_m$。两式相减，得 $(k_1 - l_1)\boldsymbol{\alpha}_1 + (k_2 - l_2)\boldsymbol{\alpha}_2 + \cdots + (k_m - l_m)\boldsymbol{\alpha}_m = \mathbf{0}$，由于 $\boldsymbol{\alpha}_1, \boldsymbol{\alpha}_2, \cdots, \boldsymbol{\alpha}_m$ 线性无关，所以有 $k_i - l_i = 0$，即 $k_i = l_i (i = 1, 2, \cdots, m)$，所以 $\boldsymbol{\beta}$ 的表示法是唯一的。

■

推论 3.2.2 若 $\mathbb{R}^n$ 中的 n 个向量 $\boldsymbol{\alpha}_1, \boldsymbol{\alpha}_2, \cdots, \boldsymbol{\alpha}_n$ 线性无关，则 $\mathbb{R}^n$ 中的任一向量 $\boldsymbol{\alpha}$ 可由 $\boldsymbol{\alpha}_1, \boldsymbol{\alpha}_2, \cdots, \boldsymbol{\alpha}_n$ 线性表示，且表示法唯一。

例 3.2.3 设 $\boldsymbol{\alpha}_1 = (1, -1, 1)^{\mathrm{T}}$，$\boldsymbol{\alpha}_2 = (1, 2, 0)^{\mathrm{T}}$，$\boldsymbol{\alpha}_3 = (1, 0, 3)^{\mathrm{T}}$，$\boldsymbol{\alpha}_4 = (2, -3, 7)^{\mathrm{T}}$，问:

(1) $\boldsymbol{\alpha}_1, \boldsymbol{\alpha}_2, \boldsymbol{\alpha}_3$ 是否线性相关?

(2) $\boldsymbol{\alpha}_4$ 可否由 $\boldsymbol{\alpha}_1, \boldsymbol{\alpha}_2, \boldsymbol{\alpha}_3$ 线性表示? 如果能表示，求表示式。

解: (1) 由定理 3.2.2，有齐次线性方程组

$$\begin{bmatrix} 1 & 1 & 1 \\ -1 & 2 & 0 \\ 1 & 0 & 3 \end{bmatrix} \begin{bmatrix} x_1 \\ x_2 \\ x_3 \end{bmatrix} = \begin{bmatrix} 0 \\ 0 \\ 0 \end{bmatrix}$$

由于 $\begin{vmatrix} 1 & 1 & 1 \\ -1 & 2 & 0 \\ 1 & 0 & 3 \end{vmatrix} = 7 \neq 0$，所以方程组只有零解，故 $\boldsymbol{\alpha}_1, \boldsymbol{\alpha}_2, \boldsymbol{\alpha}_3$ 线性无关。

(2) 由推论 3.2.2 知，$\boldsymbol{\alpha}_4$ 可由 $\boldsymbol{\alpha}_1,\boldsymbol{\alpha}_2,\boldsymbol{\alpha}_3$ 线性表示，且表示法唯一。设

$$x_1\boldsymbol{\alpha}_1+x_2\boldsymbol{\alpha}_2+x_3\boldsymbol{\alpha}_3=\boldsymbol{\alpha}_4$$

即

$$x_1\begin{bmatrix}1\\-1\\1\end{bmatrix}+x_2\begin{bmatrix}1\\2\\0\end{bmatrix}+x_3\begin{bmatrix}1\\0\\3\end{bmatrix}=\begin{bmatrix}2\\-3\\7\end{bmatrix}$$

解此方程组得唯一解：$x_1=1,x_2=-1,x_3=2$，故 $\boldsymbol{\alpha}_4=\boldsymbol{\alpha}_1-\boldsymbol{\alpha}_2+2\boldsymbol{\alpha}_3$。

例 3.2.4 已知向量组 $\boldsymbol{\alpha}_1,\boldsymbol{\alpha}_2,\boldsymbol{\alpha}_3$ 线性无关，证明：$\boldsymbol{\beta}_1=\boldsymbol{\alpha}_1,\boldsymbol{\beta}_2=\boldsymbol{\alpha}_1+\boldsymbol{\alpha}_2,\boldsymbol{\beta}_3=\boldsymbol{\alpha}_1+\boldsymbol{\alpha}_2+\boldsymbol{\alpha}_3$ 也线性无关。

证明： 设存在 k_1,k_2,k_3，使 $k_1\boldsymbol{\beta}_1+k_2\boldsymbol{\beta}_2+k_3\boldsymbol{\beta}_3=\mathbf{0}$，即

$$k_1\boldsymbol{\alpha}_1+k_2(\boldsymbol{\alpha}_1+\boldsymbol{\alpha}_2)+k_3(\boldsymbol{\alpha}_1+\boldsymbol{\alpha}_2+\boldsymbol{\alpha}_3)=\mathbf{0}$$

从而

$$(k_1+k_2+k_3)\boldsymbol{\alpha}_1+(k_2+k_3)\boldsymbol{\alpha}_2+k_3\boldsymbol{\alpha}_3=\mathbf{0}$$

由于 $\boldsymbol{\alpha}_1,\boldsymbol{\alpha}_2,\boldsymbol{\alpha}_3$ 线性无关，所以

$$\begin{cases}k_1+k_2+k_3=0\\ \qquad k_2+k_3=0\\ \qquad\qquad k_3=0\end{cases}$$

由于方程组的系数行列式 $\begin{vmatrix}1&1&1\\0&1&1\\0&0&1\end{vmatrix}=1\neq0$，故只有零解 $k_1=k_2=k_3=0$，所以 $\boldsymbol{\beta}_1,\boldsymbol{\beta}_2,\boldsymbol{\beta}_3$ 线性无关。

例 3.2.5 设向量组 $\boldsymbol{\alpha}_1,\boldsymbol{\alpha}_2,\boldsymbol{\alpha}_3$ 线性无关，又 $\boldsymbol{\beta}_1=\boldsymbol{\alpha}_1+\boldsymbol{\alpha}_2+2\boldsymbol{\alpha}_3$，$\boldsymbol{\beta}_2=\boldsymbol{\alpha}_1-\boldsymbol{\alpha}_2$，$\boldsymbol{\beta}_3=\boldsymbol{\alpha}_1+\boldsymbol{\alpha}_3$，证明 $\boldsymbol{\beta}_1,\boldsymbol{\beta}_2,\boldsymbol{\beta}_3$ 线性相关。

证明： 设 $k_1\boldsymbol{\beta}_1+k_2\boldsymbol{\beta}_2+k_3\boldsymbol{\beta}_3=0$，即

$$k_1(\boldsymbol{\alpha}_1+\boldsymbol{\alpha}_2+2\boldsymbol{\alpha}_3)+k_2(\boldsymbol{\alpha}_1-\boldsymbol{\alpha}_2)+k_3(\boldsymbol{\alpha}_1+\boldsymbol{\alpha}_3)=\mathbf{0}$$

于是有

$$(k_1+k_2+k_3)\boldsymbol{\alpha}_1+(k_1-k_2)\boldsymbol{\alpha}_2+(2k_1+k_3)\boldsymbol{\alpha}_3=\mathbf{0}$$

由于 $\boldsymbol{\alpha}_1,\boldsymbol{\alpha}_2,\boldsymbol{\alpha}_3$ 线性无关，所以有

$$\begin{cases}k_1+k_2+k_3=0\\ k_1-k_2\qquad=0\\ 2k_1\qquad+k_3=0\end{cases}$$

此方程组有非零解 $k_1=-1,k_2=-1,k_3=2$，故 $\boldsymbol{\beta}_1,\boldsymbol{\beta}_2,\boldsymbol{\beta}_3$ 线性相关。

■

关于向量组的线性相关性，有如下的基本性质。

性质 3.2.1 若向量组 $\boldsymbol{\alpha}_1,\boldsymbol{\alpha}_2,\cdots,\boldsymbol{\alpha}_m$ 中有一部分向量线性相关，则该向量组线性相关。

证明： 不妨设 $\boldsymbol{\alpha}_1,\boldsymbol{\alpha}_2,\cdots,\boldsymbol{\alpha}_s$ 线性相关 $(s<m)$，于是有不全为零的数 $k_1,k_2,\cdots,k_s$，使

$$k_1\boldsymbol{\alpha}_1+k_2\boldsymbol{\alpha}_2+\cdots+k_s\boldsymbol{\alpha}_s+0\boldsymbol{\alpha}_{s+1}+\cdots+0\boldsymbol{\alpha}_m=\mathbf{0}$$

即 $\boldsymbol{\alpha}_1,\boldsymbol{\alpha}_2,\cdots,\boldsymbol{\alpha}_m$ 线性相关。

性质 3.2.1 的等价命题为：若向量组 $\boldsymbol{\alpha}_1,\boldsymbol{\alpha}_2,\cdots,\boldsymbol{\alpha}_m$ 线性无关，则其任一部分向量组也是线性无关的。

性质 3.2.2 如果一组 r 维向量 $\boldsymbol{\alpha}_1,\boldsymbol{\alpha}_2,\cdots,\boldsymbol{\alpha}_m$ 线性无关，那么把这些向量各任意添加 $n-r$ 个分量 $(r<n)$ 所得到的新向量组也是线性无关的；如果 $\boldsymbol{\alpha}_1,\boldsymbol{\alpha}_2,\cdots,\boldsymbol{\alpha}_m$ 线性相关，那么它们各去掉第 i 个分量所得到的新向量组也是线性相关的。

性质 3.2.2 可由定理 3.2.2 的结论来证明，请读者自己完成。

3.3 向量组的秩

向量组的秩是一个重要的概念，它反映了向量组的一种固有特性，先看一个例子。

在 $\mathbb{R}^3$ 中，给定 4 个共面向量 $\boldsymbol{\alpha}_1=(1,0,0)$，$\boldsymbol{\alpha}_2=(0,1,0)$，$\boldsymbol{\alpha}_3=(1,2,0)$，$\boldsymbol{\alpha}_4=(2,1,0)$，显然这 4 个向量是线性相关的，但它们中存在两个线性无关的向量，而且任一向量都可由这两个线性无关的向量线性表示（如：$\boldsymbol{\alpha}_1$和$\boldsymbol{\alpha}_2$ 线性无关，$\boldsymbol{\alpha}_3$ 和 $\boldsymbol{\alpha}_4$ 可由 $\boldsymbol{\alpha}_1$ 和 $\boldsymbol{\alpha}_2$ 线性表示）。此外，它们中任意 3 个向量是线性相关的，即它们中任一线性无关的部分组最多只含 2 个向量，数 2 就叫作这个向量组的秩。下面给出向量组的秩的定义。

定义 3.3.1 如果向量组 $\boldsymbol{\alpha}_1,\boldsymbol{\alpha}_2,\cdots,\boldsymbol{\alpha}_m$ 中存在 r 个线性无关的向量 $\boldsymbol{\alpha}_{i_1},\boldsymbol{\alpha}_{i_2},\cdots,\boldsymbol{\alpha}_{i_r}$（其中 $i_1,i_2,\cdots,i_r$ 是 $1,2,\cdots,m$ 的子序列），且其中任意一个向量可由这 r 个线性无关的向量线性表示，则数 r 称为该向量组的秩，记为 $\text{Rank}\{\boldsymbol{\alpha}_1,\boldsymbol{\alpha}_2,\cdots,\boldsymbol{\alpha}_m\}=r$，或 $R\{\boldsymbol{\alpha}_1,\boldsymbol{\alpha}_2,\cdots,\boldsymbol{\alpha}_m\}=r$。称 $\boldsymbol{\alpha}_{i_1},\boldsymbol{\alpha}_{i_2},\cdots,\boldsymbol{\alpha}_{i_r}$ 为 $\boldsymbol{\alpha}_1,\boldsymbol{\alpha}_2,\cdots,\boldsymbol{\alpha}_m$ 的一个极大线性无关组。

只含零向量的向量组没有极大线性无关组，规定它的秩为 0。

由定义 3.3.1，若向量组 $\boldsymbol{\alpha}_1,\boldsymbol{\alpha}_2,\cdots,\boldsymbol{\alpha}_m$ 线性无关，则其自身就是它的极大线性无关组，而其秩就等于它所含向量的个数，即 $R\{\boldsymbol{\alpha}_1,\boldsymbol{\alpha}_2,\cdots,\boldsymbol{\alpha}_m\}=m$；反之，亦成立。

在秩为 r 的向量组中，任意 $r+1$ 个向量都是线性相关的。为了证明这一结论，先给出下面的定义及定理。

定义 3.3.2 设有两个向量组 $\boldsymbol{A}$: $\boldsymbol{\alpha}_1,\boldsymbol{\alpha}_2,\cdots,\boldsymbol{\alpha}_m$ 及 $\boldsymbol{B}:\boldsymbol{\beta}_1,\boldsymbol{\beta}_2,\cdots,\boldsymbol{\beta}_m$，若向量组 $\boldsymbol{B}$ 中的每个向量都能由向量组 $\boldsymbol{A}$ 中的向量线性表示，则称向量组 $\boldsymbol{B}$ 能由向量组 $\boldsymbol{A}$ 线性表示。若向量组 $\boldsymbol{A}$ 与向量组 $\boldsymbol{B}$ 能相互线性表示，则称这两个向量组等价。

向量组间的等价关系具有下列性质：

(1) 反身性 —— 每个向量组都与自身等价；

(2) 对称性 —— 若向量组 $\boldsymbol{A}$ 与向量组 $\boldsymbol{B}$ 等价，则向量组 $\boldsymbol{B}$ 与向量组 $\boldsymbol{A}$ 等价；

(3) 传递性 —— 若向量组 $\boldsymbol{A}$ 与向量组 $\boldsymbol{B}$ 等价，向量组 $\boldsymbol{B}$ 与向量组 $\boldsymbol{C}$ 等价，则向量组 $\boldsymbol{A}$ 与向量组 $\boldsymbol{C}$ 等价。

由定义 3.3.2，只要证明 $\boldsymbol{A}$ 与 $\boldsymbol{C}$ 可以相互线性表示即可，请读者自己完成。

定理 3.3.1 若向量组 $\boldsymbol{\beta}_1,\boldsymbol{\beta}_2,\cdots,\boldsymbol{\beta}_t$ 可由向量组 $\boldsymbol{\alpha}_1,\boldsymbol{\alpha}_2,\cdots,\boldsymbol{\alpha}_m$ 线性表示，且 $t>m$，则 $\boldsymbol{\beta}_1,\boldsymbol{\beta}_2,\cdots,\boldsymbol{\beta}_t$ 线性相关。

证明: 设 $\boldsymbol{\beta}_j=\sum\limits_{i=1}^{m}k_{ij}\boldsymbol{\alpha}_i\ (j=1,2,\cdots,t)$，要证 $\boldsymbol{\beta}_1,\boldsymbol{\beta}_2,\cdots,\boldsymbol{\beta}_t$ 线性相关，只需证明存在不全为零的数 $x_1,x_2,\cdots,x_t$，使得

$$x_1\boldsymbol{\beta}_1+x_2\boldsymbol{\beta}_2+\cdots+x_t\boldsymbol{\beta}_t=\mathbf{0} \tag{3.6}$$

即

$$\sum_{j=1}^{t}x_j\boldsymbol{\beta}_j=\sum_{j=1}^{t}\sum_{i=1}^{m}k_{ij}\boldsymbol{\alpha}_i x_j=\sum_{i=1}^{m}\left(\sum_{j=1}^{t}k_{ij}x_j\right)\boldsymbol{\alpha}_i=\mathbf{0}$$

当 $\boldsymbol{\alpha}_1,\boldsymbol{\alpha}_2,\cdots,\boldsymbol{\alpha}_m$ 的系数

$$\sum_{j=1}^{t}k_{ij}x_j=0,\quad i=1,2,\cdots,m \tag{3.7}$$

时，式 (3.6) 显然成立。而式 (3.7) 是 t 个未知量 $x_1,x_2,\cdots,x_t$ 的齐次线性方程组，由于 $t>m$，即未知量的个数大于方程的个数，故式 (3.7) 有非零解，即有不全为零的 $x_1,x_2,\cdots,x_t$，使式 (3.6) 成立，所以 $\boldsymbol{\beta}_1,\boldsymbol{\beta}_2,\cdots,\boldsymbol{\beta}_t$ 线性相关。

■

定理 3.3.1 的等价命题为如下的推论 3.3.1。

推论 3.3.1 如果向量组 $\boldsymbol{\beta}_1,\boldsymbol{\beta}_2,\cdots,\boldsymbol{\beta}_t$ 可由向量组 $\boldsymbol{\alpha}_1,\boldsymbol{\alpha}_2,\cdots,\boldsymbol{\alpha}_m$ 线性表示，且 $\boldsymbol{\beta}_1,\boldsymbol{\beta}_2,\cdots,\boldsymbol{\beta}_t$ 线性无关，则 $t\leqslant m$。

推论 3.3.2 若 $R\{\boldsymbol{\alpha}_1,\boldsymbol{\alpha}_2,\cdots,\boldsymbol{\alpha}_m\}=r$，则 $\boldsymbol{\alpha}_1,\boldsymbol{\alpha}_2,\cdots,\boldsymbol{\alpha}_m$ 中的任何 $r+1$ 个向量都是线性相关的。

证明: 不妨设 $\boldsymbol{\alpha}_1,\boldsymbol{\alpha}_2,\cdots,\boldsymbol{\alpha}_r$ 是向量组 $\boldsymbol{\alpha}_1,\boldsymbol{\alpha}_2,\cdots,\boldsymbol{\alpha}_m$ 中的 r 个线性无关的向量。由于该向量组中任一个向量可由 $\boldsymbol{\alpha}_1,\boldsymbol{\alpha}_2,\cdots,\boldsymbol{\alpha}_r$ 线性表示，所以由定理 3.3.1 可知，其中任意 $r+1$ 个向量都是线性相关的。

■

由此可以得到定义 3.3.1 的等价定义。

定义 3.3.3 若向量组中存在 r 个线性无关的向量，且任何 $r+1$ 个向量都线性相关，则称 r 为该向量组的秩。

一般情况下，向量组的极大线性无关组是不唯一的，但不同的极大线性无关组所含向量个数是相同的。

推论 3.3.3 设 $R\{\boldsymbol{\alpha}_1,\boldsymbol{\alpha}_2,\cdots,\boldsymbol{\alpha}_m\}=p$，$R\{\boldsymbol{\beta}_1,\boldsymbol{\beta}_2,\cdots,\boldsymbol{\beta}_t\}=r$，如果向量组 $\boldsymbol{\beta}_1,\boldsymbol{\beta}_2,\cdots,\boldsymbol{\beta}_t$ 可由向量组 $\boldsymbol{\alpha}_1,\boldsymbol{\alpha}_2,\cdots,\boldsymbol{\alpha}_m$ 线性表示，则 $r\leqslant p$。

证明： 不妨设 $\boldsymbol{\alpha}_1,\boldsymbol{\alpha}_2,\cdots,\boldsymbol{\alpha}_p$ 和 $\boldsymbol{\beta}_1,\boldsymbol{\beta}_2,\cdots,\boldsymbol{\beta}_r$ 分别为这两个向量组的极大线性无关组，则有

$$\boldsymbol{\alpha}_i=\sum_{j=1}^{p}c_{ij}\boldsymbol{\alpha}_j,\quad i=1,2,\cdots,m$$

又已知

$$\boldsymbol{\beta}_k=\sum_{i=1}^{m}b_{ki}\boldsymbol{\alpha}_i,\quad k=1,2,\cdots,t$$

所以

$$\boldsymbol{\beta}_k=\sum_{i=1}^{m}b_{ki}\left(\sum_{j=1}^{p}c_{ij}\boldsymbol{\alpha}_j\right)=\sum_{j=1}^{p}\left(\sum_{i=1}^{m}b_{ki}c_{ij}\right)\boldsymbol{\alpha}_j$$

即 $\boldsymbol{\beta}_1,\boldsymbol{\beta}_2,\cdots,\boldsymbol{\beta}_r$ 可由 $\boldsymbol{\alpha}_1,\boldsymbol{\alpha}_2,\cdots,\boldsymbol{\alpha}_p$ 线性表示，由推论 3.3.1 可知 $r\leqslant p$。

■

由推论 3.3.3 可得，等价的向量组有相同的秩。

下一节将介绍，给定一个向量组，如何求它的秩及极大线性无关组。

3.4 矩阵的秩及求法

仅用定义不容易求解向量组的秩和极大线性无关组，为简化求解过程，需将向量组与矩阵联系起来。反之，我们可以用向量组的秩来定义矩阵的秩。

矩阵和向量组很容易联系起来。若 $\boldsymbol{A}$ 为 $m\times n$ 矩阵，则 $\boldsymbol{A}$ 的每一行对应一个行向量，每一列对应一个列向量。矩阵 $\boldsymbol{A}$ 的 m 个行向量称为矩阵 A 的行向量（组），n 个列向量称为矩阵 $\boldsymbol{A}$ 的列向量（组）。矩阵 $\boldsymbol{A}$ 的行向量组的秩称为矩阵 $\boldsymbol{A}$ 的行秩，列向量组的秩称为矩阵 $\boldsymbol{A}$ 的列秩。显然，$m\times n$ 矩阵 $\boldsymbol{A}$ 的行秩 $\leqslant m$，列秩 $\leqslant n$。

阶梯形矩阵

$$\boldsymbol{A}=\begin{bmatrix}a_{11}&a_{12}&a_{13}&a_{14}&a_{15}\\0&0&a_{23}&a_{24}&a_{25}\\0&0&0&a_{34}&a_{35}\\0&0&0&0&0\end{bmatrix},\quad 其中a_{11}\neq0,a_{23}\neq0,a_{34}\neq0\tag{3.8}$$

的行秩为 3，列秩也为 3。事实上，把矩阵 $\boldsymbol{A}$ 按行和按列分块为：

$$\boldsymbol{A}=\begin{bmatrix}\boldsymbol{\alpha}_1^{\mathrm{T}}\\\boldsymbol{\alpha}_2^{\mathrm{T}}\\\boldsymbol{\alpha}_3^{\mathrm{T}}\\\boldsymbol{\alpha}_4^{\mathrm{T}}\end{bmatrix},\quad \boldsymbol{A}=(\boldsymbol{\beta}_1,\boldsymbol{\beta}_2,\boldsymbol{\beta}_3,\boldsymbol{\beta}_4,\boldsymbol{\beta}_5)$$

(1) 由 $x_1\boldsymbol{\alpha}_1+x_2\boldsymbol{\alpha}_2+x_3\boldsymbol{\alpha}_3=\mathbf{0}$，可知数 x_1,x_2,x_3 必须全为零，故 $\boldsymbol{\alpha}_1,\boldsymbol{\alpha}_2,\boldsymbol{\alpha}_3$ 线性无关，而 $\boldsymbol{\alpha}_4=\mathbf{0}$，因此，$R\{\boldsymbol{\alpha}_1,\boldsymbol{\alpha}_2,\boldsymbol{\alpha}_3,\boldsymbol{\alpha}_4\}=3$，即矩阵 $\boldsymbol{A}$ 的行秩等于 3。

(2) 由 $y_1\boldsymbol{\beta}_1+y_3\boldsymbol{\beta}_3+y_4\boldsymbol{\beta}_4=\mathbf{0}$，可推出 y_1,y_3,y_4 必全为零，故 $\boldsymbol{\beta}_1,\boldsymbol{\beta}_3,\boldsymbol{\beta}_4$ 线性无关。又易知 $\boldsymbol{A}$ 的任意 4 个列向量都线性相关，因此 $R\{\boldsymbol{\beta}_1,\boldsymbol{\beta}_2,\boldsymbol{\beta}_3,\boldsymbol{\beta}_4,\boldsymbol{\beta}_5\}=3$，即矩阵 $\boldsymbol{A}$ 的列秩等于 3。

由此有如下一般性的结论。

定理 3.4.1　阶梯形矩阵的行秩等于列秩，且其值等于它的非零行的个数。

用高斯消元法解线性方程组 $\boldsymbol{Ax}=\boldsymbol{b}$ 的过程，是对增广矩阵 $(\boldsymbol{A},\boldsymbol{b})$ 作初等变换，将其化为阶梯形矩阵的过程，因此，需要讨论初等变换是否改变矩阵的行秩和列秩，有如下定理。

定理 3.4.2　矩阵的行（列）秩在矩阵的初等行（列）变换下保持不变。

证明： 下面仅就行变换的情形加以证明。设 $\boldsymbol{A}$ 是 $m\times n$ 矩阵，$\boldsymbol{A}$ 的 m 个行向量记为 $\boldsymbol{\alpha}_1^{\mathrm{T}},\boldsymbol{\alpha}_2^{\mathrm{T}},\cdots,\boldsymbol{\alpha}_m^{\mathrm{T}}$，对 $\boldsymbol{A}$ 进行初等行变换后得到的矩阵为 $\boldsymbol{B}$，$\boldsymbol{B}$ 的 m 个行向量记为 $\boldsymbol{\beta}_1^{\mathrm{T}},\boldsymbol{\beta}_2^{\mathrm{T}},\cdots,\boldsymbol{\beta}_m^{\mathrm{T}}$。

(1) 交换 $\boldsymbol{A}$ 的某两行的位置，所得到的矩阵 $\boldsymbol{B}$ 的 m 个行向量仍为 $\boldsymbol{A}$ 的 m 个行向量，$\boldsymbol{B}$ 的行秩显然等于 $\boldsymbol{A}$ 的行秩。

(2) 把 $\boldsymbol{A}$ 的第 i 行乘以非零数 k 得 $\boldsymbol{B}$，显然 $\boldsymbol{\beta}_1,\boldsymbol{\beta}_2,\cdots,\boldsymbol{\beta}_m$ 可由 $\boldsymbol{\alpha}_1,\boldsymbol{\alpha}_2,\cdots,\boldsymbol{\alpha}_m$ 线性表示，另外，由于 $\boldsymbol{\alpha}_i=\dfrac{1}{k}\boldsymbol{\beta}_i,\boldsymbol{\alpha}_l=\boldsymbol{\beta}_l(l\neq i)$，所以向量组 $\boldsymbol{\alpha}_1,\boldsymbol{\alpha}_2,\cdots,\boldsymbol{\alpha}_m$ 也可由向量组 $\boldsymbol{\beta}_1,\boldsymbol{\beta}_2,\cdots,\boldsymbol{\beta}_m$ 线性表示，因此 $\boldsymbol{B}$ 的行向量组与 $\boldsymbol{A}$ 的行向量组等价。由推论 3.3.3 可知，$\boldsymbol{B}$ 的秩等于 $\boldsymbol{A}$ 的秩。

(3) 把 $\boldsymbol{A}$ 的第 i 行乘以非零数 k 加到第 j 行得 $\boldsymbol{B}$，显然 $\boldsymbol{B}$ 的行向量组可由 $\boldsymbol{A}$ 的行向量组线性表示，又由 $\boldsymbol{\alpha}_j=-k\boldsymbol{\beta}_i+\boldsymbol{\beta}_j,\boldsymbol{\alpha}_l=\boldsymbol{\beta}_l(l\neq j)$，所以 $\boldsymbol{A}$ 的行向量组也可由 $\boldsymbol{B}$ 的行向量组线性表示，因此 $\boldsymbol{A}$ 与 $\boldsymbol{B}$ 的行秩相等。

■

由定理 3.4.2 可知，对任何一个矩阵，不论怎样做初等行变换将其化为阶梯形矩阵，其非零行的个数都等于该矩阵的行秩。特别地，对于线性方程组 $\boldsymbol{Ax}=\boldsymbol{b}$ 的增广矩阵 $(\boldsymbol{A},\boldsymbol{b})$，不论怎样作初等行变换将其化为阶梯形矩阵，其非零行的个数都等于 $(\boldsymbol{A},\boldsymbol{b})$ 的行秩。

初等行变换也不改变矩阵的列秩，事实上，有如下定理。

定理 3.4.3　若矩阵 $\boldsymbol{A}$ 经有限次初等行变换化为 $\boldsymbol{B}$，则 $\boldsymbol{A}$ 与 $\boldsymbol{B}$ 的任何对应的列向量组有相同的线性相关性，即若

$$\boldsymbol{A}=(\boldsymbol{\alpha}_1,\boldsymbol{\alpha}_2,\cdots,\boldsymbol{\alpha}_n)\xrightarrow{\text{初等行变换}}(\boldsymbol{\beta}_1,\boldsymbol{\beta}_2,\cdots,\boldsymbol{\beta}_n)=\boldsymbol{B}$$

则向量组 $\boldsymbol{\alpha}_{i_1},\boldsymbol{\alpha}_{i_2},\cdots,\boldsymbol{\alpha}_{i_r}$ 与 $\boldsymbol{\beta}_{i_1},\boldsymbol{\beta}_{i_2},\cdots,\boldsymbol{\beta}_{i_r}(1\leqslant i_1<i_2<\cdots<i_r\leqslant n)$ 有相同的线性相关性。

证明： 由定理 1.6.2，$m\times n$ 矩阵 $\boldsymbol{A}$ 经过有限次初等行变换化为 $\boldsymbol{B}$，相当于左乘一个 m 阶初等矩阵 $\boldsymbol{E}$，使得 $\boldsymbol{EA}=\boldsymbol{B}$，从而

$$\boldsymbol{E\alpha}_i=\boldsymbol{\beta}_i,\quad i=1,2,\cdots,n$$

取 $\boldsymbol{A}_1=(\boldsymbol{\alpha}_{i_1},\boldsymbol{\alpha}_{i_2},\cdots,\boldsymbol{\alpha}_{i_r})$，$\boldsymbol{B}_1=(\boldsymbol{\alpha}_{i_1},\boldsymbol{\alpha}_{i_2},\cdots,\boldsymbol{\alpha}_{i_r})$，$\boldsymbol{x}_1=(x_{i_1},x_{i_2},\cdots,x_{i_r})^{\mathrm{T}}$，则齐次线性方程组 $\boldsymbol{A}_1\boldsymbol{x}_1=\mathbf{0}$ 与 $\boldsymbol{B}_1\boldsymbol{x}_1=\mathbf{0}$ (即$\boldsymbol{E}\boldsymbol{A}_1\boldsymbol{x}_1=\mathbf{0}$) 是同解方程组。由定理 3.2.2 可知，$\boldsymbol{A}_1$ 与 $\boldsymbol{B}_1$ 的列向量组有相同的线性相关性。

■

定理 3.4.3 提供了求向量组的秩及其极大线性无关组的一个简单而有效的方法。具体做法是：用给定的向量组作为列向量组构成矩阵 $\boldsymbol{A}$，然后用初等行变换把 $\boldsymbol{A}$ 化为阶梯形矩阵 $\boldsymbol{B}$，若 $\boldsymbol{B}$ 的非零行的第一个非零元所在列的序号为 $j_1,j_2,\cdots,j_r$，则 $\boldsymbol{A}$ 的第 j_1 列，j_2 列，$\cdots$，j_r 列就构成了 $\boldsymbol{A}$ 的列向量组的一个极大线性无关组；而 $\boldsymbol{B}$ 的非零行的个数就是 $\boldsymbol{A}$ 的列向量组的秩，从而求得原向量组的秩和极大线性无关组。若 $\boldsymbol{\beta}_j=c_1\boldsymbol{\beta}_{j_1}+c_2\boldsymbol{\beta}_{j_2}+\cdots+c_r\boldsymbol{\beta}_{j_r}$，则 $\boldsymbol{\alpha}_j=c_1\boldsymbol{\alpha}_{j_1}+c_2\boldsymbol{\alpha}_{j_2}+\cdots+c_r\boldsymbol{\alpha}_{j_r}$。下面举例说明此方法。

例 3.4.1 设向量组 $\boldsymbol{\alpha}_1=(1,-1,0,1)^{\mathrm{T}}$，$\boldsymbol{\alpha}_2=(-2,3,1,2)^{\mathrm{T}}$，$\boldsymbol{\alpha}_3=(1,0,1,5)^{\mathrm{T}}$，$\boldsymbol{\alpha}_4=(1,2,3,13)^{\mathrm{T}}$，$\boldsymbol{\alpha}_5=(2,-2,4,5)^{\mathrm{T}}$，求向量组的秩及一个极大线性无关组，并将其余向量用这个极大无关组线性表示。

解: 作矩阵 $\boldsymbol{A}=(\boldsymbol{\alpha}_1,\boldsymbol{\alpha}_2,\boldsymbol{\alpha}_3,\boldsymbol{\alpha}_4,\boldsymbol{\alpha}_5)$，对 $\boldsymbol{A}$ 作行初等变换将其化为阶梯形矩阵，即

$$\boldsymbol{A}=\begin{bmatrix}1&-2&1&1&2\\-1&3&0&2&-2\\0&1&1&3&4\\1&2&5&13&5\end{bmatrix}\longrightarrow\begin{bmatrix}1&-2&1&1&2\\0&1&1&3&0\\0&0&0&0&1\\0&0&0&0&0\end{bmatrix}$$
$$=(\boldsymbol{\beta}_1,\boldsymbol{\beta}_2,\boldsymbol{\beta}_3,\boldsymbol{\beta}_4,\boldsymbol{\beta}_5)=\boldsymbol{B}$$

因为 $\boldsymbol{B}$ 的非零行为 1,2,3 行，且非零行的第 1 个非零元所在的列为第 1、2、5 列，所以 $\boldsymbol{\beta}_1$、$\boldsymbol{\beta}_2$、$\boldsymbol{\beta}_5$ 是 $\boldsymbol{B}$ 的列向量组的一个极大线性无关组，从而 $\boldsymbol{\alpha}_1$、$\boldsymbol{\alpha}_2$、$\boldsymbol{\alpha}_5$ 是 $\boldsymbol{A}$ 的列向量组的一个极大线性无关组，故 $R\{\boldsymbol{\beta}_1,\boldsymbol{\alpha}_2,\boldsymbol{\alpha}_3,\boldsymbol{\alpha}_4,\boldsymbol{\alpha}_5\}=3$。

由于

$$\boldsymbol{\beta}_3=3\boldsymbol{\beta}_1+\boldsymbol{\beta}_2,\quad \boldsymbol{\beta}_4=7\boldsymbol{\beta}_1+3\boldsymbol{\beta}_2$$

所以

$$\boldsymbol{\alpha}_3=3\boldsymbol{\alpha}_1+\boldsymbol{\alpha}_2,\quad \boldsymbol{\alpha}_4=7\boldsymbol{\alpha}_1+3\boldsymbol{\alpha}_2$$

由定理 3.4.3 可推出：初等列变换也不改变矩阵的行秩。因为对 $\boldsymbol{A}$ 作列变换就是对 $\boldsymbol{A}^{\mathrm{T}}$ 作行变换，$\boldsymbol{A}^{\mathrm{T}}$ 的行（列）秩就是 $\boldsymbol{A}$ 的列（行）秩。于是有：

定理 3.4.4 初等变换不改变矩阵的行秩和列秩。

定理 3.4.5 矩阵 $\boldsymbol{A}$ 的行秩与列秩相等。

证明: 对 $\boldsymbol{A}$ 作初等行变换将其化为阶梯形矩阵 $\boldsymbol{B}$，则由定理 3.4.1~定理 3.4.3，有

$$\boldsymbol{A}\text{的行秩}=\boldsymbol{B}\text{的行秩}=\boldsymbol{B}\text{的列秩}=\boldsymbol{A}\text{的列秩}$$

由于矩阵 $\boldsymbol{A}$ 的行秩与列秩相等，所以给出下面的定义。

定义 3.4.1 矩阵 $\boldsymbol{A}$ 的行秩或列秩称为矩阵 $\boldsymbol{A}$ 的秩，记为 $\mathrm{Rank}(\boldsymbol{A})$ 或 $R(A)$。

由定理 3.4.4 可得如下推论。

推论 3.4.1

(1) 若矩阵 $\boldsymbol{A}$ 与矩阵 $\boldsymbol{B}$ 等价，则 $R(\boldsymbol{A})=R(\boldsymbol{B})$;

(2) 若 $\boldsymbol{A}$ 与 $\boldsymbol{B}$ 是同型矩阵且 $R(\boldsymbol{A})=R(\boldsymbol{B})$，则 $\boldsymbol{A}$ 与 $\boldsymbol{B}$ 有相同的等价标准型，且等价标准型矩阵的左上角的单位阵的阶数等于 $R(\boldsymbol{A})$。

由推论 3.4.1 的 (2) 可知，任意两个秩相同的同型矩阵是等价的。

定理 3.4.6 n 阶方阵 $\boldsymbol{A}$ 的秩等于 n 的充要条件是 $\boldsymbol{A}$ 为非奇异矩阵。

证明: 若 $R(\boldsymbol{A})=n$，由对 $\boldsymbol{A}$ 作初等行变换可将其化为 n 个非零行的行最简形矩阵（即单位矩阵 $\boldsymbol{I}$），存在可逆阵 $\boldsymbol{P}$，使 $\boldsymbol{PA}=\boldsymbol{I}$，故 $\det(\boldsymbol{A})\neq 0$。反之，若 $\det(\boldsymbol{A})\neq 0$，即 $\boldsymbol{A}$ 非奇异，则齐次线性方程组 $\boldsymbol{Ax}=0$ 只有零解，故 $\boldsymbol{A}$ 的 n 个列向量线性无关，即 $R(\boldsymbol{A})=n$。

■

定义 3.4.2 矩阵 $\boldsymbol{A}=(a_{ij})_{m\times n}$ 的任意 k 行 $(i_1,i_2,\cdots,i_k$ 行) 和任意 k 列 $(j_1,j_2,\cdots,j_k$ 列) 交叉位置上的 k^2 个元素按原顺序排成的 k 阶行列式:

$$\det\begin{bmatrix} a_{i_1j_1} & a_{i_1j_2} & \cdots & a_{i_1j_k} \\ a_{i_2j_1} & a_{i_2j_2} & \cdots & a_{i_2j_k} \\ \vdots & \vdots & & \vdots \\ a_{i_kj_1} & a_{i_kj_2} & \cdots & a_{i_kj_k} \end{bmatrix} \tag{3.9}$$

称为 $\boldsymbol{A}$ 的 k 阶子式。当式 (3.9) 等于零（不等于零）时，称为 k 阶零子式（非零子式）。当式 (3.9) 中的 $i_1=j_1,i_2=j_2,\cdots,i_k=j_k$ 时，称为 $\boldsymbol{A}$ 的 k 阶主子式。

如果矩阵 $\boldsymbol{A}$ 存在 r 阶非零子式，而所有 $r+1$ 阶子式（若存在 $r+1$ 阶子式）都等于零，则矩阵 $\boldsymbol{A}$ 的非零子式的最高阶数为 r，这是因为在 $\boldsymbol{A}$ 中当所有的 $r+1$ 阶子式都为零时，所有的高于 $r+1$ 阶的子式也都等于零。

下面讨论一般的 $m\times n$ 矩阵 $\boldsymbol{A}$ 的秩与 $\boldsymbol{A}$ 的子式之间的关系。

定理 3.4.7 $R(\boldsymbol{A})=r$ 的充要条件是 $\boldsymbol{A}$ 的非零子式的最高阶数为 r。

证明:

(1) 必要性。

设 $R(\boldsymbol{A})=r$，则 $\boldsymbol{A}$ 的行秩为 r。不妨设 $\boldsymbol{A}$ 的前 r 个行向量线性无关，把 $\boldsymbol{A}$ 的前 r 行构成的矩阵记为 $\boldsymbol{A}_1$，则 $\boldsymbol{A}_1$ 的列秩 $=\boldsymbol{A}_1$ 的行秩 $=r$。不妨再设 $\boldsymbol{A}_1$ 的前 r 个列向量线性无关，则由定理 3.4.6 可知，$\boldsymbol{A}$ 的左上角 r 阶子式为非零子式。又因为 $\boldsymbol{A}$ 的任意 $r+1$ 个行向量线性相关，因此 $\boldsymbol{A}$ 的任意 $r+1$ 行构成的任一个 $r+1$ 阶子式都是零子式，故 $\boldsymbol{A}$ 的非零子式的最高阶数为 r。

(2) 充分性。

不妨设 $\boldsymbol{A}$ 的左上角的 r 阶子式为非零子式，令 $\boldsymbol{A}$ 的前 r 行构成的矩阵为 $\boldsymbol{A}_1$，由于 $\boldsymbol{A}_1$ 中前 r 列构成的 r 阶子式是非零子式，所有 $\boldsymbol{A}_1$ 的前 r 个列向量线性无关，而 $\boldsymbol{A}_1$ 的列秩等于 $\boldsymbol{A}_1$ 的行秩，故 $\boldsymbol{A}_1$ 的列秩等于 r，从而 $\boldsymbol{A}_1$ 的行秩等于 r。因此，$\boldsymbol{A}$ 的前 r 个行向量线性无关。要证 $R(\boldsymbol{A})=r$，只需证 $\boldsymbol{A}$ 的其余各行可由 $\boldsymbol{A}$ 的前 r 行线性表示。这里应用反证法，不妨设 $r+1$ 行不能用前 r 行线性表示，于是 $\boldsymbol{A}$ 的前 $r+1$ 行线性无关，从而由 $\boldsymbol{A}$ 的前 $r+1$ 行作成的矩阵 $\boldsymbol{A}_2$ 的秩等于 $r+1$，由必要性的证明可知 $\boldsymbol{A}_2$ 存在 $r+1$ 阶非零子式，这与题设矛盾，故 $R(\boldsymbol{A})=r$。

■

推论 3.4.2 $R(\boldsymbol{A})=r$ 的充要条件是存在 $\boldsymbol{A}$ 的一个 r 阶子式 $D\neq 0$，而所有包含 D 的 $r+1$ 阶子式（若存在）全为 0。

考虑式 (3.8) 的行阶梯形矩阵 $\boldsymbol{A}$ 的子式。取 $\boldsymbol{A}$ 的第 1、2、3 行和第 1、2、4 列，得到三阶非零子式 $\begin{vmatrix} a_{11} & a_{13} & a_{14} \\ 0 & a_{23} & a_{24} \\ 0 & 0 & a_{34} \end{vmatrix}$ (其中$a_{11}\neq 0, a_{23}\neq 0, a_{34}\neq 0$)；而其任一四阶子式都包含零行，因此必为 0。也就是说，$\boldsymbol{A}$ 中非零子式的最高阶数为 3。因此，$\boldsymbol{A}$ 的秩为 3。

由于 $R(\boldsymbol{A})$ 是 $\boldsymbol{A}$ 的非零子式的最高阶数，因此，若矩阵 $\boldsymbol{A}$ 中某 s 阶子式不为 0，则 $R(\boldsymbol{A})\geqslant s$；若 $\boldsymbol{A}$ 中所有 t 阶子式都为 0，则 $R(\boldsymbol{A})<t$。显然，若 $\boldsymbol{A}$ 为 $m\times n$ 矩阵，则 $0\leqslant R(\boldsymbol{A})\leqslant\min\{m,n\}$。

对于 n 阶矩阵 $\boldsymbol{A}$，由于 $\boldsymbol{A}$ 的 n 阶子式只有一个 $|\boldsymbol{A}|$，故当 $|\boldsymbol{A}|\neq 0$ 时，$R(\boldsymbol{A})=n$，当 $|\boldsymbol{A}|=0$ 时，$R(\boldsymbol{A})<n$。可见，可逆矩阵的秩等于矩阵的阶数，不可逆矩阵的秩小于矩阵的阶数。因此，可逆矩阵又称满秩矩阵，不可逆矩阵（奇异矩阵）又称降秩矩阵。

综上所述，关于矩阵的秩有如下结论：矩阵的秩 = 矩阵的行秩 = 矩阵的列秩 = 矩阵的非零子式的最高阶数；初等变换不改变矩阵的秩。

例 3.4.2 证明下列结论:

(1) $R(\boldsymbol{A}+\boldsymbol{B})\leqslant R(\boldsymbol{A})+R(\boldsymbol{B})$;

(2) $R(\boldsymbol{AB})\leqslant\min(R(\boldsymbol{A}),R(\boldsymbol{B}))$;

(3) 若 $\boldsymbol{A}$ 是 $m\times n$ 矩阵，$\boldsymbol{P}$、$\boldsymbol{Q}$ 分别是 m 阶、n 阶可逆矩阵，则 $R(\boldsymbol{A})=R(\boldsymbol{PA})=R(\boldsymbol{AQ})=R(\boldsymbol{PAQ})$;

(4) 若 $\boldsymbol{A}$ 是 $m\times n$ 矩阵，且 $m<n$，则 $\det(\boldsymbol{A}^{\mathrm{T}}\boldsymbol{A})=0$。

证明:

(1) 设 $\boldsymbol{A}$、$\boldsymbol{B}$ 均是 $m\times n$ 矩阵，$R(\boldsymbol{A})=s$，$R(\boldsymbol{B})=t$，将 $\boldsymbol{A}$、$\boldsymbol{B}$ 按列分块为 $\boldsymbol{A}=(\boldsymbol{\alpha}_1,\boldsymbol{\alpha}_2,\cdots,\boldsymbol{\alpha}_n)$，$\boldsymbol{B}=(\boldsymbol{\beta}_1,\boldsymbol{\beta}_2,\cdots,\boldsymbol{\beta}_n)$，于是

$$\boldsymbol{A}+\boldsymbol{B}=(\boldsymbol{\alpha}_1+\boldsymbol{\beta}_1,\boldsymbol{\alpha}_2+\boldsymbol{\beta}_2,\cdots,\boldsymbol{\alpha}_n+\boldsymbol{\beta}_n)$$

不妨设 $\boldsymbol{A}$ 和 $\boldsymbol{B}$ 的列向量组的极大线性无关组分别为 $\boldsymbol{\alpha}_1,\boldsymbol{\alpha}_2,\cdots,\boldsymbol{\alpha}_s$，$\boldsymbol{\beta}_1,\boldsymbol{\beta}_2,\cdots,\boldsymbol{\beta}_t$。于是 $\boldsymbol{A}+\boldsymbol{B}$ 的列向量组可由向量组 $\boldsymbol{\alpha}_1,\boldsymbol{\alpha}_2,\cdots,\boldsymbol{\alpha}_s$，$\boldsymbol{\beta}_1,\boldsymbol{\beta}_2,\cdots,\boldsymbol{\beta}_t$ 线性表示，因而

$$R(\boldsymbol{A}+\boldsymbol{B})\leqslant\mathrm{Rank}\{\boldsymbol{\alpha}_1,\boldsymbol{\alpha}_2,\cdots,\boldsymbol{\alpha}_s,\boldsymbol{\beta}_1,\boldsymbol{\beta}_2,\cdots,\boldsymbol{\beta}_t\}\leqslant s+t$$

(2) 设 $\boldsymbol{A}=(a_{ij})_{m\times n}$，$\boldsymbol{B}=(b_{ij})_{n\times k}$，将 $\boldsymbol{A}$ 按列分块，则

$$\boldsymbol{AB}=(\boldsymbol{\alpha}_1,\boldsymbol{\alpha}_2,\cdots,\boldsymbol{\alpha}_n)\begin{bmatrix} b_{11} & b_{12} & \cdots & b_{1k} \\ b_{21} & b_{22} & \cdots & b_{2k} \\ \vdots & \vdots & & \vdots \\ b_{n1} & b_{n2} & \cdots & b_{nk} \end{bmatrix}$$

$\boldsymbol{AB}$ 的列向量组 $\boldsymbol{\beta}_1,\boldsymbol{\beta}_2,\cdots,\boldsymbol{\beta}_s$ 可由 $\boldsymbol{A}$ 的列向量组 $\boldsymbol{\alpha}_1,\boldsymbol{\alpha}_2,\cdots,\boldsymbol{\alpha}_n$ 线性表示，故 $R(\boldsymbol{AB})\leqslant R(\boldsymbol{A})$。

类似地，将 $\boldsymbol{B}$ 按行分块，可得 $R(\boldsymbol{AB})\leqslant R(\boldsymbol{B})$。

(3) 由于 $\boldsymbol{P}$、$\boldsymbol{Q}$ 可逆，所以 $\boldsymbol{P}$、$\boldsymbol{Q}$ 可表示为若干初等矩阵的乘积，而初等变换不改变矩阵的秩，从而结论成立。

(4) 因为 $R(\boldsymbol{A})=R(\boldsymbol{A}^{\mathrm{T}})\leqslant\min(m,n)<n$，由 (2) 知，$R(\boldsymbol{A}^{\mathrm{T}}\boldsymbol{A})\leqslant\min(R(\boldsymbol{A}^{\mathrm{T}}),R(\boldsymbol{A}))<n$，而 $\boldsymbol{A}^{\mathrm{T}}\boldsymbol{A}$ 是 n 阶矩阵，由定理 3.4.6 知，$\det(\boldsymbol{A}^{\mathrm{T}}\boldsymbol{A})=0$。

■

例 3.4.3　求矩阵 $\boldsymbol{A}$ 和 $\boldsymbol{B}$ 的秩，其中

$$\boldsymbol{A}=\begin{bmatrix} 1 & 2 & 3 \\ 2 & 3 & -5 \\ 4 & 7 & 1 \end{bmatrix},\quad \boldsymbol{B}=\begin{bmatrix} 3 & 2 & 0 & 5 & 0 \\ 3 & -2 & 3 & 6 & -1 \\ 2 & 0 & 1 & 5 & -3 \\ 1 & 6 & -4 & -1 & 4 \end{bmatrix}$$

解: 在 $\boldsymbol{A}$ 中，容易看出一个二阶子式 $\begin{vmatrix} 1 & 2 \\ 2 & 3 \end{vmatrix}\neq 0$，$\boldsymbol{A}$ 的三阶子式只有一个 $|\boldsymbol{A}|$，经计算可知 $|\boldsymbol{A}|=0$，因此，$R(\boldsymbol{A})=2$。

对 $\boldsymbol{B}$ 作初等行变换化为行阶梯形矩阵

$$\boldsymbol{B}=\begin{bmatrix} 3 & 2 & 0 & 5 & 0 \\ 3 & -2 & 3 & 6 & -1 \\ 2 & 0 & 1 & 5 & -3 \\ 1 & 6 & -4 & -1 & 4 \end{bmatrix}\xrightarrow[\substack{r_3-2r_1 \\ r_4-3r_1}]{\substack{r_1\leftrightarrow r_4 \\ r_2-r_4}}\begin{bmatrix} 1 & 6 & -4 & -1 & 4 \\ 0 & -4 & 3 & 1 & -1 \\ 0 & -12 & 9 & 7 & -11 \\ 0 & -16 & 12 & 8 & -12 \end{bmatrix}$$

$$\xrightarrow[r_4-4r_2]{r_3-3r_2}\begin{bmatrix} 1 & 6 & -4 & -1 & 4 \\ 0 & -4 & 3 & 1 & -1 \\ 0 & 0 & 0 & 4 & -8 \\ 0 & 0 & 0 & 4 & -8 \end{bmatrix}\xrightarrow{r_4-r_3}\begin{bmatrix} 1 & 6 & -4 & -1 & 4 \\ 0 & -4 & 3 & 1 & -1 \\ 0 & 0 & 0 & 4 & -8 \\ 0 & 0 & 0 & 0 & 0 \end{bmatrix}$$

因为行阶梯形矩阵有 3 个非零行，所以 $R(\boldsymbol{B})=3$。

例 3.4.4 设

$$\boldsymbol{A}=\begin{bmatrix}1 & 2 & -1 & 1\\ 3 & 2 & \lambda & -1\\ 5 & 6 & 3 & \mu\end{bmatrix}$$

已知 $R(\boldsymbol{A})=2$，求 λ 与 μ 的值。

解:

$$\boldsymbol{A}\xrightarrow[r_3-5r_1]{r_2-3r_1}\begin{bmatrix}1 & 2 & -1 & 1\\ 0 & -4 & \lambda+3 & -4\\ 0 & -4 & 8 & \mu-5\end{bmatrix}\xrightarrow{r_3-r_2}\begin{bmatrix}1 & 2 & -1 & 1\\ 0 & -4 & \lambda+3 & -4\\ 0 & 0 & 5-\lambda & \mu-1\end{bmatrix}$$

因 $R(\boldsymbol{A})=2$，故

$$\begin{cases}5-\lambda=0\\ \mu-1=0\end{cases}\quad 即\begin{cases}\lambda=5\\ \mu=1\end{cases}$$

3.5 线性方程组解的结构

3.5.1 齐次线性方程组解的结构

由式 (3.1) 可知，对于以 $m\times n$ 矩阵 $\boldsymbol{A}$ 为系数矩阵的齐次线性方程组

$$\boldsymbol{Ax}=\boldsymbol{0} \tag{3.10}$$

如果把 $\boldsymbol{A}$ 按列分块为 $\boldsymbol{A}=(\boldsymbol{\alpha}_1,\boldsymbol{\alpha}_2,\cdots,\boldsymbol{\alpha}_n)$，则式 (3.10) 可以表示为向量形式

$$x_1\boldsymbol{\alpha}_1+x_2\boldsymbol{\alpha}_2+\cdots+x_n\boldsymbol{\alpha}_n=\boldsymbol{0} \tag{3.11}$$

因此, 式 (3.10) 有非零解的充要条件是 $\boldsymbol{\alpha}_1,\boldsymbol{\alpha}_2,\cdots,\boldsymbol{\alpha}_n$ 线性相关，或 $R(\boldsymbol{A})=R(\boldsymbol{\alpha}_1,\boldsymbol{\alpha}_2,\cdots,\boldsymbol{\alpha}_n)<n$，于是有:

定理 3.5.1 设 $\boldsymbol{A}$ 为 $m\times n$ 矩阵，则齐次线性方程组 $\boldsymbol{Ax}=\boldsymbol{0}$ 有非零解的充要条件是 $R(\boldsymbol{A})<n$。

定理 3.5.1 的等价命题是：齐次线性方程组 $\boldsymbol{Ax}=\boldsymbol{0}$ 只有零解的充要条件是 $R(\boldsymbol{A})$ 等于 $\boldsymbol{A}$ 的列数。

下面讨论齐次线性方程组 (3.10) 的解的结构。首先给出它的解的性质及基础解系的概念。

定理 3.5.2 若 $\boldsymbol{x}_1$ 和 $\boldsymbol{x}_2$ 是齐次线性方程组 $\boldsymbol{Ax}=\boldsymbol{0}$ 的两个解，则 $k_1\boldsymbol{x}_1+k_2\boldsymbol{x}_2$ (k_1,k_2为任意数) 也是它的解 ($\boldsymbol{Ax}=\boldsymbol{0}$的解也称为它的解向量)。

证明: 因为 $\boldsymbol{A}(k_1\boldsymbol{x}_1+k_2\boldsymbol{x}_2)=k_1\boldsymbol{A}\boldsymbol{x}_1+k_2\boldsymbol{A}\boldsymbol{x}_2=k_1\boldsymbol{0}+k_2\boldsymbol{0}=\boldsymbol{0}$，故 $k_1\boldsymbol{x}_1+k_2\boldsymbol{x}_2$ 是 $\boldsymbol{A}\boldsymbol{x}=\boldsymbol{0}$ 的解。

■

定理 3.5.2 的结论对有限多个解显然也成立。

定义 3.5.1　设 $\boldsymbol{x}_1,\boldsymbol{x}_2,\cdots,\boldsymbol{x}_p$ 是 $\boldsymbol{A}\boldsymbol{x}=\boldsymbol{0}$ 的解向量，若 (1)$\boldsymbol{x}_1,\boldsymbol{x}_2,\cdots,\boldsymbol{x}_p$ 线性无关; (2)$\boldsymbol{A}\boldsymbol{x}=\boldsymbol{0}$ 的任一个解向量可由 $\boldsymbol{x}_1,\boldsymbol{x}_2,\cdots,\boldsymbol{x}_p$ 线性表示，则称 $\boldsymbol{x}_1,\boldsymbol{x}_2,\cdots,\boldsymbol{x}_p$ 是 $\boldsymbol{A}\boldsymbol{x}=\boldsymbol{0}$ 的一个基础解系。

若找到了 $\boldsymbol{A}\boldsymbol{x}=\boldsymbol{0}$ 的基础解系 $\boldsymbol{x}_1,\boldsymbol{x}_2,\cdots,\boldsymbol{x}_p$，则 $k_1\boldsymbol{x}_1+k_2\boldsymbol{x}_2+\cdots+k_px_p$ 对任意常数 $k_1,k_2,\cdots,k_p$ 构成的集合，就是 $\boldsymbol{A}\boldsymbol{x}=\boldsymbol{0}$ 的全部解向量构成的集合（简称 $\boldsymbol{A}\boldsymbol{x}=\boldsymbol{0}$ 的解集）。下面证明有非零解的齐次线性方程组存在基础解系。

定理 3.5.3　设 $\boldsymbol{A}$ 是 $m\times n$ 矩阵，若 $R(\boldsymbol{A})=r<n$，则齐次线性方程组 $\boldsymbol{A}\boldsymbol{x}=\boldsymbol{0}$ 必存在基础解系，且基础解系含 $n-r$ 个解向量。

证明: 首先，证明存在 $n-r$ 个线性无关的解向量，$\boldsymbol{A}$ 可经一系列初等行变换变为仅有 r 个非零行的行最简形矩阵 $\boldsymbol{B}$，不失一般性，可设

$$\boldsymbol{B}=\begin{bmatrix}1&0&\cdots&0&c_{1,r+1}&\cdots&c_{1n}\\0&1&\cdots&0&c_{2,r+1}&\cdots&c_{2n}\\\vdots&\vdots&&\vdots&\vdots&&\vdots\\0&0&\cdots&1&c_{r,r+1}&\cdots&c_{rn}\\0&0&\cdots&0&0&\cdots&0\\\vdots&\vdots&&\vdots&\vdots&&\vdots\\0&0&\cdots&0&0&\cdots&0\end{bmatrix}$$

则 $\boldsymbol{B}\boldsymbol{x}=\boldsymbol{0}$，即

$$\begin{cases}x_1\qquad\qquad+c_{1,r+1}x_{r+1}+\cdots+c_1x_n=0\\\qquad x_2\qquad+c_{2,r+1}x_{r+1}+\cdots+c_{2n}x_n=0\\\qquad\qquad\vdots\\\qquad\qquad x_r+c_{r,r+1}x_{r+1}+\cdots+c_{rn}x_n=0\end{cases}\tag{3.12}$$

是 $\boldsymbol{A}\boldsymbol{x}=\boldsymbol{0}$ 的同解方程组，取 $x_{r+1},x_{r+2},\cdots,x_n$ 为自由变量，将它们的下列 $n-r$ 组值: $1,0,0,\cdots,0;\ 0,1,0,\cdots,0,\ 0,0,0,\cdots,1$ 分别代入式 (3.12)，相应地求得 $n-r$ 个解

$$\begin{cases}\boldsymbol{x}_1=(d_{11},d_{21},\cdots,d_{r1},1,0,0,\cdots,0)^{\mathrm{T}}\\\boldsymbol{x}_2=(d_{12},d_{22},\cdots,d_{r2},0,1,0,\cdots,0)^{\mathrm{T}}\\\qquad\vdots\\\boldsymbol{x}_{n-r}=(d_{1,n-r},d_{2,n-r},\cdots,d_{r,n-r},0,0,0,\cdots,1)^{\mathrm{T}}\end{cases}$$

显然 $\boldsymbol{x}_1,\boldsymbol{x}_2,\cdots,\boldsymbol{x}_{n-r}$ 线性无关。

其次，证明 $\boldsymbol{Ax}=\mathbf{0}$ 的任一解 $\boldsymbol{x}$ 可由 $\boldsymbol{x}_1,\boldsymbol{x}_2,\cdots,\boldsymbol{x}_{n-r}$ 线性表示，设

$$\boldsymbol{x}=(d_1,d_2,\cdots,d_r,k_1,k_2,\cdots,k_{n-r})^{\mathrm{T}}$$

为 $\boldsymbol{Ax}=\mathbf{0}$ 的任一解，则 $\boldsymbol{x}^*=k_1\boldsymbol{x}_1+k_2\boldsymbol{x}_2+\cdots+k_{n-r}\boldsymbol{x}_{n-r}$ 也是 $\boldsymbol{Ax}=\mathbf{0}$ 的解。显然 $\boldsymbol{x}$ 与 $\boldsymbol{x}^*$ 的最后 $n-r$ 个分量完全相同，由式 (3.12) 可知它们的前 r 个分量也完全相同。故

$$\boldsymbol{x}=\boldsymbol{x}^*=k_1\boldsymbol{x}_1+k_2\boldsymbol{x}_2+\cdots+k_{n-r}\boldsymbol{x}_{n-r}$$

因此，$\boldsymbol{x}_1,\boldsymbol{x}_2,\cdots,\boldsymbol{x}_{n-r}$ 是 $\boldsymbol{Ax}=\mathbf{0}$ 的一个含有 $n-r$ 个解向量的基础解系。

■

定理 3.5.3 的证明过程提供了求 $\boldsymbol{Ax}=\mathbf{0}$ 的基础解系的方法。当然，求 $n-r$ 个线性无关解向量的方法不唯一，自由变量的选取方法也不唯一。因而，基础解系不唯一。但是不难证明：若 $\boldsymbol{x}_1,\boldsymbol{x}_2,\cdots,\boldsymbol{x}_{n-r}$ 和 $\boldsymbol{x}_1^*,\boldsymbol{x}_2^*,\cdots,\boldsymbol{x}_{n-r}^*$ 是 $\boldsymbol{Ax}=\mathbf{0}$ 的两个基础解系，则集合 $S=\left\{\sum\limits_{i=1}^{n-r}c_i\boldsymbol{x}_i,\ c_i(i=1,2,\cdots,n-r)\text{为任意常数}\right\}$ 与 $S^*=\left\{\sum\limits_{i=1}^{n-r}c_i^*\boldsymbol{x}_i^*,\ c_i^*(i=1,2,\cdots,n-r)\text{为任意常数}\right\}$ 是相等的且等于 $\boldsymbol{Ax}=\mathbf{0}$ 的解集。解集中的一般表达式 $\boldsymbol{x}=\sum\limits_{i=1}^{n-r}c_i\boldsymbol{x}_i$ 称为 $\boldsymbol{Ax}=\mathbf{0}$ 的一般解（或通解），它清楚地揭示了齐次线性方程组的结构。

求解有非零解的齐次线性方程组，一般先求其基础解系，然后写出它的通解。

例 3.5.1 求解齐次线性方程组

$$\begin{cases} x_1+2x_2+2x_3+x_4=0\\ 2x_1+x_2-2x_3-2x_4=0\\ x_1-x_2-4x_3-3x_4=0\end{cases}$$

解: 对系数矩阵 $\boldsymbol{A}$ 施行初等行变换变换为行最简形矩阵

$$\boldsymbol{A}=\begin{bmatrix}1&2&2&1\\2&1&-2&-2\\2&-1&-4&-3\end{bmatrix}\xrightarrow[r_3-r-1]{r_2-2r_1}\begin{bmatrix}1&2&2&1\\0&-3&-6&-4\\0&-3&-6&-4\end{bmatrix}$$

$$\xrightarrow[r_2\text{提出}-3]{r_3-r_2}\begin{bmatrix}1&2&2&1\\0&1&2&\dfrac{4}{3}\\0&0&0&0\end{bmatrix}\xrightarrow{r_1-2r_2}\begin{bmatrix}1&0&-2&-\dfrac{5}{3}\\0&1&2&\dfrac{4}{3}\\0&0&0&0\end{bmatrix}$$

得到与原方程组同解的方程组

$$\begin{cases} x_1-2x_3-\dfrac{5}{3}x_4=0\\ x_2+2x_3+\dfrac{4}{3}x_4=0\end{cases}$$

由此得

$$\begin{cases} x_1 = 2x_3 + \dfrac{5}{3}x_4 \\ x_2 = -2x_3 - \dfrac{4}{3}x_4 \end{cases}$$

其中 x_3和x_4 为自由变量，取 $x_3 = 1$，$x_4 = 0$ 和 $x_3 = 0$，$x_4 = 1$，可得 $\boldsymbol{Ax} = \boldsymbol{0}$ 的基础解系：$\boldsymbol{x}_1 = (2, -2, 1, 0)^{\mathrm{T}}$，$\boldsymbol{x}_2 = \left(\dfrac{5}{3}, -\dfrac{4}{3}, 0, 1\right)^{\mathrm{T}}$，于是 $\boldsymbol{Ax} = \boldsymbol{0}$ 的通解为

$$\boldsymbol{x} = c_1\boldsymbol{x}_1 + c_2\boldsymbol{x}_2 \quad (c_1, c_2\text{为任意实数})$$

例 3.5.2 设 $\boldsymbol{A}, \boldsymbol{B}$ 分别为 $m \times n$ 和 $n \times s$ 矩阵，若 $\boldsymbol{AB} = \boldsymbol{0}$，则 $R(\boldsymbol{A}) + R(\boldsymbol{B}) \leqslant n$。

证明: 将 $\boldsymbol{B}$ 按列分块为 $\boldsymbol{B} = (\boldsymbol{b}_1, \boldsymbol{b}_2, \cdots, \boldsymbol{b}_s)$，则 $\boldsymbol{0} = \boldsymbol{AB} = \boldsymbol{A}(\boldsymbol{b}_1, \boldsymbol{b}_2, \cdots, \boldsymbol{b}_s)$。故有 $\boldsymbol{Ab}_i = \boldsymbol{0}\ (i = 1, 2, \cdots, s)$。这说明 $\boldsymbol{b}_1, \boldsymbol{b}_2, \cdots, \boldsymbol{b}_s$ 都是 $\boldsymbol{Ax} = \boldsymbol{0}$ 的解，而 $\boldsymbol{Ax} = \boldsymbol{0}$ 的基础解系含 $n - R(\boldsymbol{A})$ 个解，因此 $R(\boldsymbol{B}) = R(\boldsymbol{b}_1, \boldsymbol{b}_2, \cdots, \boldsymbol{b}_s) \leqslant n - R(\boldsymbol{A})$。故 $R(\boldsymbol{A}) + R(\boldsymbol{B}) \leqslant n$。

■

例 3.5.3 设 $\boldsymbol{A}$ 是 $m \times n$ 矩阵，证明：$R(\boldsymbol{A}^{\mathrm{T}}\boldsymbol{A}) = R(\boldsymbol{A})$。

证明: 由例 3.4.2(2) 可知

$$R(\boldsymbol{A}^{\mathrm{T}}\boldsymbol{A}) \leqslant R(\boldsymbol{A})$$

因此，只需证 $R(\boldsymbol{A}) \leqslant R(\boldsymbol{A}^{\mathrm{T}}\boldsymbol{A})$ 即可，为此要证 $(\boldsymbol{A}^{\mathrm{T}}\boldsymbol{A})\boldsymbol{x} = \boldsymbol{0}$ 的解集包含于 $\boldsymbol{Ax} = \boldsymbol{0}$ 的解集。

由于当 $(\boldsymbol{A}^{\mathrm{T}}\boldsymbol{A})\boldsymbol{x} = \boldsymbol{0}\ (\boldsymbol{x} \in \mathbb{R}^n)$ 时，必有 $\boldsymbol{x}^{\mathrm{T}}(\boldsymbol{A}^{\mathrm{T}}\boldsymbol{A})\boldsymbol{x} = 0$，即

$$(\boldsymbol{Ax})^{\mathrm{T}}(\boldsymbol{Ax}) = 0$$

从而有 $\boldsymbol{Ax} = \boldsymbol{0}$，故 $(\boldsymbol{A}^{\mathrm{T}}\boldsymbol{A})\boldsymbol{x} = \boldsymbol{0}$ 的解必满足方程组 $\boldsymbol{Ax} = \boldsymbol{0}$，所以

$$n - R(\boldsymbol{A}^{\mathrm{T}}\boldsymbol{A}) \leqslant n - R(\boldsymbol{A})$$

即

$$R(\boldsymbol{A}) \leqslant R(\boldsymbol{A}^{\mathrm{T}}\boldsymbol{A})$$

■

定理 3.5.3 揭示了矩阵 $\boldsymbol{A}$ 的秩与 $\boldsymbol{Ax} = \boldsymbol{0}$ 的解之间的关系，它不仅对求 $\boldsymbol{Ax} = \boldsymbol{0}$ 的解有重要意义，而且对讨论矩阵的秩有重要意义（如例 3.5.2 和例 3.5.3）。

3.5.2 非齐次线性方程组解的结构

本节讨论以 $m \times n$ 矩阵 $\boldsymbol{A}$ 为系数矩阵的非齐次线性方程组

$$\boldsymbol{Ax} = \boldsymbol{b} \tag{3.13}$$

解的结构。与齐次线性方程组不同，非齐次线性方程组 (3.13) 未必有解，因此需要确定式 (3.13) 有解的判定条件。

显然式 (3.13) 可以表示为一个向量等式

$$x_1\boldsymbol{\alpha}_1+x_2\boldsymbol{\alpha}_2+\cdots+x_n\boldsymbol{\alpha}_n=\boldsymbol{b} \tag{3.14}$$

其中，$\boldsymbol{\alpha}_1,\boldsymbol{\alpha}_2,\cdots,\boldsymbol{\alpha}_n$ 为 $\boldsymbol{A}$ 的 n 个列向量。因此，方程组 (3.13) 有解的充要条件是向量 $\boldsymbol{b}$ 可由 $\boldsymbol{A}$ 的列向量组线性表示，从而

$$R\{\boldsymbol{\alpha}_1,\boldsymbol{\alpha}_2,\cdots,\boldsymbol{\alpha}_n\}=R\{\boldsymbol{\alpha}_1,\boldsymbol{\alpha}_2,\cdots,\boldsymbol{\alpha}_n,\boldsymbol{b}\}$$

即

$$R(\boldsymbol{A})=R(\boldsymbol{A},\boldsymbol{b})$$

于是有下面的定理。

定理 3.5.4 对于非齐次线性方程组 (3.13)，下列条件等价:

(1) 方程组 (3.13) 有解（或相容）;

(2) 向量 $\boldsymbol{b}$ 可由 $\boldsymbol{A}$ 的列向量组线性表示;

(3) 向量组 $\boldsymbol{\alpha}_1,\boldsymbol{\alpha}_2,\cdots,\boldsymbol{\alpha}_n$ 与向量组 $\boldsymbol{\alpha}_1,\boldsymbol{\alpha}_2,\cdots,\boldsymbol{\alpha}_n,\boldsymbol{b}$ 等价;

(4) $R(\boldsymbol{A},\boldsymbol{b})=R(\boldsymbol{A})$。

证明: 对增广矩阵 $(\boldsymbol{A},\boldsymbol{b})$ 作初等行变换，将其化为行最简形矩阵

$$(\boldsymbol{C},\boldsymbol{d})=\begin{bmatrix}1&\cdots&0&c_{1,r+1}&\cdots&c_{1n}&d_1\\\vdots&&\vdots&\vdots&&\vdots&\vdots\\0&\cdots&1&c_{r,r+1}&\cdots&c_{rn}&d_r\\0&\cdots&0&0&\cdots&0&d_{r+1}\\0&\cdots&0&0&\cdots&0&0\\\vdots&&\vdots&\vdots&&\vdots&\vdots\\0&\cdots&0&0&\cdots&0&0\end{bmatrix} \tag{3.15}$$

则 $\boldsymbol{Cx}=\boldsymbol{d}$ 与 $\boldsymbol{Ax}=\boldsymbol{b}$ 是同解方程组，因此 $\boldsymbol{Ax}=\boldsymbol{b}$ 有解（即 $\boldsymbol{Cx}=\boldsymbol{d}$ 有解）的充要条件是

$$d_{r+1}=0$$

而 $d_{r+1}=0$ 的充要条件是

$$R(\boldsymbol{C},\boldsymbol{d})=R(\boldsymbol{C})$$

又 $R(\boldsymbol{C},\boldsymbol{d})=R(\boldsymbol{A},\boldsymbol{b})$，$R(\boldsymbol{C})=R(\boldsymbol{A})$，故 $\boldsymbol{Ax}=\boldsymbol{b}$ 有解的充要条件是

$$R(\boldsymbol{A},\boldsymbol{b})=R(\boldsymbol{A})$$

即

$$R(\boldsymbol{\alpha}_1,\boldsymbol{\alpha}_2,\cdots,\boldsymbol{\alpha}_n,\boldsymbol{b})=R(\boldsymbol{\alpha}_1,\boldsymbol{\alpha}_2,\cdots,\boldsymbol{\alpha}_n) \tag{3.16}$$

其中，$\boldsymbol{\alpha}_1,\boldsymbol{\alpha}_2,\cdots,\boldsymbol{\alpha}_n$ 为 $\boldsymbol{A}$ 的列向量组。显然式 (3.16) 成立的充要条件是 $\boldsymbol{b}$ 可由 $\boldsymbol{\alpha}_1,\boldsymbol{\alpha}_2,\cdots,\boldsymbol{\alpha}_n$ 线性表示，而 $\boldsymbol{b}$ 可由 $\boldsymbol{\alpha}_1,\boldsymbol{\alpha}_2,\cdots,\boldsymbol{\alpha}_n$ 线性表示的充要条件是向量组 $\boldsymbol{\alpha}_1,\boldsymbol{\alpha}_2,\cdots,\boldsymbol{\alpha}_n$ 与向量组 $\boldsymbol{\alpha}_1,\boldsymbol{\alpha}_2,\cdots,\boldsymbol{\alpha}_n,\boldsymbol{b}$ 等价。于是定理 3.5.4 成立。

■

推论 3.5.1　$\boldsymbol{Ax}=\boldsymbol{b}$ 有唯一解的充要条件是

$$R(\boldsymbol{A},\boldsymbol{b})=R(\boldsymbol{A})=\boldsymbol{A}\text{的列数} \tag{3.17}$$

证明: 若 $\boldsymbol{b}$ 可由 $\boldsymbol{A}$ 的列向量线性表示，则表示法唯一的充要条件是 $\boldsymbol{\alpha}_1,\boldsymbol{\alpha}_2,\cdots,\boldsymbol{\alpha}_n$ 线性无关。或由式 (3.15)，$\boldsymbol{Ax}=\boldsymbol{b}$ 有唯一解的充要条件是 $d_{r+1}=0$ 且 $r=n$，而 $d_{r+1}=0$ 且 $r=n$ 的充要条件是式 (3.17) 成立。于是推论 3.5.1 成立。

■

下面讨论 $\boldsymbol{Ax}=\boldsymbol{b}$ 解的结构，为了方便起见，称 $\boldsymbol{Ax}=\boldsymbol{0}$ 为 $\boldsymbol{Ax}=\boldsymbol{b}$ 的对应齐次线性方程组（或 $\boldsymbol{Ax}=\boldsymbol{b}$ 的导出方程组）。

定理 3.5.5　若 $\boldsymbol{x}_1,\boldsymbol{x}_2$ 是 $\boldsymbol{Ax}=\boldsymbol{b}$ 的解，则 $\boldsymbol{x}_1-\boldsymbol{x}_2$ 是对应齐次线性方程组 $\boldsymbol{Ax}=\boldsymbol{0}$ 的解。

证明: 因为 $\boldsymbol{A}(\boldsymbol{x}_1-\boldsymbol{x}_2)=\boldsymbol{Ax}_1-\boldsymbol{Ax}_2=\boldsymbol{b}-\boldsymbol{b}=\boldsymbol{0}$，故 $\boldsymbol{x}_1-\boldsymbol{x}_2$ 是对应齐次线性方程组 $\boldsymbol{Ax}=\boldsymbol{0}$ 的解。

■

定理 3.5.6　若 $\boldsymbol{Ax}=\boldsymbol{b}$ 有解，则其通解为 $\boldsymbol{x}=\boldsymbol{x}^*+\bar{\boldsymbol{x}}$，其中 $\boldsymbol{x}^*$ 是 $\boldsymbol{Ax}=\boldsymbol{b}$ 的一个特解，$\bar{\boldsymbol{x}}$ 是 $\boldsymbol{Ax}=\boldsymbol{0}$ 的通解。

证明: 由于 $\boldsymbol{A}(\boldsymbol{x}^*+\bar{\boldsymbol{x}})=\boldsymbol{Ax}^*+\boldsymbol{A}\bar{\boldsymbol{x}}=\boldsymbol{b}$，所以 $\boldsymbol{x}^*+\bar{\boldsymbol{x}}$ 是 $\boldsymbol{Ax}=\boldsymbol{b}$ 的解，若 $\boldsymbol{x}_0$ 是 $\boldsymbol{Ax}=\boldsymbol{b}$ 的任一解，则 $\boldsymbol{x}_0-\boldsymbol{x}^*$ 是 $\boldsymbol{Ax}=\boldsymbol{b}$ 的解，而

$$\boldsymbol{x}_0=\boldsymbol{x}^*+(\boldsymbol{x}_0-\boldsymbol{x}^*)$$

故 $\boldsymbol{x}_0$ 可以表示为 $\boldsymbol{x}^*+\bar{\boldsymbol{x}}$ 的形式，因此它是 $\boldsymbol{Ax}=\boldsymbol{b}$ 的通解。

■

推论 3.5.2　若 $\boldsymbol{Ax}=\boldsymbol{b}$ 有解，则它的解唯一的充要条件是 $\boldsymbol{Ax}=\boldsymbol{0}$ 只有零解。

由定理 3.5.6 可知，求 $\boldsymbol{Ax}=\boldsymbol{b}$ 的通解，只需先求出 $\boldsymbol{Ax}=\boldsymbol{0}$ 的通解，再找出 $\boldsymbol{Ax}=\boldsymbol{b}$ 的一个特解，它们之和即为所求。由此，可得 $\boldsymbol{Ax}=\boldsymbol{b}$ 的求解步骤如下（这里 $\boldsymbol{A}$ 是 $m\times n$ 矩阵）:

(1) 对 $(\boldsymbol{A},\boldsymbol{b})$ 作初等行变换，使其化为行等价的阶梯形矩阵，若 $R(\boldsymbol{A})\neq R(\boldsymbol{A},\boldsymbol{b})$，则 $\boldsymbol{Ax}=\boldsymbol{b}$ 无解。

(2) 若 $R(\boldsymbol{A})=R(\boldsymbol{A},\boldsymbol{b})=n$，则 $\boldsymbol{Ax}=\boldsymbol{b}$ 有唯一解，这时只需写出阶梯形矩阵所对应的方程组，就可依次求得该唯一解。

(3) 若 $R(\boldsymbol{A})=R(\boldsymbol{A},\boldsymbol{b})=r<n$，则 $\boldsymbol{Ax}=\boldsymbol{b}$ 有无穷多解。具体解法是：写出阶梯形矩阵所对应的非齐次线性方程组，先求出对应齐次线性方程组基础解系中的 $n-r$ 个解向量，然后取定非齐次线性方程组中的 $n-r$ 个自由变量（为了简化计算，一般取这 $n-r$ 个自由变量为零），得到一个特解，由此可知 $\boldsymbol{Ax}=\boldsymbol{b}$ 的通解。

例 3.5.4　设非齐次线性方程组 $\boldsymbol{Ax}=\boldsymbol{b}$ 的增广矩阵为

$$(\boldsymbol{A},\boldsymbol{b})=\begin{bmatrix}-1&0&-1&5&2\\1&1&-1&2&3\\2&1&0&-3&1\end{bmatrix}$$

求 $\boldsymbol{Ax}=\boldsymbol{b}$ 的通解。

解: 对增广矩阵 $(\boldsymbol{A},\boldsymbol{b})$ 作初等行变换，化为行阶梯形矩阵。

$$(\boldsymbol{A},\boldsymbol{b})\to\begin{bmatrix}1&0&1&-5&-2\\0&1&-2&7&5\\0&0&0&0&0\end{bmatrix}$$

因为 $R(\boldsymbol{A})=R(\boldsymbol{A},\boldsymbol{b})=2$，所以方程组有解，并有

$$\begin{cases}x_1=-2\ -x_3+5x_4\\x_2=\ \ 5+2x_3-7x_4\end{cases}$$

取 x_3,x_4 为自由变量，并令 $x_3=c_1,x_4=c_2$，其中 c_1,c_2 为任意常数，得通解

$$\begin{cases}x_1=-2-c_1+5c_2\\x_2=5+2c_1-7c_2\\x_3=c_1\\x_4=c_2\end{cases}$$

写成向量形式，得

$$\begin{bmatrix}x_1\\x_2\\x_3\\x_4\end{bmatrix}=\begin{bmatrix}-2\\5\\0\\0\end{bmatrix}+c_1\begin{bmatrix}-1\\2\\1\\0\end{bmatrix}+c_2\begin{bmatrix}5\\-7\\0\\1\end{bmatrix}$$

例 3.5.5 设线性方程组

$$\begin{cases}x_1\qquad\ \ +x_3\ \ +x_4=1\\x_1+x_2+2x_3+x_4=3\\2x_1-x_2+\lambda_1x_3+3x_4=2\\2x_1\qquad\ +2x_3+3x_4=\lambda_2\end{cases}$$

试讨论 λ_1,λ_2 不同取值时，方程组解的情况，并在有解时求出方程组的解。

解: 对增广矩阵 $(\boldsymbol{A},\boldsymbol{b})$ 作初等行变换，化为阶梯形矩阵:

$$(\boldsymbol{A},\boldsymbol{b})=\begin{bmatrix}1&0&1&1&1\\1&1&2&1&3\\2&-1&\lambda_1&3&2\\2&0&2&3&\lambda_2\end{bmatrix}\to\begin{bmatrix}1&0&1&1&1\\0&1&1&0&2\\0&0&\lambda_1-1&1&2\\0&0&0&1&\lambda_2-2\end{bmatrix}$$

(1) 当 $\lambda_1=1$ 时，$(\boldsymbol{A},\boldsymbol{b})$ 经初等行变换可化为如下阶梯形矩阵

$$\begin{bmatrix}1&0&1&1&1\\0&1&1&0&2\\0&0&0&1&2\\0&0&0&0&\lambda_2-4\end{bmatrix}$$

因此，当 $\lambda_1=1$ 且 $\lambda_2\neq 4$ 时，$R(\boldsymbol{A})=3, R(\boldsymbol{A},\boldsymbol{b})=4$，所以方程组无解。

(2) 当 $\lambda_1\neq 1$ 时，$R(\boldsymbol{A})=R(\boldsymbol{A},b)=4$，方程组有唯一解

$$\boldsymbol{x}=\begin{bmatrix}x_1\\x_2\\x_3\\x_4\end{bmatrix}=\begin{bmatrix}3-\lambda_2-\dfrac{4-\lambda_2}{\lambda_1-1}\\2-\dfrac{4-k_2}{k_1-1}\\\dfrac{4-\lambda_2}{\lambda_1-1}\\\lambda_2-2\end{bmatrix}$$

(3) 当 $\lambda_1=1,\lambda_2=4$ 时，$(\boldsymbol{A},\boldsymbol{b})$ 经初等行变换可化为如下阶梯形矩阵

$$\begin{bmatrix}1&0&1&1&1\\0&1&1&0&2\\0&0&0&1&2\\0&0&0&0&0\end{bmatrix}$$

此时，$R(\boldsymbol{A})=R(\boldsymbol{A},b)=3$，方程组有无穷多组解，其通解为

$$\boldsymbol{x}=\begin{bmatrix}-1\\2\\0\\2\end{bmatrix}+c\begin{bmatrix}-1\\-1\\1\\0\end{bmatrix},\quad c\text{为任意常数}$$

例 3.5.6　设三阶矩阵 $\boldsymbol{A}$ 的秩是 2，非齐次线性方程组 $\boldsymbol{Ax}=\boldsymbol{b}$ 的 3 个解向量 $\boldsymbol{\eta}_1,\boldsymbol{\eta}_2,\boldsymbol{\eta}_3$ 满足

$$2\boldsymbol{\eta}_1+\boldsymbol{\eta}_2=(1,2,3)^{\mathrm{T}},\quad 2\boldsymbol{\eta}_2+\boldsymbol{\eta}_3=(3,2,1)^{\mathrm{T}}$$

求非齐次线性方程组 $\boldsymbol{Ax}=\boldsymbol{b}$ 的通解。

解: 因为 $\boldsymbol{\eta}_1,\boldsymbol{\eta}_2,\boldsymbol{\eta}_3$ 是三元非齐次线性方程组 $\boldsymbol{Ax}=\boldsymbol{b}$ 的解，所以

$$\frac{1}{3}(2\boldsymbol{\eta}_1+\boldsymbol{\eta}_2)=\frac{1}{3}(1,2,3)^{\mathrm{T}}\quad\text{与}\quad\frac{1}{3}(2\boldsymbol{\eta}_2+\boldsymbol{\eta}_3)=\frac{1}{3}(3,2,1)^{\mathrm{T}}$$

都是 $\boldsymbol{Ax}=\boldsymbol{b}$ 的解，而它们的差

$$\frac{1}{3}(1,2,3)^{\mathrm{T}}-\frac{1}{3}(3,2,1)^{\mathrm{T}}=\frac{2}{3}(-1,0,1)^{\mathrm{T}}$$

是三元非齐次线性方程组 $\boldsymbol{Ax}=\boldsymbol{b}$ 对应的齐次线性方程组 $\boldsymbol{Ax}=\boldsymbol{0}$ 的解。

又因为 $R(\boldsymbol{A})=2$，所以 $\boldsymbol{Ax}=\boldsymbol{0}$ 的基础解系只含有一个解向量，即 $\boldsymbol{Ax}=\boldsymbol{0}$ 的基础解系为 $(-1,0,1)^{\mathrm{T}}$，故 $\boldsymbol{Ax}=\boldsymbol{b}$ 的通解为

$$\boldsymbol{x}=\frac{1}{3}(1,2,3)^{\mathrm{T}}+k(-1,0,1)^{\mathrm{T}}$$

其中，k 为任意常数。

3.6 应用举例

应用 1：电路

在一个电路中，可根据电阻大小和电源电压确定电路中各分支的电流。例如，图 3.1 所示的电路。

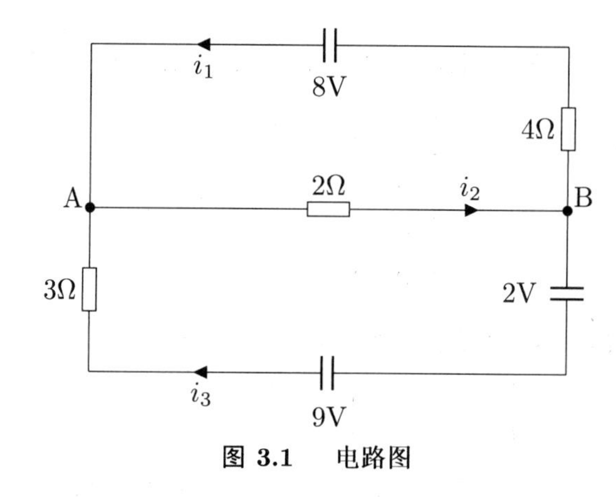

图 3.1 电路图

利用欧姆定律可以计算电阻两端的电压 U，即

$$U=iR$$

其中，i 为通过电阻的电流，单位为安培；R 表示电阻，单位为欧姆。

下面计算图 3.1 所示电路中节点 A 和 B 的电流。因为任一节点上流出电流的量等于流入电流的量，所以

$$i_1-i_2+i_3=0\text{（节点 A）}$$

$$-i_1+i_2-i_3=0\text{（节点 B）}$$

又因为任一回路上电压的代数和等于各个元件电压的代数和，所以利用欧姆定律，有

$$4i_1+2i_2=8\text{（上层回路）}$$

$$2i_2+5i_3=9\text{（下层回路）}$$

因此，电路对应的增广矩阵为

$$\left[\begin{array}{ccc|c} 1 & -1 & 1 & 0 \\ -1 & 1 & -1 & 0 \\ 4 & 2 & 0 & 8 \\ 0 & 2 & 5 & 9 \end{array}\right]$$

相应的行阶梯形矩阵为

$$\left[\begin{array}{ccc|c} 1 & -1 & 1 & 0 \\ 0 & 1 & -\dfrac{2}{3} & 0 \\ 0 & 0 & 1 & 8 \\ 0 & 0 & 0 & 9 \end{array}\right]$$

于是，解得 $i_1 = 1, i_2 = 2, i_3 = 1$。

应用 2: 化学方程式

在光合作用中，植物利用太阳提供的能量，将二氧化碳 (CO_2) 和水 (H_2O) 转化为葡萄糖 ($C_6H_{12}O_6$) 和氧气 (O_2)。该化学反应方程式为

$$x_1CO_2 + x_2H_2O \to x_3O_2 + x_4C_6H_{12}O_6$$

为平衡该方程式，需适当选择其中的 x_1、x_2、x_3 和 x_4，使得方程式两边的碳、氢和氧原子的数量分别相等。由于一个二氧化碳分子含有一个碳原子，而一个葡萄糖分子含有 6 个碳原子，因此为平衡方程，需有 $x_1 = 6x_4$。类似地，要平衡氧原子和氢原子需分别满足 $2x_1 + x_2 = 2x_3 + 6x_4$ 和 $2x_2 = 12x_4$。将所有未知量移到左端，即可得到一个齐次线性方程组

$$\begin{cases} x_1 \qquad\qquad\qquad - \ \ 6x_4 = 0 \\ 2x_1 + \ x_2 - 2x_3 - \ \ 6x_4 = 0 \\ \qquad\quad 2x_2 \qquad\quad - 12x_4 = 0 \end{cases}$$

由定理 1.1.1，该方程组有非平凡解。为平衡化学方程式，需找到一组解 (x_1, x_2, x_3, x_4)，其中每个元均为非负整数。如果使用通常的方法求解方程组，可以看到 x_4 为自由变量且 $x_1 = x_2 = x_3 = 6x_6$。如果令 $x_4 = 1$，则 $x_1 = x_2 = x_3 = 6$，且化学方程式的形式为

$$6CO_2 + 6H_2O \to 6O_2 + C_6H_{12}O_6$$

3.7 MATLAB 练习

1. 考虑如何用 MATLAB 生成给定秩的矩阵。

(1) 一般地，若 $\boldsymbol{A}$ 为秩 r 的 $m \times n$ 矩阵，则 $r < \min(m, n)$。为什么？如果 $\boldsymbol{A}$ 的元素为随机数，则可认为 $r = \min(m, n)$。为什么？用 MATLAB 随机生成 6×6、8×6、5×8 矩阵，并使用 MATLAB 命令 rank 计算它们的秩。当一个 $m \times n$ 矩阵的秩等于 $\min(m, n)$

时，称该矩阵满秩，否则称为亏秩。

(2) MATLAB 的 rand 和 round 命令可用于随机生成区间 $[a,b]$ 中的整数元素的 $m\times n$ 矩阵。这可使用命令

$$A=\text{round}((b-a)*\text{rand}(m,n))+a$$

例如，命令

$$A=\text{round}(4*\text{rand}(6,8))+3$$

将生成一个 6×8 矩阵，它的元素为从 $3\sim 7$ 的随机整数。利用区间 $[1,10]$，生成 10×7、8×12 和 10×15 的随机整数矩阵，并计算每种情况下矩阵的秩。这些整数矩阵是否是满秩的?

(3) 假设想用 MATLAB 生成一个不满秩的矩阵。生成秩为 1 的矩阵很容易。若 $\boldsymbol{x}$ 和 $\boldsymbol{y}$ 分别为 $\mathbb{R}^m$ 和 $\mathbb{R}^n$ 中的非零向量，则 $\boldsymbol{A}=\boldsymbol{x}\boldsymbol{y}^{\mathrm{T}}$ 将是一个秩为 1 的 $m\times n$ 矩阵。为什么? 验证这一结论的 MATLAB 命令为

$$\boldsymbol{x}=\text{round}(9*\text{rand}(8,1))+1,\quad \boldsymbol{y}=\text{round}(9*\text{rand}(6,1))+1$$

用这些向量构造一个 8×6 的矩阵 $\boldsymbol{A}$。用 MATLAB 命令 rank 对 $\boldsymbol{A}$ 的秩进行验证。

(4) 一般地，

$$\text{rank}(\boldsymbol{AB})\leqslant\min(\text{rank}(\boldsymbol{A}),\text{rank}(\boldsymbol{B}))\tag{1}$$

若 $\boldsymbol{A}$ 和 $\boldsymbol{B}$ 为随机生成的非整数矩阵，关系式 (1) 应为等式。生成一个 8×6 的矩阵 $\boldsymbol{A}$，其中令

$$\boldsymbol{X}=\text{rand}(8,2),\quad \boldsymbol{Y}=\text{rand}(6,2),\quad \boldsymbol{A}=\boldsymbol{X}*\boldsymbol{Y}'$$

你认为 $\boldsymbol{A}$ 的秩为多少? 用 MATLAB 验证 $\boldsymbol{A}$ 的秩。

(5) 用 MATLAB 命令生成矩阵 $\boldsymbol{A}$、$\boldsymbol{B}$、$\boldsymbol{C}$，使得

① $\boldsymbol{A}$ 是秩为 3 的 8×8 矩阵。

② $\boldsymbol{B}$ 是秩为 4 的 6×9 矩阵。

③ $\boldsymbol{C}$ 是秩为 5 的 10×7 矩阵。

2. 线性方程组的秩 1 校正法。

(1) 令 $\boldsymbol{A}=\text{round}(10*\text{rand}(8)),\boldsymbol{b}=\text{round}(10*\text{rand}(8,1))$，且 $\boldsymbol{M}=\text{inv}(\boldsymbol{A})$。用矩阵 $\boldsymbol{M}$ 求 $\boldsymbol{y}$ 的方程组 $\boldsymbol{Ay}=\boldsymbol{b}$。

(2) 考虑方程组 $\boldsymbol{Cx}=\boldsymbol{b}$，其中 $\boldsymbol{C}$ 用如下方式构造：

$$\boldsymbol{u}=\text{round}(10*\text{rand}(8,1)),\qquad \boldsymbol{v}=\text{round}(10*\text{rand}(8,1))$$

$$\boldsymbol{E}=\boldsymbol{u}*\boldsymbol{v}',\qquad \boldsymbol{C}=\boldsymbol{A}+\boldsymbol{E}$$

矩阵 $\boldsymbol{C}$ 和 $\boldsymbol{A}$ 相差一个秩为 1 的矩阵 $\boldsymbol{E}$。用 MATLAB 验证 $\boldsymbol{E}$ 的秩为 1。用 MATLAB 运算“\”解方程组 $\boldsymbol{Cx}=\boldsymbol{b}$，并计算剩余向量 $\boldsymbol{r}=\boldsymbol{b}-\boldsymbol{Ax}$。

(3) 采用新的方法，利用 $\boldsymbol{A}$ 和 $\boldsymbol{C}$ 相差一个秩为 1 的矩阵，解方程组 $\boldsymbol{Cx}=\boldsymbol{b}$。这个新的过程称为秩 1 校正法。令

$$\boldsymbol{z}=\boldsymbol{M}\boldsymbol{u},\quad c=\boldsymbol{v}'*\boldsymbol{y},\quad d=\boldsymbol{v}'*\boldsymbol{z},\quad e=c/(1+d)$$

然后通过下式求解 $\boldsymbol{x}$:

$$\boldsymbol{x}=\boldsymbol{y}-e*\boldsymbol{z}$$

计算剩余向量 $\boldsymbol{b}-\boldsymbol{C}\boldsymbol{x}$，并和 (2) 中的剩余向量进行比较。这种新方法看起来比较复杂，但它在计算上确实很有效。

3.8　习题

1. 设 $\boldsymbol{\alpha}_1=(2,3,0)^{\mathrm{T}},\boldsymbol{\alpha}_2=(0,-3,1)^{\mathrm{T}},\boldsymbol{\alpha}_3=(2,-4,1)^{\mathrm{T}}$, 求 $\boldsymbol{\beta}=2\boldsymbol{\alpha}_1-3\boldsymbol{\alpha}_2+\boldsymbol{\alpha}_3$。

2. 已知 $\boldsymbol{\alpha}_1=(1,1,1,1)^{\mathrm{T}},\boldsymbol{\alpha}_2=(1,1,-1,-1)^{\mathrm{T}},\boldsymbol{\alpha}_3=(1,-1,1,-1)^{\mathrm{T}},\boldsymbol{\alpha}_4=(1,-1,-1,1)^{\mathrm{T}}$, $\boldsymbol{\beta}=(1,2,1,1)^{\mathrm{T}}$，试将 $\boldsymbol{\beta}$ 表示为 $\boldsymbol{\alpha}_1,\boldsymbol{\alpha}_2,\boldsymbol{\alpha}_3,\boldsymbol{\alpha}_4$ 的线性组合。

3. 已知 $2\boldsymbol{\alpha}+3\boldsymbol{\beta}=(1,3,2,-1)^{\mathrm{T}},3\boldsymbol{\alpha}+4\boldsymbol{\beta}=(2,1,1,2)^{\mathrm{T}}$，求 $\boldsymbol{\alpha}$和$\boldsymbol{\beta}$。

4. 已知向量 $\boldsymbol{\eta}_1,\boldsymbol{\eta}_2$ 能够被向量 $\boldsymbol{\beta}_1,\boldsymbol{\beta}_2,\boldsymbol{\beta}_3$ 线性表示，且表示式为

$$\boldsymbol{\eta}_1=3\boldsymbol{\beta}_1-\boldsymbol{\beta}_2+\boldsymbol{\beta}_3,\quad \boldsymbol{\eta}_2=\boldsymbol{\beta}_1+2\boldsymbol{\beta}_2+4\boldsymbol{\beta}_3$$

向量 $\boldsymbol{\beta}_1,\boldsymbol{\beta}_2,\boldsymbol{\beta}_3$ 可由 $\boldsymbol{\alpha}_1,\boldsymbol{\alpha}_2,\boldsymbol{\alpha}_3$ 线性表示，且表示式为

$$\boldsymbol{\beta}_1=2\boldsymbol{\alpha}_1+\boldsymbol{\alpha}_2-5\boldsymbol{\alpha}_3,\quad \boldsymbol{\beta}_2=\boldsymbol{\alpha}_1+3\boldsymbol{\alpha}_2+\boldsymbol{\alpha}_3,\quad \boldsymbol{\beta}_3=-\boldsymbol{\alpha}_1+4\boldsymbol{\alpha}_2-\boldsymbol{\alpha}_3$$

求向量 $\boldsymbol{\eta}_1,\boldsymbol{\eta}_2$ 由向量 $\boldsymbol{\alpha}_1,\boldsymbol{\alpha}_2,\boldsymbol{\alpha}_3$ 表示的表达式。

5. 若 $\boldsymbol{\alpha}_1=(1,0,0,0)^{\mathrm{T}},\boldsymbol{\alpha}_2=(1,1,0,0)^{\mathrm{T}},\boldsymbol{\alpha}_3=(1,1,1,0)^{\mathrm{T}},\boldsymbol{\alpha}_4=(1,1,1,1)^{\mathrm{T}}$, $\boldsymbol{\beta}=(2,1,-1,3)^{\mathrm{T}}$，向量 $\boldsymbol{\beta}$ 能否由 $\boldsymbol{\alpha}_1,\boldsymbol{\alpha}_2,\boldsymbol{\alpha}_3,\boldsymbol{\alpha}_4$ 线性表示?

6. t 为何值时，$\boldsymbol{\beta}$ 可由 $\boldsymbol{\alpha}_1,\boldsymbol{\alpha}_2,\boldsymbol{\alpha}_3$ 线性表示?

(1) $\boldsymbol{\alpha}_1=(3,2,5)^{\mathrm{T}},\boldsymbol{\alpha}_2=(2,4,7)^{\mathrm{T}},\boldsymbol{\alpha}_3=(5,6,t)^{\mathrm{T}},\boldsymbol{\beta}=(1,3,5)^{\mathrm{T}}$;

(2) $\boldsymbol{\alpha}_1=(1,1,2)^{\mathrm{T}},\boldsymbol{\alpha}_2=(2,t,4)^{\mathrm{T}},\boldsymbol{\alpha}_3=(t,3,6)^{\mathrm{T}},\boldsymbol{\beta}=(-1,5,5t)^{\mathrm{T}}$。

7. 判定下列向量组的线性相关性。

(1) $\boldsymbol{\alpha}_1=(2,3,6)^{\mathrm{T}},\boldsymbol{\alpha}_2=(5,2,0)^{\mathrm{T}},\boldsymbol{\alpha}_3=(7,5,6)^{\mathrm{T}}$;

(2) $\boldsymbol{\alpha}_1=(1,3,6)^{\mathrm{T}},\boldsymbol{\alpha}_2=(0,2,5)^{\mathrm{T}},\boldsymbol{\alpha}_3=(1,-1,4)^{\mathrm{T}}$;

(3) $\boldsymbol{\alpha}_1=(1,3,4,-2)^{\mathrm{T}},\boldsymbol{\alpha}_2=(2,1,3,-1)^{\mathrm{T}},\boldsymbol{\alpha}_3=(3,-1,2,0)^{\mathrm{T}}$;

(4) $\boldsymbol{\alpha}_1=(1,1,2,2,1)^{\mathrm{T}},\boldsymbol{\alpha}_2=(0,2,1,5,-1)^{\mathrm{T}},\boldsymbol{\alpha}_3=(2,0,3,-1,3)^{\mathrm{T}},\boldsymbol{\alpha}_4=(1,1,0,4,-1)^{\mathrm{T}}$;

(5) $\boldsymbol{\alpha}_1=(a,b,c)^{\mathrm{T}},\boldsymbol{\alpha}_2=(b,c,d)^{\mathrm{T}},\boldsymbol{\alpha}_3=(c,d,e)^{\mathrm{T}},\boldsymbol{\alpha}_4=(d,e,f)^{\mathrm{T}}$。

8. 若 $\boldsymbol{\alpha}_1,\boldsymbol{\alpha}_2,\cdots,\boldsymbol{\alpha}_m$ 是 m 个 n 维线性无关的向量组，试证其中任一部分组都线性无关。

9. 假设向量组 $(A):\boldsymbol{\alpha}_1=(a_{11},a_{12},\cdots,a_{1r})^{\mathrm{T}},\boldsymbol{\alpha}_2=(a_{21},a_{22},\cdots,a_{2r})^{\mathrm{T}},\cdots,\boldsymbol{\alpha}_m=(a_{m1},a_{m2},\cdots,a_{mr})^{\mathrm{T}}$ 由 m 个 r 维向量组成; 向量组 $(B):\boldsymbol{\beta}_1=(a_{11},a_{12},\cdots,a_{1r},a_{1,r+1},\cdots,a_{1n})^{\mathrm{T}},\boldsymbol{\beta}_2=(a_{21},a_{22},\cdots,a_{2r},a_{2,r+1},\cdots,a_{2n})^{\mathrm{T}},\cdots,\boldsymbol{\beta}_m=(a_{m1},a_{m2},\cdots,a_{mr},a_{m,r+1},\cdots,a_{mn})^{\mathrm{T}}$ 由 m 个 n 维 $(n>r)$ 向量组成，试证明:

(1) 若向量组 (A) 线性无关，则向量组 (B) 也线性无关;

(2) 若向量组 (B) 线性相关，则向量组 (A) 也线性相关。

10. 证明 $\boldsymbol{\alpha}_1,\boldsymbol{\alpha}_2,\boldsymbol{\alpha}_3$ 线性无关的充要条件是 $\boldsymbol{\alpha}_1+\boldsymbol{\alpha}_2$，$\boldsymbol{\alpha}_2+\boldsymbol{\alpha}_3$，$\boldsymbol{\alpha}_3+\boldsymbol{\alpha}_1$ 线性无关。

11. 若 $\boldsymbol{\alpha}$ 能由 $\boldsymbol{\alpha}_1,\boldsymbol{\alpha}_2,\cdots,\boldsymbol{\alpha}_m$ 线性表示。证明：表示式唯一的充要条件是 $\boldsymbol{\alpha}_1,\boldsymbol{\alpha}_2,\cdots,\boldsymbol{\alpha}_m$ 线性无关。

12. 若 $\boldsymbol{\alpha}_1,\boldsymbol{\alpha}_2,\cdots,\boldsymbol{\alpha}_m$ 线性相关，但其中任意 $m-1$ 个向量都线性无关，证明必存在一组全不为 0 的数 $k_1,k_2,\cdots,k_m$，使得 $\sum\limits_{i=1}^{m}k_i\boldsymbol{\alpha}_i=\mathbf{0}$。

13. 判别下列命题是否正确，若正确，请给出证明；若不正确，举例说明。

(1) $\boldsymbol{\alpha}_1,\boldsymbol{\alpha}_2,\boldsymbol{\alpha}_3$ 线性无关的充要条件是任意两个向量线性无关；

(2) $\boldsymbol{\alpha}_1,\boldsymbol{\alpha}_2,\boldsymbol{\alpha}_3$ 线性相关的充要条件是有两个向量线性相关；

(3) 若 $\boldsymbol{\alpha}_1,\boldsymbol{\alpha}_2,\boldsymbol{\alpha}_3$ 线性无关，则 $\boldsymbol{\alpha}_1-\boldsymbol{\alpha}_2$，$\boldsymbol{\alpha}_2-\boldsymbol{\alpha}_3$，$\boldsymbol{\alpha}_3-\boldsymbol{\alpha}_1$ 线性无关；

(4) 若 $\boldsymbol{\alpha}_1,\boldsymbol{\alpha}_2,\boldsymbol{\alpha}_3$ 线性相关，则其中每个向量可由其余向量线性表示；

(5) 若 $\boldsymbol{\alpha}_1,\boldsymbol{\alpha}_2,\boldsymbol{\alpha}_3$ 中存在一个向量不能由其余向量线性表出，则若 $\boldsymbol{\alpha}_1,\boldsymbol{\alpha}_2,\boldsymbol{\alpha}_3$ 线性无关；

(6) 若 $\boldsymbol{\alpha}_1,\boldsymbol{\alpha}_2,\boldsymbol{\alpha}_3$ 线性相关，则 $\boldsymbol{\alpha}_1+\boldsymbol{\alpha}_2$，$\boldsymbol{\alpha}_2+\boldsymbol{\alpha}_3$，$\boldsymbol{\alpha}_3+\boldsymbol{\alpha}_1$ 线性相关。

14. 设向量组 $\boldsymbol{\alpha}_1,\boldsymbol{\alpha}_2,\cdots,\boldsymbol{\alpha}_m$ 线性无关。令 $\boldsymbol{\beta}_1=\boldsymbol{\alpha}_1+\boldsymbol{\alpha}_2$，$\boldsymbol{\beta}_2=\boldsymbol{\alpha}_2+\boldsymbol{\alpha}_3,\cdots$，$\boldsymbol{\beta}_{r-1}=\boldsymbol{\alpha}_{r-1}+\boldsymbol{\alpha}_r$，$\boldsymbol{\beta}_r=\boldsymbol{\alpha}_r+\boldsymbol{\alpha}_1$。试证明：

(1) 当 r 为奇数时，$\boldsymbol{\beta}_1,\boldsymbol{\beta}_2,\cdots,\boldsymbol{\beta}_m$ 线性无关；

(2) 当 r 为偶数时，$\boldsymbol{\beta}_1,\boldsymbol{\beta}_2,\cdots,\boldsymbol{\beta}_m$ 线性相关。

15. 求下列向量组的一个极大线性无关组和秩，并将其余向量用极大线性无关组线性表示。

(1) $\boldsymbol{\alpha}_1=(1,2,-1,4)^{\mathrm{T}},\boldsymbol{\alpha}_2=(9,100,10,4)^{\mathrm{T}},\boldsymbol{\alpha}_3=(-2,-4,2,-8)^{\mathrm{T}}$；

(2) $\boldsymbol{\alpha}_1=(1,3,6,2)^{\mathrm{T}},\boldsymbol{\alpha}_2=(2,1,2,-1)^{\mathrm{T}},\boldsymbol{\alpha}_3=(3,5,10,3)^{\mathrm{T}},\boldsymbol{\alpha}_4=(-2,1,2,3)^{\mathrm{T}}$；

(3) $\boldsymbol{\alpha}_1=(6,4,1,9,2)^{\mathrm{T}},\boldsymbol{\alpha}_2=(1,0,2,3,-4)^{\mathrm{T}},\boldsymbol{\alpha}_3=(1,4,-9,-6,22)^{\mathrm{T}},\boldsymbol{\alpha}_4=(7,1,0,-1,3)^{\mathrm{T}}$；

(4) $\boldsymbol{\alpha}_1=(1,-1,2,4)^{\mathrm{T}},\boldsymbol{\alpha}_2=(0,3,1,2)^{\mathrm{T}},\boldsymbol{\alpha}_3=(3,0,7,14)^{\mathrm{T}},\boldsymbol{\alpha}_4=(2,1,5,6)^{\mathrm{T}},\boldsymbol{\alpha}_5=(1,-1,2,0)^{\mathrm{T}}$。

16. 设向量组 $\boldsymbol{\alpha}_1=(a,3,1)^{\mathrm{T}},\boldsymbol{\alpha}_2=(2,b,3)^{\mathrm{T}},\boldsymbol{\alpha}_3=(1,2,1)^{\mathrm{T}},\boldsymbol{\alpha}_4=(2,3,1)^{\mathrm{T}}$ 的秩为 2，求 a,b。

17. 求下列矩阵的秩，并指出该矩阵的一个最高阶的非零子式。

(1) $\begin{bmatrix}1&1&2&2&1\\0&2&1&5&-1\\2&0&3&-1&3\\1&1&0&4&-1\end{bmatrix}$；　　(2) $\begin{bmatrix}2&1&0&0\\2&1&1&0\\0&2&1&0\\0&0&2&1\end{bmatrix}$；

(3) $\begin{bmatrix}0&2&-4\\-1&-4&5\\3&1&7\\0&5&-10\\2&3&0\end{bmatrix}$；　　(4) $\begin{bmatrix}6&-1&5&7&2\\1&5&6&-4&-10\\2&3&5&-1&-6\\-4&6&2&-10&-12\end{bmatrix}$。

18. 证明下列各题。

(1) 设向量组 $\boldsymbol{\alpha}_1,\boldsymbol{\alpha}_2,\cdots,\boldsymbol{\alpha}_n$ 的秩为 r_1，向量组 $\boldsymbol{\beta}_1,\boldsymbol{\beta}_2,\cdots,\boldsymbol{\beta}_s$ 的秩为 r_2，向量组 $\boldsymbol{\alpha}_1,\boldsymbol{\alpha}_2,\cdots,\boldsymbol{\alpha}_n,\boldsymbol{\beta}_1,\boldsymbol{\beta}_2,\cdots,\boldsymbol{\beta}_s$ 的秩为 r_3，试证明：

$$\max\{r_1,r_2\}\leqslant r_3\leqslant r_1+r_2$$

(2) 设向量组 $\boldsymbol{\alpha}_1,\boldsymbol{\alpha}_2,\cdots,\boldsymbol{\alpha}_s$ 的秩为 r_1，向量组 $\boldsymbol{\beta}_1,\boldsymbol{\beta}_2,\cdots,\boldsymbol{\beta}_s$ 的秩为 r_2，向量组 $\boldsymbol{\alpha}_1,\boldsymbol{\alpha}_2,\cdots,\boldsymbol{\alpha}_s,\boldsymbol{\beta}_1,\boldsymbol{\beta}_2,\cdots,\boldsymbol{\beta}_s$ 的秩为 r_3，向量组 $\boldsymbol{\alpha}_1+\boldsymbol{\beta}_1,\boldsymbol{\alpha}_2+\boldsymbol{\beta}_2,\cdots,\boldsymbol{\alpha}_s+\boldsymbol{\alpha}_s$ 的秩为 r_4，试证明：

$$r_4\leqslant r_3\leqslant r_1+r_2$$

(3) 设 $\boldsymbol{A},\boldsymbol{B}$ 都是 $m\times n$ 矩阵。证明：

$$R(\boldsymbol{A}+\boldsymbol{B})\leqslant R(\boldsymbol{A},\boldsymbol{B})\leqslant R(\boldsymbol{A})+R(\boldsymbol{B})$$

(4) 设向量组 $\boldsymbol{A}$ 与向量组 $\boldsymbol{B}$ 的秩相等，且向量组 $\boldsymbol{A}$ 可由向量组 $\boldsymbol{B}$ 线性表示，则向量组 $\boldsymbol{A}$ 与向量组 $\boldsymbol{B}$ 等价。

19. 设 $\boldsymbol{A}$ 为 n 阶矩阵 $(n\geqslant 2)$，$\boldsymbol{A}^*$ 为 $\boldsymbol{A}$ 的伴随矩阵，试证明：

$$R(\boldsymbol{A}^*)=\begin{cases} n, & R(\boldsymbol{A})=n \\ 1, & R(\boldsymbol{A})=n-1 \\ 0, & R(\boldsymbol{A})\leqslant n-1 \end{cases}$$

20. 求下列齐次线性方程组的基础解系及通解。

(1) $\begin{cases} 2x_1-4x_2+17x_3-6x_4=0 \\ x_1+x_2-2x_3+3x_4=0 \\ 3x_1+x_2+x_3+5x_4=0 \\ 3x_1-x_2+8x_3+x_4=0 \end{cases}$　　(2) $\begin{cases} x_1+x_2+x_3+x_4+x_5=0 \\ 2x_1+3x_2+x_3+x_4-3x_5=0 \\ x_1+2x_3+2x_4+6x_5=0 \\ 4x_1+5x_2+3x_3+4x_4-x_5=0 \end{cases}$

21. 求下列非齐次线性方程组的通解。

(1) $\begin{cases} x_1+x_2=5 \\ 2x_1+x_2+x_3+2x_4=1 \\ 5x_1+3x_2+2x_3+2x_4=3 \end{cases}$　　(2) $\begin{cases} 3x_1+x_2+2x_3+x_4-3x_4=-2 \\ 5x_1+3x_2+4x_3+3x_4-x_5=12 \\ x_1+x_2+x_3+x_4+x_5=7 \\ 2x_2+x_3+3x_4+6x_5=23 \end{cases}$

22. λ 取何值时，线性方程组

$$\begin{cases} (\lambda+3)x_1+x_2+2x_3=\lambda \\ \lambda x_1+(\lambda-1)x_2+x_3=\lambda \\ 3(\lambda+1)x_1+\lambda x_2+(\lambda+3)x_3=3 \end{cases}$$

有唯一解、无解、无穷多解？在有无穷多解时求其通解。

23. 求一个齐次线性方程组，使其基础解系为

$$\boldsymbol{\xi}_1=(0,1,2,3)^{\mathrm{T}},\quad \boldsymbol{\xi}_2=(3,2,1,0)^{\mathrm{T}}$$

24. 设四元非齐次线性方程组的系数矩阵的秩为 3，已知 $\boldsymbol{\eta}_1,\boldsymbol{\eta}_2,\boldsymbol{\eta}_3$ 是它的 3 个解向量，且

$$\boldsymbol{\eta}_1=(2,3,4,5)^{\mathrm{T}},\quad \boldsymbol{\eta}_2+\boldsymbol{\eta}_3=(1,2,3,4)^{\mathrm{T}}$$

求该方程组的通解。

25. 设向量组 A: $\boldsymbol{a}_1=(\alpha,2,10)^{\mathrm{T}},\boldsymbol{a}_2=(-2,1,5)^{\mathrm{T}},\boldsymbol{a}_3=(-1,1,4)^{\mathrm{T}}$ 及向量 $\boldsymbol{b}=(1,\beta,-1)^{\mathrm{T}}$，问 α,β 为何值时：

(1) 向量 $\boldsymbol{b}$ 不能由向量组 A 线性表示；

(2) 向量 $\boldsymbol{b}$ 能由向量组 A 线性表示，且表示式唯一；

(3) 向量 $\boldsymbol{b}$ 能由向量组 A 线性表示，且表示式不唯一，并求一般表示式。

26. 设矩阵 $\boldsymbol{A}=(\boldsymbol{a}_1,\boldsymbol{a}_2,\boldsymbol{a}_3,\boldsymbol{a}_4)$，其中 $\boldsymbol{a}_2,\boldsymbol{a}_3,\boldsymbol{a}_4$ 线性无关，$\boldsymbol{a}_1=2\boldsymbol{a}_2-\boldsymbol{a}_3$，向量 $\boldsymbol{b}=\boldsymbol{a}_1+\boldsymbol{a}_2+\boldsymbol{a}_3+\boldsymbol{a}_4$，求方程 $\boldsymbol{Ax}=\boldsymbol{b}$ 的通解。

27. 设 $\boldsymbol{\eta}^*$ 是非齐次线性方程组 $\boldsymbol{Ax}=\boldsymbol{b}$ 的一个解，$\boldsymbol{\xi}_1,\boldsymbol{\xi}_2,\cdots,\boldsymbol{\xi}_{n-r}$ 是对应的齐次线性方程组的一个基础解系。试证明：

(1) $\boldsymbol{\eta}^*,\boldsymbol{\xi}_1,\boldsymbol{\xi}_2,\cdots,\boldsymbol{\xi}_{n-r}$ 线性无关；

(2) $\boldsymbol{\eta}^*,\boldsymbol{\eta}^*+\boldsymbol{\xi}_1,\boldsymbol{\eta}^*+\boldsymbol{\xi}_2,\cdots,\boldsymbol{\eta}^*+\boldsymbol{\xi}_{n-r}$ 线性无关。

28. 设 $\boldsymbol{\eta}_1,\boldsymbol{\eta}_2,\cdots,\boldsymbol{\eta}_s$ 是非齐次线性方程组 $\boldsymbol{Ax}=\boldsymbol{b}$ 的 s 个解，$k_1,k_2,\cdots,k_s$ 为实数，满足 $k_1+k_2+\cdots+k_s=1$。试证明：

$$\boldsymbol{x}=k_1\boldsymbol{\eta}_1+\cdots+k_s\boldsymbol{\eta}_s$$

也是它的解。

29. 设非齐次线性方程组 $\boldsymbol{Ax}=\boldsymbol{b}$ 的系数矩阵的秩为 r，$\boldsymbol{\eta}_1,\cdots,\boldsymbol{\eta}_{n-r+1}$ 是它的 $n-r+1$ 个线性无关的解（由习题 27 知它有 $n-r+1$ 个线性无关的解）。试证明它的任一解可表示为

$$\boldsymbol{x}=k_1\boldsymbol{\eta}_1+k_2\boldsymbol{\eta}_2+\cdots+k_{n-r+1}\boldsymbol{\eta}_{n-r+1},\quad 其中k_1+\cdots+k_{n-r+1}=1$$

第 4 章 向量空间

4.1 向量空间的概念

3.1 节给出了 n 维向量的定义，并将 n 维向量的全体构成的集合 $\mathbb{R}^n$ 称为 n 维向量空间。本节将介绍向量空间的有关内容。

定义 4.1.1 设 V 是 n 维向量构成的非空集合且满足:

(1) 对任意 $\boldsymbol{\alpha},\boldsymbol{\beta}\in V$，有 $\boldsymbol{\alpha}+\boldsymbol{\beta}\in V$;

(2) 对任意 $\boldsymbol{\alpha}\in V$ 及任意数 $\lambda\in\mathbb{R}$，有 $\lambda\boldsymbol{\alpha}\in V$;

则称集合 V 为向量空间。

上述定义中，(1)、(2) 两条说明集合 V 关于向量的加法及数乘两种运算是封闭的，即在集合 V 中可以进行向量的加法及数乘运算。由定义 4.1.1 可知，非空的 n 维向量集合 V 要构成向量空间，必须满足加法和数乘运算的封闭性。

例 4.1.1 三维向量的全体 $\mathbb{R}^3$ 是一个向量空间。因为任意两个三维向量之和仍然是三维向量，数 λ 乘三维向量也仍然是三维向量，它们都属于 $\mathbb{R}^3$。可以用有向线段形象地表示三维向量，从而向量空间 $\mathbb{R}^3$ 可形象地看作以坐标原点为起点的有向线段的全体。

类似地，n 维向量的全体 $\mathbb{R}^n$ 也是向量空间。不过当 $n>3$ 时，它没有直观的几何意义。

例 4.1.2 集合

$$V=\{(x_1,x_2,\cdots,x_{n-1},0)^{\mathrm{T}}|x_1,x_2,\cdots,x_{n-1}\in\mathbb{R}\}$$

是一个向量空间。因为若 $\boldsymbol{\alpha}=(a_1,a_2,\cdots,a_{n-1},0)^{\mathrm{T}}\in V$，$\boldsymbol{\beta}\in(b_1,b_2,\cdots,b_{n-1},0)^{\mathrm{T}}\in V$，则

$$\boldsymbol{\alpha}+\boldsymbol{\beta}=(a_1+b_1,a_2+b_2,\cdots,a_{n-1}+b_{n-1},0)^{\mathrm{T}}\in \boldsymbol{V}$$

$$\lambda\boldsymbol{\alpha}=(\lambda a_1,\lambda a_2,\cdots,\lambda a_{n-1},0)^{\mathrm{T}}\in V$$

例 4.1.3 集合

$$W=\{\boldsymbol{x}=(x_1,x_2,\cdots,x_{n-1},1)^{\mathrm{T}}|x_1,x_2,\cdots,x_{n-1}\in\mathbb{R}\}$$

不是向量空间，因为若 $\boldsymbol{\alpha}=(a_1,a_2,\cdots,a_{n-1},1)^{\mathrm{T}}\in W$，$\boldsymbol{\beta}=(b_1,b_2,\cdots,b_{n-1},1)^{\mathrm{T}}\in W$，则

$$\boldsymbol{\alpha}+\boldsymbol{\beta}=(a_1+b_1,\cdots,a_{n-1}+b_{n-1},2)^{\mathrm{T}}\notin W$$

也就是说，集合 W 对加法运算是不封闭的。事实上，集合 W 对数乘运算也是不封闭的。

例 4.1.4 n 元齐次线性方程组的解集

$$S=\{\boldsymbol{x}|\boldsymbol{A}\boldsymbol{x}=\boldsymbol{0}\}$$

是一个向量空间（称为齐次线性方程组的解空间）。显然，集合 S 对加法和数乘运算是封闭的。

例 4.1.5 非齐次线性方程组的解集

$$S=\{\boldsymbol{x}|\boldsymbol{A}\boldsymbol{x}=\boldsymbol{b}\}$$

不是向量空间。因为，当 S 是空集时，S 不是向量空间；当 S 非空时，若 $\boldsymbol{y}\in S$，则 $\boldsymbol{A}(2\boldsymbol{y})=2\boldsymbol{b}\neq\boldsymbol{b}$，故 $2\boldsymbol{y}\notin S$。

例 4.1.6 设 $\boldsymbol{\alpha},\boldsymbol{\beta}$ 为两个已知的 n 维向量，集合

$$V=\{\boldsymbol{x}=\lambda\boldsymbol{\alpha}+\mu\boldsymbol{\beta}|\lambda,\mu\in\mathbb{R}\}$$

是向量空间。因为若 $\boldsymbol{x}_1=\lambda_1\boldsymbol{\alpha}+\mu_1\boldsymbol{\beta}$，$\boldsymbol{x}_2=\lambda_2\boldsymbol{\alpha}+\mu_2\boldsymbol{\beta}$，则有

$$\boldsymbol{x}_1+\boldsymbol{x}_2=(\lambda_1+\lambda_2)\boldsymbol{\alpha}+(\mu_1+\mu_2)\boldsymbol{\beta}\in V,\ k\boldsymbol{x}_1=(k\lambda_1)\boldsymbol{\alpha}+(k\mu_1)\boldsymbol{\beta}\in V$$

集合 V 包含了向量 $\boldsymbol{\alpha},\boldsymbol{\beta}$ 所有的线性组合，因此这个向量空间通常称为由向量 $\boldsymbol{\alpha},\boldsymbol{\beta}$ 所张成 (或生成) 的向量空间。

一般地，向量 $\boldsymbol{\alpha}_1,\boldsymbol{\alpha}_2,\cdots,\boldsymbol{\alpha}_m$ 的所有线性组合构成的集合

$$V=\{\boldsymbol{x}=\lambda_1\boldsymbol{\alpha}_1+\lambda_2\boldsymbol{\alpha}_2+\cdots+\lambda_m\boldsymbol{\alpha}_m|\lambda_1,\lambda_2,\cdots,\lambda_m\in\mathbb{R}\}$$

称为由向量 $\boldsymbol{\alpha}_1,\boldsymbol{\alpha}_2,\cdots,\boldsymbol{\alpha}_m$ 所张成（或生成）的向量空间，记为 $\mathrm{Span}(\boldsymbol{\alpha}_1,\boldsymbol{\alpha}_2,\cdots,\boldsymbol{\alpha}_m)$。

定义 4.1.2 设有向量空间 V_1 及 V_2，若 $V_1\subset V_2$，则称 V_1 是 V_2 的子空间。

例如，任何由 n 维向量所组成的向量空间 V，总有 $V\subset\mathbb{R}^n$，因此这样的向量空间总是 $\mathbb{R}^n$ 的子空间。由此可知，例 4.1.2、例 4.1.4、例 4.1.6 中的向量空间均是 $\mathbb{R}^n$ 的子空间。

例 4.1.7 若向量组 $\boldsymbol{\alpha}_1,\boldsymbol{\alpha}_2,\cdots,\boldsymbol{\alpha}_m$ 可由向量组 $\boldsymbol{\beta}_1,\boldsymbol{\beta}_2,\cdots,\boldsymbol{\beta}_s$ 线性表示，证明: $\mathrm{Span}(\boldsymbol{\alpha}_1,\boldsymbol{\alpha}_2,\cdots,\boldsymbol{\alpha}_m)$ 是$\mathrm{Span}(\boldsymbol{\beta}_1,\boldsymbol{\beta}_2,\cdots,\boldsymbol{\beta}_s)$ 的子空间。

证明: 若 $\boldsymbol{x}\in\mathrm{Span}(\boldsymbol{\alpha}_1,\boldsymbol{\alpha}_2,\cdots,\boldsymbol{\alpha}_m)$，则 $\boldsymbol{x}$ 可由 $\boldsymbol{\alpha}_1,\boldsymbol{\alpha}_2,\cdots,\boldsymbol{\alpha}_m$ 线性表示，因为 $\boldsymbol{\alpha}_1,\boldsymbol{\alpha}_2,\cdots,\boldsymbol{\alpha}_m$ 可由 $\boldsymbol{\beta}_1,\boldsymbol{\beta}_2,\cdots,\boldsymbol{\beta}_s$ 线性表示，故 $\boldsymbol{x}$ 可由 $\boldsymbol{\beta}_1,\boldsymbol{\beta}_2,\cdots,\boldsymbol{\beta}_s$ 线性表示，所以 $\boldsymbol{x}\in\mathrm{Span}(\boldsymbol{\beta}_1,\boldsymbol{\beta}_2,\cdots,\boldsymbol{\beta}_s)$。因此，$\mathrm{Span}(\boldsymbol{\alpha}_1,\boldsymbol{\alpha}_2,\cdots,\boldsymbol{\alpha}_m)\subset\mathrm{Span}(\boldsymbol{\beta}_1,\boldsymbol{\beta}_2,\cdots,\boldsymbol{\beta}_s)$，即 $\mathrm{Span}(\boldsymbol{\alpha}_1,\boldsymbol{\alpha}_2,\cdots,\boldsymbol{\alpha}_m)$ 是 $\mathrm{Span}(\boldsymbol{\beta}_1,\boldsymbol{\beta}_2,\cdots,\boldsymbol{\beta}_s)$ 的子空间。

■

进一步地，若向量组 $\boldsymbol{\alpha}_1,\boldsymbol{\alpha}_2,\cdots,\boldsymbol{\alpha}_m$ 与向量组 $\boldsymbol{\beta}_1,\boldsymbol{\beta}_2,\cdots,\boldsymbol{\beta}_s$ 等价，则可以证明，

$$\mathrm{Span}(\boldsymbol{\alpha}_1,\boldsymbol{\alpha}_2,\cdots,\boldsymbol{\alpha}_m)=\mathrm{Span}(\boldsymbol{\beta}_1,\boldsymbol{\beta}_2,\cdots,\boldsymbol{\beta}_s)$$

4.2 向量空间的基与维数

如果向量 $\boldsymbol{\alpha}_1,\boldsymbol{\alpha}_2,\cdots,\boldsymbol{\alpha}_m$ 线性无关，且能够张成一个向量空间 V，那么这组向量就是构成向量空间 V 的最小的元素，或者说是构成该向量空间的基础。因此称这组向量构

成向量空间 V 的一组基。

定义 4.2.1 设 V 为向量空间，如果 m 个向量 $\boldsymbol{\alpha}_1, \boldsymbol{\alpha}_2, \cdots, \boldsymbol{\alpha}_m \in V$ 满足:

(1) $\boldsymbol{\alpha}_1, \boldsymbol{\alpha}_2, \cdots, \boldsymbol{\alpha}_m$ 线性无关;

(2) V 中任一向量都可由 $\boldsymbol{\alpha}_1, \boldsymbol{\alpha}_2, \cdots, \boldsymbol{\alpha}_m$ 线性表示，即 $\boldsymbol{\alpha}_1, \boldsymbol{\alpha}_2, \cdots, \boldsymbol{\alpha}_m$ 张成 V，则称向量组 $\boldsymbol{\alpha}_1, \boldsymbol{\alpha}_2, \cdots, \boldsymbol{\alpha}_m$ 为向量空间 V 的一个基，向量 $\boldsymbol{\alpha}_1, \boldsymbol{\alpha}_2, \cdots, \boldsymbol{\alpha}_m$ 分别称为基向量，基向量的个数 m 称为向量空间 V 的维数，记为 $\dim(V)$，并称 V 为 m 维向量空间。

规定：向量空间 V 的子空间 $\{\mathbf{0}\}$ 的维数为 0。

例 4.2.1 在 $\mathbb{R}^n$ 中，基本单位向量组:

$$\boldsymbol{e}_1 = \begin{bmatrix} 1 \\ 0 \\ \vdots \\ 0 \end{bmatrix}, \quad \boldsymbol{e}_2 = \begin{bmatrix} 0 \\ 1 \\ \vdots \\ 0 \end{bmatrix}, \quad \cdots, \quad \boldsymbol{e}_n = \begin{bmatrix} 0 \\ 0 \\ \vdots \\ 1 \end{bmatrix}$$

构成 $\mathbb{R}^n$ 的一组基, 称为 $\mathbb{R}^n$ 的标准基。事实上，$\boldsymbol{e}_1, \boldsymbol{e}_2, \cdots, \boldsymbol{e}_n$ 显然是线性无关的，且对 $\mathbb{R}^n$ 中任意向量 $\boldsymbol{x} = (x_1, x_2, \cdots, x_n)^{\mathrm{T}}$，有 $\boldsymbol{x} = x_1\boldsymbol{e}_1 + x_2\boldsymbol{e}_2 + \cdots + x_n\boldsymbol{e}_n$。值得注意的是，$\mathbb{R}^n$ 中的基除了 $\{\boldsymbol{e}_1, \boldsymbol{e}_2, \cdots, \boldsymbol{e}_n\}$ 以外还可以有多种取法。比如，在 $\mathbb{R}^3$ 中，除了标准基 $\{\boldsymbol{e}_1, \boldsymbol{e}_2, \boldsymbol{e}_3\}$ 外

$$\left\{\begin{bmatrix} 1 \\ 1 \\ 1 \end{bmatrix}, \begin{bmatrix} 0 \\ 1 \\ 1 \end{bmatrix}, \begin{bmatrix} 2 \\ 0 \\ 1 \end{bmatrix}\right\} \text{ 和 } \left\{\begin{bmatrix} 1 \\ 1 \\ 1 \end{bmatrix}, \begin{bmatrix} 1 \\ 1 \\ 0 \end{bmatrix}, \begin{bmatrix} 1 \\ 0 \\ 1 \end{bmatrix}\right\}$$

均为 $\mathbb{R}^3$ 的基。后面还会看到，任何 $\mathbb{R}^n$ 的基必恰含 n 个元素。

若把向量空间 V 看作向量组，则由定义 4.2.1 可知，向量空间 V 的基就是向量组的极大线性无关组，向量空间 V 的维数就是向量组 V 的秩。

设由向量组 $\boldsymbol{\alpha}_1, \boldsymbol{\alpha}_2, \cdots, \boldsymbol{\alpha}_n$ 所张成的向量空间

$$V = \{\boldsymbol{x} = \lambda_1\boldsymbol{\alpha}_1 + \lambda_2\boldsymbol{\alpha}_2 + \cdots + \lambda_n\boldsymbol{\alpha}_n | \lambda_1, \lambda_2, \cdots, \lambda_n \in \mathbb{R}\}$$

显然，向量空间 V 与向量组 $\boldsymbol{\alpha}_1, \boldsymbol{\alpha}_2, \cdots, \boldsymbol{\alpha}_n$ 等价，所以向量组 $\boldsymbol{\alpha}_1, \boldsymbol{\alpha}_2, \cdots, \boldsymbol{\alpha}_n$ 的极大线性无关组就是 V 的一个基，向量组 $\boldsymbol{\alpha}_1, \boldsymbol{\alpha}_2, \cdots, \boldsymbol{\alpha}_n$ 的秩就是 V 的维数。

若向量组 $\boldsymbol{\alpha}_1, \boldsymbol{\alpha}_2, \cdots, \boldsymbol{\alpha}_m$ 是向量空间 V 的一个基，则 V 可表示为

$$V = \{\boldsymbol{x} = \lambda_1\boldsymbol{\alpha}_1 + \lambda_2\boldsymbol{\alpha}_2 + \cdots + \lambda_m\boldsymbol{\alpha}_m | \lambda_1, \lambda_2, \cdots, \lambda_m \in \mathbb{R}\}$$

即 V 是基所生成的向量空间，这就较清楚地显示出向量空间 V 的构造。

由定义 4.2.1 中的条件 (2) 可推出，$m(m > 0)$ 维向量空间 V 中任意 $m + 1$ 个向量一定线性相关。因而，m 维向量空间 V 中任意 m 个线性无关的向量都是向量空间 V 的基。事实上，若 $\boldsymbol{\alpha}_1, \boldsymbol{\alpha}_2, \cdots, \boldsymbol{\alpha}_m$ 是 m 维向量空间 V 中任一 m 个线性无关的向量组，且

$\boldsymbol{\beta}$ 为 V 中任意其他向量，则由推论 3.2.1 可知，向量组 $\boldsymbol{\alpha}_1, \boldsymbol{\alpha}_2, \cdots, \boldsymbol{\alpha}_m, \boldsymbol{\beta}$ 必线性相关，故存在不全为零的数 $c_1, c_2, \cdots, c_m, c_{m+1}$，使得

$$c_1\boldsymbol{\alpha}_1 + c_2\boldsymbol{\alpha}_2 + \cdots + c_m\boldsymbol{\alpha}_m + c_{m+1}\boldsymbol{\beta} = 0 \tag{4.1}$$

因此，$c_{m+1} \neq 0$（否则式 (4.1) 意味着 $\boldsymbol{\alpha}_1, \boldsymbol{\alpha}_2, \cdots, \boldsymbol{\alpha}_m$ 是线性相关的）。于是，由式 (4.1) 可解出 $\boldsymbol{\beta}$:

$$\boldsymbol{\beta} = -\frac{c_1}{c_{m+1}}\boldsymbol{\alpha}_1 - \frac{c_2}{c_{m+1}}\boldsymbol{\alpha}_2 - \cdots - \frac{c_m}{c_{m+1}}\boldsymbol{\alpha}_m$$

即 $\boldsymbol{\beta}$ 可由 $\boldsymbol{\alpha}_1, \boldsymbol{\alpha}_2, \cdots, \boldsymbol{\alpha}_m$ 线性表示，故 $\boldsymbol{\alpha}_1, \boldsymbol{\alpha}_2, \cdots, \boldsymbol{\alpha}_m$ 是 m 维向量空间 V 的一组基。

显然，对于 $m(m > 0)$ 维向量空间 V，构成其基的个数一定不会多于 m 个。事实上，任何多于 m 个向量张成 V，总是可由删除其中的向量得到 V 的一组基。假设 $\boldsymbol{\alpha}_1, \boldsymbol{\alpha}_2, \cdots, \boldsymbol{\alpha}_n$ 张成 V，且 $n > m$。由推论 3.2.1 可知，$\boldsymbol{\alpha}_1, \boldsymbol{\alpha}_2, \cdots, \boldsymbol{\alpha}_n$ 必为线性相关，因此其中一个向量，不妨设为 $\boldsymbol{\alpha}_n$，可由其他向量线性表示。于是，若从向量组中删除 $\boldsymbol{\alpha}_n$，剩余的 $n-1$ 给向量仍可张成 V。若 $n-1 > m$，可采用相同的方法继续删除变量，直到向量组中包含 m 个向量。

定义 4.2.2 如果在向量空间 V 中取定一组基 $\boldsymbol{\alpha}_1, \boldsymbol{\alpha}_2, \cdots, \boldsymbol{\alpha}_m$，那么 V 中任意向量 $\boldsymbol{\beta}$ 可唯一地表示为

$$\boldsymbol{\beta} = x_1\boldsymbol{\alpha}_1 + x_2\boldsymbol{\alpha}_2 + \cdots + x_m\boldsymbol{\alpha}_m$$

数组 $(x_1, x_2, \cdots, x_m)^{\mathrm{T}}$ 称为向量 $\boldsymbol{\beta}$ 在基 $\boldsymbol{\alpha}_1, \boldsymbol{\alpha}_2, \cdots, \boldsymbol{\alpha}_m$ 下的坐标。

特别地，在 n 维向量空间 $\mathbb{R}^n$ 中取单位坐标向量组 $\{\boldsymbol{e}_1, \boldsymbol{e}_2, \cdots, \boldsymbol{e}_n\}$ 为基，则以 $x_1, x_2, \cdots, x_n$ 为分量的向量 $\boldsymbol{x}$ 可表示为

$$\boldsymbol{x} = x_1\boldsymbol{e}_1 + x_2\boldsymbol{e}_2 + \cdots + x_n\boldsymbol{e}_n$$

可见，向量在基 $\{\boldsymbol{e}_1, \boldsymbol{e}_2, \cdots, \boldsymbol{e}_n\}$ 下的坐标就是该向量的分量。因此 $\{\boldsymbol{e}_1, \boldsymbol{e}_2, \cdots, \boldsymbol{e}_n\}$ 叫作 $\mathbb{R}^n$ 中的标准基（或自然基）。

例 4.2.2 设 $\boldsymbol{A} = (\boldsymbol{\alpha}_1, \boldsymbol{\alpha}_2, \boldsymbol{\alpha}_3) = \begin{bmatrix} 2 & 2 & -1 \\ 2 & -1 & 2 \\ -1 & 2 & 2 \end{bmatrix}$, $\boldsymbol{B} = (\boldsymbol{\beta}_1, \boldsymbol{\beta}_2) = \begin{bmatrix} 1 & 4 \\ 0 & 3 \\ -4 & 2 \end{bmatrix}$，验证: $\boldsymbol{\alpha}_1, \boldsymbol{\alpha}_2, \boldsymbol{\alpha}_3$ 是 $\mathbb{R}^3$ 的一组基，并求 $\boldsymbol{\beta}_1, \boldsymbol{\beta}_2$ 在这组基下的坐标。

解: 要验证 $\boldsymbol{\alpha}_1, \boldsymbol{\alpha}_2, \boldsymbol{\alpha}_3$ 是 $\mathbb{R}^3$ 的一组基，只要证明 $\boldsymbol{\alpha}_1, \boldsymbol{\alpha}_2, \boldsymbol{\alpha}_3$ 线性无关，即证明 $\boldsymbol{A}$ 行等价于 $\boldsymbol{I}$。

若 $\boldsymbol{A}$ 经初等行变换可化为 $\boldsymbol{I}$，即有初等矩阵 $\boldsymbol{E}_1, \boldsymbol{E}_2, \cdots, \boldsymbol{E}_k$，使 $\boldsymbol{E}_1\boldsymbol{E}_2\cdots\boldsymbol{E}_k\boldsymbol{A} = \boldsymbol{I}$，则 $\boldsymbol{E}_1\boldsymbol{E}_2\cdots\boldsymbol{E}_k = \boldsymbol{A}^{-1}$。

设

$$\boldsymbol{\beta}_1 = x_{11}\boldsymbol{\alpha}_1 + x_{21}\boldsymbol{\alpha}_2 + x_{31}\boldsymbol{\alpha}_3$$

$$\boldsymbol{\beta}_2 = x_{12}\boldsymbol{\alpha}_1 + x_{22}\boldsymbol{\alpha}_2 + x_{32}\boldsymbol{\alpha}_3$$

记作 $\boldsymbol{B} = \boldsymbol{A}\boldsymbol{X}$，则 $\boldsymbol{A}^{-1}\boldsymbol{B} = \boldsymbol{X}$，即 $\boldsymbol{E}_1\boldsymbol{E}_2\cdots\boldsymbol{E}_k\boldsymbol{B} = \boldsymbol{X}$，于是有

$$\boldsymbol{E}_1\boldsymbol{E}_2\cdots\boldsymbol{E}_k(\boldsymbol{A},\boldsymbol{B})=(\boldsymbol{I},\boldsymbol{X})$$

即对矩阵 $(\boldsymbol{A},\boldsymbol{B})$ 施行初等行变换，若 $\boldsymbol{A}$ 能化为 $\boldsymbol{I}$，则 $\boldsymbol{\alpha}_1,\boldsymbol{\alpha}_2,\boldsymbol{\alpha}_3$ 为 $\mathbb{R}^3$ 的一组基，且当 $\boldsymbol{A}$ 化为 $\boldsymbol{I}$ 时，$\boldsymbol{B}$ 变为 $\boldsymbol{X}=\boldsymbol{A}^{-1}\boldsymbol{B}$。

$$(\boldsymbol{A},\boldsymbol{B})=\begin{bmatrix}2&2&-1&1&4\\2&-1&2&0&3\\-1&2&2&-4&2\end{bmatrix}$$

$$\xrightarrow[r_2-2r_1,r_3+r_1]{\frac{1}{3}(r_1+r_2+r_3)}\begin{bmatrix}1&1&1&-1&3\\0&-3&0&2&-3\\0&3&3&-5&5\end{bmatrix}$$

$$\xrightarrow[\frac{1}{3}r_3]{-\frac{1}{3}r_2}\begin{bmatrix}1&1&1&-1&3\\0&1&0&-\dfrac{2}{3}&1\\0&1&1&-\dfrac{5}{3}&-\dfrac{5}{3}\end{bmatrix}$$

$$\xrightarrow[r_3-r_2]{r_1-r_2}\begin{bmatrix}1&0&0&\dfrac{2}{3}&\dfrac{4}{3}\\0&1&0&-\dfrac{2}{3}&1\\0&0&1&-1&-\dfrac{2}{3}\end{bmatrix}$$

因此，$\boldsymbol{A}$ 与 $\boldsymbol{I}$ 行等价，故 $\boldsymbol{\alpha}_1,\boldsymbol{\alpha}_2,\boldsymbol{\alpha}_3$ 为 $\mathbb{R}^3$ 的一组基，且

$$(\boldsymbol{\beta}_1,\boldsymbol{\beta}_2)=(\boldsymbol{\alpha}_1,\boldsymbol{\alpha}_2,\boldsymbol{\alpha}_3)\begin{bmatrix}\dfrac{2}{3}&\dfrac{4}{3}\\-\dfrac{2}{3}&1\\-1&\dfrac{2}{3}\end{bmatrix}$$

尽管标准基看起来非常简单、自然，但很多实际问题中标准基并不是最适用的。事实上，求解很多应用问题的关键是将标准基转化为对特定应用问题适用的基，一旦应用问题在新的基下解出，很容易再将解用标准基表示。下一节将学习如何从一组基转化到另一组基。

4.3 基变换与坐标变换

很多应用问题可通过从一个坐标系转换为另一坐标系而得到简化。在向量空间中，坐标系的转换和从一组基变换为另一组基本质上是相同的。本节中讨论从一个坐标系转换为另一坐标系的问题，并说明它可通过将给定的坐标向量 $\boldsymbol{x}$ 乘以一个可逆矩阵 $\boldsymbol{S}$ 来

实现。乘积 $\boldsymbol{y}=\boldsymbol{S}\boldsymbol{x}$ 为新坐标系下的坐标向量。

定义 4.3.1 设 $\boldsymbol{\alpha}_1,\boldsymbol{\alpha}_2,\cdots,\boldsymbol{\alpha}_m$ 与 $\boldsymbol{\beta}_1,\boldsymbol{\beta}_2,\cdots,\boldsymbol{\beta}_m$ 是 m 维向量空间 V 的两组基，则 $\boldsymbol{\beta}_1,\boldsymbol{\beta}_2,\cdots,\boldsymbol{\beta}_m$ 可由基 $\boldsymbol{\alpha}_1,\boldsymbol{\alpha}_2,\cdots,\boldsymbol{\alpha}_m$ 线性表示，设为

$$\begin{cases}\boldsymbol{\beta}_1=s_{11}\boldsymbol{\alpha}_1+s_{21}\boldsymbol{\alpha}_2+\cdots+s_{m1}\boldsymbol{\alpha}_m\\ \boldsymbol{\beta}_2=s_{12}\boldsymbol{\alpha}_1+s_{22}\boldsymbol{\alpha}_2+\cdots+s_{m2}\boldsymbol{\alpha}_m\\ \qquad\vdots\\ \boldsymbol{\beta}_m=s_{1m}\boldsymbol{\alpha}_1+s_{2m}\boldsymbol{\alpha}_2+\cdots+s_{mm}\boldsymbol{\alpha}_m\end{cases}\tag{4.2}$$

或写为矩阵形式为

$$(\boldsymbol{\beta}_1,\boldsymbol{\beta}_2,\cdots,\boldsymbol{\beta}_m)=(\boldsymbol{\alpha}_1,\boldsymbol{\alpha}_2,\cdots,\boldsymbol{\alpha}_m)\boldsymbol{S}\tag{4.3}$$

其中，$\boldsymbol{S}=(s_{ij})$ 是 m 维矩阵，称为由基 $\boldsymbol{\alpha}_1,\boldsymbol{\alpha}_2,\cdots,\boldsymbol{\alpha}_m$ 到基 $\boldsymbol{\beta}_1,\boldsymbol{\beta}_2,\cdots,\boldsymbol{\beta}_m$ 的过渡矩阵，称式 (4.2) 或式 (4.3) 为由 $\boldsymbol{\alpha}_1,\boldsymbol{\alpha}_2,\cdots,\boldsymbol{\alpha}_m$ 到 $\boldsymbol{\beta}_1,\boldsymbol{\beta}_2,\cdots,\boldsymbol{\beta}_m$ 的基变换公式。

过渡矩阵 $\boldsymbol{S}$ 建立了向量空间 V 中两组基之间的联系。过渡矩阵 $\boldsymbol{S}$ 具有下列性质：

(1) 满足式 (4.3) 的矩阵 $\boldsymbol{S}$ 的第 j 列是 $\boldsymbol{\beta}_j$ 在基 $\boldsymbol{\alpha}_1,\boldsymbol{\alpha}_2,\cdots,\boldsymbol{\alpha}_m$ 下的坐标。

(2) 由于基是线性无关的，因而 $\boldsymbol{S}$ 是可逆矩阵，并且 $\boldsymbol{S}^{-1}$ 是从基 $\boldsymbol{\beta}_1,\boldsymbol{\beta}_2,\cdots,\boldsymbol{\beta}_m$ 到 $\boldsymbol{\alpha}_1,\boldsymbol{\alpha}_2,\cdots,\boldsymbol{\alpha}_m$ 的过渡矩阵。

设 V 中向量 $\boldsymbol{\alpha}$ 在基 $\boldsymbol{\alpha}_1,\boldsymbol{\alpha}_2,\cdots,\boldsymbol{\alpha}_m$ 与基 $\boldsymbol{\beta}_1,\boldsymbol{\beta}_2,\cdots,\boldsymbol{\beta}_m$ 下的坐标分别为 $\boldsymbol{x}=(x_1,x_2,\cdots,x_m)^{\mathrm{T}}$ 和 $\boldsymbol{y}=(y_1,y_2,\cdots,y_m)^{\mathrm{T}}$，于是，

$$\boldsymbol{\alpha}=x_1\boldsymbol{\alpha}_1+x_2\boldsymbol{\alpha}_2+\cdots+x_m\boldsymbol{\alpha}_m=(\boldsymbol{\alpha}_1,\boldsymbol{\alpha}_2,\cdots,\boldsymbol{\alpha}_m)\begin{bmatrix}x_1\\x_2\\\vdots\\x_m\end{bmatrix}\tag{4.4}$$

$$\boldsymbol{\alpha}=y_1\boldsymbol{\beta}_1+y_2\boldsymbol{\beta}_2+\cdots+y_m\boldsymbol{\beta}_m=(\boldsymbol{\beta}_1,\boldsymbol{\beta}_2,\cdots,\boldsymbol{\beta}_m)\begin{bmatrix}y_1\\y_2\\\vdots\\y_m\end{bmatrix}\tag{4.5}$$

因此,

$$\boldsymbol{\alpha}=(\boldsymbol{\beta}_1,\boldsymbol{\beta}_2,\cdots,\boldsymbol{\beta}_m)\begin{bmatrix}y_1\\y_2\\\vdots\\y_m\end{bmatrix}=(\boldsymbol{\alpha}_1,\boldsymbol{\alpha}_2,\cdots,\boldsymbol{\alpha}_m)\boldsymbol{S}\begin{bmatrix}y_1\\y_2\\\vdots\\y_m\end{bmatrix}\tag{4.6}$$

比较式 (4.4) 和式 (4.6)，由坐标的唯一性可得

$$\begin{bmatrix} x_1 \\ x_2 \\ \vdots \\ x_m \end{bmatrix} = \boldsymbol{S} \begin{bmatrix} y_1 \\ y_2 \\ \vdots \\ y_m \end{bmatrix} \quad 或 \quad \begin{bmatrix} y_1 \\ y_2 \\ \vdots \\ y_m \end{bmatrix} = \boldsymbol{S}^{-1} \begin{bmatrix} x_1 \\ x_2 \\ \vdots \\ x_m \end{bmatrix} \tag{4.7}$$

称式 (4.7) 为向量在基 $\boldsymbol{\alpha}_1, \boldsymbol{\alpha}_2, \cdots, \boldsymbol{\alpha}_m$ 与基 $\boldsymbol{\beta}_1, \boldsymbol{\beta}_2, \cdots, \boldsymbol{\beta}_m$ 下的坐标变换公式。

例 4.3.1　设 $\boldsymbol{\alpha}_1, \boldsymbol{\alpha}_2, \boldsymbol{\alpha}_3$ 和 $\boldsymbol{\beta}_1, \boldsymbol{\beta}_2, \boldsymbol{\beta}_3$ 为 $\mathbb{R}^3$ 中的两组基，求从 $\boldsymbol{\alpha}_1, \boldsymbol{\alpha}_2, \boldsymbol{\alpha}_3$ 到 $\boldsymbol{\beta}_1, \boldsymbol{\beta}_2, \boldsymbol{\beta}_3$ 的过渡矩阵 $\boldsymbol{S}$。

解: 令 $\boldsymbol{A} = (\boldsymbol{\alpha}_1, \boldsymbol{\alpha}_2, \boldsymbol{\alpha}_3)$, $\boldsymbol{B} = (\boldsymbol{\beta}_1, \boldsymbol{\beta}_2, \boldsymbol{\beta}_3)$, 则 $(\boldsymbol{\alpha}_1, \boldsymbol{\alpha}_2, \boldsymbol{\alpha}_3) = (\boldsymbol{e}_1, \boldsymbol{e}_2, \boldsymbol{e}_3)\boldsymbol{A}$, $(\boldsymbol{\beta}_1, \boldsymbol{\beta}_2, \boldsymbol{\beta}_3) = (\boldsymbol{e}_1, \boldsymbol{e}_2, \boldsymbol{e}_3)\boldsymbol{B}$, 因此，$(\boldsymbol{e}_1, \boldsymbol{e}_2, \boldsymbol{e}_3) = (\boldsymbol{\alpha}_1, \boldsymbol{\alpha}_2, \boldsymbol{\alpha}_3)\boldsymbol{A}^{-1}$，故

$$(\boldsymbol{\beta}_1, \boldsymbol{\beta}_2, \boldsymbol{\beta}_3) = (\boldsymbol{e}_1, \boldsymbol{e}_2, \boldsymbol{e}_3)\boldsymbol{B} = (\boldsymbol{\alpha}_1, \boldsymbol{\alpha}_2, \boldsymbol{\alpha}_3)\boldsymbol{A}^{-1}\boldsymbol{B}$$

所以，从 $\boldsymbol{\alpha}_1, \boldsymbol{\alpha}_2, \boldsymbol{\alpha}_3$ 到 $\boldsymbol{\beta}_1, \boldsymbol{\beta}_2, \boldsymbol{\beta}_3$ 的过渡矩阵为

$$\boldsymbol{S} = \boldsymbol{A}^{-1}\boldsymbol{B}$$

从基 $(\boldsymbol{\alpha}_1, \boldsymbol{\alpha}_2, \boldsymbol{\alpha}_3)$ 到基 $(\boldsymbol{\beta}_1, \boldsymbol{\beta}_2, \boldsymbol{\beta}_3)$ 的变换可以看作是一个两步过程。首先从 $(\boldsymbol{\alpha}_1, \boldsymbol{\alpha}_2, \boldsymbol{\alpha}_3)$ 变换为标准基 $(\boldsymbol{e}_1, \boldsymbol{e}_2, \boldsymbol{e}_3)$，然后再从标准基变换为 $\boldsymbol{\beta}_1, \boldsymbol{\beta}_2, \boldsymbol{\beta}_3$。给定 $\mathbb{R}^3$ 中的向量 $\boldsymbol{x}$，若 $\boldsymbol{x}$ 相应于 $\boldsymbol{\alpha}_1, \boldsymbol{\alpha}_2, \boldsymbol{\alpha}_3$ 和 $\boldsymbol{\beta}_1, \boldsymbol{\beta}_2, \boldsymbol{\beta}_3$ 下的坐标分别为 $\boldsymbol{c}$ 和 $\boldsymbol{d}$，则

$$c_1\boldsymbol{\alpha}_1 + c_2\boldsymbol{\alpha}_2 + c_3\boldsymbol{\alpha}_3 = x_1\boldsymbol{e}_1 + x_2\boldsymbol{e}_2 + x_3\boldsymbol{e}_3 = d_1\boldsymbol{\beta}_1 + d_2\boldsymbol{\beta}_2 + d_3\boldsymbol{\beta}_3$$

因为 $\boldsymbol{A}^{-1}$ 是从 $(\boldsymbol{\alpha}_1, \boldsymbol{\alpha}_2, \boldsymbol{\alpha}_3)$ 到 $(\boldsymbol{e}_1, \boldsymbol{e}_2, \boldsymbol{e}_3)$ 的过渡矩阵，且 $\boldsymbol{B}$ 是从 $(\boldsymbol{e}_1, \boldsymbol{e}_2, \boldsymbol{e}_3)$ 到 $(\boldsymbol{\beta}_1, \boldsymbol{\beta}_2, \boldsymbol{\beta}_3)$ 的过渡矩阵，由此得到

$$\boldsymbol{A}\boldsymbol{c} = \boldsymbol{x} \quad 及 \quad \boldsymbol{B}^{-1}\boldsymbol{x} = \boldsymbol{d}$$

于是，

$$\boldsymbol{B}^{-1}\boldsymbol{A}\boldsymbol{c} = \boldsymbol{d}$$

例 4.3.2　设 $\mathbb{R}^3$ 的两个基为

$$\boldsymbol{\alpha}_1 = (1,1,1)^{\mathrm{T}}, \quad \boldsymbol{\alpha}_2 = (2,3,2)^{\mathrm{T}}, \quad \boldsymbol{\alpha}_3 = (1,5,4)^{\mathrm{T}}$$
$$\boldsymbol{\beta}_1 = (1,1,0)^{\mathrm{T}}, \quad \boldsymbol{\beta}_2 = (1,2,0)^{\mathrm{T}}, \quad \boldsymbol{\beta}_3 = (1,2,1)^{\mathrm{T}}$$

并令

$$\boldsymbol{x} = 3\boldsymbol{\alpha}_1 + 2\boldsymbol{\alpha}_2 - \boldsymbol{\alpha}_3 \quad 及 \quad \boldsymbol{y} = \boldsymbol{\alpha}_1 - 3\boldsymbol{\alpha}_2 + 2\boldsymbol{\alpha}_3$$

求从基 $\boldsymbol{\alpha}_1, \boldsymbol{\alpha}_2, \boldsymbol{\alpha}_3$ 到基 $\boldsymbol{\beta}_1, \boldsymbol{\beta}_2, \boldsymbol{\beta}_3$ 的过渡矩阵，并用它求 $\boldsymbol{x}$ 和 $\boldsymbol{y}$ 在基 $\boldsymbol{\beta}_1, \boldsymbol{\beta}_2, \boldsymbol{\beta}_3$ 下的坐标。

解: 从基 $\boldsymbol{\alpha}_1, \boldsymbol{\alpha}_2, \boldsymbol{\alpha}_3$ 到基 $\boldsymbol{\beta}_1, \boldsymbol{\beta}_2, \boldsymbol{\beta}_3$ 的过渡矩阵为

$$\boldsymbol{S} = \boldsymbol{A}^{-1}\boldsymbol{B} = \begin{bmatrix} \frac{2}{3} & -2 & \frac{7}{3} \\ -\frac{1}{3} & 1 & -\frac{4}{3} \\ -\frac{1}{3} & 0 & \frac{1}{3} \end{bmatrix} \begin{bmatrix} 1 & 2 & 1 \\ 1 & 3 & 5 \\ 1 & 2 & 4 \end{bmatrix} = \begin{bmatrix} -\frac{4}{3} & -\frac{10}{3} & -1 \\ \frac{4}{3} & \frac{7}{3} & 1 \\ -\frac{1}{3} & -\frac{1}{3} & 0 \end{bmatrix}$$

由 $\boldsymbol{x}=3\boldsymbol{\alpha}_1+2\boldsymbol{\alpha}_2-\boldsymbol{\alpha}_3, \boldsymbol{y}=\boldsymbol{\alpha}_1-3\boldsymbol{\alpha}_2+2\boldsymbol{\alpha}_3$ 知 $\boldsymbol{x}$和$\boldsymbol{y}$ 在基 $\boldsymbol{\alpha}_1,\boldsymbol{\alpha}_2,\boldsymbol{\alpha}_3$ 下的坐标分别为 $\boldsymbol{a}=(3,2,-1)^{\mathrm{T}}$ 和 $\boldsymbol{b}=(1,-3,2)^{\mathrm{T}}$, 设 $\boldsymbol{x}$ 和 $\boldsymbol{y}$ 在基 $\boldsymbol{\beta}_1,\boldsymbol{\beta}_2,\boldsymbol{\beta}_3$ 下的坐标分别为 $\boldsymbol{c}$ 和 $\boldsymbol{d}$, 则

$$\boldsymbol{c}=S^{-1}\boldsymbol{a}=\begin{bmatrix}1&1&-3\\-1&-1&0\\1&2&4\end{bmatrix}\begin{bmatrix}3\\2\\-1\end{bmatrix}=\begin{bmatrix}8\\-5\\3\end{bmatrix}$$

和

$$\boldsymbol{d}=S^{-1}\boldsymbol{b}=\begin{bmatrix}1&1&-3\\-1&-1&0\\1&2&4\end{bmatrix}\begin{bmatrix}1\\-3\\2\end{bmatrix}=\begin{bmatrix}-8\\2\\3\end{bmatrix}$$

4.4 向量的内积与正交性

4.4.1 向量的内积

在前面的讨论中，只定义了向量的线性运算，这种运算不能描述向量的度量性质，如长度、距离、夹角等。在三维几何中，向量的长度、夹角等概念都可由向量的内积（即点积或数量积）来表达。现在把三维几何空间中向量内积的概念推广到 n 维向量空间，在 $\mathbb{R}^n$ 中定义内积运算，进而定义向量的长度、距离和夹角。正交性的概念可以理解为任何定义了内积的向量空间中垂直概念的推广。

定义 4.4.1 设 n 维向量 $\boldsymbol{x}=(x_1,x_2,\cdots,x_n)^{\mathrm{T}}, \boldsymbol{y}=(y_1,y_2,\cdots,y_n)^{\mathrm{T}}\in\mathbb{R}^n$, 称数

$$x_1y_1+x_2y_2+\cdots+x_ny_n$$

为向量 $\boldsymbol{x},\boldsymbol{y}$ 的内积, 记作 $\langle\boldsymbol{x},\boldsymbol{y}\rangle$, 即 $\langle\boldsymbol{x},\boldsymbol{y}\rangle=x_1y_1+x_2y_2+\cdots+x_ny_n$。

内积是两个向量之间的一种运算，其结果是一个实数，当 $\boldsymbol{x},\boldsymbol{y}$ 都是列向量时，有

$$\langle\boldsymbol{x},\boldsymbol{y}\rangle=\boldsymbol{x}^{\mathrm{T}}\boldsymbol{y}$$

根据向量内积的定义，容易验证内积具有下列性质（其中，$\boldsymbol{x},\boldsymbol{y},\boldsymbol{z}$ 为 n 维向量，λ,γ 为实数）。

(1) 对称性：$\langle\boldsymbol{x},\boldsymbol{y}\rangle=\langle\boldsymbol{y},\boldsymbol{x}\rangle$;

(2) 线性：$\langle\lambda\boldsymbol{x}+\gamma\boldsymbol{y},\boldsymbol{z}\rangle=\lambda\langle\boldsymbol{x},\boldsymbol{z}\rangle+\gamma\langle\boldsymbol{y},\boldsymbol{z}\rangle$;

(3) 正定性：$\langle\boldsymbol{x},\boldsymbol{x}\rangle\geqslant 0$，等号成立的充要条件是 $\boldsymbol{x}=\boldsymbol{0}$。

利用这些性质可以证明柯西-施瓦茨（Cauchy-Schwarz）不等式。

定理 4.4.1 向量的内积满足

$$\langle\boldsymbol{x},\boldsymbol{y}\rangle^2\leqslant\langle\boldsymbol{x},\boldsymbol{x}\rangle\langle\boldsymbol{y},\boldsymbol{y}\rangle \tag{4.8}$$

其中，等号成立的充要条件是向量 $\boldsymbol{x}$ 和 $\boldsymbol{y}$ 线性相关，式 (4.8) 称为柯西-施瓦茨不等式。

证明: 当 $\boldsymbol{y}=\boldsymbol{0}$ 时，$\langle\boldsymbol{x},\boldsymbol{y}\rangle=\boldsymbol{0}$，$\langle\boldsymbol{y},\boldsymbol{y}\rangle=\boldsymbol{0}$，式 (4.8) 显然成立。

当 $\boldsymbol{y}\neq\boldsymbol{0}$ 时，作向量 $\boldsymbol{x}+t\boldsymbol{y}$ ($t\in\mathbb{R}$)，由内积的性质 (3)，有

$$\langle\boldsymbol{x}+t\boldsymbol{y},\boldsymbol{x}+t\boldsymbol{y}\rangle\geqslant 0$$

再由内积的性质 (1)和(2)，有

$$\langle\boldsymbol{x},\boldsymbol{x}\rangle+2t\langle\boldsymbol{x},\boldsymbol{y}\rangle+t^2\langle\boldsymbol{y},\boldsymbol{y}\rangle\geqslant 0$$

上式左端是关于 t 的一元二次方程，且二次项 t^2 的系数 $\langle\boldsymbol{y},\boldsymbol{y}\rangle>0$，因此，其判别式

$$4\langle\boldsymbol{x},\boldsymbol{y}\rangle^2-4\langle\boldsymbol{x},\boldsymbol{x}\rangle\langle\boldsymbol{y},\boldsymbol{y}\rangle\leqslant 0$$

即 $\langle\boldsymbol{x},\boldsymbol{y}\rangle^2\leqslant\langle\boldsymbol{x},\boldsymbol{x}\rangle\langle\boldsymbol{y},\boldsymbol{y}\rangle$。

若式 (4.8) 中的等号成立，则当 $\boldsymbol{y}=\boldsymbol{0}$ 时，$\boldsymbol{x}$ 与 $\boldsymbol{y}$ 显然线性相关；当 $\boldsymbol{y}\neq\boldsymbol{0}$ 时，由 $\langle\boldsymbol{x},\boldsymbol{y}\rangle^2=\langle\boldsymbol{x},\boldsymbol{x}\rangle\langle\boldsymbol{y},\boldsymbol{y}\rangle$ 可知，

$$\left\langle\boldsymbol{x}-\frac{\langle\boldsymbol{x},\boldsymbol{x}\rangle}{\langle\boldsymbol{y},\boldsymbol{y}\rangle}\boldsymbol{y},\boldsymbol{x}-\frac{\langle\boldsymbol{x},\boldsymbol{x}\rangle}{\langle\boldsymbol{y},\boldsymbol{y}\rangle}\boldsymbol{y}\right\rangle=0$$

由性质 (3) 可知，$\boldsymbol{x}=\dfrac{\langle\boldsymbol{x},\boldsymbol{x}\rangle}{\langle\boldsymbol{y},\boldsymbol{y}\rangle}\boldsymbol{y}$，故 $\boldsymbol{x}$ 与 $\boldsymbol{y}$ 线性相关。

若 $\boldsymbol{x}$ 与 $\boldsymbol{y}$ 线性相关，不妨设 $\boldsymbol{x}=\lambda\boldsymbol{y}$，则 $\langle\boldsymbol{x},\boldsymbol{y}\rangle=\langle\lambda\boldsymbol{y},\boldsymbol{y}\rangle=\lambda\langle\boldsymbol{y},\boldsymbol{y}\rangle$，$\langle\boldsymbol{x},\boldsymbol{x}\rangle=\langle\lambda\boldsymbol{y},\lambda\boldsymbol{y}\rangle=\lambda^2\langle\boldsymbol{y},\boldsymbol{y}\rangle$，因此，式 (4.8) 中的等号成立。

■

有了内积，就可以通过内积定义向量的长度和距离。

定义 4.4.2 设 n 维向量 $\boldsymbol{x}=(x_1,x_2,\cdots,x_n)^{\mathrm{T}}$，称

$$\sqrt{\langle\boldsymbol{x},\boldsymbol{x}\rangle}=\sqrt{x_1^2+x_2^2+\cdots+x_n^2}$$

为向量 $\boldsymbol{x}$ 的长度（或范数），记为 $\|\boldsymbol{x}\|$，即 $\|\boldsymbol{x}\|=\sqrt{\langle\boldsymbol{x},\boldsymbol{x}\rangle}$。

定义 4.4.3 设 n 维向量 $\boldsymbol{x},\boldsymbol{y}\in\mathbb{R}^n$，向量 $\boldsymbol{x},\boldsymbol{y}$ 的距离定义为 $\|\boldsymbol{x}-\boldsymbol{y}\|$。

当 $\|\boldsymbol{x}\|=1$ 时，称 $\boldsymbol{x}$ 为单位向量。若 $\boldsymbol{\alpha}\neq 0$，令 $\boldsymbol{x}=\dfrac{\boldsymbol{\alpha}}{\|\boldsymbol{\alpha}\|}$，则 $\boldsymbol{x}$ 是一个单位向量。由向量 $\boldsymbol{\alpha}$ 得到 $\boldsymbol{x}$ 的过程称为把向量 $\boldsymbol{\alpha}$ 单位化。

当 $\boldsymbol{x},\boldsymbol{y}\neq 0$ 时，由柯西-施瓦茨不等式有，$\left|\dfrac{\langle\boldsymbol{x},\boldsymbol{y}\rangle}{\langle\boldsymbol{x},\boldsymbol{x}\rangle\langle\boldsymbol{y},\boldsymbol{y}\rangle}\right|=\left|\dfrac{\langle\boldsymbol{x},\boldsymbol{y}\rangle}{\|\boldsymbol{x}\|\|\boldsymbol{y}\|}\right|\leqslant 1$，于是可通过内积定义向量之间的夹角。

定义 4.4.4 设 $\boldsymbol{x}$ 和 $\boldsymbol{y}$ 是 n 维非零向量，称

$$\theta=\arccos\frac{\langle\boldsymbol{x},\boldsymbol{y}\rangle}{\|\boldsymbol{x}\|\|\boldsymbol{y}\|},\ 0\leqslant\theta\leqslant\pi$$

为 n 维向量 $\boldsymbol{x}$ 与 $\boldsymbol{y}$ 的夹角。

计算两个向量的夹角时，将向量单位化比较方便。令

$$\boldsymbol{\alpha}=\frac{\boldsymbol{x}}{\|\boldsymbol{x}\|},\ \boldsymbol{\beta}=\frac{\boldsymbol{y}}{\|\boldsymbol{y}\|}$$

显然，$\boldsymbol{\alpha}$ 和 $\boldsymbol{\beta}$ 的夹角 θ 与 $\boldsymbol{x}$ 和 $\boldsymbol{y}$ 的夹角相同，且它的余弦可通过简单地计算两个单位向量的内积求得，即

$$\cos\theta = \frac{\langle \boldsymbol{x}, \boldsymbol{y}\rangle}{\|\boldsymbol{x}\|\|\boldsymbol{y}\|} = \frac{\boldsymbol{x}^{\mathrm{T}}\boldsymbol{y}}{\|\boldsymbol{x}\|\|\boldsymbol{y}\|} = \boldsymbol{\alpha}^{\mathrm{T}}\boldsymbol{\beta} = \langle \boldsymbol{\alpha}, \boldsymbol{\beta}\rangle$$

定义 4.4.5 设 n 维向量 $\boldsymbol{x}, \boldsymbol{y} \in \mathbb{R}^n$，若 $\langle \boldsymbol{x}, \boldsymbol{y}\rangle = 0$，则称向量 $\boldsymbol{x}$ 与向量 $\boldsymbol{y}$ 正交 (或垂直)，记为 $\boldsymbol{x} \perp \boldsymbol{y}$。

显然，若 $\boldsymbol{x} = \boldsymbol{0}$ 时，则 $\boldsymbol{x}$ 与任何向量都正交。

在 $\mathbb{R}^n$ 中，三角不等式和勾股定理仍然成立。事实上，若向量 $\boldsymbol{x}, \boldsymbol{y} \in \mathbb{R}^n$，由柯西-施瓦茨不等式，有

$$\begin{aligned}
\|\boldsymbol{x}+\boldsymbol{y}\|^2 &= \langle \boldsymbol{x}+\boldsymbol{y}, \boldsymbol{x}+\boldsymbol{y}\rangle \\
&= \langle \boldsymbol{x}, \boldsymbol{x}\rangle + 2\langle \boldsymbol{x}, \boldsymbol{y}\rangle + \langle \boldsymbol{y}, \boldsymbol{y}\rangle \\
&\leqslant \|\boldsymbol{x}\|^2 + 2\|\boldsymbol{x}\|\|\boldsymbol{y}\| + \|\boldsymbol{y}\|^2 \\
&= (\|\boldsymbol{x}\| + \|\boldsymbol{y}\|)^2
\end{aligned} \tag{4.9}$$

故

$$\|\boldsymbol{x}+\boldsymbol{y}\| \leqslant \|\boldsymbol{x}\| + \|\boldsymbol{y}\| \qquad \text{（三角不等式）}$$

当 $\boldsymbol{x} \perp \boldsymbol{y}$ 时，$\langle \boldsymbol{x}, \boldsymbol{y}\rangle = 0$，由式 (4.9)，有

$$\|\boldsymbol{x}+\boldsymbol{y}\|^2 = \|\boldsymbol{x}\|^2 + \|\boldsymbol{y}\|^2 \qquad \text{（勾股定理）}$$

由以上讨论可知，向量的长度（或范数）具有下列性质。

(1) 正定性：$\|\boldsymbol{x}\| \geqslant 0$，等号成立的充要条件是 $\boldsymbol{x} = \boldsymbol{0}$；

(2) 齐次线：$\|\lambda\boldsymbol{x}\| = |\lambda|\|\boldsymbol{x}\|$，$\lambda \in \mathbb{R}$；

(3) 三角不等式：$\|\boldsymbol{x}+\boldsymbol{y}\| \leqslant \|\boldsymbol{x}\| + \|\boldsymbol{y}\|$。

定义 4.4.6 定义内积运算的 n 维向量空间 $\mathbb{R}^n$ 称为 n 维欧几里得空间（简称欧氏空间），仍记为 $\mathbb{R}^n$。

下面介绍向量投影的概念。先看一个简单的例子，令 $\boldsymbol{x}, \boldsymbol{y}$ 为 $\mathbb{R}^2$ 中的非零向量，希望将向量 $\boldsymbol{x}$ 写为 $\boldsymbol{p}+\boldsymbol{z}$ 的形式，其中 $\boldsymbol{p}$ 与 $\boldsymbol{y}$ 共线，且 $\boldsymbol{z}$ 与 $\boldsymbol{p}$ 正交。为此，令 $\boldsymbol{p} = c\boldsymbol{y}$，希望求常数 c，使得 $\boldsymbol{p}$ 与 $\boldsymbol{z} = \boldsymbol{x} - \boldsymbol{p}$ 正交，即

$$\langle \boldsymbol{p}, \boldsymbol{z}\rangle = \langle c\boldsymbol{y}, \boldsymbol{x} - c\boldsymbol{y}\rangle = c\langle \boldsymbol{y}, \boldsymbol{x}\rangle - c^2\langle \boldsymbol{y}, \boldsymbol{y}\rangle = 0$$

于是，可得 $c = \dfrac{\langle \boldsymbol{y}, \boldsymbol{x}\rangle}{\langle \boldsymbol{y}, \boldsymbol{y}\rangle}$，并称

$$\boldsymbol{p} = c\boldsymbol{y} = \frac{\langle \boldsymbol{y}, \boldsymbol{x}\rangle}{\langle \boldsymbol{y}, \boldsymbol{y}\rangle}\boldsymbol{y}$$

为向量 $\boldsymbol{x}$ 到向量 $\boldsymbol{y}$ 的投影。投影的概念可以推广到 $\mathbb{R}^n$ 中。

定义 4.4.7 设 $\boldsymbol{x}, \boldsymbol{y}$ 为 $\mathbb{R}^n$ 中的向量，且 $\boldsymbol{y} \neq \boldsymbol{0}$，称向量

$$p = \frac{\langle \boldsymbol{y}, \boldsymbol{x} \rangle}{\langle \boldsymbol{y}, \boldsymbol{y} \rangle} \boldsymbol{y}$$

为向量 $\boldsymbol{x}$ 到向量 $\boldsymbol{y}$ 的投影。

注意到，若 $\boldsymbol{p}$ 为向量 $\boldsymbol{x}$ 到向量 $\boldsymbol{y}$ 的投影 $(\boldsymbol{y} \neq \boldsymbol{0})$，则 $\boldsymbol{x}-\boldsymbol{p}$ 与 $\boldsymbol{p}$ 正交，且 $\boldsymbol{p}=\boldsymbol{x}$ 的充要条件是 $\boldsymbol{x}$ 与 $\boldsymbol{y}$ 共线。

在欧氏空间 $\mathbb{R}^n$ 中由于有了距离，就可以定义邻域，引入向量序列的极限，讨论 $\mathbb{R}^n$ 中集合的性质（如有界集、闭集、开集、区域等），研究定义在 $\mathbb{R}^n$ 上的 n 元函数的极限、连续性、微分及积分等。这些都属于高等数学的内容，对此不做过多讨论。

4.4.2 标准正交基

在 $\mathbb{R}^2$ 中，一般使用标准基 $\{\boldsymbol{e}_1, \boldsymbol{e}_2\}$ 比使用其他基（如 $\{(2,1)^{\mathrm{T}}, (3,5)^{\mathrm{T}}\}$）更为简单。例如，容易求得相应于标准基的坐标 $(x_1, x_2)^{\mathrm{T}}$。标准基中的元素是正交的单位向量。在 n 维欧氏空间 $\mathbb{R}^n$ 中也是如此，通常需要由相互正交的单位向量构成的一组基。本节将介绍这种基的基本概念与性质，并说明如何求一组标准正交基。

定义 4.4.8 设 $\boldsymbol{\alpha}_1, \boldsymbol{\alpha}_2, \cdots, \boldsymbol{\alpha}_m$ 是 n 维欧氏空间 $\mathbb{R}^n$ 中的一组非零向量。若当 $i \neq j$ 时，有 $\langle \boldsymbol{\alpha}_i, \boldsymbol{\alpha}_j \rangle = 0$，则称 $\boldsymbol{\alpha}_1, \boldsymbol{\alpha}_2, \cdots, \boldsymbol{\alpha}_m$ 为正交向量组。若一个正交向量组中每个向量都是单位向量，则称其为标准正交向量组。

例如，$\mathbb{R}^n$ 中 $\boldsymbol{e}_1 = (1, 0, \cdots, 0)^{\mathrm{T}}$，$\boldsymbol{e}_2 = (0, 1, \cdots, 0)^{\mathrm{T}}$，$\cdots$，$\boldsymbol{e}_n = (0, 0, \cdots, 1)^{\mathrm{T}}$ 是一个正交向量组，也是一个标准正交向量组。

定理 4.4.2 设 $\boldsymbol{\alpha}_1, \boldsymbol{\alpha}_2, \cdots, \boldsymbol{\alpha}_m$ 是 $\mathbb{R}^n$ 中的一个正交向量组，则 $\boldsymbol{\alpha}_1, \boldsymbol{\alpha}_2, \cdots, \boldsymbol{\alpha}_m$ 线性无关。

证明: 设 $\boldsymbol{\alpha}_1, \boldsymbol{\alpha}_2, \cdots, \boldsymbol{\alpha}_m$ 为相互正交的非零向量组，且

$$\lambda_1 \boldsymbol{\alpha}_1 + \lambda_2 \boldsymbol{\alpha}_2 + \cdots + \lambda_m \boldsymbol{\alpha}_m = \boldsymbol{0} \tag{4.10}$$

若 $1 \leqslant j \leqslant m$，则式 (4.10) 两端同时与向量 $\boldsymbol{\alpha}_j$ 作内积，有

$$\lambda_1 \langle \boldsymbol{\alpha}_j, \boldsymbol{\alpha}_1 \rangle + \lambda_2 \langle \boldsymbol{\alpha}_j, \boldsymbol{\alpha}_2 \rangle + \cdots + \lambda_m \langle \boldsymbol{\alpha}_j, \boldsymbol{\alpha}_m \rangle = \boldsymbol{0} \tag{4.11}$$

因当 $i \neq j$ 时，$\langle \boldsymbol{\alpha}_j, \boldsymbol{\alpha}_i \rangle = 0$，故由式 (4.11) 得，

$$\lambda_j \langle \boldsymbol{\alpha}_j, \boldsymbol{\alpha}_j \rangle = 0$$

因 $\boldsymbol{\alpha}_j \neq \boldsymbol{0}$，故 $\langle \boldsymbol{\alpha}_j, \boldsymbol{\alpha}_j \rangle = \|\boldsymbol{\alpha}_j\|^2 > 0$，从而必有 $\lambda_j = \boldsymbol{0}\,(1 \leqslant j \leqslant m)$，因此，$\boldsymbol{\alpha}_1, \boldsymbol{\alpha}_2, \cdots, \boldsymbol{\alpha}_m$ 线性无关。

■

定义 4.4.9 在 $\mathbb{R}^n$ 中，由 n 个向量组成的正交向量组称为正交基；由 n 个向量组成的标准正交向量组称为标准正交基。

向量组 $\boldsymbol{\alpha}_1, \boldsymbol{\alpha}_2, \cdots, \boldsymbol{\alpha}_n$ 为标准正交基的充要条件是

$$\langle \boldsymbol{\alpha}_i, \boldsymbol{\alpha}_j \rangle = \begin{cases} 1, & i = j \\ 0, & i \neq j \end{cases}$$

给定任意的正交非零向量组 $\boldsymbol{\beta}_1, \boldsymbol{\beta}_2, \cdots, \boldsymbol{\beta}_n$，可以通过定义

$$\boldsymbol{\alpha}_i = \left(\frac{1}{\|\boldsymbol{\beta}_i\|}\right)\boldsymbol{\beta}_i, \quad i = 1, 2, \cdots, n$$

构造一组标准正交基。

若 $\boldsymbol{e}_1, \boldsymbol{e}_2, \cdots, \boldsymbol{e}_n$ 为 $\mathbb{R}^n$ 中的一组标准正交基，那么 $\mathbb{R}^n$ 中任一向量 $\boldsymbol{\alpha}$ 能够由 $\boldsymbol{e}_1, \boldsymbol{e}_2, \cdots, \boldsymbol{e}_n$ 线性表示，设为

$$\boldsymbol{\alpha} = x_1\boldsymbol{e}_1 + x_2\boldsymbol{e}_2 + \cdots + x_n\boldsymbol{e}_n$$

为求其中系数 $x_i(i = 1, 2, \cdots, n)$，上式两端对 $\boldsymbol{e}_i$ 分别求内积，有

$$\langle \boldsymbol{\alpha}, \boldsymbol{e}_i \rangle = \langle x_1\boldsymbol{e}_1 + x_2\boldsymbol{e}_2 + \cdots + x_n\boldsymbol{e}_n, \boldsymbol{e}_i \rangle = x_i\langle \boldsymbol{e}_i, \boldsymbol{e}_i \rangle = x_i$$

即

$$x_i = \langle \boldsymbol{\alpha}, \boldsymbol{e}_i \rangle$$

这就是向量在标准正交基中的坐标公式。利用这个公式能方便地求得向量的坐标，因此，在给向量空间取基时常常选取标准正交基。

4.4.3 施密特正交化方法

本节将学习给定 $\mathbb{R}^n$ 的一组基，如何构造一组标准正交基的方法。这种方法称为施密特正交化方法，其步骤如下：

设 $\boldsymbol{\alpha}_1, \boldsymbol{\alpha}_2, \cdots, \boldsymbol{\alpha}_n$ 为 $\mathbb{R}^n$ 中的一组基。

(1) 求正交向量组 $\boldsymbol{\beta}_1, \boldsymbol{\beta}_2, \cdots, \boldsymbol{\beta}_n$，令

$$\begin{aligned} \boldsymbol{\beta}_1 &= \boldsymbol{\alpha}_1 \\ \boldsymbol{\beta}_2 &= \boldsymbol{\alpha}_2 - \frac{\langle \boldsymbol{\beta}_1, \boldsymbol{\alpha}_2 \rangle}{\langle \boldsymbol{\beta}_1, \boldsymbol{\beta}_1 \rangle}\boldsymbol{\beta}_1 \\ &\vdots \\ \boldsymbol{\beta}_n &= \boldsymbol{\alpha}_n - \frac{\langle \boldsymbol{\beta}_1, \boldsymbol{\alpha}_n \rangle}{\langle \boldsymbol{\beta}_1, \boldsymbol{\beta}_1 \rangle}\boldsymbol{\beta}_1 - \frac{\langle \boldsymbol{\beta}_2, \boldsymbol{\alpha}_n \rangle}{\langle \boldsymbol{\beta}_2, \boldsymbol{\beta}_2 \rangle}\boldsymbol{\beta}_2 - \cdots - \frac{\langle \boldsymbol{\beta}_{n-1}, \boldsymbol{\alpha}_n \rangle}{\langle \boldsymbol{\beta}_{n-1}, \boldsymbol{\beta}_{n-1} \rangle}\boldsymbol{\beta}_{n-1} \end{aligned}$$

容易验证 $\boldsymbol{\beta}_1, \boldsymbol{\beta}_2, \cdots, \boldsymbol{\beta}_n$ 两两正交，且 $\boldsymbol{\beta}_1, \boldsymbol{\beta}_2, \cdots, \boldsymbol{\beta}_n$ 与 $\boldsymbol{\alpha}_1, \boldsymbol{\alpha}_2, \cdots, \boldsymbol{\alpha}_n$ 等价。

(2) 求标准正交向量组，令

$$\boldsymbol{e}_1 = \frac{1}{\|\boldsymbol{\beta}_1\|}\boldsymbol{\beta}_1, \quad \boldsymbol{e}_2 = \frac{1}{\|\boldsymbol{\beta}_2\|}\boldsymbol{\beta}_2, \quad \cdots, \quad \boldsymbol{e}_n = \frac{1}{\|\boldsymbol{\beta}_n\|}\boldsymbol{\beta}_n$$

则 $\boldsymbol{e}_1, \boldsymbol{e}_2, \cdots, \boldsymbol{e}_n$ 就为 $\mathbb{R}^n$ 的一组标准正交基。

上述正交化过程称为施密特正交化方法。施密特正交化方法的几何意义非常明显。取 $\boldsymbol{\beta}_1 = \boldsymbol{\alpha}_1$，为求 $\boldsymbol{\beta}_2$ 使得 $\boldsymbol{\beta}_2 \perp \boldsymbol{\beta}_1$，只需求得 $\boldsymbol{\alpha}_2$ 在 $\boldsymbol{\beta}_1$ 上的投影 $\boldsymbol{p}_1$，则 $\boldsymbol{\alpha}_2 - \boldsymbol{p}_1$ 与 $\boldsymbol{\beta}_1$ 正交，由定义 4.4.7 可知，$\boldsymbol{p}_1 = \dfrac{\langle \boldsymbol{\beta}_1, \boldsymbol{\alpha}_2 \rangle}{\langle \boldsymbol{\beta}_1, \boldsymbol{\beta}_1 \rangle}\boldsymbol{\beta}_1$，因此，$\boldsymbol{\beta}_2 = \boldsymbol{\alpha}_2 - \boldsymbol{p}_1 = \boldsymbol{\alpha}_2 - \dfrac{\langle \boldsymbol{\beta}_1, \boldsymbol{\alpha}_2 \rangle}{\langle \boldsymbol{\beta}_1, \boldsymbol{\beta}_1 \rangle}\boldsymbol{\beta}_1$。假设

已经求出 $\boldsymbol{\beta}_1,\boldsymbol{\beta}_2,\cdots,\boldsymbol{\beta}_{n-1}$，为求 $\boldsymbol{\beta}_n$，使得 $\boldsymbol{\beta}_n$ 分别与 $\boldsymbol{\beta}_1,\boldsymbol{\beta}_2,\cdots,\boldsymbol{\beta}_{n-1}$ 正交，只需令 $\boldsymbol{\beta}_n$ 与 $\boldsymbol{\beta}_1,\boldsymbol{\beta}_2,\cdots,\boldsymbol{\beta}_{n-1}$ 所生成的向量空间正交，此时，$\boldsymbol{\beta}_n$ 与该空间中任一向量都正交。因此，任取 $\boldsymbol{x}\in \mathrm{Span}\{\boldsymbol{\beta}_1,\boldsymbol{\beta}_2,\cdots,\boldsymbol{\beta}_{n-1}\}$，则 $\boldsymbol{x}$ 可表示为 $\boldsymbol{x}=k_1\boldsymbol{\beta}_1+k_2\boldsymbol{\beta}_2+\cdots+k_{n-1}\boldsymbol{\beta}_{n-1}$，设 $\boldsymbol{\alpha}_n$ 在 $\boldsymbol{x}$ 上的投影为 $\boldsymbol{p}_{n-1}=c\boldsymbol{x}=c_1\boldsymbol{\beta}_1+c_2\boldsymbol{\beta}_2+\cdots+c_{n-1}\boldsymbol{\beta}_{n-1}$（其中 $c_i=ck_i$，$i=1,2,\cdots,n-1$），于是，$\boldsymbol{\alpha}_n-\boldsymbol{p}_{n-1}$ 与 $\boldsymbol{x}$ 正交。由于 $\boldsymbol{x}$ 为 $\mathrm{Span}\{\boldsymbol{\beta}_1,\boldsymbol{\beta}_2,\cdots,\boldsymbol{\beta}_{n-1}\}$ 中任意向量，因此，$\boldsymbol{\alpha}_n-\boldsymbol{p}_{n-1}$ 与 $\mathrm{Span}\{\boldsymbol{\beta}_1,\boldsymbol{\beta}_2,\cdots,\boldsymbol{\beta}_{n-1}\}$ 正交，即 $(\boldsymbol{\alpha}_n-\boldsymbol{p}_{n-1})\perp\boldsymbol{\beta}_j$，$(j=1,2,\cdots,n-1)$。由此可得，$\langle\boldsymbol{\alpha}_n-\boldsymbol{p}_{n-1},\boldsymbol{\beta}_j\rangle=0\ (j=1,2,\cdots,n-1)$，解得 $c_j=\dfrac{\langle\boldsymbol{\beta}_j,\boldsymbol{\alpha}_n\rangle}{\langle\boldsymbol{\beta}_j,\boldsymbol{\beta}_j\rangle}\ (j=1,2,\cdots,n-1)$, 从而

$$\boldsymbol{\beta}_n=\boldsymbol{\alpha}_n-\frac{\langle\boldsymbol{\beta}_1,\boldsymbol{\alpha}_n\rangle}{\langle\boldsymbol{\beta}_1,\boldsymbol{\beta}_1\rangle}\boldsymbol{\beta}_1-\frac{\langle\boldsymbol{\beta}_2,\boldsymbol{\alpha}_n\rangle}{\langle\boldsymbol{\beta}_2,\boldsymbol{\beta}_2\rangle}\boldsymbol{\beta}_2-\cdots-\frac{\langle\boldsymbol{\beta}_{n-1},\boldsymbol{\alpha}_n\rangle}{\langle\boldsymbol{\beta}_{n-1},\boldsymbol{\beta}_{n-1}\rangle}\boldsymbol{\beta}_{n-1}$$

例 4.4.1 设 $\boldsymbol{\alpha}_1=(1,1,1,1)^{\mathrm{T}},\boldsymbol{\alpha}_2=(-1,4,4,-1)^{\mathrm{T}},\boldsymbol{\alpha}_3=(4,-2,2,0)^{\mathrm{T}}$，试用施密特正交化方法将这组向量标准正交化。

解: 令

$$\boldsymbol{\beta}_1=\boldsymbol{\alpha}_1=(1,1,1,1)^{\mathrm{T}}$$

$$\boldsymbol{\beta}_2=\boldsymbol{\alpha}_2-\frac{\langle\boldsymbol{\beta}_1,\boldsymbol{\alpha}_2\rangle}{\langle\boldsymbol{\beta}_1,\boldsymbol{\beta}_1\rangle}\boldsymbol{\beta}_1=(-1,4,4,-1)^{\mathrm{T}}-\frac{3}{2}(1,1,1,1)^{\mathrm{T}}=\frac{5}{2}(-1,1,1,-1)^{\mathrm{T}}$$

$$\begin{aligned}\boldsymbol{\beta}_3&=\boldsymbol{\alpha}_3-\frac{\langle\boldsymbol{\beta}_1,\boldsymbol{\alpha}_3\rangle}{\langle\boldsymbol{\beta}_1,\boldsymbol{\beta}_1\rangle}\boldsymbol{\beta}_1-\frac{\langle\boldsymbol{\beta}_2,\boldsymbol{\alpha}_3\rangle}{\langle\boldsymbol{\beta}_2,\boldsymbol{\beta}_2\rangle}\boldsymbol{\beta}_2\\&=(4,-2,2,0)^{\mathrm{T}}-(1,1,1,1)^{\mathrm{T}}-(1,-1,-1,1)^{\mathrm{T}}=2(1,-1,1,-1)^{\mathrm{T}}\end{aligned}$$

再将 $\boldsymbol{\beta}_1,\boldsymbol{\beta}_2,\boldsymbol{\beta}_3$ 单位化，令

$$\boldsymbol{e}_1=\frac{1}{\|\boldsymbol{\beta}_1\|}\boldsymbol{\beta}_1=\frac{1}{2}(1,1,1,1)^{\mathrm{T}}$$

$$\boldsymbol{e}_2=\frac{1}{\|\boldsymbol{\beta}_2\|}\boldsymbol{\beta}_2=\frac{1}{2}(-1,1,1,-1)^{\mathrm{T}}$$

$$\boldsymbol{e}_3=\frac{1}{\|\boldsymbol{\beta}_3\|}\boldsymbol{\beta}_3=\frac{1}{2}(1,-1,1,-1)^{\mathrm{T}}$$

则 $\boldsymbol{e}_1,\boldsymbol{e}_2,\boldsymbol{e}_3$ 即为所求。

定义 4.4.10 如果 $n\times n$ 矩阵 $\boldsymbol{Q}$ 满足

$$\boldsymbol{Q}^{\mathrm{T}}\boldsymbol{Q}=\boldsymbol{I}\ (\text{即}\boldsymbol{Q}^{-1}=\boldsymbol{Q}^{\mathrm{T}})$$

那么称 $\boldsymbol{Q}$ 为正交矩阵。

由正交矩阵的定义，若记 $\boldsymbol{Q}=(\boldsymbol{q}_1,\boldsymbol{q}_2,\cdots,\boldsymbol{q}_n)$，则有

$$\boldsymbol{Q}^{\mathrm{T}}\boldsymbol{Q}=\begin{bmatrix}\boldsymbol{q}_1^{\mathrm{T}}\\\boldsymbol{q}_2^{\mathrm{T}}\\\vdots\\\boldsymbol{q}_n^{\mathrm{T}}\end{bmatrix}(\boldsymbol{q}_1,\boldsymbol{q}_2,\cdots,\boldsymbol{q}_n)=\boldsymbol{I}$$

即

$$\boldsymbol{q}_i^{\mathrm{T}}\boldsymbol{q}_j = \begin{cases} 1, & i=j \\ 0, & i\neq j \end{cases}$$

其中，$i,j=1,2,\cdots,n$。这说明 $\boldsymbol{Q}$ 为正交矩阵的充要条件是 $\boldsymbol{Q}$ 的列向量都是单位向量，且两两正交，即 $\boldsymbol{Q}$ 的列向量构成 $\mathbb{R}^n$ 的一组标准正交基。注意到，$\boldsymbol{Q}^{\mathrm{T}}\boldsymbol{Q}=\boldsymbol{I}$ 与 $\boldsymbol{Q}\boldsymbol{Q}^{\mathrm{T}}=\boldsymbol{I}$ 等价，所以上述结论对 $\boldsymbol{Q}$ 的行向量也成立。

例 4.4.2 对任意固定的 θ, 矩阵

$$\boldsymbol{Q}=\begin{bmatrix}\cos\theta & -\sin\theta \\ \sin\theta & \cos\theta\end{bmatrix}$$

是正交矩阵, 且

$$\boldsymbol{Q}^{-1}=\boldsymbol{Q}^{\mathrm{T}}=\begin{bmatrix}\cos\theta & \sin\theta \\ -\sin\theta & \cos\theta\end{bmatrix}$$

定义 4.4.11 若 $\boldsymbol{Q}$ 为正交矩阵，则线性变换 $\boldsymbol{y}=\boldsymbol{Q}\boldsymbol{x}$ 称为正交变换。

例 4.4.2 中的矩阵 $\boldsymbol{Q}$ 可以看作是从 $\mathbb{R}^2$ 到 $\mathbb{R}^2$ 的正交变换，其作用是将向量 $\boldsymbol{x}$ 旋转一个角度 θ，而向量的长度保持不变。类似地，$\boldsymbol{Q}^{-1}$ 可以看成是将 $\boldsymbol{x}$ 旋转角度为 $-\theta$ 的正交变换。

一般地，乘以一个正交矩阵时，内积保持不变，也就是说，正交变换保持向量的内积不变，即

$$\langle\boldsymbol{x},\boldsymbol{y}\rangle=\langle\boldsymbol{Q}\boldsymbol{x},\boldsymbol{Q}\boldsymbol{y}\rangle$$

这是因为

$$\langle\boldsymbol{Q}\boldsymbol{x},\boldsymbol{Q}\boldsymbol{y}\rangle=(\boldsymbol{Q}\boldsymbol{x})^{\mathrm{T}}\boldsymbol{Q}\boldsymbol{y}=\boldsymbol{x}^{\mathrm{T}}\boldsymbol{Q}^{\mathrm{T}}\boldsymbol{Q}\boldsymbol{y}=\boldsymbol{x}^{\mathrm{T}}\boldsymbol{y}=\langle\boldsymbol{x},\boldsymbol{y}\rangle$$

特别地，若 $\boldsymbol{x}=\boldsymbol{y}$，则 $\langle\boldsymbol{Q}\boldsymbol{x},\boldsymbol{Q}\boldsymbol{x}\rangle=\|\boldsymbol{Q}\boldsymbol{x}\|^2=\|\boldsymbol{x}\|^2$, 因此，$\|\boldsymbol{Q}\boldsymbol{x}\|=\|\boldsymbol{x}\|$，即正交变换保持向量的长度不变。正交矩阵的性质可总结如下：

性质 4.4.1 若 $\boldsymbol{Q}$ 为 n 阶正交矩阵, 则

(1) $\boldsymbol{Q}$ 的列向量构成 $\mathbb{R}^n$ 的一组标准正交基;

(2) $\boldsymbol{Q}^{\mathrm{T}}\boldsymbol{Q}=\boldsymbol{I}$;

(3) $\boldsymbol{Q}^{-1}=\boldsymbol{Q}^{\mathrm{T}}$;

(4) $\langle\boldsymbol{Q}\boldsymbol{x},\boldsymbol{Q}\boldsymbol{y}\rangle=\langle\boldsymbol{x},\boldsymbol{y}\rangle$;

(5) $\|\boldsymbol{Q}\boldsymbol{x}\|=\|\boldsymbol{x}\|$;

(6) $\det(\boldsymbol{Q})=1$ 或 -1;

(7) 若 $\boldsymbol{A},\boldsymbol{B}$ 都是正交矩阵, 则 $\boldsymbol{A}\boldsymbol{B}$ 也是正交矩阵。

其中，性质 (6) 由正交矩阵的定义和行列式的性质 ($\det(\boldsymbol{A}\boldsymbol{B})=\det(\boldsymbol{A})\det(\boldsymbol{B})$) 可直接证得，性质 (7) 可由正交矩阵的定义进行验证。

4.5　应用举例

应用 1：人口迁移

假设一个大城市的总人口保持相对固定；然而，每年有 6%的人从城市搬到郊区，2%的人从郊区搬到城市。如果初始时，30%的人生活在城市，70%的人生活在郊区，那么 10 年后这些比例有什么变化？30 年后呢？50 年后呢？长时过程意味着什么？

人口的变化可由矩阵的乘法确定。若令

$$\boldsymbol{A}=\begin{bmatrix}0.94 & 0.02\\0.06 & 0.98\end{bmatrix}\quad 及\quad \boldsymbol{x}_0=\begin{bmatrix}0.30\\0.70\end{bmatrix}$$

则 1 年后，在城市和郊区生活的人口比例可由 $\boldsymbol{x}_1=\boldsymbol{A}\boldsymbol{x}_0$ 求得。2 年后的比例可由 $\boldsymbol{x}_2=\boldsymbol{A}\boldsymbol{x}_1=\boldsymbol{A}^2\boldsymbol{x}_0$ 求得。一般地，n 年后的比例可由 $\boldsymbol{x}_n=\boldsymbol{A}^n\boldsymbol{x}_0$ 给出。如果计算 $n=10,30,50$ 时的百分比，并将它们四舍五入到最接近的百分比，则有

$$\boldsymbol{x}_{10}=\begin{bmatrix}0.27\\0.73\end{bmatrix},\quad \boldsymbol{x}_{30}=\begin{bmatrix}0.25\\0.75\end{bmatrix},\quad \boldsymbol{x}_{50}=\begin{bmatrix}0.25\\0.75\end{bmatrix}$$

事实上，当 n 增加时，向量序列 $\boldsymbol{x}_n=\boldsymbol{A}^n\boldsymbol{x}_0$ 收敛到极限 $\boldsymbol{x}=(0.25,0.75)^{\mathrm{T}}$。向量 $\boldsymbol{x}$ 的极限称为该过程的稳态向量。

为理解该过程趋向于一个稳态的原因，将坐标变换为不同的坐标系十分有用。对新的坐标系，选择向量 $\boldsymbol{u}_1$ 和 $\boldsymbol{u}_2$，使得容易看出乘以矩阵 $\boldsymbol{A}$ 的作用。特别地，如果选择 $\boldsymbol{u}_1$ 为稳态向量 $\boldsymbol{x}$ 的任意倍数，有 $\boldsymbol{A}\boldsymbol{u}_1=\boldsymbol{u}_1$。选择 $\boldsymbol{u}_1=(1,3)^{\mathrm{T}}$ 及 $\boldsymbol{u}_2=(-1,1)^{\mathrm{T}}$。选择第二个向量是因为乘以 $\boldsymbol{A}$ 的运算相当于进行缩放，缩放因子为 0.92。因此，新的基向量满足

$$\boldsymbol{A}\boldsymbol{u}_1=\begin{bmatrix}0.94 & 0.02\\0.06 & 0.98\end{bmatrix}\begin{bmatrix}1\\3\end{bmatrix}=\begin{bmatrix}1\\3\end{bmatrix}=\boldsymbol{u}_1$$

$$\boldsymbol{A}\boldsymbol{u}_2=\begin{bmatrix}0.94 & 0.02\\0.06 & 0.98\end{bmatrix}\begin{bmatrix}-1\\1\end{bmatrix}=\begin{bmatrix}-0.92\\0.92\end{bmatrix}=0.92\boldsymbol{u}_2$$

初始向量 $\boldsymbol{x}_0$ 可写为新的基向量的线性组合，即

$$\boldsymbol{x}_0=\begin{bmatrix}0.30\\0.70\end{bmatrix}=0.25\begin{bmatrix}1\\3\end{bmatrix}-0.05\begin{bmatrix}-1\\1\end{bmatrix}=0.25\boldsymbol{u}_1-0.05\boldsymbol{u}_2$$

由此得到

$$\boldsymbol{x}_n=\boldsymbol{A}^n\boldsymbol{x}_0=0.25\boldsymbol{u}_1-0.05(0.92)^n\boldsymbol{u}_2$$

当 n 增大时第二部分的元素趋于 0。事实上，当 $n>27$ 时，它的元素已经足够小，使得 $\boldsymbol{x}_n$ 的舍入值等于 $0.25\boldsymbol{u}_1=(0.25,0.75)^{\mathrm{T}}$。

这个应用问题是一类称为马尔可夫过程的数学模型的例子。向量序列 $\boldsymbol{x}_1, \boldsymbol{x}_2, \cdots$ 称为马尔可夫链。矩阵 $\boldsymbol{A}$ 的特殊结构在于，它所有的元素均为非负的，且各列元素相加均为 1。这样的矩阵称为随机矩阵。将在第 5 章的应用中给出这类问题更详细的说明。在此处需要强调的是，理解这一类问题的关键是将基进行变换，使得矩阵在其中的作用变得十分简单。特别地，如果 $\boldsymbol{A}$ 为 $n \times n$ 矩阵，则我们希望选择基向量，使得矩阵对每一个基向量 $\boldsymbol{u}_j$ 的作用仅仅是将它乘以某个因子 λ_j，即

$$\boldsymbol{A}\boldsymbol{u}_j = \lambda_j \boldsymbol{u}_j, \quad j = 1, 2, \cdots, n \tag{4.12}$$

很多应用问题都会用到一个 $n \times n$ 矩阵 $\boldsymbol{A}$，求解这类问题的关键是寻找基向量 $\boldsymbol{u}_1, \boldsymbol{u}_2, \cdots, \boldsymbol{u}_n$ 和变量 $\lambda_1, \lambda_2, \cdots, \lambda_n$，使得式 (4.12) 成立。这些新的向量可看成是使用矩阵 $\boldsymbol{A}$ 的自然坐标系，而标量可看成是在基向量下的自然频率。这类问题将在第 5 章中详细介绍。

应用 2: 信息检索（续）

在第 1 章中，我们考虑了检索含有关键字文档的数据库问题。若在集合中含有 m 个可能的检索关键字和 n 个文档，则数据库可以表示为 $m \times n$ 矩阵 $\boldsymbol{A}$。$\boldsymbol{A}$ 的每一列表示数据库中的文档。第 j 列元素对应于第 j 个文档中关键字的相对频率。

检索中遇到的主要问题是多义词和同义词。一方面，一些检索的关键词可能有多个意义，并可能出现在和你指定的检索完全无关的上下文中；另一方面，很多词语又有相同的含义，且在很多文档中均能使用同义词，而不使用给定的检索词。为解决这些问题，需要寻找与给定的检索词汇列表最接近的文档，而不必与列表中的词汇完全匹配，从而能够从数据库矩阵中找出最接近检索向量的列向量。为此，使用两个向量的夹角来衡量两个向量的匹配程度。

在实际中，因为有太多可能的关键字和太多可以检索的文档，所以 m 和 n 均非常大。为便于理解，我们考虑一个例子，其中 $m = 10, n = 8$。假设一个网站有 8 个学习线性代数的模块，且每一模块分别放置在不同的网页中。可能的搜索词汇包括

行列式，特征值，线性，矩阵，代数

正交性，空间，方程组，变换，向量

表 4.1 给出了在每一模块中关键字出现的频率。该表的第 $(2,6)$ 元素为 5，表示关键字“特征值”在第 6 个模块中出现了 5 次。

数据库矩阵是将表格中的各列缩放成单位矩阵得到的。因此，若 $\boldsymbol{A}$ 为对应表 4.1 的矩阵，则数据库矩阵 $\boldsymbol{Q}$ 的各列可由下式确定：

$$\boldsymbol{q}_j = \frac{1}{\|\boldsymbol{a}_j\|}\boldsymbol{a}_j, \quad j = 1, 2, \cdots, 8$$

为检索关键字“正交性、空间、向量”，构造一个检索向量 $\boldsymbol{x}$，对应于检索词 $\boldsymbol{x}$ 的元素为 1，其他元素均为 0。为得到单位向量，将对应于检索词的各行乘以 $\dfrac{1}{\sqrt{3}}$。例如，数据库矩阵 $\boldsymbol{Q}$ 和检索向量 $\boldsymbol{x}$ 为

表 4.1　关键字频率

关键字	模块							
	M1	M2	M3	M4	M5	M6	M7	M8
行列式	0	6	3	0	1	0	1	1
特征值	0	0	0	0	0	5	3	2
线性	5	4	4	5	4	0	3	3
矩阵	6	5	3	3	4	4	3	2
代数	0	0	0	0	3	0	4	3
正交性	0	0	0	0	4	6	0	2
空间	0	0	5	2	3	3	0	1
方程组	5	3	3	2	4	2	1	1
变换	0	0	0	5	1	3	1	0
向量	0	4	4	3	4	1	0	3

$$\boldsymbol{Q}=\begin{bmatrix}0.000&0.594&0.327&0.000&0.100&0.000&0.147&0.154\\0.000&0.000&0.000&0.000&0.000&0.500&0.442&0.309\\0.539&0.396&0.436&0.574&0.400&0.000&0.442&0.463\\0.647&0.495&0.327&0.344&0.400&0.400&0.442&0.309\\0.000&0.000&0.000&0.000&0.300&0.000&0.590&0.463\\0.000&0.000&0.000&0.000&0.400&0.600&0.000&0.309\\0.000&0.000&0.546&0.229&0.300&0.300&0.000&0.154\\0.539&0.297&0.327&0.229&0.400&0.200&0.147&0.000\\0.000&0.000&0.000&0.574&0.100&0.300&0.147&0.000\\0.000&0.396&0.436&0.344&0.400&0.100&0.000&0.463\end{bmatrix},\quad \boldsymbol{x}=\begin{bmatrix}0.000\\0.000\\0.000\\0.000\\0.000\\0.577\\0.577\\0.000\\0.000\\0.577\end{bmatrix}$$

若令 $\boldsymbol{y}=\boldsymbol{Q}^{\mathrm{T}}\boldsymbol{x}$，则

$$y_i=\boldsymbol{q}_i^{\mathrm{T}}\boldsymbol{x}=\cos\theta_i$$

其中，θ_i 为单位向量 $\boldsymbol{x}$ 和 $\boldsymbol{q}_i$ 之间的夹角。在例子中，

$$\boldsymbol{y}=(0.000,0.229,0.567,0.331,0.635,0.577,0.000,0.535)^{\mathrm{T}}$$

由于 $y_5=0.635$ 为 $\boldsymbol{y}$ 中最接近 1 的元素，则说明检索向量 $\boldsymbol{x}$ 最接近 $\boldsymbol{q}_5$ 的方向，因此，模块 5 最匹配检索标准，接下来依次是模块 6($y_6=0.577$) 和模块 3 ($y_3=0.567$)。若一个文档不包含任何检索词汇，则对应的数据库矩阵的列向量将与检索向量正交。注意到，模块 1 和模块 7 不包含以上检索词汇中的任何一个，因此

$$y_1=\boldsymbol{q}_1^{\mathrm{T}}\boldsymbol{x}=0 \quad 和 \quad y_7=\boldsymbol{q}_7^{\mathrm{T}}\boldsymbol{x}=0$$

这个例子说明了一些数据库检索的基本思想。利用现代矩阵方法，可以将检索过程显著改进。我们可以加快检索速度，并同时纠正由于多义词和同义词而出现的错误。这些新的技术称为潜语义检索（LSI）。

4.6 MATLAB 练习

1. 令

$$\boldsymbol{U} = \text{round}(20 * \text{rand}(4)) - 10, \quad \boldsymbol{V} = \text{round}(10 * \text{rand}(4))$$

并令 $\boldsymbol{b} = \text{ones}(4,1)$。

(1) MATLAB 中的函数 rank 可以确定一个矩阵的列向量是否线性无关。若 $\boldsymbol{U}$ 的列向量是线性无关的，则它的秩应为多少？计算 $\boldsymbol{U}$ 的秩，并验证它的列向量是线性无关的。由此构造 $\mathbb{R}^4$ 的一组基。计算 $\boldsymbol{V}$ 的秩，并验证它的列向量也构成 $\mathbb{R}^4$ 的一组基。

(2) 用 MATLAB 计算从 $\mathbb{R}^4$ 的标准基到基 $\boldsymbol{u}_1, \boldsymbol{u}_2, \boldsymbol{u}_3, \boldsymbol{u}_4$ 的过渡矩阵 (注意：在 MATLAB 中第 j 列向量 $\boldsymbol{u}_j$ 的记号是 $\boldsymbol{U}(:, j)$)。利用这个过渡矩阵计算坐标向量 $\boldsymbol{c}$ 和 $\boldsymbol{b}$ 相应于 $\boldsymbol{u}_1, \boldsymbol{u}_2, \boldsymbol{u}_3, \boldsymbol{u}_4$ 的坐标。验证

$$\boldsymbol{b} = c_1\boldsymbol{u}_1 + c_2\boldsymbol{u}_2 + c_3\boldsymbol{u}_3 + c_4\boldsymbol{u}_4 = \boldsymbol{Uc}$$

(3) 用 MATLAB 计算从标准基到基 $\boldsymbol{v}_1, \boldsymbol{v}_2, \boldsymbol{v}_3, \boldsymbol{v}_4$ 的转移矩阵，并用这个过渡矩阵求 $\boldsymbol{b}$ 相应于 $\boldsymbol{v}_1, \boldsymbol{v}_2, \boldsymbol{v}_3, \boldsymbol{v}_4$ 的坐标向量 $\boldsymbol{d}$。验证

$$\boldsymbol{b} = d_1\boldsymbol{u}_1 + d_2\boldsymbol{u}_2 + d_3\boldsymbol{u}_3 + d_4\boldsymbol{u}_4 = \boldsymbol{Vd}$$

(4) 用 MATLAB 计算从 $\boldsymbol{u}_1, \boldsymbol{u}_2, \boldsymbol{u}_3, \boldsymbol{u}_4$ 到 $\boldsymbol{v}_1, \boldsymbol{v}_2, \boldsymbol{v}_3, \boldsymbol{v}_4$ 的过渡矩阵 $\boldsymbol{S}$ 和从 $\boldsymbol{v}_1, \boldsymbol{v}_2, \boldsymbol{v}_3, \boldsymbol{v}_4$ 到 $\boldsymbol{u}_1, \boldsymbol{u}_2, \boldsymbol{u}_3, \boldsymbol{u}_4$ 的过渡矩阵 $\boldsymbol{T}$。$\boldsymbol{S}$ 和 $\boldsymbol{T}$ 有什么关系？验证

$$\boldsymbol{Sc} = \boldsymbol{d} \quad \text{和} \quad \boldsymbol{Td} = \boldsymbol{c}$$

2. 令

$$\boldsymbol{x} = [0:4, 4, -4, 1, 1]' \quad \text{和} \quad \boldsymbol{y} = \text{ones}(9,1)$$

(1) 使用 MATLAB 函数 norm 计算 $\|\boldsymbol{x}\|$、$\|\boldsymbol{y}\|$ 和 $\|\boldsymbol{x}+\boldsymbol{y}\|$ 的值，并验证三角不等式成立。同样利用 MATLAB 验证平行四边形法则

$$\|\boldsymbol{x}+\boldsymbol{y}\|^2 + \|\boldsymbol{x}-\boldsymbol{y}\|^2 = 2(\|\boldsymbol{x}\|^2 + \|\boldsymbol{y}\|^2)$$

(2) 若

$$t = \frac{\boldsymbol{x}^{\mathrm{T}}\boldsymbol{y}}{\|\boldsymbol{x}\|\|\boldsymbol{y}\|}$$

则为什么我们知道 $|t|$ 必然小于或等于 1? 使用 MATLAB 计算 t 的值，并使用 MATLAB 函数 acos 计算 $\boldsymbol{x}$ 和 $\boldsymbol{y}$ 的夹角。将角度乘以 $180/\pi$ 转化为度（注意，在 MATLAB 中 π 值由 pi 给出）。

(3) 使用 MATLAB 命令计算 $\boldsymbol{x}$ 到 $\boldsymbol{y}$ 上的投影向量 $\boldsymbol{p}$。令 $\boldsymbol{z}=\boldsymbol{x}-\boldsymbol{p}$，通过计算两个向量的内积验证 $\boldsymbol{z}$ 和 $\boldsymbol{p}$ 是正交的，计算 $\|\boldsymbol{x}\|^2$ 和 $\|\boldsymbol{z}\|+\|\boldsymbol{p}\|^2$，并验证勾股定理。

4.7 习题

1. 设

$$V_1=\{\boldsymbol{x}=(x_1,x_2,\cdots,x_n)^{\mathrm{T}}|x_1,x_2,\cdots,x_n\in\mathbb{R}\text{满足}x_1+x_2+\cdots+x_n=0\}$$

$$V_2=\{\boldsymbol{x}=(x_1,x_2,\cdots,x_n)^{\mathrm{T}}|x_1,x_2,\cdots,x_n\in\mathbb{R}\text{满足}x_1+x_2+\cdots+x_n=1\}$$

问 V_1 和 V_2 是不是向量空间？为什么？

2. 由 $\boldsymbol{\alpha}_1=(1,1,0,0)^{\mathrm{T}},\boldsymbol{\alpha}_2=(1,0,1,1)^{\mathrm{T}}$ 所生成的向量空间记作 W_1，由 $\boldsymbol{\beta}_1=(2,-1,3,3)^{\mathrm{T}},\boldsymbol{\beta}_2=(0,1,-1,-1)^{\mathrm{T}}$ 所生成的向量空间记作 W_2，试证 $W_1=W_2$。

3. 下列哪组向量所生成的向量空间为 $\mathbb{R}^3$？验证你的答案。

(1) $\{(1,0,0)^{\mathrm{T}},(0,1,1)^{\mathrm{T}},(1,0,1)^{\mathrm{T}}\}$；

(2) $\{(1,0,0)^{\mathrm{T}},(0,1,1)^{\mathrm{T}},(1,0,1)^{\mathrm{T}},(1,2,3)^{\mathrm{T}}\}$；

(3) $\{(2,1,-2)^{\mathrm{T}},(-2,-1,2)^{\mathrm{T}},(2,2,0)^{\mathrm{T}}\}$；

(4) $\{(1,1,3)^{\mathrm{T}},(0,2,1)^{\mathrm{T}}\}$。

4. 给定 $\boldsymbol{x}_1=(1,2,3)^{\mathrm{T}},\boldsymbol{x}_2=(3,4,2),\boldsymbol{x}=(2,6,6)^{\mathrm{T}},\boldsymbol{y}=(9,-2,5)^{\mathrm{T}}$，问:

(1) 是否 $\boldsymbol{x}\in\mathrm{Span}(\boldsymbol{x}_1,\boldsymbol{x}_2)$?

(2) 是否 $\boldsymbol{y}\in\mathrm{Span}(\boldsymbol{x}_1,\boldsymbol{x}_2)$?

5. 验证 $\boldsymbol{\alpha}_1=(1,-1,0)^{\mathrm{T}},\boldsymbol{\alpha}_2=(2,1,3)^{\mathrm{T}},\boldsymbol{\alpha}_3=(3,1,2)^{\mathrm{T}}$ 为 $\mathbb{R}^3$ 的一个基，并把 $\boldsymbol{v}_1=(5,0,7)^{\mathrm{T}},\boldsymbol{v}_2=(-9,-8,-13)^{\mathrm{T}}$ 用这个基线性表示。

6. 已知 $\mathbb{R}^3$ 的两个基为

$$\boldsymbol{\alpha}_1=\begin{bmatrix}1\\1\\1\end{bmatrix},\boldsymbol{\alpha}_2=\begin{bmatrix}1\\0\\-1\end{bmatrix},\boldsymbol{\alpha}_3=\begin{bmatrix}1\\0\\1\end{bmatrix}\quad\text{及}\quad\boldsymbol{\beta}_1=\begin{bmatrix}1\\2\\1\end{bmatrix},\boldsymbol{\beta}_2=\begin{bmatrix}2\\3\\4\end{bmatrix},\boldsymbol{\beta}_3=\begin{bmatrix}3\\4\\3\end{bmatrix}$$

(1) 求由基 $\boldsymbol{\alpha}_1,\boldsymbol{\alpha}_2,\boldsymbol{\alpha}_3$ 到基 $\boldsymbol{\beta}_1,\boldsymbol{\beta}_2,\boldsymbol{\beta}_3$ 的过渡矩阵 $\boldsymbol{S}$。

(2) 设向量 $\boldsymbol{x}$ 在前一基中的坐标为 $(1,1,3)^{\mathrm{T}}$，求它在后一基中的坐标。

7. 应用施密特正交化方法，由 $\mathbb{R}^3$ 的一组基 $(1,-1,1)^{\mathrm{T}}$、$(-1,1,1)^{\mathrm{T}}$、$(1,1,-1)^{\mathrm{T}}$ 构造 $\mathbb{R}^3$ 的一组标准正交基，并求 $\boldsymbol{a}=(1,-1,0)^{\mathrm{T}}$ 在此标准正交基下的坐标。

8. 已知 $\boldsymbol{Q}=\begin{bmatrix}a_{11}&-\dfrac{3}{7}&\dfrac{2}{7}\\a_{21}&a_{22}&a_{23}\\-\dfrac{3}{7}&\dfrac{2}{7}&a_{33}\end{bmatrix}$ 为正交矩阵，求 $a_{11},a_{21},a_{22},a_{23},a_{33}$ 的值。

9. 证明:

(1) 若 $\boldsymbol{A}$ 为正交矩阵，则 $\boldsymbol{A}$ 的伴随矩阵 $\boldsymbol{A}^*$ 也是正交矩阵。

(2) 若 $\boldsymbol{A},\boldsymbol{B}$ 都是正交矩阵，则 $\boldsymbol{AB}$ 也是正交矩阵。

10. 设 $\boldsymbol{x}$ 为 n 维列向量，$\boldsymbol{x}^{\mathrm{T}}\boldsymbol{x}=1$，令 $\boldsymbol{H}=\boldsymbol{I}-2\boldsymbol{x}\boldsymbol{x}^{\mathrm{T}}$。证明：$\boldsymbol{H}$ 是对称的正交矩阵。

11. 设 $\boldsymbol{a}_1,\boldsymbol{a}_2,\boldsymbol{a}_3$ 为两两正交的单位向量组，$\boldsymbol{b}_1=-\frac{1}{3}\boldsymbol{a}_1+\frac{2}{3}\boldsymbol{a}_2+\frac{2}{3}\boldsymbol{a}_3$，$\boldsymbol{b}_2=\frac{2}{3}\boldsymbol{a}_1+\frac{2}{3}\boldsymbol{a}_2-\frac{1}{3}\boldsymbol{a}_3$，$\boldsymbol{b}_3=-\frac{2}{3}\boldsymbol{a}_1+\frac{1}{3}\boldsymbol{a}_2-\frac{2}{3}\boldsymbol{a}_3$。证明：$\boldsymbol{b}_1,\boldsymbol{b}_2,\boldsymbol{b}_3$ 也是两两正交的单位向量组。

第 5 章

特征值与相似矩阵

矩阵的特征值和特征向量在人们的日常生活中是普遍存在的。只要有振动就有特征值，特征值可以理解为振动的自然频率。如果你曾经弹过吉他，你就已经求解过一个特征值问题了。特征值和特征向量在现代数学及工程技术中有广泛的应用。方阵的对角化、微分方程组的求解、线性系统的稳定性问题都要用到特征值理论，在振动系统、电力系统、经济系统、人口理论、化学反应、量子力学、微分方程和几何学的研究中都会涉及特征值和特征向量，并利用它们解决相关问题。

5.1 特征值与特征向量

很多应用问题都涉及将一个线性变换重复作用到一个向量上。求解这类问题的关键是找到一组新的基向量（特征向量），使得线性变换对该组基向量的作用仅仅是进行某种程度的收缩或拉伸，收缩或拉伸的倍数通常称为缩放因子（特征值）。下面用一个简单的例子来说明。

例 5.1.1 在某城镇中，每年 30% 的已婚女性离婚，20% 的单身女性结婚。假定共有 8000 名已婚女性和 2000 名单身女性，并且总人口保持不变。问：若结婚率和离婚率保持不变，那么 n 年以后已婚女性和单身女性的人数是多少？

解: 设初始的已婚女性和单身女性人数为 $\boldsymbol{w}_0=(8000,2000)^{\mathrm{T}}$，令 $\boldsymbol{A}=\begin{bmatrix}0.7 & 0.2\\ 0.3 & 0.8\end{bmatrix}$，则 1 年后结婚女性和单身女性的人数为

$$\boldsymbol{w}_1=\boldsymbol{A}\boldsymbol{w}_0=\begin{bmatrix}0.7 & 0.2\\ 0.3 & 0.8\end{bmatrix}\begin{bmatrix}8000\\ 2000\end{bmatrix}=\begin{bmatrix}6000\\ 4000\end{bmatrix}$$

2 年后结婚女性和单身女性的人数为

$$\boldsymbol{w}_2=\boldsymbol{A}\boldsymbol{w}_1=\boldsymbol{A}^2\boldsymbol{w}_0$$

因此，n 年后结婚女性和单身女性的人数为

$$\boldsymbol{w}_n=\boldsymbol{A}^n\boldsymbol{w}_0$$

通过计算，当 $n=12$ 时，$\boldsymbol{w}_{12}=(4000,6000)^{\mathrm{T}}$ 且 $\boldsymbol{A}\boldsymbol{w}_{12}=(4000,6000)^{\mathrm{T}}$。也就是说，当 $n\geqslant 12$ 时，已婚女性和单身女性的人数将保持不变。向量 $(4000,6000)^{\mathrm{T}}$ 称为稳态向量。事实上，即使初始时已婚女性和单身女性有不同的比例，最终也会收敛到稳态向量。例如，初始时已婚女性和单身女性的人数分别为 10000 和 0，即 $\boldsymbol{w}_0=(10000,0)^{\mathrm{T}}$。在这种情况下，可得 $\boldsymbol{w}_{14}=(4000,6000)^{\mathrm{T}}$。也就是说，14 年后仍会终止于相同的稳态向量。

为什么这个过程会收敛，且从不同的初始向量开始总是会收敛到相同的稳态向量呢？为了回答这个问题，我们在 $\mathbb{R}^2$ 中选择一组基，使得线性变换 $\boldsymbol{A}$ 容易计算。首先，选取稳态向量的倍数 $\boldsymbol{x}_1=(2,3)^{\mathrm{T}}$ 作为第一个基向量，则

$$\boldsymbol{A}\boldsymbol{x}_1=\begin{bmatrix}0.7 & 0.2\\0.3 & 0.8\end{bmatrix}\begin{bmatrix}2\\3\end{bmatrix}=\begin{bmatrix}2\\3\end{bmatrix}=\boldsymbol{x}_1$$

因此，$\boldsymbol{x}_1$ 也是一个稳态向量且 $\boldsymbol{A}$ 在 $\boldsymbol{x}_1$ 上的作用已经不能再简单了。由于所有的稳态向量都是 $\boldsymbol{x}_1$ 的倍数，因此不能再选取稳态向量作为第二个基向量。但是，如果选取 $\boldsymbol{x}_2=(-1,1)^{\mathrm{T}}$ 作为第二个基向量，则 $\boldsymbol{A}$ 在 $\boldsymbol{x}_2$ 上的作用也非常简单。

$$\boldsymbol{A}\boldsymbol{x}_2=\begin{bmatrix}0.7 & 0.2\\0.3 & 0.8\end{bmatrix}\begin{bmatrix}-1\\1\end{bmatrix}=\begin{bmatrix}-\dfrac{1}{2}\\\dfrac{1}{2}\end{bmatrix}=\frac{1}{2}\boldsymbol{x}_2$$

下面用 $\boldsymbol{x}_1,\boldsymbol{x}_2$ 作为基向量分析上面的过程。将初始向量 $\boldsymbol{w}_0=(8000,2000)^{\mathrm{T}}$ 表示为基向量的线性组合

$$\boldsymbol{w}_0=2000\begin{bmatrix}2\\3\end{bmatrix}-4000\begin{bmatrix}-1\\1\end{bmatrix}=2000\boldsymbol{x}_1-4000\boldsymbol{x}_2$$

则

$$\boldsymbol{w}_1=\boldsymbol{A}\boldsymbol{w}_0=2000\boldsymbol{A}\boldsymbol{x}_1-4000\boldsymbol{A}\boldsymbol{x}_2=2000\boldsymbol{x}_1-4000\left(\frac{1}{2}\right)\boldsymbol{x}_2$$

$$\boldsymbol{w}_2=\boldsymbol{A}\boldsymbol{w}_1=2000\boldsymbol{x}_1-4000\left(\frac{1}{2}\right)^2\boldsymbol{x}_2$$

一般地，

$$\boldsymbol{w}_n=\boldsymbol{A}^n\boldsymbol{w}_0=2000\boldsymbol{x}_1-4000\left(\frac{1}{2}\right)^n\boldsymbol{x}_2$$

上式的第一部分是稳态向量，第二部分收敛到零向量。类似的分析可得，对任意的初始向量 $\boldsymbol{w}_0$，该过程必然收敛到相同的稳态向量。

矩阵 $\boldsymbol{A}$ 在向量 $\boldsymbol{x}_1$ 和 $\boldsymbol{x}_2$ 上的作用非常简单，仅仅是将向量乘以某个常数：

$$\boldsymbol{A}\boldsymbol{x}_1=\boldsymbol{x}_1=1\boldsymbol{x}_1\quad 且\quad \boldsymbol{A}\boldsymbol{x}_2=\frac{1}{2}\boldsymbol{x}_2$$

因此，常数 1 和 $\dfrac{1}{2}$ 可看作线性变换 $\boldsymbol{A}$ 的自然频率。

一般地，若一线性变换可表示为 $n\times n$ 矩阵 $\boldsymbol{A}$，且可以找到一个非零向量 $\boldsymbol{x}$ 使得对

某常数 λ，有 $\boldsymbol{Ax}=\lambda\boldsymbol{x}$，则对该变换，很自然地选取 $\boldsymbol{x}$ 作为 $\mathbb{R}^n$ 的一个基向量，且常数 λ 定义了一个对应该基向量的自然频率。更精确地，有如下定义：

定义 5.1.1 令 $\boldsymbol{A}$ 为 $n\times n$ 矩阵，如果存在非零向量 $\boldsymbol{x}$ 使得

$$\boldsymbol{Ax}=\lambda\boldsymbol{x} \tag{5.1}$$

成立，则称数 λ 是矩阵 $\boldsymbol{A}$ 的特征值，称非零向量 $\boldsymbol{x}$ 为属于（或对应于）λ 的特征向量。

需要注意的是，定义 5.1.1 中特征向量 $\boldsymbol{x}\neq\boldsymbol{0}$；矩阵 $\boldsymbol{A}$ 是方阵，也就是说，特征值问题只针对方阵而言。

例 5.1.2 设

$$\boldsymbol{A}=\begin{bmatrix}4 & -2\\ 1 & 1\end{bmatrix} \quad 及 \quad \boldsymbol{x}=\begin{bmatrix}2\\ 1\end{bmatrix}$$

由于

$$\boldsymbol{Ax}=\begin{bmatrix}4 & -2\\ 1 & 1\end{bmatrix}\begin{bmatrix}2\\ 1\end{bmatrix}=\begin{bmatrix}6\\ 3\end{bmatrix}=3\begin{bmatrix}2\\ 1\end{bmatrix}=3\boldsymbol{x}$$

可得，$\lambda=3$ 是 $\boldsymbol{A}$ 的一个特征值，且 $\boldsymbol{x}=(2,1)^{\mathrm{T}}$ 为一个属于 λ 的特征向量。

事实上，任何 $\boldsymbol{x}$ 的一个非零倍数都是一个特征向量，因为

$$\boldsymbol{A}(\alpha\boldsymbol{x})=\alpha\boldsymbol{Ax}=\alpha\lambda\boldsymbol{x}=\lambda(\alpha\boldsymbol{x})$$

因此，$(4,2)^{\mathrm{T}}$ 也是 $\lambda=3$ 的特征向量。

方程 $\boldsymbol{Ax}=\lambda\boldsymbol{x}$ 可写为

$$(\boldsymbol{A}-\lambda\boldsymbol{I})\boldsymbol{x}=\boldsymbol{0} \tag{5.2}$$

因此，λ 为 $\boldsymbol{A}$ 的特征值的充要条件是式 (5.2) 有非零解。式 (5.2) 的解集为 $\boldsymbol{V}_\lambda(\boldsymbol{A})=\{\boldsymbol{x}|(\boldsymbol{A}-\lambda\boldsymbol{I})\boldsymbol{x}=\boldsymbol{0}\}$，它是 $\mathbb{R}^n$ 的一个子空间。因此，若 λ 是 $\boldsymbol{A}$ 的一个特征值，则 $\boldsymbol{V}_\lambda(\boldsymbol{A})\neq\{\boldsymbol{0}\}$，且 $\boldsymbol{V}_\lambda(\boldsymbol{A})$ 中的任何非零向量均为属于 λ 的特征向量。子空间 $\boldsymbol{V}_\lambda(\boldsymbol{A})=\{\boldsymbol{x}|(\boldsymbol{A}-\lambda\boldsymbol{I})\boldsymbol{x}=\boldsymbol{0}\}$ 称为对应于特征值 λ 的特征子空间。

式 (5.2) 有非零解的充要条件是 $\boldsymbol{A}-\lambda\boldsymbol{I}$ 为奇异的，或等价地

$$\det(\boldsymbol{A}-\lambda\boldsymbol{I})=0 \tag{5.3}$$

式 (5.3) 中的行列式展开后得到一个关于 λ 的 n 次多项式，λ_0 是 $\boldsymbol{A}$ 的特征值的充要条件是 λ_0 为多项式 $\det(\boldsymbol{A}-\lambda\boldsymbol{I})$ 的根。因此，有如下定义：

定义 5.1.2 设 $\boldsymbol{A}=(a_{ij})_{n\times n}$，则

$$p(\lambda)=\det(\boldsymbol{A}-\lambda\boldsymbol{I})=\begin{vmatrix}a_{11}-\lambda & a_{12} & \cdots & a_{1n}\\ a_{21} & a_{22}-\lambda & \cdots & a_{2n}\\ \vdots & \vdots & & \vdots\\ a_{n1} & a_{n2} & \cdots & a_{nn}-\lambda\end{vmatrix} \tag{5.4}$$

称为 n 阶方阵 $\boldsymbol{A}$ 的特征多项式，式 (5.3) 称为矩阵 $\boldsymbol{A}$ 的特征方程。

由定义 5.1.2 可知，特征多项式的根即为方阵 $\boldsymbol{A}$ 的特征值。如果对重根也计数，则特征多项式恰有 n 个根。因此 $\boldsymbol{A}$ 将有 n 个特征值，其中某些可能会重复，某些可能会是复数。对后一种情形，需要在复数范围内进行讨论，允许向量和矩阵的元素可以是复数。本书主要讨论特征值为实数的情形。

由上述讨论可得，求矩阵 $\boldsymbol{A}$ 的特征值和特征向量的步骤如下：

(1) 计算 n 阶矩阵 $\boldsymbol{A}$ 的特征多项式 $\det(\boldsymbol{A}-\lambda\boldsymbol{I})$；

(2) 求特征方程 $\det(\boldsymbol{A}-\lambda\boldsymbol{I})=0$ 所有的根 $\lambda_1,\lambda_2,\cdots,\lambda_n$，即矩阵 $\boldsymbol{A}$ 的全部特征值；

(3) 对于每一个特征值 λ_i，求解齐次线性方程组 $(\boldsymbol{A}-\lambda_i\boldsymbol{I})\boldsymbol{x}=\boldsymbol{0}$ 的一个基础解系 $\boldsymbol{x}_1,\boldsymbol{x}_2,\cdots,\boldsymbol{x}_k$，于是 $\boldsymbol{A}$ 的属于特征值 λ_i 的全部特征向量为

$$\boldsymbol{x}=c_1\boldsymbol{x}_1+c_2\boldsymbol{x}_2+\cdots+c_k\boldsymbol{x}_k,\quad \text{其中}c_1,c_2,\cdots,c_k\text{是不全为零的数}$$

例 5.1.3 求矩阵 $\boldsymbol{A}=\begin{bmatrix}3 & 2\\ 3 & -2\end{bmatrix}$ 的特征值和特征向量。

解: $\boldsymbol{A}$ 的特征多项式为

$$|\boldsymbol{A}-\lambda\boldsymbol{I}|=\begin{vmatrix}3-\lambda & 2\\ 3 & -2-\lambda\end{vmatrix}=\lambda^2-\lambda-12$$

所以 $\boldsymbol{A}$ 的特征值为 $\lambda_1=4,\lambda_2=-3$。

当 $\lambda_1=4$ 时，解方程组 $(\boldsymbol{A}-4\boldsymbol{I})\boldsymbol{x}=\boldsymbol{0}$，由

$$\boldsymbol{A}-4\boldsymbol{I}=\begin{bmatrix}-1 & 2\\ 3 & -6\end{bmatrix}\to\begin{bmatrix}1 & -2\\ 0 & 0\end{bmatrix}$$

得基础解系为 $\boldsymbol{x}_1=(2,1)^{\mathrm{T}}$，因此 $c_1\boldsymbol{x}_1$ $(c_1\neq 0)$ 为 $\boldsymbol{A}$ 的属于特征值 4 的特征向量。

当 $\lambda_2=-3$ 时，解方程组 $(\boldsymbol{A}+3\boldsymbol{I})\boldsymbol{x}=\boldsymbol{0}$，由

$$\boldsymbol{A}+3\boldsymbol{I}=\begin{bmatrix}6 & 2\\ 3 & 1\end{bmatrix}\to\begin{bmatrix}3 & 1\\ 0 & 0\end{bmatrix}$$

得基础解系为 $\boldsymbol{x}_2=(-1,3)^{\mathrm{T}}$，因此 $c_2\boldsymbol{x}_2$ $(c_2\neq 0)$ 为 $\boldsymbol{A}$ 的属于特征值 -3 的特征向量。

例 5.1.4 求矩阵

$$\begin{bmatrix}2 & -3 & 1\\ 1 & -2 & 1\\ 1 & -3 & 2\end{bmatrix}$$

的特征值和特征向量。

解: $\boldsymbol{A}$ 的特征多项式为

$$|\boldsymbol{A}-\lambda\boldsymbol{I}|=\begin{vmatrix}2-\lambda & -3 & 1\\ 1 & -2-\lambda & 1\\ 1 & -3 & 2-\lambda\end{vmatrix}=-\lambda(\lambda-1)^2$$

所以 $\boldsymbol{A}$ 的特征值为 $\lambda_1=0,\lambda_2=\lambda_3=1$。

当 $\lambda_1=0$ 时，解方程组 $\boldsymbol{A}\boldsymbol{x}=\boldsymbol{0}$，由

$$\boldsymbol{A}=\begin{bmatrix}2 & -3 & 1\\ 1 & -2 & 1\\ 1 & -3 & 2\end{bmatrix}\to\begin{bmatrix}1 & 0 & -1\\ 0 & 1 & -1\\ 0 & 0 & 0\end{bmatrix}$$

得基础解系为 $\boldsymbol{x}_1=(1,1,1)^{\mathrm{T}}$，因此 $c_1\boldsymbol{x}_1$ $(c_1\neq 0)$ 为 $\boldsymbol{A}$ 的属于特征值 0 的特征向量。

当 $\lambda_2=\lambda_3=1$ 时，解方程组 $(\boldsymbol{A}-\boldsymbol{I})\boldsymbol{x}=\boldsymbol{0}$，由

$$\boldsymbol{A}-\boldsymbol{I}=\begin{bmatrix}1 & -3 & 1\\ 1 & -3 & 1\\ 1 & -3 & 1\end{bmatrix}\to\begin{bmatrix}1 & -3 & 1\\ 0 & 0 & 0\\ 0 & 0 & 0\end{bmatrix}$$

得基础解系为 $\boldsymbol{x}_2=(3,1,0)^{\mathrm{T}}$ 和 $\boldsymbol{x}_3=(-1,0,1)^{\mathrm{T}}$，因此 $c_2\boldsymbol{x}_2+c_3\boldsymbol{x}_3$ $(c_2,c_3$不全为$0)$ 为 $\boldsymbol{A}$ 的属于特征值 1 的特征向量。

定理 5.1.1　设 n 阶方阵 $\boldsymbol{A}=(a_{ij})$ 的 n 个特征值为 $\lambda_1,\lambda_2,\cdots,\lambda_n$，则

(1) $\det(\boldsymbol{A})=\prod\limits_{i=1}^{n}\lambda_i=\lambda_1\lambda_2\cdots\lambda_n$;

(2) $\sum\limits_{i=1}^{n}\lambda_i=\sum\limits_{i=1}^{n}a_{ii}\Big($其中$\sum\limits_{i=1}^{n}a_{ii}$ 为 $\boldsymbol{A}$ 的主对角元素之和，称为 $\boldsymbol{A}$ 的迹，记为 $\mathrm{tr}(\boldsymbol{A})\Big)$。

证明: 设 $p(\lambda)$ 为 $\boldsymbol{A}$ 的特征多项式，则

$$p(\lambda)=\det(\boldsymbol{A}-\lambda\boldsymbol{I})=\begin{vmatrix}a_{11}-\lambda & a_{12} & \cdots & a_{1n}\\ a_{21} & a_{22}-\lambda & \cdots & a_{2n}\\ \vdots & \vdots & & \vdots\\ a_{n1} & a_{n2} & \cdots & a_{nn}-\lambda\end{vmatrix}\tag{5.5}$$

将行列式按照第一列展开，得

$$\det(\boldsymbol{A}-\lambda\boldsymbol{I})=(a_{11}-\lambda)\det(\boldsymbol{M}_{11})+\sum_{i=2}^{n}a_{i1}(-1)^{i+1}\det(\boldsymbol{M}_{i1})$$

注意到，子式 $\boldsymbol{M}_{i1}$ $(i=2,3,\cdots,n)$ 不包含两个对角线元素 $(a_{11}-\lambda)$及$(a_{ii}-\lambda)$。将 $\det(\boldsymbol{M}_{11})$ 用相同的方法展开，可以发现

$$(a_{11}-\lambda)(a_{22}-\lambda)\cdots(a_{nn}-\lambda)\tag{5.6}$$

是 $\det(\boldsymbol{A}-\lambda\boldsymbol{I})$ 的展开式中唯一包含多于 $n-2$ 个对角元素的项。当式 (5.6) 展开后，λ^n 的系数为 $(-1)^n$。因此，$p(\lambda)$ 中最高次项 λ^n 的系数为 $(-1)^n$。于是，由根与系数的关系，有

$$\begin{aligned}p(\lambda)&=(-1)^n(\lambda-\lambda_1)(\lambda-\lambda_2)\cdots(\lambda-\lambda_n)\\&=(\lambda_1-\lambda)(\lambda_2-\lambda)\cdots(\lambda_n-\lambda)\end{aligned}\tag{5.7}$$

对式 (5.5) 和式 (5.7) 令 $\lambda=0$，得

$$\det(\boldsymbol{A})=\prod_{i=1}^{n}\lambda_i=\lambda_1\lambda_2\cdots\lambda_n$$

由式 (5.6) 可得，λ^{n-1} 的系数为 $-(a_{11}+a_{22}+\cdots+a_{nn})$，由式 (5.7) 求相同项的系数可得 $-(\lambda_1+\lambda_2+\cdots+\lambda_n)$。因此，

$$\sum_{i=1}^{n}\lambda_i=\sum_{i=1}^{n}a_{ii}$$

■

例 5.1.5 设 λ 是方阵 $\boldsymbol{A}$ 的特征值，$\boldsymbol{x}$ 是 $\boldsymbol{A}$ 属于 λ 的特征向量，证明:

(1) 对于任意的正整数 k，λ^k 是 $\boldsymbol{A}^k$ 的特征值;

(2) 当 $\boldsymbol{A}$ 可逆时，λ^{-1} 是 $\boldsymbol{A}^{-1}$ 的特征值;

(3) $\boldsymbol{A}^{\mathrm{T}}$ 与 $\boldsymbol{A}$ 有相同的特征多项式和特征值。

证明: (1) 因为 $\boldsymbol{Ax}=\lambda\boldsymbol{x}$且$\boldsymbol{x}\neq 0$，于是对任意正整数 k，有

$$\boldsymbol{A}^k\boldsymbol{x}=\boldsymbol{A}^{k-1}(\boldsymbol{Ax})=\lambda(\boldsymbol{A}^{k-1}\boldsymbol{x})=\cdots=\lambda^k\boldsymbol{x}$$

故 λ^k 是 $\boldsymbol{A}^k$ 的特征值，且 $\boldsymbol{x}$ 是 $\boldsymbol{A}^k$ 的属于 λ^k 的特征向量。

(2) 当 $\boldsymbol{A}$ 可逆时，由 $\boldsymbol{Ax}=\lambda\boldsymbol{x}$，有 $\boldsymbol{x}=\lambda\boldsymbol{A}^{-1}\boldsymbol{x}$，因 $\boldsymbol{x}\neq\boldsymbol{0}$，故 $\lambda\neq 0$，于是

$$\boldsymbol{A}^{-1}\boldsymbol{x}=\lambda^{-1}\boldsymbol{x}$$

所以 λ^{-1} 是 $\boldsymbol{A}^{-1}$ 的特征值，且 $\boldsymbol{x}$ 是 $\boldsymbol{A}^{-1}$ 的特征向量。

(3) 因为 $|\boldsymbol{A}-\lambda\boldsymbol{I}|=|\boldsymbol{A}-\lambda\boldsymbol{I}|^{\mathrm{T}}=|(\boldsymbol{A}-\lambda\boldsymbol{I})^{\mathrm{T}}|=|\boldsymbol{A}^{\mathrm{T}}-\lambda\boldsymbol{I}|$，所以 $\boldsymbol{A}^{\mathrm{T}}$ 与 $\boldsymbol{A}$ 有相同的特征多项式，从而有相同的特征值。

■

若 $\varphi(x)=a_0x^m+a_1x^{m-1}+\cdots+a_{m-a}x+a_m$，则 $\varphi(\boldsymbol{A})=a_0\boldsymbol{A}^m+a_1\boldsymbol{A}^{m-1}+\cdots+a_{m-a}\boldsymbol{A}+a_m\boldsymbol{I}$，由例 5.1.5 的结论 (2)，有

$$\begin{aligned}\varphi(\boldsymbol{A})\boldsymbol{x}&=a_0\boldsymbol{A}^m\boldsymbol{x}+a_1\boldsymbol{A}^{m-1}\boldsymbol{x}+\cdots+a_{m-a}\boldsymbol{Ax}+a_m\boldsymbol{x}\\&=(a_0\lambda^m+a_1\lambda^{m-1}+\cdots+a_{m-a}\lambda+a_m)\boldsymbol{x}\\&=\varphi(\lambda)\boldsymbol{x}\end{aligned}$$

因此，$\varphi(\lambda)$ 是 $\varphi(\boldsymbol{A})$ 的特征值，且 $\boldsymbol{x}$ 是 $\varphi(\boldsymbol{A})$ 属于 $\varphi(\lambda)$ 的特征向量。

例 5.1.6 设三阶方阵 $\boldsymbol{A}$ 的特征值为 $1,-2,3$，求行列式 $|\boldsymbol{A}^2+\boldsymbol{A}-\boldsymbol{I}|$。

解: 设 λ 为 $\boldsymbol{A}$ 的任一特征值，则矩阵 $\boldsymbol{A}^2+\boldsymbol{A}-\boldsymbol{I}$ 的特征值为 $\lambda^2+\lambda-1$，因此得 $\boldsymbol{A}^2+\boldsymbol{A}-\boldsymbol{I}$ 的 3 个特征值分别为 $1,1,11$，由定理 5.1.1，有

$$|\boldsymbol{A}^2+\boldsymbol{A}-\boldsymbol{I}|=1\times1\times11=11$$

下面介绍特征向量的一些性质。

定理 5.1.2 设 $\lambda_1,\lambda_2,\cdots,\lambda_m$ 是方阵 $\boldsymbol{A}$ 的 m 个特征值，$\boldsymbol{x}_1,\boldsymbol{x}_2,\cdots,\boldsymbol{x}_m$ 分别是与之对应的特征向量，如果 $\lambda_1,\lambda_2,\cdots,\lambda_m$ 各不相等，则 $\boldsymbol{x}_1,\boldsymbol{x}_2,\cdots,\boldsymbol{x}_m$ 线性无关。

证明: 对 m 用数学归纳法。

当 $m=1$ 时，因特征向量 $\boldsymbol{x}_1\neq\boldsymbol{0}$，故 $\boldsymbol{x}_1$ 线性无关。

假设 $m=k-1$ 时结论成立，要证当 $m=k$ 时结论也成立。即假设向量 $\boldsymbol{x}_1,\boldsymbol{x}_2,\cdots,\boldsymbol{x}_{k-1}$ 线性无关，要证向量组 $\boldsymbol{x}_1,\boldsymbol{x}_2,\cdots,\boldsymbol{x}_k$ 线性无关。为此，设有数 $c_1,c_2,\cdots,c_k$ 使

$$c_1\boldsymbol{x}_1+c_2\boldsymbol{x}_2+\cdots+c_{k-1}\boldsymbol{x}_{k-1}+c_k\boldsymbol{x}_k=\boldsymbol{0} \tag{5.8}$$

用 $\boldsymbol{A}$ 左乘式 (5.8)，得

$$c_1\boldsymbol{A}\boldsymbol{x}_1+c_2\boldsymbol{A}\boldsymbol{x}_2+\cdots+c_{k-1}\boldsymbol{A}\boldsymbol{x}_{k-1}+c_k\boldsymbol{A}\boldsymbol{x}_k=\boldsymbol{0} \tag{5.9}$$

由 $\boldsymbol{A}\boldsymbol{x}_i=\lambda_i\boldsymbol{x}_i\ (i=1,2,\cdots,k)$，式 (5.8) 可写为

$$c_1\lambda_1\boldsymbol{x}_1+c_2\lambda_2\boldsymbol{x}_2+\cdots+c_{k-1}\lambda_{k-1}\boldsymbol{x}_{k-1}+c_k\lambda_k\boldsymbol{x}_k=\boldsymbol{0} \tag{5.10}$$

式 (5.10) 减去式 (5.8) 的 λ_k 倍，得

$$c_1(\lambda_1-\lambda_k)\boldsymbol{x}_1+c_2(\lambda_2-\lambda_k)\boldsymbol{x}_2+\cdots+c_{k-1}(\lambda_{k-1}-\lambda_k)\boldsymbol{x}_{k-1}=\boldsymbol{0}$$

由归纳假设，$\boldsymbol{x}_1,\boldsymbol{x}_2,\cdots,\boldsymbol{x}_{k-1}$ 线性无关，故 $c_i(\lambda_i-\lambda_k)=0\ (i=1,2,\cdots,k-1)$。而 $\lambda_i-\lambda_k\neq0\ (i=1,2,\cdots,k-1)$，由此得 $c_i=0\ (i=1,2,\cdots,k-1)$，将其代入式 (5.8)，得 $c_k\boldsymbol{x}_k=\boldsymbol{0}$，而 $\boldsymbol{x}_k\neq\boldsymbol{0}$，故 $c_k=0$。因此，向量组 $\boldsymbol{x}_1,\boldsymbol{x}_2,\cdots,\boldsymbol{x}_k$ 线性无关。

■

推论 5.1.1 设λ_1和λ_2是方阵$\boldsymbol{A}$的两个不同特征值，$\boldsymbol{x}_{11},\boldsymbol{x}_{12},\cdots,\boldsymbol{x}_{1m_1}$和$\boldsymbol{x}_{21},\boldsymbol{x}_{22},\cdots,\boldsymbol{x}_{2m_2}$分别为对应于$\lambda_1$和$\lambda_2$ 的线性无关的特征向量，则$\boldsymbol{x}_{11},\boldsymbol{x}_{12},\cdots,\boldsymbol{x}_{1m_1},\boldsymbol{x}_{21},\boldsymbol{x}_{22},\cdots,\boldsymbol{x}_{2m_2}$线性无关。

证明: 设

$$c_{11}\boldsymbol{x}_{11}+\cdots+c_{1m_1}\boldsymbol{x}_{1m_1}+c_{21}\boldsymbol{x}_{21}+\cdots+c_{2m_2}\boldsymbol{x}_{2m_2}=0 \tag{5.11}$$

上式两端左乘 $\boldsymbol{A}$ 得

$$c_{11}\boldsymbol{A}\boldsymbol{x}_{11}+\cdots+c_{1m_1}\boldsymbol{A}\boldsymbol{x}_{1m_1}+c_{21}\boldsymbol{A}\boldsymbol{x}_{21}+\cdots+c_{2m_2}\boldsymbol{A}\boldsymbol{x}_{2m_2}=0$$

即

$$c_{11}\lambda_1\boldsymbol{x}_{11}+\cdots+c_{1m_1}\lambda_1\boldsymbol{x}_{1m_1}+c_{21}\lambda_2\boldsymbol{x}_{21}+\cdots+c_{2m_2}\lambda_2\boldsymbol{x}_{2m_2}=0$$

或

$$\lambda_1(c_{11}\boldsymbol{x}_{11}+\cdots+c_{1m_1}\boldsymbol{x}_{1m_1})+\lambda_2(c_{21}\boldsymbol{x}_{21}+\cdots+c_{2m_2}\boldsymbol{x}_{2m_2})=0 \tag{5.12}$$

当 $c_{i1}\boldsymbol{x}_{i1}+\cdots+c_{im_i}\boldsymbol{x}_{im_i}\neq\boldsymbol{0}$ $(i=1,2)$ 时为属于 λ_i $(i=1,2)$ 的特征向量，由定理 5.1.2 知，向量 $c_{11}\boldsymbol{x}_{11}+\cdots+c_{1m_1}\boldsymbol{x}_{1m_1}$ 和 $c_{21}\boldsymbol{x}_{21}+\cdots+c_{2m_2}\boldsymbol{x}_{2m_2}$ 线性无关。此时，若式 (5.12) 成立，则必有 $\lambda_1=\lambda_2=0$，而这与 $\lambda_1\neq\lambda_2$ 矛盾。因此 $c_{i1}\boldsymbol{x}_{i1}+\cdots+c_{i,m_i}\boldsymbol{x}_{im_i}$ $(i=1,2)$ 至少有一个为 $\boldsymbol{0}$ 向量。不妨设 $c_{21}\boldsymbol{x}_{21}+\cdots+c_{2m_2}\boldsymbol{x}_{2m_2}=\boldsymbol{0}$，因 $\boldsymbol{x}_{21},\boldsymbol{x}_{22},\cdots,\boldsymbol{x}_{2m_2}$ 线性无关，故 $c_{2j}=0(j=1,2,\cdots,m_2)$。将 $c_{2j}=0$ $(j=1,2,\cdots,m_2)$ 代入式 (5.11)，有 $c_{11}\boldsymbol{x}_{11}+\cdots+c_{1m_1}\boldsymbol{x}_{1m_1}=\boldsymbol{0}$，同理得 $c_{1j}=0(j=1,2,\cdots,m_1)$。所以，$\boldsymbol{x}_{11},\boldsymbol{x}_{12},\cdots,\boldsymbol{x}_{1m_1},\boldsymbol{x}_{21},\boldsymbol{x}_{22},\cdots,\boldsymbol{x}_{2m_2}$ 线性无关。 ■

推论 5.1.1 表明：对应于两个不同特征值的线性无关的特征向量组，合起来仍是线性无关的。这一结论对 $m(m\geqslant 2)$ 个特征值的情形也成立。

5.2 相似矩阵

本节首先介绍相似矩阵，然后讨论 $n\times n$ 矩阵 $\boldsymbol{A}$ 是否可化为对角矩阵并保持 $\boldsymbol{A}$ 的许多原有性质。

定义 5.2.1 设 $\boldsymbol{A}$ 和 $\boldsymbol{B}$ 为 $n\times n$ 矩阵，若存在可逆矩阵 $\boldsymbol{P}$ 使得

$$\boldsymbol{B}=\boldsymbol{P}^{-1}\boldsymbol{A}\boldsymbol{P}$$

则称矩阵 $\boldsymbol{B}$ 相似于矩阵 $\boldsymbol{A}$，记作 $\boldsymbol{A}\sim\boldsymbol{B}$。

矩阵的相似关系具有以下 3 条性质。

性质 5.2.1 (1) 反身性：$\boldsymbol{A}\sim\boldsymbol{A}$；

(2) 对称性：若 $\boldsymbol{A}\sim\boldsymbol{B}$，则 $\boldsymbol{B}\sim\boldsymbol{A}$；

(3) 传递性：若 $\boldsymbol{A}\sim\boldsymbol{B}$，$\boldsymbol{B}\sim\boldsymbol{C}$，则 $\boldsymbol{A}\sim\boldsymbol{C}$。

以上性质由相似矩阵的定义不难证明，请读者自己证明。

定理 5.2.1 设 $\boldsymbol{A}$ 和 $\boldsymbol{B}$ 为 $n\times n$ 矩阵，若 $\boldsymbol{A}$ 和 $\boldsymbol{B}$ 相似，则这两个矩阵有相同的特征多项式，从而有相同的特征值。

证明： 令 $p_{\boldsymbol{A}}(\lambda)$ 和 $p_{\boldsymbol{B}}(\lambda)$ 分别表示 $\boldsymbol{A}$ 和 $\boldsymbol{B}$ 的特征多项式。若 $\boldsymbol{B}$ 相似于 $\boldsymbol{A}$，则存在可逆矩阵 $\boldsymbol{P}$ 使得 $\boldsymbol{B}=\boldsymbol{P}^{-1}\boldsymbol{A}\boldsymbol{P}$。因此

$$\begin{aligned}
p_{\boldsymbol{B}}(\lambda)&=\det(\boldsymbol{B}-\lambda\boldsymbol{I})\\
&=\det(\boldsymbol{P}^{-1}\boldsymbol{A}\boldsymbol{P}-\lambda\boldsymbol{I})\\
&=\det(\boldsymbol{P}^{-1})(\boldsymbol{A}-\lambda\boldsymbol{I})\boldsymbol{P}\\
&=\det(\boldsymbol{P}^{-1})\det(\boldsymbol{A}-\lambda\boldsymbol{I})\det(\boldsymbol{P})\\
&=\det(\boldsymbol{A}-\lambda\boldsymbol{I})=p_{\boldsymbol{A}}(\lambda)
\end{aligned}$$

因为两个矩阵有相同的特征多项式，所以它们必然有相同的特征值。

■

值得注意的是，特征多项式相同是矩阵相似的必要条件，而不是充分条件。如

$$\boldsymbol{A}=\begin{bmatrix}1 & 0\\ 1 & 1\end{bmatrix},\ \boldsymbol{B}=\boldsymbol{I}=\begin{bmatrix}1 & 0\\ 0 & 1\end{bmatrix}$$

它们的特征多项式都是 $(\lambda-1)^2$。但对任何可逆矩阵 $\boldsymbol{P}$，都有 $\boldsymbol{P}^{-1}\boldsymbol{I}\boldsymbol{P}=\boldsymbol{I}$，即单位矩阵只与单位矩阵相似，而 $\boldsymbol{A}\neq\boldsymbol{I}$，故 $\boldsymbol{A}$ 与 $\boldsymbol{B}$ 不相似。

相似矩阵有下列性质：

性质 5.2.2　设 n 阶矩阵 $\boldsymbol{A}$ 与 $\boldsymbol{B}$ 相似，则

(1) $\boldsymbol{A}$ 与 $\boldsymbol{B}$ 的秩相等，即 $R(\boldsymbol{A})=R(\boldsymbol{B})$；

(2) $\boldsymbol{A}$ 与 $\boldsymbol{B}$ 的行列式相同，即 $\det(\boldsymbol{A})=\det(\boldsymbol{B})$；

(3) $\boldsymbol{A}$ 与 $\boldsymbol{B}$ 的迹相同，即 $\mathrm{tr}(\boldsymbol{A})=\mathrm{tr}(\boldsymbol{B})$；

(4) 若 $\boldsymbol{A}$ 可逆，则 $\boldsymbol{B}$ 也可逆，且 $\boldsymbol{A}^{-1}$ 与 $\boldsymbol{B}^{-1}$ 也相似；

(5) $k\boldsymbol{A}$ 与 $k\boldsymbol{B}$ 相似，$\boldsymbol{A}^m$ 与 $\boldsymbol{B}^m$ 相似，其中 k 为任意常数，m 为任意非负整数；

(6) 若 $f(x)$ 是任意多项式，则矩阵 $f(\boldsymbol{A})$ 与矩阵 $f(\boldsymbol{B})$ 相似。

证明： 这里只给出 (4) 与 (5) 的证明，其余的留给读者完成。

(4) 因 $\boldsymbol{A}\sim\boldsymbol{B}$，必有可逆矩阵 $\boldsymbol{P}$，使得 $\boldsymbol{P}^{-1}\boldsymbol{A}\boldsymbol{P}=\boldsymbol{B}$，又 $\boldsymbol{A}$ 可逆，所以 $\boldsymbol{B}$ 可逆，且 $\boldsymbol{B}^{-1}=(\boldsymbol{P}^{-1}\boldsymbol{A}\boldsymbol{P})^{-1}=\boldsymbol{P}^{-1}\boldsymbol{A}^{-1}\boldsymbol{P}$，故 $\boldsymbol{A}^{-1}\sim\boldsymbol{B}^{-1}$。

(5) 因 $\boldsymbol{A}\sim\boldsymbol{B}$，必有可逆矩阵 $\boldsymbol{P}$，使得 $\boldsymbol{P}^{-1}\boldsymbol{A}\boldsymbol{P}=\boldsymbol{B}$，于是 $\boldsymbol{P}^{-1}(k\boldsymbol{A})\boldsymbol{P}=k(\boldsymbol{P}^{-1}\boldsymbol{A}\boldsymbol{P})=k\boldsymbol{B}$。所以，$k\boldsymbol{A}$ 与 $k\boldsymbol{B}$ 相似。又

$$\begin{aligned}\boldsymbol{B}^m&=(\boldsymbol{P}^{-1}\boldsymbol{A}\boldsymbol{P})(\boldsymbol{P}^{-1}\boldsymbol{A}\boldsymbol{P})\cdots(\boldsymbol{P}^{-1}\boldsymbol{A}\boldsymbol{P})\\&=\boldsymbol{P}^{-1}\boldsymbol{A}(\boldsymbol{P}\boldsymbol{P}^{-1})\boldsymbol{A}(\boldsymbol{P}\boldsymbol{P}^{-1})\cdots(\boldsymbol{P}\boldsymbol{P}^{-1})\boldsymbol{A}\boldsymbol{P}\\&=\boldsymbol{P}^{-1}\boldsymbol{A}^m\boldsymbol{P}\end{aligned}$$

故 $\boldsymbol{A}^m\sim\boldsymbol{B}^m$。

■

由上面的讨论可以看出，相似矩阵有许多共同的性质，如相似矩阵有相同的特征值、相同的特征多项式、相同的行列式、相同的秩等。因而，若 n 阶方阵 $\boldsymbol{A}$ 与对角矩阵 $\boldsymbol{\Lambda}$ 相似，通过研究对角矩阵的有关性质，可得到矩阵 $\boldsymbol{A}$ 的相关性质，所以方阵相似于对角矩阵的理论在许多问题中都有重要应用。下面讨论将 $n\times n$ 矩阵 $\boldsymbol{A}$ 分解为形如 $\boldsymbol{P}^{-1}\boldsymbol{\Lambda}\boldsymbol{P}$ 的问题，即矩阵 $\boldsymbol{A}$ 的可对角化问题。

定义 5.2.2　若存在可逆矩阵 $\boldsymbol{P}$ 和对角矩阵 $\boldsymbol{\Lambda}$，使得 n 阶矩阵 $\boldsymbol{A}$ 满足

$$\boldsymbol{P}^{-1}\boldsymbol{A}\boldsymbol{P}=\boldsymbol{\Lambda}$$

则称 $\boldsymbol{A}$ 为可对角化矩阵，称 $\boldsymbol{P}$ 将 $\boldsymbol{A}$ 对角化。

定理 5.2.2　n 阶矩阵 $\boldsymbol{A}$ 可对角化的充要条件是 $\boldsymbol{A}$ 有 n 个线性无关的特征向量。

证明: 假设矩阵 $\boldsymbol{A}$ 有 n 个线性无关的特征向量 $\boldsymbol{p}_1, \boldsymbol{p}_2, \cdots, \boldsymbol{p}_n$。对每一个 i，令 λ_i 为 $\boldsymbol{A}$ 的对应于 $\boldsymbol{p}_i$ 的特征值 (某些λ_i可能相等)。令 $\boldsymbol{P}$ 为一矩阵，其第 j 列向量为 $\boldsymbol{p}_j$，$j = 1, 2, \cdots, n$。由此可得，$\boldsymbol{A}\boldsymbol{p}_j = \lambda_j \boldsymbol{p}_j$ 为 $\boldsymbol{A}\boldsymbol{P}$ 的第 j 个列向量。因此

$$
\begin{aligned}
\boldsymbol{AP} &= (\boldsymbol{A}\boldsymbol{p}_1, \boldsymbol{A}\boldsymbol{p}_2, \cdots, \boldsymbol{A}\boldsymbol{p}_n) \\
&= (\lambda_1 \boldsymbol{p}_1, \lambda_2 \boldsymbol{p}_2, \cdots, \lambda_n \boldsymbol{p}_n) \\
&= (\boldsymbol{p}_1, \boldsymbol{p}_2, \cdots, \boldsymbol{p}_n) \begin{bmatrix} \lambda_1 & & & \\ & \lambda_2 & & \\ & & \ddots & \\ & & & \lambda_n \end{bmatrix} \\
&= \boldsymbol{P\Lambda}
\end{aligned}
$$

由于 $\boldsymbol{P}$ 有 n 个线性无关的列向量，因此 $\boldsymbol{P}$ 可逆，于是

$$\boldsymbol{\Lambda} = \boldsymbol{P}^{-1}\boldsymbol{AP}$$

反之，假设 $\boldsymbol{A}$ 可对角化，则存在可逆矩阵 $\boldsymbol{P}$，使得 $\boldsymbol{AP} = \boldsymbol{P\Lambda}$。若 $\boldsymbol{p}_1, \boldsymbol{p}_2, \cdots, \boldsymbol{p}_n$ 为 $\boldsymbol{P}$ 的列向量，则对每一个 j，有

$$\boldsymbol{A}\boldsymbol{p}_j = \lambda_j \boldsymbol{p}_j$$

因此，对每一 j，λ_j 为 $\boldsymbol{A}$ 的特征值，且 $\boldsymbol{p}_j$ 为 $\boldsymbol{A}$ 属于 λ_j 的特征向量。由于 $\boldsymbol{P}$ 的列向量是线性无关的，因此 $\boldsymbol{A}$ 有 n 个线性无关的特征向量。

■

推论 5.2.1 若 n 阶矩阵 $\boldsymbol{A}$ 的 n 个特征值互不相等，则 $\boldsymbol{A}$ 可对角化。

注意，当 $\boldsymbol{A}$ 的特征值有重根时，就不一定有 n 个线性无关的特征向量，从而不一定能对角化。

例 5.2.1 令

$$
\boldsymbol{A} = \begin{bmatrix} 2 & 0 & 0 \\ 0 & 4 & 0 \\ 1 & 0 & 2 \end{bmatrix}, \quad \boldsymbol{B} = \begin{bmatrix} 2 & 0 & 0 \\ -1 & 4 & 0 \\ -3 & 6 & 2 \end{bmatrix}
$$

则 $\boldsymbol{A}$ 和 $\boldsymbol{B}$ 均有相同的特征值

$$\lambda_1 = 4, \quad \lambda_2 = \lambda_3 = 2$$

$\boldsymbol{A}$ 对应于 $\lambda_1 = 4$ 的特征向量是 $\boldsymbol{e}_2 = (0,1,0)^{\mathrm{T}}$，对应于 $\lambda = 2$ 的特征向量是 $\boldsymbol{e}_3 = (0,0,1)^{\mathrm{T}}$。由于 $\boldsymbol{A}$ 仅有两个线性无关的特征向量，所以不能对角化。另一方面，矩阵 $\boldsymbol{B}$ 对应于 $\lambda_1 = 4$ 的特征向量是 $\boldsymbol{s}_1 = (0,1,3)^{\mathrm{T}}$，且特征向量 $\boldsymbol{s}_2 = (2,1,0)^{\mathrm{T}}$ 和 $\boldsymbol{e}_3$ 对应于 $\lambda = 2$。因此，$\boldsymbol{B}$ 有 3 个线性无关的特征向量，故可对角化。

从几何上看，对于矩阵 $\boldsymbol{B}$，由于特征值 $\lambda=2$ 对应两个线性无关的特征向量，因此其特征空间 $\boldsymbol{V}_2(\boldsymbol{B})$ 的维数为 2，此时，特征值 $\lambda=2$ 的代数重数（特征值 λ 的重根数）和几何重数 (特征值λ的特征子空间的维数) 都是 2。对于矩阵 $\boldsymbol{A}$，特征值 $\lambda=2$ 的代数重数是 2，而其特征空间 $\boldsymbol{V}_2(\boldsymbol{A})$ 的维数为 1，所以特征值 $\lambda=2$ 的几何重数是 1，小于其代数重数。

若 n 阶矩阵 $\boldsymbol{A}$ 有少于 n 个线性无关的特征向量，则称 $\boldsymbol{A}$ 为退化矩阵。由定理 5.2.2，退化矩阵不可对角化。

例 5.2.2　设对称矩阵

$$\boldsymbol{A}=\begin{bmatrix}1 & -1 & -1\\ -1 & 1 & -1\\ -1 & -1 & 1\end{bmatrix}$$

问：$\boldsymbol{A}$ 是否与对角矩阵相似？若与对角阵相似，求对角阵 $\boldsymbol{\Lambda}$ 及可逆矩阵 $\boldsymbol{P}$，使得 $\boldsymbol{P}^{-1}\boldsymbol{AP}=\boldsymbol{\Lambda}$，并求 $\boldsymbol{A}^k$（k 为正整数）。

解： $\boldsymbol{A}$ 的特征多项式为

$$|\lambda\boldsymbol{I}-\boldsymbol{A}|=\begin{vmatrix}\lambda-1 & 1 & 1\\ 1 & \lambda-1 & 1\\ 1 & 1 & \lambda-1\end{vmatrix}=(\lambda+1)\begin{vmatrix}1 & 1 & 1\\ 1 & \lambda-1 & 1\\ 1 & 1 & \lambda-1\end{vmatrix}$$

$$=(\lambda+1)\begin{vmatrix}1 & 1 & 1\\ 1 & \lambda-2 & 0\\ 0 & 0 & \lambda-2\end{vmatrix}=(\lambda+1)(\lambda-2)^2$$

从而 $\boldsymbol{A}$ 的特征值为 $\lambda_1=-1,\lambda_2=2$（二重根）。

由 $(\lambda_1\boldsymbol{I}-\boldsymbol{A})\boldsymbol{x}=\boldsymbol{0}$，即

$$\begin{bmatrix}-2 & 1 & 1\\ 1 & -2 & 1\\ 1 & 1 & -2\end{bmatrix}\begin{bmatrix}x_1\\ x_2\\ x_3\end{bmatrix}=\begin{bmatrix}0\\ 0\\ 0\end{bmatrix}$$

得 λ_1 相应的特征向量为 $\{k_1\boldsymbol{x}_{11}|\boldsymbol{x}_{11}=(1,1,1)^{\mathrm{T}},k_1\neq 0\}$。

由 $(\lambda_2\boldsymbol{I}-\boldsymbol{A})\boldsymbol{x}=\boldsymbol{0}$，即

$$\begin{bmatrix}1 & 1 & 1\\ 1 & 1 & 1\\ 1 & 1 & 1\end{bmatrix}\begin{bmatrix}x_1\\ x_2\\ x_3\end{bmatrix}=\begin{bmatrix}0\\ 0\\ 0\end{bmatrix}$$

得 λ_2 相应的特征向量为 $\{k_2\boldsymbol{x}_{21}+k_3\boldsymbol{x}_{22}|\boldsymbol{x}_{21}=(1,-1,0)^{\mathrm{T}},\boldsymbol{x}_{22}=(1,0,-1)^{\mathrm{T}},k_2,k_3\text{不全为零}\}$。

$\boldsymbol{A}$ 有 3 个线性无关的特征向量，故 $\boldsymbol{A}$ 可对角化。

令

$$\boldsymbol{P}=(\boldsymbol{x}_{11},\boldsymbol{x}_{21},\boldsymbol{x}_{22})=\begin{bmatrix}1&1&1\\1&-1&0\\1&0&-1\end{bmatrix}$$

则

$$\boldsymbol{P}^{-1}\boldsymbol{A}\boldsymbol{P}=\begin{bmatrix}-1&&\\&2&\\&&2\end{bmatrix}=\boldsymbol{\varLambda}$$

$\boldsymbol{\varLambda}$ 的 3 个对角元依次是 3 个特征向量相应的特征值。由于特征向量不唯一，所以 $\boldsymbol{P}$ 也不唯一。

由 $\boldsymbol{A}=\boldsymbol{P}\boldsymbol{\varLambda}\boldsymbol{P}^{-1}$，有

$$\begin{aligned}\boldsymbol{A}^k&=(\boldsymbol{P}\boldsymbol{\varLambda}\boldsymbol{P}^{-1})^k=\boldsymbol{P}\boldsymbol{\varLambda}^k\boldsymbol{P}^{-1}\\&=\begin{bmatrix}1&1&1\\1&-1&0\\1&0&-1\end{bmatrix}\begin{bmatrix}(-1)^k&&\\&2^k&\\&&2^k\end{bmatrix}\begin{bmatrix}1&1&1\\1&-2&1\\1&1&-2\end{bmatrix}\cdot\frac{1}{3}\\&=\frac{1}{3}\begin{bmatrix}(-1)^k+2^{k+1}&(-1)^k-2^k&(-1)^k-2^k\\(-1)^k-2^k&(-1)^k+2^k&(-1)^k-2^k\\(-1)^k-2^k&(-1)^k-2^k&(-1)^k+2^{k+1}\end{bmatrix}\end{aligned}$$

例 5.2.3 已知三阶方阵 $\boldsymbol{B}$ 的特征值为 $1,2,-1$，又有方阵 $\boldsymbol{A}=\boldsymbol{B}^3-2\boldsymbol{B}$，试求:

(1) 方阵 $\boldsymbol{A}$ 的特征值及其相似对角阵;

(2) 行列式 $|\boldsymbol{A}|$ 和 $|\boldsymbol{B}^2+2\boldsymbol{I}|$。

解: (1) 因为三阶方阵 $\boldsymbol{B}$ 有 3 个互异的特征值，所以 $\boldsymbol{B}$ 可对角化，即存在可逆矩阵 $\boldsymbol{P}$，使得

$$\boldsymbol{P}^{-1}\boldsymbol{B}\boldsymbol{P}=\begin{bmatrix}1&&\\&2&\\&&-1\end{bmatrix}=\boldsymbol{\varLambda}$$

即 $\boldsymbol{B}=\boldsymbol{P}\boldsymbol{\varLambda}\boldsymbol{P}^{-1}$。又因 $\boldsymbol{B}^3=\boldsymbol{P}\boldsymbol{\varLambda}^3\boldsymbol{P}^{-1}$，故

$$\boldsymbol{A}=\boldsymbol{B}^3-2\boldsymbol{B}=\boldsymbol{P}\boldsymbol{\varLambda}^3\boldsymbol{P}^{-1}-2\boldsymbol{P}\boldsymbol{\varLambda}\boldsymbol{P}^{-1}=\boldsymbol{P}(\boldsymbol{\varLambda}^3-2\boldsymbol{\varLambda})\boldsymbol{P}^{-1}$$

由此得

$$P^{-1}AP = \Lambda^3 - 2\Lambda = \begin{bmatrix} -1 & & \\ & 4 & \\ & & 1 \end{bmatrix}$$

这说明 A 的相似矩阵为 $\begin{bmatrix} -1 & & \\ & 4 & \\ & & 1 \end{bmatrix}$，$A$ 的特征值为 $-1, 4, 1$。

(2) 由 (1) 可得，$|A| = \prod_{i=1}^{3} = (-1) \times 4 \times 1 = -4$，又由 $B = P\Lambda P^{-1}$，有 $B^2 = P\Lambda^2 P^{-1}$，故

$$B^2 + 2I = P\Lambda^2 P^{-1} + 2PP^{-1} = P(\Lambda^2 + 2I)P^{-1}$$

所以，

$$|B^2 + 2I| = |P||\Lambda^2 + 2I||P^{-1}| = |\Lambda^2 + 2I| = \begin{vmatrix} 3 & & \\ & 6 & \\ & & 3 \end{vmatrix} = 54$$

5.3　实对称矩阵的对角化

由 5.2 节的讨论可知，不是任何方阵都与对角矩阵相似，但是有一类重要的矩阵——实对称矩阵一定能对角化，而且对任一实对称矩阵 A 必存在正交矩阵 P，使得 $P^{\mathrm{T}}AP = \Lambda$。为证明该结论，首先讨论复矩阵和复向量的有关概念和性质。

定义 5.3.1　设 $A = (a_{ij})_{m\times n}$ 为复矩阵，则 $\overline{A} = (\overline{a}_{ij})_{m\times n}$ 称为 A 的共轭矩阵，其中，$\overline{a}_{ij}$ 是 a_{ij} 的共轭复数。

由定义 5.3.1 可知，$\overline{\overline{A}} = A$；$\overline{A^{\mathrm{T}}} = (\overline{A})^{\mathrm{T}}$；$A$ 是实矩阵的充要条件是 $\overline{A} = A$；A 是实对称矩阵的充要条件是 $(\overline{A})^{\mathrm{T}} = \overline{A} = A$。

由定义 5.3.1 及共轭复数的运算性质，不难证明共轭矩阵有以下性质：

(1) $\overline{kA} = \overline{k}\,\overline{A}$（$k$ 为复数）；

(2) $\overline{A+B} = \overline{A} + \overline{B}$；

(3) $\overline{AB} = \overline{A}\,\overline{B}$；

(4) $\overline{(AB)^{\mathrm{T}}} = (\overline{B})^{\mathrm{T}}(\overline{A})^{\mathrm{T}}$；

(5) 若 A 可逆，则 $\overline{A^{-1}} = (\overline{A})^{-1}$；

(6) $\det(\overline{A}) = \overline{\det(A)}$。

n 维复列向量 x 满足下面的性质：$(\overline{x})^{\mathrm{T}}x \geqslant 0$ 且等号成立的充要条件为 $x = 0$。事实上，若 $x = (x_1, x_2, \cdots, x_n)^{\mathrm{T}}$，$x_i \in \mathcal{C}$ $(i = 1, 2, \cdots, n)$，即 $x \in \mathcal{C}^n$，则

$$(\overline{\boldsymbol{x}})^{\mathrm{T}}\boldsymbol{x}=\sum_{i=1}^{n}\overline{x}_i x_i=\sum_{i=1}^{n}|x_i|^2\geqslant 0$$

其中 $|x_i|$ 是复数 x_i 的模，因此 $(\overline{\boldsymbol{x}})^{\mathrm{T}}\boldsymbol{x}=0\Leftrightarrow x_i=0\ (i=1,2,\cdots,n)$，即 $\boldsymbol{x}=\boldsymbol{0}$。

对于一般的实矩阵，虽然其特征多项式是实系数多项式，但其特征值可能是复数，相应的特征向量也可能是复向量。但实对称矩阵的特征值全是实数，（在实数域上）相应的特征向量是实向量，且不同特征值对应的特征向量正交。具体地，有如下定理：

定理 5.3.1 实对称矩阵的任一特征值都是实数。

证明: 设 λ 是 $\boldsymbol{A}$ 的任一特征值，由 $\overline{\boldsymbol{A}}=\boldsymbol{A}$ 和 $\boldsymbol{A}\boldsymbol{x}=\lambda\boldsymbol{x}$，有

$$\overline{\boldsymbol{x}^{\mathrm{T}}\boldsymbol{A}^{\mathrm{T}}}\boldsymbol{x}=\overline{(\boldsymbol{A}\boldsymbol{x})^{\mathrm{T}}}\boldsymbol{x}=\overline{\lambda\boldsymbol{x}^{\mathrm{T}}}\boldsymbol{x}=\overline{\lambda}\ \overline{\boldsymbol{x}^{\mathrm{T}}}\boldsymbol{x}$$

$$\overline{\boldsymbol{x}^{\mathrm{T}}\boldsymbol{A}^{\mathrm{T}}}\boldsymbol{x}=\overline{\boldsymbol{x}^{\mathrm{T}}}\ \overline{\boldsymbol{A}^{\mathrm{T}}}\boldsymbol{x}=\overline{\boldsymbol{x}^{\mathrm{T}}}\boldsymbol{A}\boldsymbol{x}=\overline{\boldsymbol{x}^{\mathrm{T}}}\lambda\boldsymbol{x}=\lambda\overline{\boldsymbol{x}^{\mathrm{T}}}\boldsymbol{x}$$

将以上两式相减，得

$$(\overline{\lambda}-\lambda)\overline{\boldsymbol{x}^{\mathrm{T}}}\boldsymbol{x}=0$$

又 $\boldsymbol{x}\neq\boldsymbol{0}$，$\overline{\boldsymbol{x}^{\mathrm{T}}}\boldsymbol{x}>0$，所以 $\overline{\lambda}=\lambda$，即 λ 为实数。

■

定理 5.3.2 实对称阵 $\boldsymbol{A}$ 的属于不同特征值的特征向量一定正交。

证明: 设 $\boldsymbol{A}^{\mathrm{T}}=\boldsymbol{A}$ 和 $\boldsymbol{A}\boldsymbol{x}_i=\lambda_i\boldsymbol{x}_i\ (\boldsymbol{x}_i\neq 0,i=1,2),\lambda_1\neq\lambda_2$，则

$$\lambda_1\boldsymbol{x}_2^{\mathrm{T}}\boldsymbol{x}_1=\boldsymbol{x}_2^{\mathrm{T}}\boldsymbol{A}\boldsymbol{x}_1=\boldsymbol{x}_2^{\mathrm{T}}\boldsymbol{A}^{\mathrm{T}}\boldsymbol{x}_1=(\boldsymbol{A}\boldsymbol{x}_2)^{\mathrm{T}}\boldsymbol{x}_1=\lambda_2\boldsymbol{x}_2^{\mathrm{T}}\boldsymbol{x}_1$$

即

$$(\lambda_1-\lambda_2)\boldsymbol{x}_2^{\mathrm{T}}\boldsymbol{x}_1=0$$

由于 $\lambda_1\neq\lambda_2$，所以 $\boldsymbol{x}_2^{\mathrm{T}}\boldsymbol{x}_1=0$，故当 $\boldsymbol{x}_1,\boldsymbol{x}_2$ 为实特征向量时，内积 $\langle\boldsymbol{x}_1,\boldsymbol{x}_2\rangle=0$，即 $\boldsymbol{x}_1\perp\boldsymbol{x}_2$。

■

显然，当 λ_i 为实数时，齐次线性方程组

$$(\lambda_i\boldsymbol{I}-\boldsymbol{A})\boldsymbol{x}=\boldsymbol{0}$$

是实系数方程组，由 $\det(\lambda_i\boldsymbol{I}-\boldsymbol{A})=0$ 知必有实的基础解系，所以在实数域上相应的特征向量是实向量。

下面讨论实对称矩阵的对角化问题。

定理 5.3.3 对任一 n 阶实对称矩阵 $\boldsymbol{A}$，存在 n 阶正交矩阵 $\boldsymbol{Q}$，使得

$$\boldsymbol{Q}^{\mathrm{T}}\boldsymbol{A}\boldsymbol{Q}=\mathrm{diag}(\lambda_1,\lambda_2,\cdots,\lambda_n)$$

证明: 证明过程略。

■

推论 5.3.1 设 $\boldsymbol{A}$ 为 n 阶实对称阵，λ 是 $\boldsymbol{A}$ 的 r 重特征值，则 $\boldsymbol{A}$ 必有 r 个对应于特征值 λ 的线性无关的特征向量。

依据定理 5.3.3 及推论 5.3.1, 有如下将实对称矩阵 $\boldsymbol{A}$ 对角化的方法:

(1) 解特征方程 $\det(\lambda \boldsymbol{I}-\boldsymbol{A})=0$，求出 $\boldsymbol{A}$ 的全部不同的特征值 $\lambda_1,\lambda_2,\cdots,\lambda_m$，其重数分别为 $r_1,r_2,\cdots,r_m$ $(r_1+r_2+\cdots+r_m=n)$。

(2) 求出矩阵 $\boldsymbol{A}$ 的特征值 λ_i 对应的特征向量，即求齐次线性方程组 $(\lambda_i\boldsymbol{I}-\boldsymbol{A})\boldsymbol{x}=\boldsymbol{0}$ 的基础解系。

(3) 由于 λ_i 的重数为 r_i，故得 r_i 个线性无关的特征向量 $\boldsymbol{\alpha}_{i1},\boldsymbol{\alpha}_{i2},\cdots,\boldsymbol{\alpha}_{ir_i}$。再将它们正交化、单位化，得 r_i 个两两正交的单位特征向量。因 $r_1+r_2+\cdots+r_m=n$，故总共可得 n 个两两正交的单位特征向量 $\boldsymbol{q}_1,\boldsymbol{q}_2,\cdots,\boldsymbol{q}_n$。

(4) 以 $\boldsymbol{q}_1,\boldsymbol{q}_2,\cdots,\boldsymbol{q}_n$ 为列向量便构成正交矩阵 $\boldsymbol{Q}=(\boldsymbol{q}_1,\boldsymbol{q}_2,\cdots,\boldsymbol{q}_n)$，有

$$\boldsymbol{Q}^{\mathrm{T}}\boldsymbol{A}\boldsymbol{Q}=\operatorname{diag}(\lambda_1,\lambda_2,\cdots,\lambda_n)$$

注意，对角矩阵中 $\lambda_1,\lambda_2,\cdots,\lambda_n$ 的顺序应与特征向量 $\boldsymbol{q}_1,\boldsymbol{q}_2,\cdots,\boldsymbol{q}_n$ 的排列顺序一致。

例 5.3.1　设

$$\boldsymbol{A}=\begin{bmatrix}0&-1&1\\-1&0&1\\1&1&0\end{bmatrix}$$

求正交矩阵 $\boldsymbol{Q}$, 使得 $\boldsymbol{Q}^{\mathrm{T}}\boldsymbol{A}\boldsymbol{Q}$ 为对角阵。

解: 由

$$\det(\lambda\boldsymbol{I}-\boldsymbol{A})=\begin{vmatrix}-\lambda&-1&1\\-1&-\lambda&1\\1&1&-\lambda\end{vmatrix}=-(\lambda-1)^2(\lambda+2)$$

解得 $\boldsymbol{A}$ 的特征值为 $\lambda_1=-2,\lambda_2=\lambda_3=1$。

对应 $\lambda_1=-2$, 解方程 $(\boldsymbol{A}+2\boldsymbol{I})\boldsymbol{x}=\boldsymbol{0}$, 得基础解系 $\boldsymbol{x}_1=(-1,-1,1)^{\mathrm{T}}$。将 $\boldsymbol{x}_1$ 单位化, 得 $\boldsymbol{q}_1=\sqrt{3}(-1,-1,1)^{\mathrm{T}}$。

对应 $\lambda_2=\lambda_3=1$, 解方程 $(\boldsymbol{A}-\boldsymbol{I})\boldsymbol{x}=\boldsymbol{0}$, 得基础解系 $\boldsymbol{x}_2=(-1,1,0)^{\mathrm{T}}$, $\boldsymbol{x}_3=(1,0,1)^{\mathrm{T}}$。利用施密特正交化方法, 将 $\boldsymbol{x}_2,\boldsymbol{x}_3$ 正交化, 得 $\boldsymbol{\eta}_2=(-1,1,0)^{\mathrm{T}}$, $\boldsymbol{\eta}_3=\boldsymbol{x}_3-\dfrac{\langle\boldsymbol{\eta}_2,\boldsymbol{x}_3\rangle}{\|\boldsymbol{\eta}_2\|^2}\boldsymbol{\eta}_2=(1,0,0)^{\mathrm{T}}+\dfrac{1}{2}(-1,1,0)^{\mathrm{T}}=\dfrac{1}{2}(1,1,2)^{\mathrm{T}}$。再将 $\boldsymbol{\eta}_2,\boldsymbol{\eta}_3$ 单位化, 得 $\boldsymbol{q}_2=\dfrac{1}{\sqrt{2}}(-1,1,0)^{\mathrm{T}}$, $\boldsymbol{q}_3=\dfrac{1}{\sqrt{6}}(1,1,2)^{\mathrm{T}}$。

将 $\boldsymbol{q}_1,\boldsymbol{q}_2,\boldsymbol{q}_3$ 构成正交矩阵

$$\boldsymbol{Q}=(\boldsymbol{q}_1,\boldsymbol{q}_2,\boldsymbol{q}_3)=\begin{bmatrix}-\dfrac{1}{\sqrt{3}}&-\dfrac{1}{\sqrt{2}}&\dfrac{1}{\sqrt{6}}\\-\dfrac{1}{\sqrt{3}}&\dfrac{1}{\sqrt{2}}&\dfrac{1}{\sqrt{6}}\\\dfrac{1}{\sqrt{3}}&0&\dfrac{2}{\sqrt{6}}\end{bmatrix}$$

有

$$Q^{\mathrm{T}}AQ = Q^{-1}AQ = \begin{bmatrix} -2 & 0 & 0 \\ 0 & 1 & 0 \\ 0 & 0 & 1 \end{bmatrix}$$

例 5.3.2 设 $\boldsymbol{A}$ 是三阶实对称矩阵，$\boldsymbol{A}$ 的特征值是 $1,-1,0$，其中 $\lambda_1 = 1$ 和 $\lambda_2 = 0$ 对应的特征向量分别为 $(1,a,1)^{\mathrm{T}}$ 和 $(a,a+1,1)^{\mathrm{T}}$，求矩阵 $\boldsymbol{A}$。

解: 因为 $\boldsymbol{A}$ 是实对称阵，属于不同特征值的特征向量必正交，所以

$$1 \cdot a + a \cdot (a+1) + 1 \cdot 1 = 0$$

解得 $a = -1$。

设 $\boldsymbol{A}$ 的属于特征值 $\lambda_3 = -1$ 的特征向量为 $(x_1,x_2,x_3)^{\mathrm{T}}$，因为它与 $\lambda_1 = 1, \lambda_2 = 0$ 对应的特征向量正交，于是

$$\begin{cases} x_1 - x_2 + x_3 = 0 \\ -x_1 \qquad\quad + x_3 = 0 \end{cases}$$

解得 $(x_1,x_2,x_3)^{\mathrm{T}} = (1,2,1)^{\mathrm{T}}$，它是 $\lambda_3 = -1$ 对应的特征向量，那么

$$Q^{-1}AQ = \Lambda = \begin{bmatrix} 1 & & \\ & -1 & \\ & & 0 \end{bmatrix}$$

其中

$$Q = \begin{bmatrix} 1 & 1 & -1 \\ -1 & 2 & 0 \\ 1 & 1 & 1 \end{bmatrix}$$

因此，

$$A = Q\Lambda Q^{-1} = \frac{1}{6}\begin{bmatrix} 1 & -4 & 1 \\ -4 & -2 & -4 \\ 1 & -4 & 1 \end{bmatrix}$$

5.4 应用举例

应用 1: 结构学 —— 梁的弯曲

作为物理中特征值问题的例子，考虑一个梁的问题。如果在梁的一端施加一个外力或载荷，当增加载荷使它达到临界值时，梁将会弯曲。如果继续增加载荷，使它超过这个临界值并达到第二个临界值，则梁将继续弯曲，以此类推。假设梁的长度为 L，且将它放

置在一个左端固定在 $x=0$ 点的平面上。令 $y(x)$ 表示梁上任意点 x 处的垂直位移，并假设梁仅受支撑力；也就是说，$y(0)=y(L)=0$。

这个梁的物理系统模型可以化为边值问题：

$$R\frac{\mathrm{d}^2y}{\mathrm{d}x^2}=-Py,\quad y(0)=y(L)=0 \tag{5.13}$$

其中，R 为梁的抗弯强度；P 为梁上的载荷。求解 $y(x)$ 的标准方法是，使用有限差分法逼近微分方程。特别地，将区间 $[0,L]$ 划分为 n 个相等的子区间

$$0=x_0<x_1<\cdots<x_n=L\qquad\left(x_j=\frac{jL}{n},j=0,1,\cdots,n\right)$$

且对每一 j，用差商近似 $y''(x_j)$。若令 $h=\dfrac{L}{n}$，且将 $y(x_k)$ 简记为 y_k，则标准差分逼近为

$$y''(x_j)\approx\frac{y_{j+1}-2y_j+y_{j-1}}{h^2},\ j=1,2,\cdots,n$$

将它们代入方程 (5.13)，最终可得到一个有 n 个线性方程的方程组。若将每一方程乘以 $-\dfrac{h^2}{R}$，并令 $\lambda=\dfrac{Ph^2}{R}$，则方程组可以写为形如 $\boldsymbol{Ay}=\lambda\boldsymbol{y}$ 的矩阵方程，其中

$$\boldsymbol{A}=\begin{bmatrix}2&-1&0&\cdots&0&0&0\\-1&2&-1&\cdots&0&0&0\\0&-1&2&\cdots&0&0&0\\\vdots&\vdots&\vdots&&\vdots&\vdots&\vdots\\0&0&0&\cdots&-1&2&-1\\0&0&0&\cdots&0&-1&2\end{bmatrix}$$

这个矩阵的特征值为实的，且为正的（见 5.5 节）。对充分大的 n，$\boldsymbol{A}$ 的每一特征值 λ 可用于逼近出现弯曲的临界载荷 $P=\dfrac{R\lambda}{h^2}$。对应于最小特征值的临界载荷是一个最重要的载荷，因为事实上当载荷超过这个值时，梁将折断。

应用 2: 线性微分方程组

特征值在求解线微分方程组的过程中扮演着重要的角色。下面介绍它们是如何应用于求解线性微分方程组的。考虑一阶微分方程组

$$\begin{cases}y_1'=a_{11}y_1+a_{12}y_2+\cdots+a_{1n}y_n\\y_2'=a_{21}y_1+a_{22}y_2+\cdots+a_{2n}y_n\\\qquad\vdots\\y_n'=a_{n1}y_1+a_{n2}y_2+\cdots+a_{nn}y_n\end{cases}$$

其中，$y_i=f_i(t)$，$i=1,2,\cdots,n$ 为 $[a,b]$ 上一阶可导的连续函数。若令

$$\boldsymbol{Y}=\begin{bmatrix}y_1\\y_2\\\vdots\\y_n\end{bmatrix}\quad 且\quad \boldsymbol{Y}'=\begin{bmatrix}y_1'\\y_2'\\\vdots\\y_n'\end{bmatrix}$$

则方程组可写为

$$\boldsymbol{Y}'=\boldsymbol{A}\boldsymbol{Y}\tag{5.14}$$

$\boldsymbol{Y}$ 和 $\boldsymbol{Y}'$ 均为 t 的函数。首先考虑最简单的情况。当 $n=1$ 时，方程组简化为

$$y'=ay\tag{5.15}$$

显然，任何形如

$$y(t)=c\mathrm{e}^{at},\quad c为任意常数$$

的函数均满足方程 (5.15)。当 $n>1$ 时，这个解的一个自然推广是取

$$\boldsymbol{Y}=\begin{bmatrix}x_1\mathrm{e}^{\lambda t}\\x_2\mathrm{e}^{\lambda t}\\\vdots\\x_n\mathrm{e}^{\lambda t}\end{bmatrix}=\mathrm{e}^{\lambda t}\boldsymbol{x}$$

其中，$\boldsymbol{x}=(x_1,x_2,\cdots,x_n)^{\mathrm{T}}$。为验证这种形式的向量函数是可行的，计算导数

$$\boldsymbol{Y}'=\lambda\mathrm{e}^{\lambda t}\boldsymbol{x}=\lambda\boldsymbol{Y}$$

如果选择 λ 为 $\boldsymbol{A}$ 的一个特征值，且 $\boldsymbol{x}$ 为属于 λ 的特征向量，则

$$\boldsymbol{A}\boldsymbol{Y}=\mathrm{e}^{\lambda t}\boldsymbol{A}\boldsymbol{x}=\lambda\mathrm{e}^{\lambda t}\boldsymbol{x}=\lambda\boldsymbol{Y}=\boldsymbol{Y}'$$

故 $\boldsymbol{Y}$ 为方程组的一个解。因此，若 λ 为 $\boldsymbol{A}$ 的特征值，且 $\boldsymbol{x}$ 是属于 λ 的特征向量，则 $\mathrm{e}^{\lambda t}\boldsymbol{x}$ 为方程组 (5.14) 的一个解。不论 λ 是实数还是复数，这个结论都是成立的。注意到，若 $\boldsymbol{Y}_1$ 和 $\boldsymbol{Y}_2$ 均为方程组 (5.14) 的解，则 $\alpha\boldsymbol{Y}_1+\beta\boldsymbol{Y}_2$ 也是方程组 (5.14) 的一个解，因为

$$\begin{aligned}(\alpha\boldsymbol{Y}_1+\beta\boldsymbol{Y}_2)'&=\alpha\boldsymbol{Y}_1'+\beta\boldsymbol{Y}_2'\\&=\alpha\boldsymbol{A}\boldsymbol{Y}_1+\beta\boldsymbol{A}\boldsymbol{Y}_2\\&=\boldsymbol{A}(\alpha\boldsymbol{Y}_1+\beta\boldsymbol{Y}_2)\end{aligned}$$

利用归纳法可得，若 $\boldsymbol{Y}_1,\boldsymbol{Y}_2,\cdots,\boldsymbol{Y}_n$ 为方程组 (5.14) 的解，则任意线性组合 $c_1\boldsymbol{Y}_1+c_2\boldsymbol{Y}_2\cdots+c_n\boldsymbol{Y}_n$ 也是一个解。因此，方程组 (5.14) 的通解为

$$\boldsymbol{Y}=c_1\mathrm{e}^{\lambda_1 t}\boldsymbol{x}_1+c_2\mathrm{e}^{\lambda_2 t}\boldsymbol{x}_2+\cdots+c_n\mathrm{e}^{\lambda_n t}\boldsymbol{x}_n=\sum_{i=1}^{n}c_i\mathrm{e}^{\lambda_i t}\boldsymbol{x}_i$$

其中，$\lambda_1,\lambda_2,\cdots,\lambda_n$ 为 $n\times n$ 矩阵 $\boldsymbol{A}$ 的特征值，$\boldsymbol{x}_1,\boldsymbol{x}_2,\cdots,\boldsymbol{x}_n$ 为矩阵 $\boldsymbol{A}$ 的特征值 $\lambda_1,\lambda_2,\cdots,\lambda_n$ 对应的特征向量。

形如

$$\boldsymbol{Y}' = \boldsymbol{A}\boldsymbol{Y}, \quad \boldsymbol{Y}(0) = \boldsymbol{Y}_0$$

的问题，称为初值问题。经典的微分方程定理保证了该问题存在唯一解。

例 5.4.1 解方程组

$$\begin{aligned} y_1' &= 3y_1 + 4y_2 \\ y_2' &= 3y_1 + 2y_2 \end{aligned}$$

解: 由

$$\boldsymbol{A} = \begin{bmatrix} 3 & 4 \\ 3 & 2 \end{bmatrix}$$

可求得 $\boldsymbol{A}$ 的特征值为 $\lambda_1 = 6$ 和 $\lambda_2 = -1$。分别取 $\lambda = \lambda_1$ 及 $\lambda = \lambda_2$，求解 $(\boldsymbol{A} - \lambda\boldsymbol{I}) = \boldsymbol{0}$，得到 $\boldsymbol{x}_1 = (4, 3)^{\mathrm{T}}$ 为属于 λ_1 的特征向量，且 $\boldsymbol{x}_2 = (1, -1)^{\mathrm{T}}$ 为属于 λ_2 的特征向量。因此，任何形如

$$\begin{aligned} \boldsymbol{Y} &= c_1 \mathrm{e}^{\lambda_1 t}\boldsymbol{x}_1 + c_2 \mathrm{e}^{\lambda_2 t}\boldsymbol{x}_2 \\ &= \begin{bmatrix} 4c_1\mathrm{e}^{6t} + c_2\mathrm{e}^{-t} \\ 3c_1\mathrm{e}^{6t} - c_2\mathrm{e}^{-t} \end{bmatrix} \end{aligned}$$

的向量函数均为方程组的一个解。

在例 5.4.1 中，若假设 $t = 0$ 时，有 $y_1 = 6$ 及 $y_2 = 1$，则

$$\boldsymbol{Y}(0) = \begin{bmatrix} 4c_1 + c_2 \\ 3c_1 - c_2 \end{bmatrix} = \begin{bmatrix} 6 \\ 1 \end{bmatrix}$$

由此可得，$c_1 = 1$ 且 $c_2 = 2$。于是，初值问题的解为

$$\begin{aligned} \boldsymbol{Y} &= \mathrm{e}^{6t}\boldsymbol{x}_1 + 2\mathrm{e}^{-t}\boldsymbol{x}_2 \\ &= \begin{bmatrix} 4\mathrm{e}^{6t} + 2\mathrm{e}^{-t} \\ 3\mathrm{e}^{6t} - 2\mathrm{e}^{-t} \end{bmatrix} \end{aligned}$$

应用 3: 混合物

考虑 A、B 两个由泵管串连在一起的桶。初始时，桶 A 中有 200 升溶解了 60 克盐的水，桶 B 中有 200 升纯水。桶 A 中以 15L/min 的速度泵入纯水，同时以 20L/min 的速度将 A 中的液体泵入 B 桶中。桶 B 中以 5L/min 的速度将液态泵入 A 桶，同时以 15L/min 的速度将液体泵出 B 桶。求时刻 t 每个桶中盐的含量。

解: 令 $y_1(t)$ 和 $y_2(t)$ 分别为 t 时刻桶 A 和桶 B 中含盐的克数。初始时

$$\boldsymbol{Y}(0) = \begin{bmatrix} y_1(0) \\ y_2(0) \end{bmatrix} = \begin{bmatrix} 60 \\ 0 \end{bmatrix}$$

由于泵入和泵出液体的速度是相同的，所以每一个桶中液体的总量保持 200 升不变。每一个桶中盐量的变化速度等于盐泵入的速度减去盐泵出的速度。对桶 A，盐泵入的速度为

$$(5\text{L/min})\cdot\left(\frac{y_2(t)}{200}\text{g/L}\right)=\frac{y_2(t)}{40}\text{g/min}$$

盐泵出的速度为

$$(20\text{L/min})\cdot\left(\frac{y_1(t)}{200}\text{g/L}\right)=\frac{y_1(t)}{10}\text{g/min}$$

因此，桶 A 中盐的变化速度为

$$y_1'(t)=\frac{y_2(t)}{40}-\frac{y_1(t)}{10}$$

类似地，对桶 B，盐的变化速度为

$$y_2'(t)=\frac{20y_1(t)}{200}-\frac{20y_2(t)}{200}=\frac{y_1(t)}{10}-\frac{y_2(t)}{10}$$

为求得 $y_1(t)$ 和 $y_2(t)$，需要求解初值问题

$$\boldsymbol{Y}'=\boldsymbol{AY},\qquad \boldsymbol{Y}(0)=\boldsymbol{Y}_0$$

其中，

$$\boldsymbol{A}=\begin{bmatrix}-\frac{1}{10} & \frac{1}{40}\\ \frac{1}{10} & -\frac{1}{10}\end{bmatrix},\quad \boldsymbol{Y}_0=\begin{bmatrix}60\\0\end{bmatrix}$$

$\boldsymbol{A}$ 的特征值为 $\lambda_1=-\frac{3}{20},\lambda_2=-\frac{1}{20}$，相应的特征向量为

$$\boldsymbol{x}_1=\begin{bmatrix}1\\-2\end{bmatrix}\quad 和 \quad \boldsymbol{x}_2=\begin{bmatrix}1\\2\end{bmatrix}$$

它的解必有如下的形式:

$$\boldsymbol{Y}=c_1\mathrm{e}^{-3t/20}\boldsymbol{x}_1+c_2\mathrm{e}^{-t/20}\boldsymbol{x}_2$$

当 $t=0$ 时，$\boldsymbol{Y}=\boldsymbol{Y}_0$。因此

$$c_1\boldsymbol{x}_1+c_2\boldsymbol{x}_2=\boldsymbol{Y}_0$$

可以通过解

$$\begin{bmatrix}1 & 1\\-2 & -2\end{bmatrix}\begin{bmatrix}c_1\\c_2\end{bmatrix}=\begin{bmatrix}60\\0\end{bmatrix}$$

求得 c_1 和 c_2。这个方程的解为 $c_1=c_2=30$。因此，初值问题的解为

$$\boldsymbol{Y}(t)=\begin{bmatrix}y_1(t)\\y_2(t)\end{bmatrix}=\begin{bmatrix}30\mathrm{e}^{-3t/20}+30\mathrm{e}^{-t/20}\\-60\mathrm{e}^{-3t/20}+60\mathrm{e}^{-t/20}\end{bmatrix}$$

应用 4: 马尔可夫链

5.1 节介绍了预测某城镇每年已婚女性和单身女性数量的矩阵模型。给定初始向量 $\boldsymbol{x}_0$，其坐标表示当前已婚女性和单身女性的数量，通过计算

$$\boldsymbol{x}_1 = \boldsymbol{A}\boldsymbol{x}_0, \quad \boldsymbol{x}_2 = \boldsymbol{A}\boldsymbol{x}_1, \quad \boldsymbol{x}_3 = \boldsymbol{A}\boldsymbol{x}_2, \cdots$$

预测今后已婚女性和单身女性的数量。若将初始向量进行缩放，使得其包含的元素对应于已婚女性和未婚女性占总人口的百分比，则 n 年后已婚女性和未婚女性占总人口的百分比可用 $\boldsymbol{x}_n$ 的坐标表示。采用这种方法得到的向量序列就是马尔可夫链的一个例子。马尔可夫链模型被广泛地应用在信号处理、金融、排队论等领域。

定义 5.4.1　对一个实验序列，若其每一步的输出都取决于概率，则称为一个随机过程。马尔可夫过程是随机过程，它有如下性质:

(1) 可能的输出集合或状态是有限的;

(2) 下一步输出的概率仅依赖于当前一步的输出;

(3) 概率相对于时间是常数。

下面是一个马尔可夫过程的例子。

例 5.4.2　一个汽车商出租 4 种类型的汽车: 四门轿车、运动车、小货车和多功能车(SUV)。租期均为 2 年。在每一租期结束时，顾客需要续签出租协议，并选择一辆新汽车。

汽车出租可看成一个有 4 种可能输出的过程。每一种输出的概率可以通过回顾以前的出租记录进行预测。这些记录表明，80%现在租用轿车的顾客将在下一个租期继续租用它。此外，10%现在租用运动车的顾客将改租轿车。另外，5%的租用小货车或 SUV 的顾客将改租轿车。这些结果汇总在表 5.1 的第一行中。表 5.1 的第二行表示将在下一次租用运动车顾客的比例。后面两行分别给出将租用小货车和 SUV 的百分比。

表 5.1　车辆租用的转移概率

当前租用				下次租用
轿　车	运　动　车	小　货　车	SUV	
0.80	0.10	0.05	0.05	轿车
0.10	0.80	0.05	0.05	运动车
0.05	0.05	0.80	0.10	小货车
0.05	0.05	0.10	0.80	SUV

假设初始时出租了 200 量轿车，其他 3 种类型的车各 100 量。若令

$$\boldsymbol{A} = \begin{bmatrix} 0.80 & 0.10 & 0.05 & 0.05 \\ 0.10 & 0.80 & 0.05 & 0.05 \\ 0.05 & 0.05 & 0.80 & 0.10 \\ 0.05 & 0.05 & 0.10 & 0.80 \end{bmatrix}, \quad \boldsymbol{x}_0 = \begin{bmatrix} 200 \\ 100 \\ 100 \\ 100 \end{bmatrix}$$

则可通过令

$$\boldsymbol{x}_1=\boldsymbol{A}\boldsymbol{x}_0=\begin{bmatrix}0.80&0.10&0.05&0.05\\0.10&0.80&0.05&0.05\\0.05&0.05&0.80&0.10\\0.05&0.05&0.10&0.80\end{bmatrix}\begin{bmatrix}200\\100\\100\\100\end{bmatrix}=\begin{bmatrix}180\\110\\105\\105\end{bmatrix}$$

求得两年后租用每种类型的车辆将各有多少人。

为预测将来人数，可令

$$\boldsymbol{x}_{n+1}=\boldsymbol{A}\boldsymbol{x}_n,\ n=1,2,\cdots$$

采用这种方法产生的向量 $\boldsymbol{x}_i$ 称为状态向量，状态向量的序列称为马尔可夫链。矩阵 $\boldsymbol{A}$ 称为转移矩阵。$\boldsymbol{A}$ 的每一列元素均为非负的，且它们的和为 1。每一列可以看成是一个概率向量。例如，$\boldsymbol{A}$ 的第一列对应于当前租用轿车的顾客，这一列中的元素对应于当租用进行更新时选择每一类型汽车的概率。

一般地，如果一个矩阵的元素是非负的，且每一列元素的和为 1，则这个矩阵称为随机矩阵，可以将随机矩阵的列看成是概率向量。

若将初始向量除以500（顾客的总人数），则新的初始状态向量$\boldsymbol{x}_0=(0.40,0.20,0.20,0.20)^{\mathrm{T}}$的元素表示租用每一类汽车的人数所占的比例。$\boldsymbol{x}_1$ 的元素将表示下一次租用时的比例。因此 $\boldsymbol{x}_0$ 和 $\boldsymbol{x}_1$ 为概率向量，容易看出链中后续的状态向量将全部为概率向量。

这个过程的长时性由概率转移矩阵 $\boldsymbol{A}$ 的特征值和特征向量决定。$\boldsymbol{A}$ 的特征值为 $\lambda_1=1,\lambda_2=0.8,\lambda_3=\lambda_4=0.7$。尽管 $\boldsymbol{A}$ 有多重特征值，但它仍有 4 个线性无关的特征向量，因此可以对角化。若记特征向量构造的对角化矩阵为 $\boldsymbol{B}$，则

$$\boldsymbol{A}=\boldsymbol{B}\boldsymbol{D}\boldsymbol{B}^{-1}=\begin{bmatrix}1&-1&0&1\\1&-1&0&1\\1&1&1&0\\1&1&-1&0\end{bmatrix}\begin{bmatrix}1&0&0&0\\0&\frac{8}{10}&0&0\\0&0&\frac{7}{10}&0\\0&0&0&\frac{7}{10}\end{bmatrix}\begin{bmatrix}\frac{1}{4}&\frac{1}{4}&\frac{1}{4}&\frac{1}{4}\\-\frac{1}{4}&-\frac{1}{4}&\frac{1}{4}&\frac{1}{4}\\0&0&\frac{1}{2}&-\frac{1}{2}\\\frac{1}{2}&-\frac{1}{2}&0&0\end{bmatrix}$$

可通过令

$$\begin{aligned}\boldsymbol{x}_n&=\boldsymbol{B}\boldsymbol{D}^n\boldsymbol{B}^{-1}\boldsymbol{x}_0\\&=\boldsymbol{B}\boldsymbol{D}^n(0.25,-0.05,0,0.10)^{\mathrm{T}}\\&=\boldsymbol{B}(0.25,-0.05(0.8)^n,0,0.10(0.7)^n)^{\mathrm{T}}\\&=0.25\begin{bmatrix}1\\1\\1\\1\end{bmatrix}-0.05(0.8)^n\begin{bmatrix}-1\\-1\\1\\1\end{bmatrix}+0.10(0.7)^n\begin{bmatrix}1\\-1\\0\\0\end{bmatrix}\end{aligned}$$

计算状态向量。当 n 增加时，$\boldsymbol{x}_n$ 趋向一个稳态向量

$$\boldsymbol{x} = [0.25 \quad 0.25 \quad 0.25 \quad 0.25]^{\mathrm{T}}$$

因此可以利用马尔可夫链模型预测，经过长时间后，租用将平均地在 4 类汽车间分配。

应用 5：网页搜索和网页分级

在网络上进行信息检索常用的一种方法是使用关键字进行搜索。一般地，搜索引擎将找到所有含有搜索关键字的网页，并按照其重要性进行分级。用于搜索的网页通常会超过 200 亿，且找到 20 000 个左右的网页和所有关键字匹配是非常常见的。在这种情形下，搜索引擎将网页分为不同的等级完全取决于你搜索到的信息。搜索引擎是如何对网页进行分级的呢？在这个应用中，我们将简单介绍某搜索引擎所使用的技术。

用于网页分级的 PageRank 算法，事实上是一个依赖于网络连接结构的巨大的马尔可夫过程。该算法最初的构想由斯坦福大学的两名大学生提出，他们使用该算法开发了在网络上被广泛使用的搜索引擎。

PageRank 算法将网上冲浪看成是随机过程。该马尔可夫过程的转移矩阵 $\boldsymbol{A}$ 为 $n \times n$ 矩阵，其中 n 为搜索的网站总数。网页分级计算被称为“世界上最大的矩阵运算”，因为 n 的当前值已经超过 200 亿。$\boldsymbol{A}$ 的第 (i,j) 元素表示网上随机冲浪时从网站 j 跳转到网站 i 的概率。网页分级模型假设，冲浪总是按照一个固定的次数百分比沿着当前网页中的链接浏览，或者随机地转移到其他网页，若从网页 j 到网页 i 没有链接，则

$$a_{ij} = 0.15\frac{1}{n}$$

若网页 j 包含一个到网页 i 的链接，则一个人可能沿着这个链接跳转到网页 i，也可能随机链接到网页 i。此时，

$$a_{ij} = 0.85\frac{1}{5} + 0.15\frac{1}{n}$$

若当前网页 j 没有到其他任何网页的超链接，则该网页被认为是一个悬挂网页。此时假设网上冲浪将以相等的概率链接到网络上的任何网页，令

$$a_{ij} = \frac{1}{n}, \quad 1 \leqslant i \leqslant n \tag{5.16}$$

更一般地，令 $k(j)$ 表示从网页 j 到其他网页的链接数。若 $k(j) \neq 0$，网上冲浪的人仅沿着当前网页上的链接前进，且总是沿着其中之一前进，则从 j 链接到 i 的概率为

$$m_{ij} = \begin{cases} \dfrac{1}{k(j)}, & \text{如果有从}j\text{到}i\text{的链接} \\ 0, & \text{否则} \end{cases}$$

当网页 j 为悬挂网页时，假设网络冲浪者将链接到网页 i 的概率为

$$m_{ij} = \frac{1}{n}$$

若利用可加性假设，即冲浪者将以概率 p 沿着当前网页中的链接到其他网页，或以概率 $1-p$ 随机地链接到其他网页，则从网页 j 链接到 i 的概率为

$$a_{ij} = pm_{ij} + (1-p)\frac{1}{n} \tag{5.17}$$

注意，当 j 为悬挂网页时，方程 (5.17) 简化为方程 (5.16)。

由于网上冲浪的随机性，$\boldsymbol{A}$ 的第 j 列中的每一元素都严格是正的。由于 $\boldsymbol{A}$ 有严格正的元素，所以可证明马尔可夫过程将收敛到一个唯一的稳态向量 $\boldsymbol{x}$。$\boldsymbol{x}$ 的第 k 个元素对应于较长时间随机冲浪后最终到达网站 k 的概率。稳态向量中的元素给出网页分级。x_k 的值确定了网站 k 的总体分级。例如，若 x_k 为向量 $\boldsymbol{x}$ 的第三大元素，则网络 k 将有第三大的总体网页分级。进行网页搜索时，搜索引擎首先寻找所有和关键字匹配的网页，然后按照网页分级递减的顺序将它们罗列出来。

5.5 MATLAB 练习

- **特征值的可视化**

MATLAB 有一个工具，它可以把平面映射到自身的线性变换可视化，该工具的调用命令为 eigshow。这个命令打开一个图形窗口，同时显示一个单位向量 $\boldsymbol{x}$ 和 $\boldsymbol{Ax}$，即 $\boldsymbol{x}$ 在 $\boldsymbol{A}$ 下的像。矩阵 $\boldsymbol{A}$ 可以通过 eigshow 命令的输入参数给出，或从图形窗口顶部的菜单中选择。为看到算子 $\boldsymbol{A}$ 在其他单位向量上的作用，将鼠标指向向量 $\boldsymbol{x}$ 的端点，并拖动 $\boldsymbol{x}$ 沿逆时针方向绕单位圆旋转。当 $\boldsymbol{x}$ 运动时，将可以看到像 $\boldsymbol{Ax}$ 的变化。在 $1 \sim 8$ 的练习中，我们将用 eigshow 工具研究 eigshow 菜单中矩阵的特征值和特征向量。

1. 菜单顶部的对角矩阵为

$$\boldsymbol{A} = \begin{bmatrix} \frac{5}{4} & 0 \\ 0 & \frac{3}{4} \end{bmatrix}$$

初始时，选择这个矩阵，向量 $\boldsymbol{x}$ 和 $\boldsymbol{Ax}$ 均沿着 x 轴的正向。这个初始的图像位置给出了特征值 - 特征向量对的什么信息？试说明。将 $\boldsymbol{x}$ 沿逆时针方向旋转，直到 $\boldsymbol{x}$ 和 $\boldsymbol{Ax}$ 平行，即它们均位于过原点的直线上。对第二个特征值 - 特征向量对，可以得到什么结论？对第二个矩阵，重复这个试验。通过观察，不经计算，你怎样求得一个 2×2 对角矩阵的特征值和特征向量？这对 3×3 对角矩阵是否也是可行的？试说明。

2. 菜单中的第三个矩阵为单位矩阵 $\boldsymbol{I}$。当 $\boldsymbol{x}$ 绕着单位圆旋转时，$\boldsymbol{x}$ 和 $\boldsymbol{Ix}$ 在几何上的比较是什么？在这种情况下，可以得到关于特征值和特征向量的什么结论？

3. 第四个矩阵的对角线元素为 0，且对角线下方的元素为 1。将 $\boldsymbol{x}$ 绕单位圆旋转并注意什么时候 $\boldsymbol{x}$ 和 $\boldsymbol{Ax}$ 是平行的。基于这个观察，求其特征值和对应的单位特征向量。通过将求得的特征向量乘以矩阵验证 $\boldsymbol{Ax} = \lambda\boldsymbol{x}$ 来检验你的答案。

4. eigshow 菜单中的下一个矩阵，除了 $(2,1)$ 位置上的元素替换为 -1 外，和上一个矩阵相同。将 $\boldsymbol{x}$ 完整地绕单位圆旋转一周。$\boldsymbol{x}$ 和 $\boldsymbol{Ax}$ 平行过吗？$\boldsymbol{A}$ 是否有某些实的特征向量？通过这个矩阵的特征值和特征向量，你可以知道什么？

5. 研究菜单中第六、第七和第八 3 个矩阵。对每个矩阵，尝试从几何上估计其特征

值和特征向量，并使你猜测的特征值和矩阵的迹相容。通过令

$$[\boldsymbol{X},\boldsymbol{D}]=\mathrm{eig}([0.25,0.75;1.0,0.50])$$

求第六个矩阵的特征值和特征向量。$\boldsymbol{X}$ 的列为矩阵的特征向量，且 $\boldsymbol{D}$ 的对角线元素为特征值。采用相同的方法检验其他两个矩阵的特征值和特征向量。

6. 研究菜单中的第九个矩阵。对它的特征值和特征向量，可以得到什么结论? 用 eig 命令求其特征值和特征向量，检验结论。

7. 研究菜单中后面的 3 个矩阵。应当注意后两个矩阵的特征值是相等的。对每一个矩阵，它们的特征向量的关系是什么? 用 MATLAB 计算这些矩阵的特征值和特征向量。

8. 在 eigshow 菜单中，运行最后一项，将随机生成一个 2×2 矩阵，尝试使用 10 次随机生成的矩阵，且对每一种情形，确定它们的特征值是否为实数。10 个随机生成的矩阵中有实特征值的百分比是多少? 随机生成矩阵的两个实特征值相等的可能性是多少? 试说明。

- **梁的临界载荷**

9. 考虑应用问题中与梁的临界载荷相关的矩阵。为简单起见，假设梁的长度为 1，且抗弯刚度也为 1。根据应用中给出的方法，若 $[0,1]$ 可以分为 n 个子区间，则问题可以转化为一个矩阵方程 $\boldsymbol{A}\boldsymbol{x}=\lambda\boldsymbol{y}$。梁的临界载荷可用 $P=sn^2$ 近似，其中 s 为 $\boldsymbol{A}$ 的最小特征值。当 $n=100,200,400$ 时，可令

$$\boldsymbol{D}=\mathrm{diag}(\mathrm{ones}(n-1,1),1);\ \ \boldsymbol{A}=\mathrm{eye}(n)-\boldsymbol{D}-\boldsymbol{D}'$$

来构造系数矩阵。对每一情形，求 $\boldsymbol{A}$ 的最小特征值，可令

$$s=\min(\mathrm{eig}(\boldsymbol{A}))$$

然后计算响应的临界载荷的近似值。

- **可对角化矩阵**

10. 构造一个对称矩阵 $\boldsymbol{A}$，可令

$$\boldsymbol{A}=\mathrm{round}(5*\mathrm{rand}(6));\qquad \boldsymbol{A}=\boldsymbol{A}+\boldsymbol{A}'$$

求 $\boldsymbol{A}$ 的特征值，可令 $e=\mathrm{eig}(\boldsymbol{A})$。

(1) $\boldsymbol{A}$ 的迹可以用 MATLAB 命令 trace($\boldsymbol{A}$) 求得，且 $\boldsymbol{A}$ 的特征值的和可使用命令 sum(e) 求得。求这两个值，并比较它们的结果。使用命令 prod(e) 求 $\boldsymbol{A}$ 的特征值的乘积，并将其与 det($\boldsymbol{A}$) 比较。

(2) 求 $\boldsymbol{A}$ 的特征向量，可令 $[\boldsymbol{X},\boldsymbol{D}]=\mathrm{eig}(\boldsymbol{A})$。用 MATLAB 计算 $\boldsymbol{X}^{-1}\boldsymbol{A}\boldsymbol{X}$，并将结果和 $\boldsymbol{D}$ 进行比较。同时求 $\boldsymbol{A}^{-1}$ 和 $\boldsymbol{X}\boldsymbol{D}\boldsymbol{X}^{-1}$，并比较结果。

11. 令

$$\boldsymbol{A}=\mathrm{ones}(10)+\mathrm{eye}(10)$$

(1) $\boldsymbol{A}-\boldsymbol{I}$ 的秩为多少? 为什么 $\lambda=1$ 是一个重数为 9 的特征值? 利用 MATLAB 函数 trace 求 $\boldsymbol{A}$ 的迹。其余的特征值 λ_{10} 必等于 11。为什么? 试说明。通过令 $e=\mathrm{eig}(\boldsymbol{A})$

求 $\boldsymbol{A}$ 的特征值。利用 format long 考查特征值。求得的特征值有多少位数值精度?

(2) 可以通过计算特征多项式的根求 $\boldsymbol{A}$ 的特征值。为确定 $\boldsymbol{A}$ 的特征多项式的系数，令 $\boldsymbol{p} = \text{poly}(\boldsymbol{A})$。$\boldsymbol{A}$ 的特征多项式的系数必为整数。为什么？试说明。若令 $\boldsymbol{p} = \text{round}(\boldsymbol{A})$，最终可以得到 $\boldsymbol{A}$ 的特征多项式的准确系数。求 $\boldsymbol{p}$ 的根，可令

$$r = \text{root}(\boldsymbol{p})$$

并用 format long 显示结果。计算的结果中有多少位数值精度? 使用函数 eig 与求特征多项式的根，哪一种计算特征值的方法更精确?

12. 考虑矩阵

$$\boldsymbol{A} = \begin{bmatrix} 5 & -3 \\ 3 & -5 \end{bmatrix} \quad \text{和} \quad \boldsymbol{B} = \begin{bmatrix} 5 & -3 \\ 3 & 5 \end{bmatrix}$$

注意，除了 $(2,2)$ 元素外，这两个矩阵是相同的。

(1) 用 MATLAB 求 $\boldsymbol{A}$ 和 $\boldsymbol{B}$ 的特征值。它们是否有相同类型的特征值? 矩阵的特征值是它们的特征多项式的根。用下面的 MATLAB 命令构造多项式，并将它们绘制在同一个坐标系中。

$$\begin{array}{ll} \boldsymbol{p} = \text{poly}(\boldsymbol{A}); & \boldsymbol{q} = \text{poly}(\boldsymbol{B}); \\ \boldsymbol{x} = -8 : 0.1 : 8; & \boldsymbol{z} = \text{zeros}(\text{size}(\boldsymbol{x})); \\ \boldsymbol{y} = \text{polyval}(\boldsymbol{p}, \boldsymbol{x}); & \boldsymbol{w} = \text{polyval}(\boldsymbol{q}, \boldsymbol{x}); \\ \text{plot}(\boldsymbol{x}, \boldsymbol{y}, \boldsymbol{x}, \boldsymbol{w}, \boldsymbol{x}, \boldsymbol{z}) & \text{hold on} \end{array}$$

(2) 为看到矩阵 $(2,2)$ 元素变换后特征值的变化，我们构造一个矩阵 $\boldsymbol{C}$，其 $(2,2)$ 元素为可变的。令

$$t = \text{sym}('t') \quad \boldsymbol{C} = [5, -3; 3, t-5]$$

当 t 从 0 变到 10 时，这些矩阵的 $(2,2)$ 元素从 -5 到 5 变化。用如下的 MATLAB 命令，绘制对应于 $t = 1, 2, \cdots, 9$ 的中间矩阵的特征值多项式的图形。

```
p=poly(C)
for j=1:9
    s=subs(p,t,j);
    ezplot(s,[-10,10])
    axis([-10,10,-20,20])
    pause(2)
end
```

哪些中间矩阵的特征值为实数，哪些有复数特征值? 符号矩阵 $\boldsymbol{C}$ 的特征多项式为一个二次多项式，其系数为 t 的函数。为准确求得何处特征值从实数变为复数，将二次方程的判别式写为 t 的函数，并求其根。其中一个根应在 $(0,10)$ 之间。将这个 t 代回矩阵 $\boldsymbol{C}$，并求这个矩阵的特征值。说明这些结果如何和你的图形对应。用手算求解特征向量。这个矩阵是否是可对角化的?

(3) 使用命令 hold on 将 (2) 中绘制的子序列添加到 (1) 的图形中。你怎样用图形估计 $\boldsymbol{A}$ 的特征值? 这个图形告诉你关于 $\boldsymbol{B}$ 的特征值的什么信息? 试说明。

13. 令

$$\boldsymbol{B} = \text{toeplitz}(0:-1:-3, 0:3)$$

矩阵 $\boldsymbol{B}$ 不是对称的，因此不能保证它可对角化。用 MATLAB 验证 $\boldsymbol{B}$ 的秩为 2。说明为什么 0 必为 $\boldsymbol{B}$ 的特征值，且对应的特征空间的维数必为 2。令 $[\boldsymbol{X}, \boldsymbol{D}] = \text{eig}(\boldsymbol{B})$。求 $\boldsymbol{X}^{-1}\boldsymbol{B}\boldsymbol{X}$，并与 $\boldsymbol{D}$ 进行比较。再计算 $\boldsymbol{X}\boldsymbol{D}^5\boldsymbol{X}^{-1}$，并与 $\boldsymbol{B}^5$ 进行比较。

- **相似矩阵**

14. 令

$$\boldsymbol{S} = \text{round}(10 * \text{rand}(5)); \quad \boldsymbol{S} = \text{triu}(\boldsymbol{S}, 1) + \text{eye}(5)$$

$$\boldsymbol{S} = \boldsymbol{S}' * \boldsymbol{S} \qquad \boldsymbol{T} = \text{inv}(\boldsymbol{S})$$

(1) $\boldsymbol{S}$ 的逆元素应为整数，为什么? 试说明。用 format long 检验 $\boldsymbol{T}$ 的元素。通过令 $\boldsymbol{T} = \text{round}(\text{T})$ 将 $\boldsymbol{T}$ 的元素四舍五入到最接近的整数。计算 $\boldsymbol{T} * \boldsymbol{S}$，并与 eye(5) 进行比较。

(2) 令

$$\boldsymbol{A} = \text{triu}(\text{ones}(5), 1) + \text{diag}(1:5), \quad \boldsymbol{B} = \boldsymbol{S} * \boldsymbol{A} * \boldsymbol{T}$$

矩阵 $\boldsymbol{A}$ 和 $\boldsymbol{B}$ 均有特征值 $1, 2, 3, 4, 5$。用 MATLAB 求 $\boldsymbol{B}$ 的特征值。求得的特征值有多少位数值精度? 用 MATLAB 计算，并比较下列各题：

① $\det(\boldsymbol{A})$ 和 $\det(\boldsymbol{B})$；

② $\text{trace}(\boldsymbol{A})$ 和 $\text{trace}(\boldsymbol{B})$；

③ $\boldsymbol{S}\boldsymbol{A}^2$ 和 $\boldsymbol{B}^2$；

④ $\boldsymbol{S}\boldsymbol{A}^{-1}$ 和 $\boldsymbol{B}^{-1}$。

- **最优化**

15. 使用 MATLAB 命令，建立如下符号函数：

$$\text{syms } x \ y$$

$$f = (y+1)^3 + x * y^2 + y^2 - 4 * x * y - 4 * y + 1$$

求 f 的一阶偏导数和 f 的黑塞矩阵，可令

$$\text{fx} = \text{diff}(f, x) \quad \text{fy} = \text{diff}(f, y)$$

$$\boldsymbol{H} = [\text{diff}(\text{fx}, x), \text{diff}(\text{fx}, y); \text{diff}(\text{fy}, x), \text{diff}(\text{fy}, y)]$$

我们可以用 subs 命令，求在一个给定点 (x, y) 处的黑塞矩阵。例如，为求 $x = 3$ 和 $y = 5$ 时的黑塞矩阵，令

$$H1 = \text{subs}(\boldsymbol{H}, [x, y], [3, 5])$$

用 MATLAB 命令 solve(fx, fy) 求包含驻点的 x 和 y 坐标的向量 $\boldsymbol{x}$ 和 $\boldsymbol{y}$。求在每一驻点

处的黑塞矩阵，然后确定驻点是否是局部极大值点、局部极小值点或鞍点。

5.6 习题

1. 求下列矩阵的特征值和特征向量。

(1) $\begin{bmatrix} 2 & -1 & 2 \\ 5 & -3 & 3 \\ -1 & 0 & -2 \end{bmatrix}$； (2) $\begin{bmatrix} 1 & 2 & 3 \\ 2 & 1 & 3 \\ 3 & 3 & 6 \end{bmatrix}$；

(3) $\begin{bmatrix} 3 & 2 & 4 \\ 2 & 0 & 2 \\ 4 & 2 & 3 \end{bmatrix}$； (4) $\begin{bmatrix} 0 & 0 & 0 & 1 \\ 0 & 0 & 1 & 0 \\ 0 & 1 & 0 & 0 \\ 1 & 0 & 0 & 0 \end{bmatrix}$。

2. 设 $\boldsymbol{A}$ 为 n 阶矩阵，证明 $\boldsymbol{A}^{\mathrm{T}}$ 与 $\boldsymbol{A}$ 的特征值相同；并举例说明 $\boldsymbol{A}$ 与 $\boldsymbol{A}^{\mathrm{T}}$ 的相同特征值所对应的特征向量不一定相同。

3. 证明：若 $\boldsymbol{A}$ 是 n 阶幂等矩阵（即 $\boldsymbol{A}^2=\boldsymbol{A}$），则 $\boldsymbol{A}$ 的特征值是 1 或 0。

4. 证明：若 $\boldsymbol{A}$ 是对合矩阵（即 $\boldsymbol{A}^2=\boldsymbol{I}$），则 $\boldsymbol{A}$ 的特征值是 1 或 -1。

5. 设 $\boldsymbol{A}$ 为正交矩阵，且 $|\boldsymbol{A}|=-1$，证明：$\lambda=-1$ 是 $\boldsymbol{A}$ 的特征值。

6. 设 $\det(\boldsymbol{A})\neq 0$, λ 是 $\boldsymbol{A}$ 的特征值，$\boldsymbol{x}$ 是相应的特征向量，求 $\boldsymbol{A}^*$ 的特征值和特征向量。

7. 设 $\lambda\neq 0$ 是 m 阶矩阵 $\boldsymbol{A}_{m\times n}\boldsymbol{B}_{n\times m}$ 的特征值，证明：λ 也是 n 阶方阵 $\boldsymbol{BA}$ 的特征值。

8. 已知三阶矩阵 $\boldsymbol{A}$ 的特征值为 $1,2,3$，求 $|\boldsymbol{A}^3-5\boldsymbol{A}^2+7\boldsymbol{A}|$。

9. 已知三阶矩阵 $\boldsymbol{A}$ 的特征值为 $1,2,-3$，求 $|\boldsymbol{A}^*+3\boldsymbol{A}+\boldsymbol{I}|$。

10. 下列哪些矩阵与对角阵相似？写出对角阵及相似变换矩阵；不能对角化的写出理由。

(1) $\begin{bmatrix} -1 & -1 \\ 5 & 2 \end{bmatrix}$； (2) $\begin{bmatrix} -2 & 1 & 1 \\ 0 & 2 & 0 \\ -4 & 1 & 3 \end{bmatrix}$；

(3) $\begin{bmatrix} 2 & -1 & -1 \\ 2 & -1 & -2 \\ -1 & 1 & 2 \end{bmatrix}$。

11. 设 $\boldsymbol{A},\boldsymbol{B}$ 都是 n 阶矩阵，且 $\boldsymbol{A}$ 可逆，证明 $\boldsymbol{AB}$ 与 $\boldsymbol{BA}$ 相似。

12. 设矩阵 $\boldsymbol{A}=\begin{bmatrix}2&0&1\\3&1&x\\4&0&5\end{bmatrix}$ 可相似对角化，求 x。

13. 已知 $\boldsymbol{\xi}=\begin{bmatrix}1\\1\\-1\end{bmatrix}$ 是矩阵 $\boldsymbol{A}=\begin{bmatrix}2&-1&2\\5&a&3\\-1&b&-2\end{bmatrix}$ 的一个特征向量。

(1) 求参数 a,b 及特征向量 $\boldsymbol{\xi}$ 所对应的特征值；

(2) 问 $\boldsymbol{A}$ 能不能相似对角化？并说明理由。

14. 设 $\boldsymbol{A}=\begin{bmatrix}1&4&2\\0&-3&4\\0&4&3\end{bmatrix}$，求 $\boldsymbol{A}^{100}$。

15. 对下列实对称矩阵 $\boldsymbol{A}$，求正交矩阵 $\boldsymbol{P}$ 和对角矩阵 $\boldsymbol{\Lambda}$，使 $\boldsymbol{P}^{-1}\boldsymbol{\Lambda}\boldsymbol{P}$。

(1) $\boldsymbol{A}=\begin{bmatrix}2&-2&0\\-2&1&-2\\0&-2&0\end{bmatrix}$；　　(2) $\boldsymbol{A}=\begin{bmatrix}2&2&-2\\2&5&-4\\-2&-4&5\end{bmatrix}$；

(3) $\boldsymbol{A}=\begin{bmatrix}0&0&4&1\\0&0&1&4\\4&1&0&1\\1&4&0&0\end{bmatrix}$。

16. 设矩阵 $\boldsymbol{A}=\begin{bmatrix}1&-1&-4\\-2&x&-2\\-4&-2&1\end{bmatrix}$ 与 $\boldsymbol{\Lambda}=\begin{bmatrix}5&&\\&-4&\\&&y\end{bmatrix}$ 相似，求 x,y；并求一个正交矩阵 $\boldsymbol{P}$, 使 $\boldsymbol{P}^{-1}\boldsymbol{A}\boldsymbol{P}=\boldsymbol{\Lambda}$。

17. 设三阶矩阵 $\boldsymbol{A}$ 的特征值为 $\lambda_1=2,\lambda_2=-2,\lambda_3=1$，对应的特征向量一次为

$$\boldsymbol{p}_1=\begin{bmatrix}0\\1\\1\end{bmatrix},\boldsymbol{p}_2=\begin{bmatrix}1\\1\\1\end{bmatrix},\boldsymbol{p}_3=\begin{bmatrix}1\\1\\0\end{bmatrix}$$

求 $\boldsymbol{A}$。

18. 设三阶矩阵 $\boldsymbol{A}$ 的特征值为 $\lambda_1=1,\lambda_2=-1,\lambda_3=0$，对应的特征向量依次为

$$\boldsymbol{p}_1=\begin{bmatrix}1\\2\\2\end{bmatrix},\ \boldsymbol{p}_2=\begin{bmatrix}2\\1\\-2\end{bmatrix}$$

求 $\boldsymbol{A}$。

19. 设三阶对称矩阵 $\boldsymbol{A}$ 的特征值为 $\lambda_1=6,\lambda_2=\lambda_3=3$，与特征值 $\lambda_1=6$ 对应的特征向量为 $\boldsymbol{p}_1=(1,1,1)^{\mathrm{T}}$，求 $\boldsymbol{A}$。

20. 设 $\boldsymbol{a}=(a_1,a_2,\cdots,a_n)^{\mathrm{T}},a_1\neq 0,\boldsymbol{A}=\boldsymbol{a}\boldsymbol{a}^{\mathrm{T}}$。

(1) 证明：$\lambda=0$ 是 $\boldsymbol{A}$ 的 $n-1$ 重特征值；

(2) 求 $\boldsymbol{A}$ 的非零特征值及 n 个线性无关的特征向量。

21. 设 $\boldsymbol{A}=\begin{bmatrix}2&1&2\\1&2&2\\2&2&1\end{bmatrix}$，求 $\varphi(\boldsymbol{A})=\boldsymbol{A}^{10}-6\boldsymbol{A}^9+5\boldsymbol{A}^8$。

第 6 章 二　次　型

在解析几何中，为了便于研究二次曲线

$$ax^2+2bxy+cy^2=d \tag{6.1}$$

的几何性质，可以选择适当的坐标变换

$$\begin{aligned}x&=x'\cos\theta-y'\sin\theta\\ y&=x'\sin\theta+y'\cos\theta\end{aligned}$$

将方程 (6.1) 化为标准型

$$Ax'^2+By'^2=D$$

进而判别该曲线的几何形状和性质。从代数学的观点看，化为标准型的过程就是通过变量的线性变换化简一个二次齐次多项式（方程 (6.1) 的左边是一个二次齐次多项式），使其只含有平方项。这样的问题，不仅在几何中出现，在数学的其他分支以及物理学、工程技术、经济管理中也经常会遇到。

通过学习线性方程组，已经了解矩阵的重要作用了。本章将看到矩阵在研究二次方程时也扮演着重要的角色。对于每个二次方程，可以关联一个向量函数 $f(\boldsymbol{x})=\boldsymbol{x}^{\mathrm{T}}\boldsymbol{A}\boldsymbol{x}$，这个向量函数称为二次型。二次型出现在很多应用问题中。在研究优化理论时，二次型尤为重要。

6.1 二次型及其矩阵表示

定义 6.1.1 一个二次方程为两个变量 x 和 y 的方程

$$ax^2+2bxy+cy^2+dx+ey+f=0 \tag{6.2}$$

方程 (6.2) 可写为

$$\begin{bmatrix}x & y\end{bmatrix}\begin{bmatrix}a & b\\ b & c\end{bmatrix}\begin{bmatrix}x\\ y\end{bmatrix}+\begin{bmatrix}d & e\end{bmatrix}\begin{bmatrix}x\\ y\end{bmatrix}+f=0 \tag{6.3}$$

令

$$\boldsymbol{x}=\begin{bmatrix}x\\ y\end{bmatrix}\quad 及\quad \boldsymbol{A}=\begin{bmatrix}a & b\\ b & c\end{bmatrix}$$

则

$$\boldsymbol{x}^{\mathrm{T}}\boldsymbol{A}\boldsymbol{x} = ax^2 + 2bxy + cy^2$$

称为与方程 (6.2) 相关的二次型。

形如 (6.2) 的方程对应的图形称为圆锥曲线。当圆锥曲线的方程只含有平方项而不含有 x, y 的一次项时，称为圆锥曲线的标准型。此时，圆锥曲线以原点为中心，其草图很容易绘制。当圆锥曲线不是标准形式时，可能会出现下列 3 种情形的一种或几种的组合：

情形 1 标准形式的圆锥曲线水平移动（即 $a \neq 0, d \neq 0$）。

情形 2 标准形式的圆锥曲线垂直移动（即 $c \neq 0, e \neq 0$）。

情形 3 标准形式的圆锥曲线旋转某个角度（不是 $90°$ 的倍数）（即 $b \neq 0$）。

为画出不是标准形式的圆锥曲线，通常求一个新的坐标系 x' 和 y'，使得在新的坐标系下圆锥曲线为标准型。如果圆锥曲线仅进行了水平或垂直的移动，新的坐标系通过配方就可以得到。

例 6.1.1 将圆锥曲线

$$9x^2 - 18x + 4y^2 + 16y - 11 = 0$$

表示为标准位置的圆锥曲线。

解: 配方得，

$$9(x^2 - 2x + 1) + 4(y^2 + 4y + 4) - 11 = 9 + 16$$

化简得，

$$\frac{(x-1)^2}{2^2} + \frac{(y+2)^2}{3^2} = 1$$

若令

$$x' = x - 1, \quad y' = y + 2$$

则

$$\frac{(x')^2}{2^2} + \frac{(y')^2}{3^2} = 1$$

上式在 $x'y'$ 平面是标准形式。因此，在 $x'Oy'$ 坐标系下是标准位置的椭圆。椭圆的中心在 $x'Oy'$ 平面中的原点 (即在点$(x, y) = (1, -2)$)。x' 轴的方程为 $y' = 0$，它在 xy 平面的方程为 $y = -2$。类似地，y' 轴对应直线 $x = 1$。

然而，如果圆锥曲线同时还进行了旋转，则需要进行坐标变换，使得在新的坐标系 x', y' 下方程不含有 $x'y'$ 项。令 $\boldsymbol{x} = (x, y)^{\mathrm{T}}$ 和 $\boldsymbol{x}' = (x', y')^{\mathrm{T}}$。由于新坐标系和旧坐标系相差一个旋转，故有

$$\boldsymbol{x} = \boldsymbol{Q}\boldsymbol{x}' \quad 或 \quad \boldsymbol{x}' = \boldsymbol{Q}^{\mathrm{T}}\boldsymbol{x}$$

其中，

$$\boldsymbol{Q} = \begin{bmatrix} \cos\theta & \sin\theta \\ -\sin\theta & \cos\theta \end{bmatrix} \quad 或 \quad \boldsymbol{Q}^{\mathrm{T}} = \begin{bmatrix} \cos\theta & -\sin\theta \\ \sin\theta & \cos\theta \end{bmatrix}$$

若 $0<\theta<\pi$，则矩阵 $\boldsymbol{Q}$ 对应于一个顺时针旋转 θ 角的旋转变换，$\boldsymbol{Q}^{\mathrm{T}}$ 对应于一个逆时针旋转 θ 角的旋转变换。利用该变换式 (6.3) 化为

$$(\boldsymbol{x}')^{\mathrm{T}}(\boldsymbol{Q}^{\mathrm{T}}\boldsymbol{A}\boldsymbol{Q})\boldsymbol{x}'+\begin{bmatrix}d' & e'\end{bmatrix}\boldsymbol{x}'+f=0 \tag{6.4}$$

其中，$\begin{bmatrix}d' & e'\end{bmatrix}=\begin{bmatrix}d & e\end{bmatrix}\boldsymbol{Q}$。方程 (6.4) 不包含 $x'y'$ 项的充要条件是 $\boldsymbol{Q}^{\mathrm{T}}\boldsymbol{A}\boldsymbol{Q}$ 为对角矩阵。由于 $\boldsymbol{A}$ 是对称的，可求得一对标准正交向量 $\boldsymbol{q}_1=(x_1,-y_1)^{\mathrm{T}}$ 和 $\boldsymbol{q}_2=(y_1,x_1)^{\mathrm{T}}$。因此，令 $\cos\theta=x_1$ 及 $\sin\theta=y_1$，则

$$\boldsymbol{Q}=\begin{bmatrix}\boldsymbol{q}_1 & \boldsymbol{q}_2\end{bmatrix}=\begin{bmatrix}x_1 & y_1\\ -y_1 & x_1\end{bmatrix}$$

将 $\boldsymbol{A}$ 对角化，且式 (6.4) 化简为

$$\lambda_1(x')^2+\lambda_2(y')^2+d'x'+e'y'+f=0$$

例 6.1.2　考虑圆锥曲线

$$3x^2+2xy+3y^2-8=0$$

该方程可写为

$$\begin{bmatrix}x & y\end{bmatrix}\begin{bmatrix}3 & 1\\ 1 & 3\end{bmatrix}\begin{bmatrix}x\\ y\end{bmatrix}=8$$

矩阵

$$\begin{bmatrix}3 & 1\\ 1 & 3\end{bmatrix}$$

的特征值为 $\lambda=2$ 和 $\lambda=4$，其对应的单位特征向量为

$$\left(\frac{1}{\sqrt{2}},-\frac{1}{\sqrt{2}}\right)^{\mathrm{T}} \quad 和 \quad \left(\frac{1}{\sqrt{2}},\frac{1}{\sqrt{2}}\right)^{\mathrm{T}}$$

令

$$\boldsymbol{Q}=\begin{bmatrix}\frac{1}{\sqrt{2}} & \frac{1}{\sqrt{2}}\\ -\frac{1}{\sqrt{2}} & \frac{1}{\sqrt{2}}\end{bmatrix}=\begin{bmatrix}\cos 45^\circ & \sin 45^\circ\\ -\sin 45^\circ & \cos 45^\circ\end{bmatrix}$$

并令

$$\begin{bmatrix}x\\ y\end{bmatrix}=\begin{bmatrix}\frac{1}{\sqrt{2}} & \frac{1}{\sqrt{2}}\\ -\frac{1}{\sqrt{2}} & \frac{1}{\sqrt{2}}\end{bmatrix}\begin{bmatrix}x'\\ y'\end{bmatrix}$$

于是

$$\boldsymbol{Q}^{\mathrm{T}}\boldsymbol{A}\boldsymbol{Q}=\begin{bmatrix}2 & 0\\ 0 & 4\end{bmatrix}$$

且圆锥曲线的方程化为

$$2(x')^2+4(y')^2=8$$

或

$$\frac{(x')^2}{4}+\frac{(y')^2}{2}=1$$

在新坐标系下，x' 轴的方向由点 $x'=1, y'=0$ 确定。为将其转换到 xy 坐标系下，我们作乘法

$$\begin{bmatrix} \frac{1}{\sqrt{2}} & \frac{1}{\sqrt{2}} \\ -\frac{1}{\sqrt{2}} & \frac{1}{\sqrt{2}} \end{bmatrix}\begin{bmatrix} 1 \\ 0 \end{bmatrix}=\begin{bmatrix} \frac{1}{\sqrt{2}} \\ -\frac{1}{\sqrt{2}} \end{bmatrix}=\boldsymbol{q}_1$$

x' 轴将在 $\boldsymbol{q}_1$ 的方向上。类似地，为求得 y' 轴的方向，我们作乘法

$$\boldsymbol{Q}\boldsymbol{e}_2=\boldsymbol{q}_2$$

例 6.1.3 给定二次方程

$$3x^2+2xy+3y^2+8\sqrt{2}y-4=0$$

求一个坐标变换，使得结果方程表示一个在标准位置的圆锥曲线。

解: xy 项可以采用例 6.1.2 中的方法消去。此时，旋转矩阵

$$\boldsymbol{Q}=\begin{bmatrix} \frac{1}{\sqrt{2}} & \frac{1}{\sqrt{2}} \\ -\frac{1}{\sqrt{2}} & \frac{1}{\sqrt{2}} \end{bmatrix}$$

方程化为

$$2(x')^2+4(y')^2+\begin{bmatrix} 0 & 8\sqrt{2} \end{bmatrix}\boldsymbol{Q}\begin{bmatrix} x' \\ y' \end{bmatrix}=4$$

或

$$(x')^2-4y'+2(y')^2+4y'=2$$

对上式进行配方得

$$(x'-2)^2+2(y'+1)^2=8$$

令 $x''=x'-2$，$y''=y'+1$，则方程化简为

$$\frac{(x'')^2}{8}+\frac{(y'')^2}{4}=1$$

综上所述，关于变量 x 和 y 的二次方程可写为

$$\boldsymbol{x}^{\mathrm{T}}\boldsymbol{A}\boldsymbol{x}+\boldsymbol{B}\boldsymbol{x}+f=0$$

其中，$\boldsymbol{x}=(x,y)^{\mathrm{T}}$，$\boldsymbol{A}$ 为 2×2 对称矩阵，$\boldsymbol{B}$ 为 1×2 矩阵，f 为常数。若 $\boldsymbol{A}$ 可逆，则利

用旋转和平移坐标轴，方程可化简为

$$\lambda_1(x')^2+\lambda_2(y')^2+f'=0$$

其中，λ_1,λ_2 为 $\boldsymbol{A}$ 的特征值。

显然，上面的讨论可以推广到 n 个变量的二次方程。

定义 6.1.2　含有 n 个变量 $x_1,x_2,\cdots,x_n$ 的二次方程

$$\boldsymbol{x}^{\mathrm{T}}\boldsymbol{A}\boldsymbol{x}+\boldsymbol{B}\boldsymbol{x}+\alpha=0 \tag{6.5}$$

其中，$\boldsymbol{x}=(x_1,x_2,\cdots,x_n)^{\mathrm{T}}$，$\boldsymbol{A}=(a_{ij})$ 为 $n\times n$ 对称矩阵，$\boldsymbol{B}$ 为 $1\times n$ 矩阵，α 为常数。称 n 元函数

$$f(x_1,x_2,\cdots,x_n)=f(\boldsymbol{x})=\boldsymbol{x}^{\mathrm{T}}\boldsymbol{A}\boldsymbol{x}=\sum_{i=1}^{n}\left(\sum_{j=1}^{n}a_{ij}x_j\right)x_i \tag{6.6}$$

为二次方程关联的 n 个变量的二次型，简称二次型。对称矩阵 $\boldsymbol{A}$ 叫作二次型 $f(\boldsymbol{x})$ 的矩阵，矩阵 $\boldsymbol{A}$ 的秩称为二次型 $f(\boldsymbol{x})$ 的秩，二次型 $f(\boldsymbol{x})$ 也叫作对称矩阵 $\boldsymbol{A}$ 的二次型。

当有 3 个变量时，若

$$\boldsymbol{x}=\begin{bmatrix}x\\y\\z\end{bmatrix},\quad \boldsymbol{A}=\begin{bmatrix}a&d&e\\d&b&f\\e&f&c\end{bmatrix},\quad \boldsymbol{B}=\begin{bmatrix}g\\h\\i\end{bmatrix}$$

则式 (6.5) 化为

$$ax^2+by^2+cz^2+2dxy+2exz+2fyz+gx+hy+iz+\alpha=0$$

3 个变量的二次方程对应的图形称为二次曲面。正如二维情形，同样可以利用平移和旋转变换将方程化为标准形式

$$\lambda_1(x')^2+\lambda_2(y')^2+\lambda_3(z')^2+\alpha=0$$

其中，$\lambda_1,\lambda_2,\lambda_3$ 为 $\boldsymbol{A}$ 的特征值。对一般的 n 维情形，二次型总可以化为这种较简单的对角形式。一般地，我们有如下定理。

定理 6.1.1　若 $\boldsymbol{A}$ 为实对称的 $n\times n$ 矩阵，则存在正交变换 $\boldsymbol{y}=\boldsymbol{Q}^{\mathrm{T}}\boldsymbol{x}$（其中 $\boldsymbol{Q}$ 为 n 阶正交矩阵），使

$$\boldsymbol{x}^{\mathrm{T}}\boldsymbol{A}\boldsymbol{x}=\boldsymbol{y}^{\mathrm{T}}\boldsymbol{\Lambda}\boldsymbol{y}=\lambda_1y_1^2+\lambda_2y_2^2+\cdots+\lambda_ny_n^2$$

其中，$\boldsymbol{\Lambda}=\boldsymbol{Q}^{\mathrm{T}}\boldsymbol{A}\boldsymbol{Q}$ 为对角矩阵，$\lambda_1,\lambda_2,\cdots,\lambda_n$ 为实对称矩阵 $\boldsymbol{A}$ 的 n 个特征值，$\boldsymbol{Q}$ 的 n 个列向量是 $\boldsymbol{A}$ 相应于 $\lambda_1,\lambda_2,\cdots,\lambda_n$ 的标准正交特征向量。

证明: 若 $\boldsymbol{A}$ 为实对称矩阵，则由定理 5.3.3，存在一个正交矩阵 $\boldsymbol{Q}$ 对角化 $\boldsymbol{A}$，即 $\boldsymbol{Q}^{\mathrm{T}}\boldsymbol{A}\boldsymbol{Q}=\boldsymbol{\Lambda}$。如果令 $\boldsymbol{y}=\boldsymbol{Q}^{\mathrm{T}}\boldsymbol{x}$，则 $\boldsymbol{x}=\boldsymbol{Q}\boldsymbol{y}$ 且

$$\boldsymbol{x}^{\mathrm{T}}\boldsymbol{A}\boldsymbol{x}=\boldsymbol{y}^{\mathrm{T}}\boldsymbol{Q}^{\mathrm{T}}\boldsymbol{A}\boldsymbol{Q}\boldsymbol{y}=\boldsymbol{y}^{\mathrm{T}}\boldsymbol{\Lambda}\boldsymbol{y}$$

■

我们称仅含有平方项的二次型为标准形式的二次型，简称为标准型。

由式 (6.6) 可以看出，二次型 $f(\boldsymbol{x})$ 的矩阵 $\boldsymbol{A}=(a_{ij})_{n\times n}$ 的元有以下规律：a_{ii} 为 $f(\boldsymbol{x})$ 中平方项 x_i^2 的系数，$a_{ij}=a_{ji}\ (i\neq j)$ 是 $f(\boldsymbol{x})$ 中交叉项 x_ix_j 系数的一半。因此，任给一个二次型 $f(\boldsymbol{x})$ 可唯一地确定一个对称矩阵 $\boldsymbol{A}$；反之，任给一个对称矩阵 $\boldsymbol{A}$ 也唯一地确定一个二次型 $f(\boldsymbol{x})$。这样，就在二次型与对称矩阵之间建立了一一对应关系。我们既可以将二次型问题转化为对称矩阵问题进行研究，也可以把对称矩阵的问题转换成二次型的问题进行研究。

例如，二次型

$$f(x_1,x_2,x_3)=2x_1^2+x_2^2-3x_3^2+2x_1x_2-4x_1x_3+6x_2x_3$$

的矩阵为

$$\boldsymbol{A}=\begin{bmatrix}2&1&-2\\1&1&3\\-2&3&-3\end{bmatrix}$$

因而有

$$f(x_1,x_2,x_3)=\begin{bmatrix}x_1&x_2&x_3\end{bmatrix}\begin{bmatrix}2&1&-2\\1&1&3\\-2&3&-3\end{bmatrix}\begin{bmatrix}x_1\\x_2\\x_3\end{bmatrix}$$

而对称矩阵

$$\boldsymbol{B}=\begin{bmatrix}1&-2&3\\-2&3&0\\3&0&-4\end{bmatrix}$$

的二次型为

$$f(x_1,x_2,x_3)=\boldsymbol{x}^{\mathrm{T}}\boldsymbol{B}\boldsymbol{x}=x_1^2+3x_2^2-4x_3^2-4x_2x_2+6x_1x_3$$

值得注意的是，二次型的矩阵一定是对称矩阵。若 n 阶矩阵 $\boldsymbol{A}$ 不是对称矩阵，形式 $\boldsymbol{x}^{\mathrm{T}}\boldsymbol{A}\boldsymbol{x}$ 也能表示一个二次型，但 $\boldsymbol{A}$ 一定不是该二次型的矩阵。例如，形式 $\begin{bmatrix}x_1&x_2\end{bmatrix}\begin{bmatrix}1&5\\3&-2\end{bmatrix}$ 可以表示为 $f(x_1,x_2)=x_1^2+8x_1x_2-2x_2^2$ 的二次型，但该二次型的矩阵是 $\begin{bmatrix}1&4\\4&-2\end{bmatrix}$，而不是 $\begin{bmatrix}1&5\\3&-2\end{bmatrix}$。

对于一般的 n 元二次型 $f(x_1,x_2,\cdots,x_n)=\boldsymbol{x}^{\mathrm{T}}\boldsymbol{A}\boldsymbol{x}$，由定理 6.1.1 知，一定存在可逆变换 $\boldsymbol{x}=\boldsymbol{C}\boldsymbol{y}$，使得 $\boldsymbol{x}^{\mathrm{T}}\boldsymbol{A}\boldsymbol{x}=\boldsymbol{y}^{\mathrm{T}}\boldsymbol{C}^{\mathrm{T}}\boldsymbol{A}\boldsymbol{C}\boldsymbol{y}$ 变成标准型。从矩阵的角度看，就是对一个实对称矩阵 $\boldsymbol{A}$，寻找一个可逆矩阵 $\boldsymbol{C}$，使得 $\boldsymbol{C}^{\mathrm{T}}\boldsymbol{A}\boldsymbol{C}$ 为对角形。为方便讨论，引入如下定义。

定义 6.1.3 设 $\boldsymbol{A}$ 和 $\boldsymbol{B}$ 是 n 阶方阵，若存在可逆矩阵 $\boldsymbol{C}$，使 $\boldsymbol{B}=\boldsymbol{C}^{\mathrm{T}}\boldsymbol{A}\boldsymbol{C}$，则称矩阵 $\boldsymbol{A}$ 与 $\boldsymbol{B}$ 合同，或称 $\boldsymbol{A}$ 合同于 $\boldsymbol{B}$，或 $\boldsymbol{A},\boldsymbol{B}$ 是合同矩阵。矩阵变换 $\boldsymbol{C}^{\mathrm{T}}\boldsymbol{A}\boldsymbol{C}$ 称为合同变换。

显然，若 $\boldsymbol{A}$ 为对称矩阵，则 $\boldsymbol{B}=\boldsymbol{C}^{\mathrm{T}}\boldsymbol{A}\boldsymbol{C}$ 也为对称矩阵，且 $R(\boldsymbol{B})=R(\boldsymbol{A})$。事实上，由 $\boldsymbol{A}^{\mathrm{T}}=\boldsymbol{A}$，有

$$\boldsymbol{B}^{\mathrm{T}}=(\boldsymbol{C}^{\mathrm{T}}\boldsymbol{A}\boldsymbol{C})^{\mathrm{T}}=\boldsymbol{C}^{\mathrm{T}}\boldsymbol{A}^{\mathrm{T}}\boldsymbol{C}=\boldsymbol{C}^{\mathrm{T}}\boldsymbol{A}\boldsymbol{C}=\boldsymbol{B}$$

即 $\boldsymbol{B}$ 为对称矩阵。又因 $\boldsymbol{B}=\boldsymbol{C}^{\mathrm{T}}\boldsymbol{A}\boldsymbol{C}$，而 $\boldsymbol{C}$ 可逆，从而 $\boldsymbol{C}^{\mathrm{T}}$ 也可逆，由矩阵秩的性质即知 $R(\boldsymbol{B})=R(\boldsymbol{A})$。

例 6.1.4 用正交变换化二次型

$$f(x_1,x_2,x_3)=x_1^2+x_2^2+7x_3^2+4x_1x_2-8x_1x_3-8x_2x_3$$

为标准型。

解: 二次型的矩阵为 $\boldsymbol{A}=\begin{bmatrix}1&2&-4\\2&1&-4\\-4&-4&7\end{bmatrix}$，矩阵 $\boldsymbol{A}$ 的特征多项式

$$\det(\lambda\boldsymbol{I}-\boldsymbol{A})=\begin{vmatrix}\lambda-1&-2&4\\-2&\lambda-1&4\\4&4&\lambda-7\end{vmatrix}=(\lambda+1)^2(\lambda-11)$$

求得 $\boldsymbol{A}$ 的特征值为 $\lambda_1=\lambda_2=-1,\lambda_3=11$。对应的特征向量分别为

$$\boldsymbol{\xi}_1=\begin{bmatrix}-1\\1\\0\end{bmatrix},\quad \boldsymbol{\xi}_2=\begin{bmatrix}2\\0\\1\end{bmatrix},\quad \boldsymbol{\xi}_3=\begin{bmatrix}1\\1\\-2\end{bmatrix}$$

将 $\boldsymbol{\xi}_1,\boldsymbol{\xi}_2$ 正交化: 取 $\boldsymbol{\eta}_1=\boldsymbol{\xi}_1$，

$$\boldsymbol{\eta}_2=\boldsymbol{\xi}_2-\frac{\langle\boldsymbol{\eta}_1,\boldsymbol{\xi}_2\rangle}{\|\boldsymbol{\eta}_1\|^2}\boldsymbol{\eta}_1=\begin{bmatrix}2\\0\\1\end{bmatrix}+\begin{bmatrix}-1\\1\\0\end{bmatrix}=\begin{bmatrix}1\\1\\1\end{bmatrix}$$

再将 $\boldsymbol{\eta}_1,\boldsymbol{\eta}_2,\boldsymbol{\xi}_3$ 单位化，得

$$\boldsymbol{q}_1=\begin{bmatrix}-\frac{1}{\sqrt{2}}\\\frac{1}{\sqrt{2}}\\0\end{bmatrix},\quad \boldsymbol{q}_2=\begin{bmatrix}\frac{1}{\sqrt{3}}\\\frac{1}{\sqrt{3}}\\\frac{1}{\sqrt{3}}\end{bmatrix},\quad \boldsymbol{q}_3=\begin{bmatrix}\frac{1}{\sqrt{6}}\\\frac{1}{\sqrt{6}}\\-\frac{2}{\sqrt{6}}\end{bmatrix}$$

于是，二次型 f 经正交变换

$$
\begin{bmatrix} x_1 \\ x_2 \\ x_3 \end{bmatrix} = \begin{bmatrix} -\frac{1}{\sqrt{2}} & \frac{1}{\sqrt{3}} & \frac{1}{\sqrt{6}} \\ \frac{1}{\sqrt{2}} & \frac{1}{\sqrt{3}} & \frac{1}{\sqrt{6}} \\ 0 & \frac{1}{\sqrt{3}} & -\frac{2}{\sqrt{6}} \end{bmatrix} \begin{bmatrix} y_1 \\ y_2 \\ y_3 \end{bmatrix}
$$

化为标准型 $f = -y_1^2 - y_2^2 + 11y_3^2$。

6.2 用配方法化二次型为标准型

用正交变换化二次型为标准型，具有保持几何形状不变的优点。如果不限于用正交变换，那么还可以有多种方法（对应有多个可逆的线性变换）把二次型化成标准型。这里只介绍拉格朗日配方法。下面举例说明这种方法。

例 6.2.1 用配方法化二次型

$$
f(x_1, x_2, x_3) = x_1^2 + 5x_2^2 + 5x_3^2 + 4x_1x_2 - 2x_1x_3 - 8x_2x_3
$$

为标准型，并求所用的变换矩阵。

解： 由于二次型含有变量 x_1 的平方项，把含 x_1 的项归并起来，配方可得

$$
\begin{aligned}
f &= (x_1^2 + 4x_1x_2 - 2x_1x_3) + 5x_2^2 + 5x_3^2 - 8x_2x_3 \\
&= [x_1^2 + 2x_1(2x_2 - x_3) + (2x_2 - x_3)^2 - (2x_2 - x_3)^2] + 5x_2^2 + 5x_3^2 - 8x_2x_3 \\
&= (x_1 + 2x_2 - x_3)^2 - (2x_2 - x_3)^2 + 5x_2^2 + 5x_3^2 - 8x_2x_3 \\
&= (x_1 + 2x_2 - x_3)^2 + x_2^2 - 4x_2x_3 + 4x_3^2
\end{aligned}
$$

上式右端除第一项外已不再含 x_1。继续配方得，

$$
f = (x_1 + 2x_2 - x_3)^2 + (x_2 - 2x_3)^2
$$

令

$$
\begin{cases} y_1 = x_1 + 2x_2 - x_3 \\ y_2 = x_2 - 2x_3 \\ y_3 = x_3 \end{cases}
$$

即

$$
\begin{cases} x_1 = y_1 - 2y_2 - 3y_3 \\ x_2 = y_2 + 2y_3 \\ x_3 = y_3 \end{cases}
$$

所以线性变换

$$\boldsymbol{x}=\begin{bmatrix}1 & -2 & -2\\0 & 1 & 2\\0 & 0 & 1\end{bmatrix}\boldsymbol{y}$$

将二次型化为标准型

$$f(x_1,x_2,x_3)=y_1^2+y_2^2$$

例 6.2.2 化二次型

$$f=2x_1x_2+2x_1x_3-6x_2x_3$$

为标准型，并求所用的可逆线性变换。

解: 因 f 中不含平方项无法配方，所以可先作一个可逆线性变换，使其出现平方项。由于含有 x_1x_2 乘积项，故令

$$\begin{cases}x_1=y_1+y_2\\x_2=y_1-y_2\\x_3=y_3\end{cases}$$

即

$$\begin{bmatrix}x_1\\x_2\\x_3\end{bmatrix}=\begin{bmatrix}1 & 1 & 0\\1 & -1 & 0\\0 & 0 & 1\end{bmatrix}\begin{bmatrix}y_1\\y_2\\y_3\end{bmatrix}$$

记为

$$\boldsymbol{x}=\boldsymbol{C}_1\boldsymbol{y}$$

则

$$\begin{aligned}f&=2(y_1+y_2)(y_1-y_2)+2(y_1+y_2)y_3-6(y_1-y_2)y_3\\&=2y_1^2-2y_2^2-4y_1y_3+8y_2y_3\end{aligned}$$

先对含 y_1 的项配方，再对含 y_2 的项配方，得

$$\begin{aligned}f&=2(y_1^2-2y_1y_3+y_3^2)-2y_3^2-2y_2^2+8y_2y_3\\&=2(y_1-y_3)^2-2(y_2^2-4y_2y_3+4y_3^2)+6y_3^2\\&=2(y_1-y_3)^2-2(y_2-2y_3)^2+6y_3^2\end{aligned}$$

令

$$\begin{cases}z_1=y_1-y_3\\z_2=y_2-2y_3\\z_3=y_3\end{cases}$$

即

$$\begin{bmatrix} y_1 \\ y_2 \\ y_3 \end{bmatrix} = \begin{bmatrix} 1 & 0 & 1 \\ 0 & 1 & 2 \\ 0 & 0 & 1 \end{bmatrix} \begin{bmatrix} z_1 \\ z_2 \\ z_3 \end{bmatrix}$$

记为

$$\boldsymbol{y} = \boldsymbol{C}_2 \boldsymbol{z}$$

则二次型 f 就化为标准型

$$f = 2z_1^2 - 2z_2^2 + 6z_3^2$$

所用的可逆线性变换为 $\boldsymbol{x} = \boldsymbol{C}\boldsymbol{z}$，其中变换矩阵 $\boldsymbol{C}$ 为

$$\boldsymbol{C} = \boldsymbol{C}_1\boldsymbol{C}_2 = \begin{bmatrix} 1 & 1 & 0 \\ 1 & -1 & 0 \\ 0 & 0 & 1 \end{bmatrix} \begin{bmatrix} 1 & 0 & 1 \\ 0 & 1 & 2 \\ 0 & 0 & 1 \end{bmatrix} = \begin{bmatrix} 1 & 1 & 3 \\ 1 & -1 & -1 \\ 0 & 0 & 1 \end{bmatrix}$$

一般地，任何二次型都可用上面两例的方法找到可逆线性变换，把二次型化为标准型，可逆线性变换未必是正交变换，但正交变换一定是可逆线性变换。

6.3 惯性定理

二次型的标准型显然不是唯一的，但由于合同变换不改变矩阵的秩，因而一个二次型化为标准型后，标准型中所含项数是唯一的，不仅如此，在实可逆线性变换下，标准型中正平方项的项数与负平方项的项数也保持不变，于是有下述定理。

定理 6.3.1 n 元实二次型 $f = \boldsymbol{x}^{\mathrm{T}}\boldsymbol{A}\boldsymbol{x}$ 无论用怎样的可逆线性变换化成标准型，其中正平方项的项数 p 和负平方项的项数 q 都是唯一确定的。或者说，对于 n 阶实对称矩阵 $\boldsymbol{A}$，不论取怎样的可逆矩阵 $\boldsymbol{C}$，只要使

$$\boldsymbol{C}^{\mathrm{T}}\boldsymbol{A}\boldsymbol{C} = \begin{bmatrix} d_1 & & & & & & & & \\ & \ddots & & & & & & & \\ & & d_p & & & & & & \\ & & & -d_{p+1} & & & & & \\ & & & & \ddots & & & & \\ & & & & & -d_{p+q} & & & \\ & & & & & & 0 & & \\ & & & & & & & \ddots & \\ & & & & & & & & 0 \end{bmatrix}$$

成立，其中 $d_i > 0\ (i = 1, 2, \cdots, p+q), p+q \leqslant n$，则 p 和 q 是由 $\boldsymbol{A}$ 唯一确定的。

证明: 因为 $R(\boldsymbol{A}) = R(\boldsymbol{C}^{\mathrm{T}}\boldsymbol{A}\boldsymbol{C}) = p+q$，所以 $p+q$ 由 $\boldsymbol{A}$ 的秩唯一确定，从而只需证明 p 由 $\boldsymbol{A}$ 唯一确定。设 $p+q = R(\boldsymbol{A}) = r$，二次型 $f = \boldsymbol{x}^{\mathrm{T}}\boldsymbol{A}\boldsymbol{x}$ 经可逆线性变换 $\boldsymbol{x} = \boldsymbol{B}\boldsymbol{y}$ 和 $\boldsymbol{x} = \boldsymbol{C}\boldsymbol{z}$ 都可化为标准型，且分别为

$$f = b_1y_1^2 + b_2y_2^2 + \cdots + b_py_p^2 - b_{p+1}y_{p+1}^2 - \cdots - b_ry_r^2 \tag{6.7}$$

$$f = c_1z_1^2 + c_2z_2^2 + \cdots + c_tz_t^2 - c_{t+1}z_{t+1}^2 - \cdots - c_rz_r^2 \tag{6.8}$$

其中，$b_i > 0, c_i > 0\ (i = 1, 2, \cdots, r)$。要证正平方项的项数唯一确定，只需证 $p = t$。应用反证法，假设 $p > t$，由式 (6.7) 和式 (6.8)，有

$$\begin{aligned} f &= b_1y_1^2 + b_2y_2^2 + \cdots + b_py_p^2 - b_{p+1}y_{p+1}^2 - \cdots - b_ry_r^2 \\ &= c_1z_1^2 + \cdots + c_tz_t^2 - c_{t+1}z_{t+1}^2 - \cdots - c_pz_p^2 - c_{p+1}z_{p+1}^2 - \cdots - c_rz_r^2 \end{aligned} \tag{6.9}$$

由于 $\boldsymbol{z} = \boldsymbol{C}^{-1}\boldsymbol{B}\boldsymbol{y} = \boldsymbol{D}\boldsymbol{y}$ (令$\boldsymbol{D} = \boldsymbol{C}^{-1}\boldsymbol{B} = (d_{ij})_{n\times n}$)，即

$$\begin{cases} z_1 = d_{11}y_1 + d_{12}y_2 + \cdots + d_{1n}y_n \\ \qquad\vdots \\ z_t = d_{t1}y_1 + d_{t2}y_2 + \cdots + d_{tn}y_n \\ \qquad\vdots \\ z_n = d_{n1}y_1 + d_{n2}y_2 + \cdots + d_{nn}y_n \end{cases} \tag{6.10}$$

为了从式 (6.9) 中导出矛盾，令 $z_1 = z_2 = \cdots = z_t = 0, y_{p+1} = \cdots = y_n = 0$，再利用式 (6.10)，得到 $y_1, y_2, \cdots, y_n$ 的方程组

$$\begin{cases} d_{11}y_1 + d_{12}y_2 + \cdots + d_{1n}y_n = 0 \\ \quad\vdots \\ d_{t1}y_1 + d_{t2}y_2 + \cdots + d_{tn}y_n = 0 \\ y_{p+1} = 0 \\ \quad\vdots \\ y_n = 0 \end{cases} \tag{6.11}$$

齐次线性方程组 (6.11) 有 n 个未知量，但方程个数为

$$t + (n-p) = n - (p-t) < n$$

故必有非零解，代入式 (6.9)，有

$$f = b_1y_1^2 + b_2y_2^2 + \cdots + b_ty_t^2 + \cdots + b_py_p^2 > 0 \tag{6.12}$$

又将式 (6.11) 的非零解代入式 (6.10)，得 $z_1, z_2, \cdots, z_t, z_{t+1}, \cdots, z_n$ 一组值 (这时 $z_1 = z_2 = \cdots = z_t = 0$)，将它们代入式 (6.9)，有

$$f = -c_{t+1}z_{t+1}^2 - \cdots - c_pz_p^2 - \cdots - c_rz_r^2 \leqslant 0 \tag{6.13}$$

显然式 (6.12) 和式 (6.13) 矛盾，故 $p > t$ 不能成立。

同理可证 $p < t$ 也不成立，故 $p = t$。这就证明了二次型的标准型中，正平方项的项数与所作的可逆变换无关，它是由二次型本身（或二次型矩阵 $\boldsymbol{A}$）所确定的。由于 $q = R(\boldsymbol{A}) - p$，故 q 也是由 $\boldsymbol{A}$ 唯一确定的。

■

定义 6.3.1 实二次型 $f = \boldsymbol{x}^{\mathrm{T}}\boldsymbol{A}\boldsymbol{x}$ 的标准型中，正平方项的项数 p 称为二次型 f (或$\boldsymbol{A}$) 的正惯性指数; 负平方项的项数 q 称为二次型 f (或$\boldsymbol{A}$) 的负惯性指数; 正、负惯性指数的差称为符号差。

由定理 6.3.1 可得下面的推论。

推论 6.3.1 设 $\boldsymbol{A}$ 为 n 阶实对称矩阵，若 $\boldsymbol{A}$ 的正、负惯性指数分别为 p 和 q，则 $\boldsymbol{A}$ 合同于对角阵

$$\boldsymbol{\Lambda} = \begin{bmatrix} \boldsymbol{I}_p & & \\ & -\boldsymbol{I}_q & \\ & & \boldsymbol{O}_{n-(p+q)} \end{bmatrix}$$

或者说，对于二次型 $\boldsymbol{x}^{\mathrm{T}}\boldsymbol{A}\boldsymbol{x}$，存在可逆线性变换 $\boldsymbol{x} = \boldsymbol{C}\boldsymbol{y}$，使得

$$\boldsymbol{x}^{\mathrm{T}}\boldsymbol{A}\boldsymbol{x} = y_1^2 + \cdots + y_p^2 - y_{p+1}^2 - \cdots - y_{p+q}^2 \tag{6.14}$$

并将式 (6.14) 右端的二次型称为 $\boldsymbol{x}^{\mathrm{T}}\boldsymbol{A}\boldsymbol{x}$ 的标准型; 称对角阵 $\boldsymbol{\Lambda}$ 为 $\boldsymbol{A}$ 的合同标准型。

证明: 由定理 6.3.1，存在可逆矩阵 $\boldsymbol{C}_1$，使

$$\boldsymbol{C}_1^{\mathrm{T}}\boldsymbol{A}\boldsymbol{C}_1 = \mathrm{diag}(d_1, \cdots, d_p, -d_{p+1}, \cdots, -d_{p+q}, 0, \cdots, 0)$$

其中，$d_i > 0$ $(i = 1, \cdots, p+q)$。取可逆矩阵

$$\boldsymbol{C}_2 = \mathrm{diag}\left(\frac{1}{\sqrt{d_1}}, \cdots, \frac{1}{\sqrt{d_p}}, \frac{1}{\sqrt{d_{p+1}}}, \cdots, \frac{1}{\sqrt{d_{p+q}}}, 1, \cdots, 1\right)$$

则 $\boldsymbol{C}_2^{\mathrm{T}} = \boldsymbol{C}_2$，并有 $\boldsymbol{C}_2^{\mathrm{T}}(\boldsymbol{C}_1^{\mathrm{T}}\boldsymbol{A}\boldsymbol{C}_1)\boldsymbol{C}_2 = \mathrm{diag}(1, \cdots, 1, -1, \cdots, -1, 0, \cdots, 0)$，其中 1、$-1$ 和 0 的个数分别为 p、q 和 $n-(p+q)$。若取 $\boldsymbol{C} = \boldsymbol{C}_1\boldsymbol{C}_2$，则 $\boldsymbol{C}^{\mathrm{T}}\boldsymbol{A}\boldsymbol{C} = \boldsymbol{\Lambda}$，即 $\boldsymbol{C}$ 合同于 $\boldsymbol{\Lambda}$; 取 $\boldsymbol{x} = \boldsymbol{C}\boldsymbol{y}$ ($\boldsymbol{C}$可逆)，则式 (6.14) 成立。

■

以下两点需要注意:

(1) 惯性定理对复二次型不成立，例如，

$$f(x_1, x_2) = x_1^2 + x_2^2$$

是复二次型，若令 $\begin{bmatrix} x_1 \\ x_2 \end{bmatrix} = \begin{bmatrix} 1 & 0 \\ 0 & \sqrt{-1} \end{bmatrix} \begin{bmatrix} y_1 \\ y_1 \end{bmatrix}$，则

$$f(x_1, x_2) = y_1^2 - y_2^2$$

与原来二次型的标准型的正项个数就不同了。

(2) 二次型的标准型是唯一的。

定义 6.3.2 若两个 n 阶实对称矩阵 $\boldsymbol{A}$、$\boldsymbol{B}$ 合同，则称它们对应的二次型 $\boldsymbol{x}^{\mathrm{T}}\boldsymbol{A}\boldsymbol{x}$ 和 $\boldsymbol{y}^{\mathrm{T}}\boldsymbol{B}\boldsymbol{y}$ 合同。

由以上结果不难得出如下结论。

定理 6.3.2 两个二次型合同的充要条件是它们有相同的正惯性指数和相同的负惯性指数。

6.4 正定二次型和正定矩阵

如果函数为一个二次型 $F(\boldsymbol{x}) = \boldsymbol{x}^{\mathrm{T}}\boldsymbol{A}\boldsymbol{x}$，则 $\mathbf{0}$ 为一个临界点，它是否是极大值、极小值或鞍点（既不是极大值点也不是极小值点）依赖于 $\boldsymbol{A}$ 的特征值。更一般地，若一个要求极值的函数可微，则它在局部的行为很像一个二次型。因此，每一个临界点可以通过确定与其相关联的二次型矩阵的特征值的符号来判定极值的情形。

考虑二次型

$$f(x,y) = ax^2 + 2bxy + cy^2$$

f 的一阶偏导数为

$$\begin{aligned} f_x &= 2ax + 2by \\ f_y &= 2bx + 2cy \end{aligned}$$

令上述方程等于零，得到 $(0,0)$ 是一个驻点。因而，如果矩阵

$$\begin{bmatrix} a & b \\ b & c \end{bmatrix}$$

为可逆的，这将是唯一的临界点。因此，如果 $\boldsymbol{A}$ 可逆，f 将在 $(0,0)$ 点有一个全局极小值、全局极大值或鞍点。

将 f 写为矩阵形式，即

$$f(\boldsymbol{x}) = \boldsymbol{x}^{\mathrm{T}}\boldsymbol{A}\boldsymbol{x}, \quad 其中\boldsymbol{x} = \begin{bmatrix} x \\ y \end{bmatrix}$$

由于 $f(\mathbf{0}) = 0$，可得 f 在 $\mathbf{0}$ 处有全局极小值的充要条件为，对所有的 $\boldsymbol{x} \neq 0$，有

$$\boldsymbol{x}^{\mathrm{T}}\boldsymbol{A}\boldsymbol{x} > 0$$

f 在 $\mathbf{0}$ 处有全局极大值的充要条件为，对所有的 $\boldsymbol{x} \neq 0$，

$$\boldsymbol{x}^{\mathrm{T}}\boldsymbol{A}\boldsymbol{x} < 0$$

若 $\boldsymbol{x}^{\mathrm{T}}\boldsymbol{A}\boldsymbol{x}$ 变号，则 $\mathbf{0}$ 为一个鞍点。

一般地，如果 f 为一个有 n 个变量的二次型，则对每一 $\boldsymbol{x} \in \mathbb{R}^n$，有

$$f(\boldsymbol{x}) = \boldsymbol{x}^{\mathrm{T}}\boldsymbol{A}\boldsymbol{x}$$

其中，$\boldsymbol{A}$ 为 $n \times n$ 对称矩阵。我们有如下定义。

定义 6.4.1 若 $\boldsymbol{x}$ 在 $\mathbb{R}^n$ 中取遍所有非零向量时，二次型 $f(\boldsymbol{x}) = \boldsymbol{x}^{\mathrm{T}}\boldsymbol{A}\boldsymbol{x}$ 仅取一个

符号，则称其为定的。若对 $\mathbb{R}^n$ 中的所有非零 $\boldsymbol{x}$，$f(\boldsymbol{x})=\boldsymbol{x}^{\mathrm{T}}\boldsymbol{A}\boldsymbol{x}>0$，则称该二次型为正定的; 若对 $\mathbb{R}^n$ 中的所有非零 $\boldsymbol{x}$，$f(\boldsymbol{x})=\boldsymbol{x}^{\mathrm{T}}\boldsymbol{A}\boldsymbol{x}<0$，则称该二次型为负定的。

若一个二次型取不同的符号，则称它为不定的。若 $f(\boldsymbol{x})=\boldsymbol{x}^{\mathrm{T}}\boldsymbol{A}\boldsymbol{x}\geqslant 0$，且假定对某 $\boldsymbol{x}\neq\boldsymbol{0}$，其值为 0，则 $f(\boldsymbol{x})$ 称为半正定的；若 $f(\boldsymbol{x})=\boldsymbol{x}^{\mathrm{T}}\boldsymbol{A}\boldsymbol{x}\leqslant 0$，且假定对某 $\boldsymbol{x}\neq\boldsymbol{0}$，其值为 0，则 $f(\boldsymbol{x})$ 称为半负定的。

例如，三元二次型 $f(x_1,x_2,x_3)=3x_1^2+4x_2^2+5x_3^2$ 是正定二次型。这是因为只要 x_1,x_2,x_3 不全为 0，就一定有 $3x_1^2+4x_2^2+5x_3^2>0$；二次型 $g(x_1,x_2,x_3)=3x_1^2+4x_2^2$ 是半正定的，因为 $g(x_1,x_2,x_3)\geqslant 0$ 且 $g(0,0,1)=0$；而二次型 $h(x_1,x_2,x_3)=3x_1^2+4x_2^2-5x_3^2$ 是不定的，事实上，有 $h(0,0,1)<0,h(1,0,0)>0$。

显然，二次型是正定的或负定的依赖于矩阵 $\boldsymbol{A}$。若二次型是正定的，简称 $\boldsymbol{A}$ 为正定的。定义 6.4.1 可按如下方式重新表述。

定义 6.4.2 一个实对称矩阵 $\boldsymbol{A}$ 称为

(1) 正定的，若对 $\mathbb{R}^n$ 中所有非零 $\boldsymbol{x}$, $\boldsymbol{x}^{\mathrm{T}}\boldsymbol{A}\boldsymbol{x}>0$;

(2) 负定的，若对 $\mathbb{R}^n$ 中所有非零 $\boldsymbol{x}$，$\boldsymbol{x}^{\mathrm{T}}\boldsymbol{A}\boldsymbol{x}<0$;

(3) 半正定的，若对 $\mathbb{R}^n$ 中所有非零 $\boldsymbol{x}$，$\boldsymbol{x}^{\mathrm{T}}\boldsymbol{A}\boldsymbol{x}\geqslant 0$;

(4) 半负定的，若对 $\mathbb{R}^n$ 中所有非零 $\boldsymbol{x}$，$\boldsymbol{x}^{\mathrm{T}}\boldsymbol{A}\boldsymbol{x}\leqslant 0$;

(5) 不定的，若 $\boldsymbol{x}^{\mathrm{T}}\boldsymbol{A}\boldsymbol{x}$ 的取值有不同的符号。

例 6.4.1 已知 $\boldsymbol{A}$ 与 $\boldsymbol{B}$ 都是 n 阶正定矩阵，证明 $\boldsymbol{A}+\boldsymbol{B}$ 也是正定矩阵。

证明: 因 $\boldsymbol{A}^{\mathrm{T}}=\boldsymbol{A},\boldsymbol{B}^{\mathrm{T}}=\boldsymbol{B}$，所以

$$(\boldsymbol{A}+\boldsymbol{B})^{\mathrm{T}}=\boldsymbol{A}^{\mathrm{T}}+\boldsymbol{B}^{\mathrm{T}}=\boldsymbol{A}+\boldsymbol{B}$$

即 $\boldsymbol{A}+\boldsymbol{B}$ 也是实对称矩阵。又对任意 $\boldsymbol{x}\neq 0$，有 $\boldsymbol{x}^{\mathrm{T}}\boldsymbol{A}\boldsymbol{x}>0,\boldsymbol{x}^{\mathrm{T}}\boldsymbol{B}\boldsymbol{x}>0$，于是

$$\boldsymbol{x}^{\mathrm{T}}(\boldsymbol{A}+\boldsymbol{B})\boldsymbol{x}=\boldsymbol{x}^{\mathrm{T}}\boldsymbol{A}\boldsymbol{x}+\boldsymbol{x}^{\mathrm{T}}\boldsymbol{B}\boldsymbol{x}>0$$

故 $\boldsymbol{x}^{\mathrm{T}}(\boldsymbol{A}+\boldsymbol{B})\boldsymbol{x}$ 是正定二次型，即 $\boldsymbol{A}+\boldsymbol{B}$ 是正定矩阵。

■

若 $\boldsymbol{A}$ 可逆，则 $\boldsymbol{0}$ 为 $f(\boldsymbol{x})=\boldsymbol{x}^{\mathrm{T}}\boldsymbol{A}\boldsymbol{x}$ 的唯一驻点; 若 $\boldsymbol{A}$ 为正定的，则它为全局极小值点; 若 $\boldsymbol{A}$ 为负定的，则它为全局极大值点。若 $\boldsymbol{A}$ 为不定的，则 $\boldsymbol{0}$ 为鞍点。为对驻点进行分类，就必须对 $\boldsymbol{A}$ 进行分类。下面讨论正定二次型和正定矩阵的性质。

定理 6.4.1 可逆线性变换不改变二次型的正定性。

证明: 设二次型

$$f(\boldsymbol{x})=\boldsymbol{x}^{\mathrm{T}}\boldsymbol{A}\boldsymbol{x}$$

经可逆线性变换 $\boldsymbol{x}=\boldsymbol{C}\boldsymbol{y}$ 化为二次型

$$f(\boldsymbol{x})=\boldsymbol{x}^{\mathrm{T}}\boldsymbol{A}\boldsymbol{x}=\boldsymbol{y}^{\mathrm{T}}(\boldsymbol{C}^{\mathrm{T}}\boldsymbol{A}\boldsymbol{C})\boldsymbol{y}=\boldsymbol{y}^{\mathrm{T}}\boldsymbol{B}\boldsymbol{y}=g(\boldsymbol{y})$$

其中，$\boldsymbol{B}=\boldsymbol{C}^{\mathrm{T}}\boldsymbol{A}\boldsymbol{C}$。若 $\boldsymbol{x}^{\mathrm{T}}\boldsymbol{A}\boldsymbol{x}$ 为正定二次型，即对任意 n 维向量 $\boldsymbol{x}$，恒有 $\boldsymbol{x}^{\mathrm{T}}\boldsymbol{A}\boldsymbol{x}>0$。于是，对任意的 n 维非零实向量 $\boldsymbol{y}_0$，都可由 $\boldsymbol{x}=\boldsymbol{C}\boldsymbol{y}$ 得到 n 维非零实向量 $\boldsymbol{x}_0$（若 $\boldsymbol{x}_0=\boldsymbol{0}$，则 $\boldsymbol{y}_0=\boldsymbol{C}^{-1}\boldsymbol{x}_0=\boldsymbol{0}$，矛盾）。因而

$$\boldsymbol{y}_0^{\mathrm{T}}\boldsymbol{B}\boldsymbol{y}_0=\boldsymbol{y}_0^{\mathrm{T}}\boldsymbol{C}^{\mathrm{T}}\boldsymbol{A}\boldsymbol{C}\boldsymbol{y}_0=(\boldsymbol{C}\boldsymbol{y}_0)^{\mathrm{T}}\boldsymbol{A}(\boldsymbol{C}\boldsymbol{y}_0)=\boldsymbol{x}_0^{\mathrm{T}}\boldsymbol{A}\boldsymbol{x}_0>0$$

因此，二次型 $\boldsymbol{y}^{\mathrm{T}}\boldsymbol{B}\boldsymbol{y}$ 是正定的。

同理，若 $\boldsymbol{y}^{\mathrm{T}}\boldsymbol{B}\boldsymbol{y}$ 是正定二次型，则 $\boldsymbol{x}^{\mathrm{T}}\boldsymbol{A}\boldsymbol{x}$ 也是正定二次型。故二次型 $\boldsymbol{x}^{\mathrm{T}}\boldsymbol{A}\boldsymbol{x}$ 与 $\boldsymbol{y}^{\mathrm{T}}\boldsymbol{B}\boldsymbol{y}$ 有相同的正定性。

■

推论 6.4.1　与正定矩阵合同的实对称矩阵也是正定矩阵。

定理 6.4.2　二次型

$$f(y_1,y_2,\cdots,y_n)=d_1y_1^2+d_2y_2^2+\cdots+d_ny_n^2$$

正定的充要条件是 $d_i>0\ (i=1,2,\cdots,n)$。

证明： 充分性显然成立。用反证法证明必要性，设 $d_i\leqslant 0$，取 $y_i=1,y_j=0(j\neq i)$，代入二次型，得

$$f(0,\cdots,0,1,0,\cdots,0)=d_i\leqslant 0$$

与二次型正定矛盾。

■

由定理 6.4.1 和定理 6.4.2 可见，一个二次型 $\boldsymbol{x}^{\mathrm{T}}\boldsymbol{A}\boldsymbol{x}$（或实对称矩阵 $\boldsymbol{A}$），通过可逆线性变换 $\boldsymbol{x}=\boldsymbol{C}\boldsymbol{y}$, 将其化为标准型

$$\boldsymbol{y}^{\mathrm{T}}(\boldsymbol{C}^{\mathrm{T}}\boldsymbol{A}\boldsymbol{C})\boldsymbol{y}=\sum_{i=1}^{n}d_i\boldsymbol{y}_i^2$$

或将 $\boldsymbol{A}$ 合同于对角阵，即 $\boldsymbol{C}^{\mathrm{T}}\boldsymbol{A}\boldsymbol{C}=\boldsymbol{\Lambda}$，就容易判断其正定性，利用二次型的标准型判别二次型的正定性，有下列重要结果：

定理 6.4.3　若 $\boldsymbol{A}$ 是 n 阶实对称矩阵，则下列命题等价：

(1) $\boldsymbol{x}^{\mathrm{T}}\boldsymbol{A}\boldsymbol{x}$ 是正定二次型，即 $\boldsymbol{A}$ 是正定矩阵；

(2) $\boldsymbol{A}$ 的 n 个特征值 $\lambda_1,\lambda_2,\cdots,\lambda_n$ 全大于零；

(3) $\boldsymbol{A}$ 的正惯性指数为 n，即 $\boldsymbol{A}$ 与单位矩阵 $\boldsymbol{I}$ 合同；

(4) 存在可逆矩阵 $\boldsymbol{B}$，使得 $\boldsymbol{A}=\boldsymbol{B}^{\mathrm{T}}\boldsymbol{B}$。

证明： 采用循环法证明。

(1) ⇒ (2) 设 λ 为 $\boldsymbol{A}$ 的任一特征值，$\boldsymbol{x}$ 为属于 λ 的特征向量，则由 $\boldsymbol{A}\boldsymbol{x}=\lambda\boldsymbol{x}$ 且 $\boldsymbol{x}\neq 0$，由于 $\boldsymbol{A}$ 是正定的，因此，$0\leqslant\boldsymbol{x}^{\mathrm{T}}\boldsymbol{A}\boldsymbol{x}=\lambda\boldsymbol{x}^{\mathrm{T}}\boldsymbol{x}=\lambda\|\boldsymbol{x}\|^2$，故 $\lambda=\dfrac{\boldsymbol{x}^{\mathrm{T}}\boldsymbol{A}\boldsymbol{x}}{\|\boldsymbol{x}\|^2}\geqslant 0$。

(2) ⇒ (3) 由定理 6.1.1 和定理 6.3.1 可知，$\boldsymbol{A}$ 的正惯性指数等于 $\boldsymbol{A}$ 的正特征值的个数，故 $\boldsymbol{A}$ 的正惯性指数为 n。由推论 6.3.1 可知，$\boldsymbol{A}$ 与 $\boldsymbol{I}$ 合同。

(3) ⇒ (4) 因为 $\boldsymbol{A}$ 与 $\boldsymbol{I}$ 合同，即存在可逆矩阵 $\boldsymbol{C}$，使得 $\boldsymbol{C}^{\mathrm{T}}\boldsymbol{A}\boldsymbol{C}=\boldsymbol{I}$，于是

$$\boldsymbol{A}=(\boldsymbol{C}^{\mathrm{T}})^{-1}\boldsymbol{I}\boldsymbol{C}^{-1}=(\boldsymbol{C}^{-1})^{\mathrm{T}}\boldsymbol{C}^{-1}$$

令 $\boldsymbol{B}=\boldsymbol{C}^{-1}$，则 $\boldsymbol{A}=\boldsymbol{B}^{\mathrm{T}}\boldsymbol{B}$。

(4) ⇒ (1) 对任意 n 维非零向量 $\boldsymbol{x}$，由 $\boldsymbol{B}$ 可逆得 $\boldsymbol{Bx} \neq \boldsymbol{0}$。于是

$$\boldsymbol{x}^{\mathrm{T}}\boldsymbol{Ax} = \boldsymbol{x}^{\mathrm{T}}\boldsymbol{B}^{\mathrm{T}}\boldsymbol{Bx} = (\boldsymbol{Bx})^{\mathrm{T}}(\boldsymbol{Bx}) = \|\boldsymbol{Bx}\|^2 > 0$$

故 $\boldsymbol{x}^{\mathrm{T}}\boldsymbol{Ax}$ 为正定二次型。

■

由定理 6.4.3 可知，n 阶实对称矩阵 $\boldsymbol{A}$ 正定的充分必要条件是其所有的特征值都是正的。这是正定矩阵非常重要的特征。显然，若 $\boldsymbol{A}$ 的所有特征值均为负的，则 $-\boldsymbol{A}$ 必为正定的，因此，$\boldsymbol{A}$ 必为负定的。若 $\boldsymbol{A}$ 的特征值有不同的符号，则 $\boldsymbol{A}$ 为不定的。

例 6.4.2 判定二次型

$$f(x,y) = 2x^2 - 4xy + 5y^2$$

是否正定，并对驻点 $(0,0)$ 进行分类。

解: 可以用二次型对应的矩阵 $\boldsymbol{A}$ 确定这个问题。

$$\boldsymbol{A} = \begin{bmatrix} 2 & -2 \\ -2 & 5 \end{bmatrix}$$

$\boldsymbol{A}$ 的特征值为 $\lambda_1 = 6, \lambda_2 = 1$。由于所有的特征值均为正的，故 $\boldsymbol{A}$ 为正定的，因此，驻点 $(0,0)$ 为全局极小值点。

下面讨论如何通过二次型的矩阵 $\boldsymbol{A}$ 的子式的性质判别 $\boldsymbol{A}$ 的正定性。

定理 6.4.4 若矩阵 $\boldsymbol{A} = a_{ij}$ 是正定矩阵，则

(1) $\boldsymbol{A}$ 的主对角元 $a_{ii} > 0\ (i = 1,2,\cdots,n)$;

(2) $\boldsymbol{A}$ 的行列式 $\det(\boldsymbol{A}) > 0$。

证明: (1) 因为 $\boldsymbol{A}$ 是 n 阶正定矩阵，所以对 n 维单位向量 $\boldsymbol{e}_i = (0,\cdots,0,1,0,\cdots,0)^{\mathrm{T}}$，有

$$a_{ii} = \boldsymbol{e}_i^{\mathrm{T}}\boldsymbol{Ae}_i > 0$$

(2) 因为 $\boldsymbol{A}$ 是正定矩阵，所以 $\boldsymbol{A}$ 的特征值 $\lambda_1, \lambda_2, \cdots, \lambda_n$ 均为正的。因此，

$$\det(\boldsymbol{A}) = \lambda_1\lambda_2\cdots\lambda_n > 0$$

■

定义 6.4.3 设 $\boldsymbol{A} = (a_{ij})$ 为 n 阶方阵，$\boldsymbol{A}$ 的前 k 行和前 k 列构成的矩阵 $\boldsymbol{A}_k$ 称为 $\boldsymbol{A}$ 的 k 阶顺序主子矩阵，行列式

$$\det(\boldsymbol{A}_k) = \begin{vmatrix} a_{11} & a_{12} & \cdots & a_{1k} \\ a_{21} & a_{22} & \cdots & a_{2k} \\ \vdots & \vdots & & \vdots \\ a_{k1} & a_{k2} & \cdots & a_{kk} \end{vmatrix}, \quad k = 1,2,\cdots,n$$

称为 $\boldsymbol{A}$ 的 k 阶顺序主子式。

定理 6.4.5 若 $\boldsymbol{A}$ 为 n 阶正定矩阵，则 $\boldsymbol{A}$ 顺序主子式全大于零，即 $\det(\boldsymbol{A}_k) > 0$, $k = 1,2,\cdots,n$。

证明： 令$\boldsymbol{x}_k=(a_1,a_2,\cdots,a_k)^{\mathrm{T}}$为$\mathbb{R}^k$中任意非零向量，并令$\boldsymbol{x}=(a_1,a_2,\cdots,a_k,0,\cdots,0)^{\mathrm{T}}$，则

$$\boldsymbol{x}_k^{\mathrm{T}}\boldsymbol{A}_k\boldsymbol{x}_k=\boldsymbol{x}^{\mathrm{T}}\boldsymbol{A}\boldsymbol{x}>0$$

故 $\boldsymbol{A}_k$ 为正定的，由定理 6.4.4 有

$$\det(\boldsymbol{A}_k)>0$$

■

定理 6.4.4 为 $\boldsymbol{A}$ 正定的必要条件，但不是充分条件，而定理 6.4.5 是 $\boldsymbol{A}$ 正定的充要条件，也就是说，可以利用 $\boldsymbol{A}$ 的顺序主子式判别 $\boldsymbol{A}$ 的正定性。如例 6.4.2 中的 $\boldsymbol{A}=\begin{bmatrix}2&-2\\-2&5\end{bmatrix}$，由于 $\det(\boldsymbol{A}_1)=2>0$，$\det(\boldsymbol{A}_2)=\det(\boldsymbol{A})=6>0$，所以 $\boldsymbol{A}$ 是正定的。

最后，讨论多元函数 $F(\boldsymbol{x})=F(x_1,x_2,\cdots,x_n)$ 驻点的分类问题。考虑二元函数 $F(x,y)$，设其驻点为 (x_0,y_0)。若 F 在 (x_0,y_0) 的邻域内有连续的三阶偏导数，则可将其在该点进行泰勒展开。

$$\begin{aligned}F(x_0+h,y_0+k)&=F(x_0,y_0)+[hF_x(x_0,y_0)+kF_y(x_0,y_0)]+\\&\quad\frac{1}{2}[h^2F_{xx}(x_0,y_0)+2hkF_{xy}(x_0,y_0)+k^2F_{yy}(x_0,y_0)]+R\\&=F(x_0,y_0)+\frac{1}{2}(ah^2+2bhk+ck^2)+R\end{aligned}$$

其中，

$$a=F_{xx}(x_0,y_0),\ b=F_{x,y}(x_0,y_0),\ c=F_{yy}(x_0,y_0)$$

余项为

$$\begin{aligned}R&=\frac{1}{6}[h^3F_{xxx}(z)+3h^2kF_{xxy}(z)+3hk^2F_{xyy}(z)+k^3F_{yyy}(z)]\\z&=(x_0+\theta h,y_0+\theta k),\quad 0<\theta<1\end{aligned}$$

若 h 和 k 充分小，则 $|R|$ 将小于 $\frac{1}{2}(ah^2+2bhk+ck^2)$，于是 $F(x_0+h,y_0+k)-F(x_0,y_0)$ 将与 $(ah^2+2bhk+ck^2)$ 的符号相同。表达式

$$f(h,k)=ah^2+2bhk+ck^2$$

为变量 h 和 k 的二次型。因此，$F(x,y)$ 在 (x_0,y_0) 处取得局部极小值（极大值）的充要条件是 $f(h,k)$ 在 $(0,0)$ 处有极小值（极大值）。令

$$\boldsymbol{H}=\begin{bmatrix}a&b\\b&c\end{bmatrix}=\begin{bmatrix}F_{xx}(x_0,y_0)&F_{xy}(x_0,y_0)\\F_{xy}(x_0,y_0)&F_{yy}(x_0,y_0)\end{bmatrix}$$

并令 λ_1 和 λ_2 为 $\boldsymbol{H}$ 的特征值。若 $\boldsymbol{H}$ 可逆，则 λ_1 和 λ_2 都不等于零，且可将驻点如下分类：

(1) 若 $\lambda_1>0,\lambda_2<0$，则 F 在 (x_0,y_0) 处有一个极小值；

(2) 若 $\lambda_1<0,\lambda_2<0$，则 F 在 (x_0,y_0) 处有一个极大值；

(3) 若 λ_1 和 λ_2 有不同的符号，则 F 在 (x_0, y_0) 处有一个鞍点。

显然，上述分类方法可以推广到多于两个变量的情形。令 $F(\boldsymbol{x})=F(x_1, x_2, \cdots, x_n)$ 为一实值函数，其三阶偏导数均为连续的。令 $\boldsymbol{x}_0$ 为 F 的驻点，且定义矩阵 $\boldsymbol{H}=\boldsymbol{H}(\boldsymbol{x}_0)$ 为

$$h_{ij} = F_{x_i x_j}(\boldsymbol{x}_0)$$

$\boldsymbol{H}(\boldsymbol{x}_0)$ 称为 F 在 $\boldsymbol{x}_0$ 点的黑塞矩阵。

驻点可按如下方法进行分类：

(1) 若 $\boldsymbol{H}(\boldsymbol{x}_0)$ 为正定的，则 $\boldsymbol{x}_0$ 为 F 的一个局部极小值点；

(2) 若 $\boldsymbol{H}(\boldsymbol{x}_0)$ 为负定的，则 $\boldsymbol{x}_0$ 为 F 的一个局部极大值点；

(3) 若 $\boldsymbol{H}(\boldsymbol{x}_0)$ 为不定的，则 $\boldsymbol{x}_0$ 为 F 的一个鞍点。

例 6.4.3 对函数

$$F(x, y) = \frac{1}{3}x^3 + xy^2 - 4xy + 1$$

的所有驻点进行分类。

解： F 的一阶偏导数为

$$F_x = x^2 + y^2 - 4y$$
$$F_y = 2xy - 4x = 2x(y-2)$$

令 $F_y = 0$，得到 $x = 0$ 或 $y = 2$。令 $F_x = 0$，若 $x = 0$，则 $y = 0$或4；若 $y = 2$，则 $x = \pm 2$。因此 $(0,0), (0,4), (2,2), (-2,2)$ 为 F 的驻点。为对驻点进行分类，我们求二阶偏导数：

$$F_{xx} = 2x,\ F_{xy} = 2y - 4,\ F_{yy} = 2x$$

对每一驻点 (x_0, y_0)，求黑塞矩阵

$$\boldsymbol{H}(x_0, y_0) = \begin{bmatrix} 2x_0 & 2y_0 - 4 \\ 2y_0 - 4 & 2x_0 \end{bmatrix}$$

并判别其正定性，可知，对于驻点 $(2,2)$，$\boldsymbol{H}$ 为正定的，因此 $(2,2)$ 为局部极小值点；对于驻点 $(-2,2)$，$\boldsymbol{H}$ 为负定的，因此 $(-2,2)$ 为局部极大值点；对于驻点 $(0,0)$ 和 $(0,4)$，$\boldsymbol{H}$ 是不定的，因此 $(0,0)$ 和 $(0,4)$ 为鞍点。

例 6.4.4 求函数

$$F(x, y, z) = x^2 + xz - 3\cos y + z^2$$

的局部极大值、极小值和所有鞍点。

解： F 的一阶偏导数为

$$F_x = 2x + z,\ F_y = 3\sin y,\ F_z = x + 2z$$

由此可得，$[0 \quad n\pi \quad 0]^{\mathrm{T}}$ 为 F 的一个驻点，其中 n 为一整数。F 的二阶偏导数为

$$F_{xx} = 2,\ F_{xy} = 0,\ F_{xz} = 1,\ F_{yy} = 3\cos y,\ F_{yz} = 0,\ F_{zz} = 2$$

令 $\boldsymbol{x}_0 = [0 \quad 2k\pi \quad 0]^{\mathrm{T}}$，则 $\boldsymbol{F}$ 在 $\boldsymbol{x}_0$ 处的黑塞矩阵为

$$\boldsymbol{H}(\boldsymbol{x}_0)=\begin{bmatrix}2&0&1\\0&3&0\\1&0&2\end{bmatrix}$$

$\boldsymbol{H}(\boldsymbol{x}_0)$ 的特征值为 3、3 和 1，由于特征值均为正的，可得 $\boldsymbol{H}(\boldsymbol{x}_0)$ 是正定的。因此 $\boldsymbol{F}$ 在 $\boldsymbol{x}_0$ 处有一个局部极小值 $F(0,2k\pi,0)=-3$。另一方面，在驻点 $\boldsymbol{x}_1=[0\quad 2(k-1)\pi\quad 0]^{\mathrm{T}}$ 处，其黑塞矩阵为

$$\boldsymbol{H}(\boldsymbol{x}_1)=\begin{bmatrix}2&0&1\\0&-3&0\\1&0&2\end{bmatrix}$$

$\boldsymbol{H}(\boldsymbol{x}_1)$ 的特征值为 -3、3 和 1，由此可得 $\boldsymbol{H}(\boldsymbol{x}_1)$ 是不定的。因此 $\boldsymbol{x}_1$ 为 $\boldsymbol{F}$ 的鞍点。

6.5　应用举例

对称正定矩阵的分解

在应用数学中，利用数值的方法（如有限差分法或有限元法）求解边值问题时，经常要用到对称正定矩阵的分解。下面介绍几种常用的分解方法。

方法 1（LU 分解）：若 $\boldsymbol{A}$ 为对称正定矩阵，则 $\boldsymbol{A}$ 可被分解为乘积 $\boldsymbol{LU}$，其中 $\boldsymbol{U}$ 为将 $\boldsymbol{A}$ 仅使用第三种初等行运算化为的上三角矩阵，$\boldsymbol{L}$ 为下三角矩阵，其对角线元素均为 1，对角线下的 (i,j) 元素为在行运算过程中从第 j 行减去第 i 行的倍数。

下面通过一个 3×3 矩阵的例子来说明。

例 6.5.1　令

$$\boldsymbol{A}=\begin{bmatrix}4&2&-2\\2&10&2\\-2&2&5\end{bmatrix}$$

矩阵 $\boldsymbol{L}$ 和 $\boldsymbol{U}$ 采用如下方法求得。消元的第一步是从第二行减去第一行的 $\dfrac{1}{2}$，并从第三行减去第一行的 $-\dfrac{1}{2}$。对应于这些运算，令 $l_{21}=\dfrac{1}{2}$ 及 $l_{31}=-\dfrac{1}{2}$，第一步中得到矩阵

$$\boldsymbol{A}^{(1)}=\begin{bmatrix}4&2&-2\\0&9&3\\0&3&4\end{bmatrix}$$

最后的消元过程是，从第三行中减去第一行的 $\dfrac{1}{3}$。对应于这一步，令 $l_{32}=\dfrac{1}{3}$。第二步后，

得到最终的上三角矩阵 $\boldsymbol{U}$ 和 $\boldsymbol{L}$，即

$$\boldsymbol{U}=\boldsymbol{A}^{(2)}=\begin{bmatrix}4 & 2 & -2\\0 & 9 & 3\\0 & 0 & 3\end{bmatrix} \quad 且 \quad \boldsymbol{L}=\begin{bmatrix}1 & 0 & 0\\\dfrac{1}{2} & 1 & 0\\-\dfrac{1}{2} & \dfrac{1}{3} & 1\end{bmatrix}$$

可以验证 $\boldsymbol{LU}=\boldsymbol{A}$。

若 $\boldsymbol{A}$ 为对称正定矩阵，给定 $\boldsymbol{A}$ 的 LU 分解，则 $\boldsymbol{U}$ 可以进一步分解为乘积 $\boldsymbol{DU}_1$，其中 $\boldsymbol{D}$ 为对角阵，$\boldsymbol{U}_1$ 为上三角矩阵，其对角线元素均为 1。

$$\boldsymbol{DU}_1=\begin{bmatrix}u_{11} & & & \\ & u_{22} & & \\ & & \ddots & \\ & & & u_{nn}\end{bmatrix}\begin{bmatrix}1 & \dfrac{u_{12}}{u_{11}} & \dfrac{u_{13}}{u_{11}} & \cdots & \dfrac{u_{1n}}{u_{11}}\\ & 1 & \dfrac{u_{23}}{u_{22}} & \cdots & \dfrac{u_{2n}}{u_{22}}\\ & & & & \vdots\\ & & & & 1\end{bmatrix}$$

于是，$\boldsymbol{A}$ 可分解为乘积 $\boldsymbol{LU}=\boldsymbol{LDU}_1$，可以证明这种分解是唯一的（证明过程留作练习），且由定理 6.4.4 的 (1) 知，$\boldsymbol{D}$ 的对角元素均为正的。此外由于 $\boldsymbol{A}$ 是对称的，有

$$\boldsymbol{LDU}_1=\boldsymbol{A}=\boldsymbol{A}^{\mathrm{T}}=(\boldsymbol{LDU}_1)^{\mathrm{T}}=\boldsymbol{U}_1^{\mathrm{T}}\boldsymbol{D}^{\mathrm{T}}\boldsymbol{L}^{\mathrm{T}}$$

由分解的唯一性可得 $\boldsymbol{L}^{\mathrm{T}}=\boldsymbol{U}_1$。因此，

$$\boldsymbol{A}=\boldsymbol{LDL}^{\mathrm{T}}$$

方法 2（对角分解）：若 $\boldsymbol{A}$ 为对称正定矩阵，则 $\boldsymbol{A}$ 可分解为乘积 $\boldsymbol{LDL}^{\mathrm{T}}$，其中 $\boldsymbol{L}$ 为下三角矩阵，其对角线元素为 1，且 $\boldsymbol{D}$ 为对角矩阵，其对角线元素均为正的。

例 6.5.2 在例 6.5.1 中看到

$$\boldsymbol{A}=\begin{bmatrix}4 & 2 & -2\\2 & 10 & 2\\-2 & 2 & 5\end{bmatrix}=\begin{bmatrix}1 & 0 & 0\\\dfrac{1}{2} & 1 & 0\\-\dfrac{1}{2} & \dfrac{1}{3} & 1\end{bmatrix}\begin{bmatrix}4 & 2 & -2\\0 & 9 & 3\\0 & 0 & 3\end{bmatrix}=\boldsymbol{LU}$$

分解出 $\boldsymbol{U}$ 的对角元素，有

$$\boldsymbol{A}=\begin{bmatrix}1 & 0 & 0\\\dfrac{1}{2} & 1 & 0\\-\dfrac{1}{2} & \dfrac{1}{3} & 1\end{bmatrix}\begin{bmatrix}4 & 0 & 0\\0 & 9 & 0\\0 & 0 & 3\end{bmatrix}\begin{bmatrix}1 & \dfrac{1}{2} & -\dfrac{1}{2}\\0 & 1 & \dfrac{1}{3}\\0 & 0 & 1\end{bmatrix}=\boldsymbol{LDL}^{\mathrm{T}}$$

由于对角元素 $u_{11}, u_{22}, \cdots, u_{nn}$ 为正的，它可进一步分解。令

$$\boldsymbol{D}^{1/2} = \begin{bmatrix} \sqrt{u_{11}} & & & \\ & \sqrt{u_{22}} & & \\ & & \ddots & \\ & & & \sqrt{u_{nn}} \end{bmatrix}$$

并令 $\boldsymbol{L}_1 = \boldsymbol{L}\boldsymbol{D}^{1/2}$，则

$$\boldsymbol{A} = \boldsymbol{L}\boldsymbol{D}\boldsymbol{L}^{\mathrm{T}} = \boldsymbol{L}\boldsymbol{D}^{1/2}(\boldsymbol{D}^{1/2})^{\mathrm{T}}\boldsymbol{L}^{\mathrm{T}} = \boldsymbol{L}_1\boldsymbol{L}_1^{\mathrm{T}}$$

这种分解称为 $\boldsymbol{A}$ 的 Cholesky 分解。

方法 3（Cholesky 分解）：若 $\boldsymbol{A}$ 为对称正定矩阵，则 $\boldsymbol{A}$ 可分解为一个乘积 $\boldsymbol{L}\boldsymbol{L}^{\mathrm{T}}$，其中 $\boldsymbol{L}$ 为下三角矩阵，其对角线元素均为正的。

对称正定阵 $\boldsymbol{A}$ 的 Cholesky 分解也可以表示成上三角矩阵。事实上，若 $\boldsymbol{A}$ 的 Cholesky 分解为 $\boldsymbol{L}\boldsymbol{L}^{\mathrm{T}}$，其中 $\boldsymbol{L}$ 为下三角矩阵，其对角线元素均为正的，则 $\boldsymbol{R} = \boldsymbol{L}^{\mathrm{T}}$ 是上三角矩阵，其对角线元素也是正的，且

$$\boldsymbol{A} = \boldsymbol{L}\boldsymbol{L}^{\mathrm{T}} = \boldsymbol{R}^{\mathrm{T}}\boldsymbol{R}$$

例 6.5.3 令 $\boldsymbol{A}$ 为例 6.5.1 中的矩阵。若令

$$\boldsymbol{L}_1 = \boldsymbol{L}\boldsymbol{D}^{1/2} = \begin{bmatrix} 1 & 0 & 0 \\ \frac{1}{2} & 1 & 0 \\ -\frac{1}{2} & \frac{1}{3} & 1 \end{bmatrix} \begin{bmatrix} 2 & 0 & 0 \\ 0 & 3 & 0 \\ 0 & 0 & \sqrt{3} \end{bmatrix} = \begin{bmatrix} 2 & 0 & 0 \\ 1 & 3 & 0 \\ -1 & 1 & \sqrt{3} \end{bmatrix}$$

则

$$\boldsymbol{L}_1\boldsymbol{L}_1^{\mathrm{T}} = \begin{bmatrix} 2 & 0 & 0 \\ 1 & 3 & 0 \\ -1 & 1 & \sqrt{3} \end{bmatrix}, \begin{bmatrix} 2 & 1 & -1 \\ 0 & 3 & 1 \\ 0 & 0 & \sqrt{3} \end{bmatrix} = \begin{bmatrix} 4 & 2 & -2 \\ 2 & 10 & 2 \\ -2 & 2 & 5 \end{bmatrix} = \boldsymbol{A}$$

矩阵 $\boldsymbol{A}$ 也可以写为上三角矩阵 $\boldsymbol{R} = \boldsymbol{L}_1^{\mathrm{T}}$ 的形式：$\boldsymbol{A} = \boldsymbol{L}\boldsymbol{L}^{\mathrm{T}} = \boldsymbol{R}^{\mathrm{T}}\boldsymbol{R}$。

由定理 6.4.3 中的 (4) 可知，若 $\boldsymbol{B}$ 为可逆矩阵，则任何乘积 $\boldsymbol{B}^{\mathrm{T}}\boldsymbol{B}$ 都是正定的。

6.6 MATLAB 练习

1. 令

$$\boldsymbol{C} = \mathrm{ones}(6) + 7 * \mathrm{eye}(6) \quad 及 \quad [\boldsymbol{X}, \boldsymbol{D}] = \mathrm{eig}(\boldsymbol{C})$$

(1) 虽然 $\lambda = 7$ 是一个重数为 5 的特征值，但矩阵 $\boldsymbol{C}$ 不是退化的。为什么？通过计算 $\boldsymbol{X}$ 的秩来检测 $\boldsymbol{C}$ 不是退化的。再计算 $\boldsymbol{X}^{\mathrm{T}}\boldsymbol{X}$。$\boldsymbol{X}$ 是什么类型的矩阵？试说明。再计

算 $\boldsymbol{C}-7\boldsymbol{I}$。对应 $\lambda=7$ 的特征空间的维数是多少？试说明。

(2) 矩阵 $\boldsymbol{C}$ 应为对称正定矩阵。为什么？ 因此 $\boldsymbol{C}$ 应有一个 Cholesky 分解 $\boldsymbol{L}\boldsymbol{L}^{\mathrm{T}}$。MATLAB 命令 $\boldsymbol{R}=\mathrm{chol}(\boldsymbol{C})$ 将生成一个等于 $\boldsymbol{L}^{\mathrm{T}}$ 的上三角矩阵 $\boldsymbol{R}$。用这种方法计算 $\boldsymbol{R}$，并令 $\boldsymbol{L}=\boldsymbol{R}'$。利用 MATLAB 命令验证

$$\boldsymbol{C}=\boldsymbol{L}\boldsymbol{L}^{\mathrm{T}}=\boldsymbol{R}^{\mathrm{T}}\boldsymbol{R}$$

(3) 另外，通过 $\boldsymbol{C}$ 的 LU 分解可以得到其 Cholesky 分解。令

$$[\boldsymbol{L}\ \boldsymbol{U}]=\mathrm{lu}(\boldsymbol{C})$$

及

$$\boldsymbol{D}=\mathrm{diag}(\mathrm{sqrt}(\mathrm{diag}(\boldsymbol{U}))) \quad \text{和} \quad \boldsymbol{W}=(\boldsymbol{L}*\boldsymbol{D})'$$

比较 $\boldsymbol{R}$ 和 $\boldsymbol{W}$ 会如何？用这种方法计算 Cholesky 分解不如使用 MATLAB 提供的方法（chol函数）有效。

2. 对不同的 k，利用

$$\boldsymbol{D}=\mathrm{diag}(\mathrm{ones}(k-1,1),1), \quad \boldsymbol{A}=2*\mathrm{eye}(k)-\boldsymbol{D}-\boldsymbol{D}'$$

可以构造一个 $k\times k$ 矩阵 $\boldsymbol{A}$。在每一种情形下，求 $\boldsymbol{A}$ 的 LU 分解及 $\boldsymbol{A}$ 的行列式。若 $\boldsymbol{A}$ 为一个这种形式的 $n\times n$ 矩阵，其 LU 分解是什么？其行列式是什么？为什么矩阵必为正定的？

3. 使用下面的 MATLAB 命令，建立一个符号函数

$$\mathrm{syms}\ x\ y$$

$$f=(y+1)^3+x*y^2+y^2-4*x*y-4*y+1$$

求 f 的一阶偏导数和 f 的黑塞矩阵，可令

$$\mathrm{fx}=\mathrm{diff}(f,x), \quad \mathrm{quadfy}=\mathrm{diff}(f,y)$$

$$\boldsymbol{H}=[\mathrm{diff}(\mathrm{fx},x),\mathrm{diff}(\mathrm{fx},y);\mathrm{diff}(\mathrm{fy},x),\mathrm{diff}(\mathrm{fy},y)$$

我们可以用 subs 命令，求在一个给定点 (x,y) 处的黑塞矩阵。例如，为求 $x=3$ 和 $y=5$ 时的黑塞矩阵，令

$$\boldsymbol{H}1=\mathrm{subs}(\boldsymbol{H},[x,y],[3,5])$$

用 MATLAB 命令 solve(fx, fy) 来求包含驻点 x 和 y 坐标的向量 $\boldsymbol{x}$ 和 $\boldsymbol{y}$。求在每一驻点处的黑塞矩阵，然后确定驻点是否是局部极大点、局部极小值或鞍点。

6.7 习题

1. 求下列二次型的矩阵。

(1) $f(x_1,x_2,x_3)=2x_1^2+3x_2^2+x_3^2+x_1x_2-2x_1x_3+3x_2x_3$；

(2) $f(x_1,x_2,x_3)=x_1^2+2x_2^2+x_3^2+x_1x-2-2x_1x_3+3x_2x_3$；

(3) $f(x_1,x_2,x_3,x_4)=x_1x_2-2x_2x_3+3x_3x_4$。

2. 用正交变换化下列二次型为标准型，并求所用的正交变换。

(1) $f(x_1,x_2,x_3)=2x_1^2+x_2^2+2x_3^2-4x_1x_3$；

(2) $f(x_1,x_2,x_3)=2x_1x_2-2x_1x_3+2x_2x_3$；

(3) $f(x_1,x_2,x_3)=x_1^2+4x_2^2+4x_3^2-4x_1x_2+4x_1x_3-8x_2x_3$。

3. 用配方法化下列二次型为标准型，并求所用的可逆线性变换。

(1) $f(x_1,x_2,x_3)=x_1^2-3x_2^2-2x_1x_2+2x_1x_3-6x_2x_3$；

(2) $f(x_1,x_2,x_3)=x_1x_2-2x_1x_3+3x_2x_3$。

4. 将下列二次曲面方程化为标准型，然后对它们进行分类，并绘制草图。

(1) $x^2+xy+y^2-6=0$；　(2) $3x^2+8xy+3y^2+28=0$；

(3) $-3x^2+6xy+5y^2-24=0$；　(4) $x^2+2xy+y^2+3x+y-1=0$。

5. 判断下列二次型的正定性。

(1) $f(x_1,x_2,x_3,x_4)=x_1^2+3x_2^2+9x_3^2+19x_4^2-2x_1x_2+4x_1x_3+2x_1x_4-6x_2x_4-12x_3x_4$；

(2) $f(x_1,x_2,x_3)=-3x_1^2-3x_2^2-3x_3^2+4x_1x_2+2x_1x_3$。

6. (1) 问 t 取何值时，矩阵 $\boldsymbol{A}=\begin{bmatrix}1 & t & 1\\ t & 2 & 0\\ 1 & 0 & 1-t\end{bmatrix}$ 是正定的？

(2) 问 t 取何值时，$f(x_1,x_2,x_3)=x_1^2+x_2^2+5x_3^2+2tx_1x_2-2x_1x_3+4x_2x_3$ 为正定二次型？

7. 设 $\boldsymbol{A}$ 为 n 阶正定矩阵，证明：$\boldsymbol{A}^{-1},\boldsymbol{A}^*,\boldsymbol{A}^m$（$m$ 为整数）均为正定矩阵。

8. 设 $\boldsymbol{A}$ 为 n 阶正定矩阵，证明：$\det(\boldsymbol{A}+\boldsymbol{I})>1$。

9. 设 $\boldsymbol{A}$ 为 $m\times n$ 实矩阵，$R(\boldsymbol{A})=n$，证明：$\boldsymbol{A}^{\mathrm{T}}\boldsymbol{A}$ 是正定矩阵。

10. 设 $\boldsymbol{A}$ 是一个 n 阶实对称矩阵，如果对任何 n 为列向量 $\boldsymbol{x}$ 都有 $\boldsymbol{x}^{\mathrm{T}}\boldsymbol{A}\boldsymbol{x}=0$，则 $\boldsymbol{A}=\boldsymbol{0}$。

11. 设 $f(x_1,x_2,\cdots,x_n)=\boldsymbol{x}^{\mathrm{T}}\boldsymbol{A}\boldsymbol{x}$ 是一实二次型，$\lambda_1,\lambda_2,\cdots,\lambda_n$ 是 $\boldsymbol{A}$ 的特征值，且 $\lambda_1\leqslant\lambda_2\leqslant\cdots\leqslant\lambda_n$。证明：对任一非零 n 维列向量 $\boldsymbol{x}$，有

$$\lambda_1\leqslant\frac{\boldsymbol{x}^{\mathrm{T}}\boldsymbol{A}\boldsymbol{x}}{\boldsymbol{x}^{\mathrm{T}}\boldsymbol{x}}\leqslant\lambda_n$$

12. 设 $\boldsymbol{A}$ 和 $\boldsymbol{B}$ 为同阶正定矩阵，证明：$\boldsymbol{AB}$ 也是正定矩阵的充要条件是 $\boldsymbol{AB}=\boldsymbol{BA}$。

13. 设 $\boldsymbol{A}$ 为 m 阶正定矩阵，$\boldsymbol{B}$ 为 $m\times n$ 实矩阵，证明 $\boldsymbol{B}^{\mathrm{T}}\boldsymbol{AB}$ 为正定矩阵的充要条件是 $R(\boldsymbol{B})=n$。

14. 设 $\boldsymbol{A}$ 为 $m\times n$ 实矩阵，$\boldsymbol{B}=\lambda\boldsymbol{I}+\boldsymbol{A}^{\mathrm{T}}\boldsymbol{A}$，证明：当 $\lambda>0$ 时，$\boldsymbol{B}$ 为正定矩阵。

15. 设 $\boldsymbol{A}$ 为实对称矩阵，且满足 $\boldsymbol{A}^2-4\boldsymbol{A}+3\boldsymbol{I}=\boldsymbol{O}$，证明：$\boldsymbol{A}$ 是正定矩阵。

16. 对下列各函数，确定给定的驻点对应于局部极小值点、局部极大值点或鞍点中的哪一个。

(1) $f(x,y)=3x^2-xy+y^2$　　$(0,0)$；

(2) $f(x,y)=\sin x+y^3+3xy+2x-3y \qquad (0,-1)$；

(3) $f(x,y)=\frac{1}{3}x^3-\frac{1}{3}y^3+3xy+2x-2y \qquad (1,-1)$；

(4) $f(x,y)=\frac{y}{x^2}+\frac{x}{y^2}+xy \qquad (1,1)$；

(5) $f(x,y,z)=x^3+xyz+y^2-3x \qquad (1,0,0)$；

(6) $f(x,y,z)=-\frac{1}{4}(x^{-4}+y^{-4}+z^{-4})+yz-x-2y-2z \qquad (1,1,1)$。

第 7 章 线性空间与线性变换

线性空间又称向量空间，是第 4 章 n 维向量空间的推广；线性变换是线性空间之间保持线性关系不变性的变换。它们是线性代数的两个重要的基本概念和研究对象，也是研究现实世界中各种线性问题的数学模型。它们的理论和方法已经渗透到自然科学、工程技术的各个领域，已成为线性代数的核心。

线性空间及其线性变换的内容比较丰富。本章简要介绍线性空间及其维数、基、坐标、线性变换与坐标变换，线性空间上的线性变换及其矩阵表示、线性变换的特征值与特征向量等基本知识。

7.1 线性空间的定义与性质

对于 n 元数组的集合 $\mathbb{R}^n$ 及所有 $m\times n$ 实矩阵的集合 $\mathbb{R}^{m\times n}$，都可以在这些集合上定义加法和数乘运算，虽然这些加法和数乘运算的具体意义有所不同，但都遵循着特定的代数法则，这些法则构成了定义线性空间概念的公理。

7.1.1 线性空间的定义

定义 7.1.1 设 V 是一个非空集合，$\mathbb{R}$ 为实数域。如果在集合 V 的元之间定义了一种叫作加法的运算，即对 V 中任意两个元 $\boldsymbol{\alpha}$ 与 $\boldsymbol{\beta}$，在 V 中都有唯一的一个元 $\boldsymbol{\gamma}$ 与之对应，称为 $\boldsymbol{\alpha}$ 与 $\boldsymbol{\beta}$ 的和，记作 $\boldsymbol{\gamma}=\boldsymbol{\alpha}+\boldsymbol{\beta}$；在 $\mathbb{R}$ 与 V 中又定义了一种叫作数乘的运算，即对任意的 $\lambda\in\mathbb{R}$ 与任意的 $\boldsymbol{\alpha}\in V$，都有唯一的元 $\boldsymbol{\delta}\in V$ 与之对应，称为 λ 与 $\boldsymbol{\alpha}$ 的数量乘积，记作 $\boldsymbol{\delta}=\lambda\boldsymbol{\alpha}$，并且这两种运算满足下面 8 条运算律 (设 $\boldsymbol{\alpha},\boldsymbol{\beta},\boldsymbol{\gamma}\in V,\lambda,\mu\in\mathbb{R}$):

(1) $\boldsymbol{\alpha}+\boldsymbol{\beta}=\boldsymbol{\beta}+\boldsymbol{\alpha}$;

(2) $(\boldsymbol{\alpha}+\boldsymbol{\beta})+\boldsymbol{\gamma}=\boldsymbol{\alpha}+(\boldsymbol{\beta}+\boldsymbol{\gamma})$;

(3) 存在零元 $\mathbf{0}\in V$，使得对任意 $\boldsymbol{\alpha}\in V$，都有 $\boldsymbol{\alpha}+\mathbf{0}=\boldsymbol{\alpha}$;

(4) 对任意 $\boldsymbol{\alpha}\in V$，都存在负元 $\boldsymbol{\beta}\in V$，使得 $\boldsymbol{\alpha}+\boldsymbol{\beta}=\mathbf{0}$;

(5) 对任意的 $\boldsymbol{\alpha}\in V$，都有 $1\boldsymbol{\alpha}=\boldsymbol{\alpha}$;

(6) $\lambda(\mu\boldsymbol{\alpha})=(\lambda\mu)\boldsymbol{\alpha}$;

(7) $(\lambda+\mu)\boldsymbol{\alpha}=\lambda\boldsymbol{\alpha}+\mu\boldsymbol{\alpha}$;

(8) $\lambda(\boldsymbol{\alpha}+\boldsymbol{\beta})=\lambda\boldsymbol{\alpha}+\lambda\boldsymbol{\beta}$。

则称集合 V 为实数域 $\mathbb{R}$ 上的线性空间，也称 V 为向量空间，V 中元素不论其本来的性质如何，统称为(实)向量。

简言之，凡满足上述 8 条运算规律的加法和数乘运算统称为线性运算；凡定义了线性运算的集合，就称为向量空间，其中的元素就称为向量。

在这 8 条规律中，规律 (1) 与规律 (2) 是我们熟知的加法交换律和结合律，而规律 (3) 和规律 (4) 保证了加法运算有逆运算，即

$$若\boldsymbol{\alpha}+\boldsymbol{\beta}=\boldsymbol{\gamma},\boldsymbol{\beta}的负元为\boldsymbol{\delta},则\boldsymbol{\gamma}+\boldsymbol{\delta}=\boldsymbol{\alpha}$$

规律 (6)、规律 (7)、规律 (8) 是数乘的结合律和分配律，而规律 (5) 则保证了非零数乘有逆运算，即

$$当\lambda\neq 0时,若\lambda\boldsymbol{\alpha}=\boldsymbol{\beta},则\frac{1}{\lambda}\boldsymbol{\beta}=\boldsymbol{\alpha}$$

在第 4 章中，我们把有序数组称为向量，对它定义了加法和数乘运算，并把对于运算封闭的有序数组的集合称为向量空间，容易验证这些运算满足上述 8 条规律。显然，那些只是现在定义的特殊情形。比较起来，现在的定义有了很大的推广：

(1) 向量不一定是有序数组；

(2) 向量空间中的运算只要求满足上述 8 条运算规律，当然也就不一定是有序数组的加法及数乘运算。

下面举几个重要的线性空间的例子。

例 7.1.1 闭区间 $[a,b]$ 上的实值连续函数构成的集合

$$C[a,b]=\{f(x)|f(x)是[a,b]上的连续函数\}$$

对于函数的加法和函数与实数的乘法构成线性空间，称为函数空间。

此时，全集为一个函数的集合。因此，我们的向量为 $C[a,b]$ 中的函数，$C[a,b]$ 中两个函数的和 $f+g$ 定义为对所有 $[a,b]$ 中的 x，

$$(f+g)(x)=f(x)+g(x)$$

新函数 $f+g$ 也是 $C[a,b]$ 的元素，因为两个连续函数的和仍为连续函数。若 f 为 $C[a,b]$ 中的函数，λ 为一个实数，则 λf 定义为对所有 $[a,b]$ 中的 x，

$$(\lambda f)(x)=\lambda f(x)$$

显然，λf 是 $C[a,b]$ 中的元素，因为一个常数乘以一个连续函数也总是连续函数。因此，在 $C[a,b]$ 上，我们定义了加法和数乘运算。为了证明满足规律 (1)，即 $f+g=g+f$，我们必须证明

$$(f+g)(x)=(g+f)(x),\quad 对所有[a,b]中的x成立$$

因为对所有 $[a,b]$ 中的 x，有

$$(f+g)(x)=f(x)+g(x)=g(x)+f(x)=(g+f)(x)$$

规律 (3) 是成立的，因为函数

$$z(x)=0,\quad 对所有[a,b]中的x成立$$

就是零向量；因此

$$f+z=f,\quad 对所有C[a,b]中的f成立$$

其他规律留给读者验证。

例 7.1.2　次数不超过 n 的多项式全体 $P_n[x]$，即

$$P_n[x]=\{p(x)=a_nx^n+a_{n-1}x^{n-1}+\cdots+a_1x+a_0|a_n,\cdots,a_1,a_0\in\mathbb{R}\}$$

对于通常的多项式加法、数乘多项式的乘法构成线性空间。事实上，定义 $p+q$ 和 λp 为对所有的实数 x，有

$$(p+q)(x)=p(x)+q(x)\quad 且\quad (\lambda p)(x)=\lambda p(x)$$

此时，零向量是多项式

$$z(x)=0x^n+0x^{n-1}+\cdots+0x+0$$

容易验证线性空间的所有规律都成立。因此 $P_n[x]$ 是一个线性空间。

线性空间的定义中两个运算的封闭性是一个重要的部分，但是检验一个集合是否构成线性空间，不能只检验对运算的封闭性。若所定义的加法和数乘运算不是通常的实数的加、乘运算，则应仔细检验是否满足 8 条线性运算规律。

例 7.1.3　n 个有序实数组成的数组的全体

$$S^n=\{\boldsymbol{x}=(x_1,x_2,\cdots,x_n)^{\mathrm{T}}|x_1,x_2,\cdots,x_n\in\mathbb{R}\}$$

对于通常的有序数组的加法和如下定义的乘法

$$\lambda\circ(x_1,x_2,\cdots,x_n)^{\mathrm{T}}=(0,0,\cdots,0)^{\mathrm{T}}$$

不构成线性空间。

容易验证 S^n 对加法和数乘运算封闭，但因 $1\circ\boldsymbol{x}=\boldsymbol{0}$，不满足运算律 (5)，因此所定义的运算不是线性运算，所以 S^n 不是线性空间。

比较 S^n 与 $\mathbb{R}^n$，作为集合它们是一样的，但由于在其中所定义的运算不同，以至 $\mathbb{R}^n$ 构成向量空间而 S^n 不是向量空间。由此可见，向量空间的概念是集合与运算二者的结合。一般来说，同一个集合，若定义两种不同的线性运算，就构成不同的向量空间；若定义的运算不是线性运算，就不能构成向量空间。所以，所定义的线性运算是向量空间的本质，而其中的元素是什么并不重要。由此可以说，把向量空间叫作线性空间更为合适。

为了对线性运算的理解更具有一般性，举例如下：

例 7.1.4　由全体正实数构成的集合记作 $\mathbb{R}^+$，在其中定义加法及数乘运算为

$$a\oplus b=ab,\quad \lambda\circ a=a^\lambda,\quad a,b\in\mathbb{R}^+,\lambda\in\mathbb{R}$$

验证 $\mathbb{R}^+$ 对上述加法与数乘运算构成线性空间。 ■

证明： 实际上要验证如下 8 条：

对加法封闭：对任意的 $a,b\in\mathbb{R}^+$，有 $a\oplus b=ab\in\mathbb{R}^+$;

对数乘封闭：对任意的 $\lambda\in\mathbb{R},a\in\mathbb{R}^+$，有 $\lambda\circ a=a^\lambda\in\mathbb{R}^+$。

(1) $a\oplus b=ab=ba=b\oplus a$;

(2) $(a\oplus b)\oplus c=(ab)\oplus c=(ab)c=a(bc)=a\oplus(b\oplus c)$;

(3) $\mathbb{R}^+$ 中存在零元素 1, 对任何 $a\in\mathbb{R}^+$，有 $a\oplus 1=a\cdot 1=a$;

(4) 对任何 $a\in\mathbb{R}^+$，有负元素 $a^{-1}\in\mathbb{R}^+$，有 $a\oplus a^{-1}=aa^{-1}=1$;

(5) $1\circ a=a^1=a$;

(6) $\lambda\circ(\mu\circ a)=\lambda\circ a^\mu=(a^\mu)^\lambda=a^{\lambda\mu}=(\lambda\mu)\circ a$;

(7) $(\lambda+\mu)\circ a=a^{\lambda+\mu}=a^\lambda a^\mu=a^\lambda\oplus a^\mu=\lambda\circ a\oplus\mu\circ a$;

(8) $\lambda\circ(a\oplus b)=\lambda\circ(ab)=(ab)^\lambda=a^\lambda b^\lambda=a^\lambda\oplus b^\lambda=\lambda\circ a\oplus\lambda\circ b$, 因此 $\mathbb{R}^+$ 对于所定义的运算构成线性空间。 ■

7.1.2 线性空间的性质

下面讨论线性空间的性质。

1. 零元是唯一的

证明： 设 $\mathbf{0}_1$ 和 $\mathbf{0}_2$ 是 V 的两个零元，则对任何 $\boldsymbol{\alpha}\in V$，有 $\boldsymbol{\alpha}+\mathbf{0}_1=\boldsymbol{\alpha},\boldsymbol{\alpha}+\mathbf{0}_2=\boldsymbol{\alpha}$。于是有

$$\mathbf{0}_2+\mathbf{0}_1=\mathbf{0}_2,\ \mathbf{0}_1+\mathbf{0}_2=\mathbf{0}_1$$

所以，

$$\mathbf{0}_1=\mathbf{0}_1+\mathbf{0}_2=\mathbf{0}_2+\mathbf{0}_1=\mathbf{0}_2$$

■

2. 任一元的负元是唯一的

证明： 设 $\boldsymbol{\beta},\boldsymbol{\gamma}$ 是 $\boldsymbol{\alpha}$ 的两个负元，即 $\boldsymbol{\alpha}+\boldsymbol{\beta}=\mathbf{0},\boldsymbol{\alpha}+\boldsymbol{\gamma}=\mathbf{0}$。于是

$$\boldsymbol{\beta}=\boldsymbol{\beta}+\mathbf{0}=\boldsymbol{\beta}+(\boldsymbol{\alpha}+\boldsymbol{\gamma})=(\boldsymbol{\alpha}+\boldsymbol{\beta})+\boldsymbol{\gamma}=\mathbf{0}+\boldsymbol{\gamma}=\boldsymbol{\gamma}$$

故 $\boldsymbol{\alpha}$ 的负元唯一。

今后将 $\boldsymbol{\alpha}$ 的负元记为 $-\boldsymbol{\alpha}$。利用负元可以定义向量的减法

$$\boldsymbol{\alpha}-\boldsymbol{\beta}=\boldsymbol{\alpha}+(-\boldsymbol{\beta})$$

■

3. $0\boldsymbol{\alpha}=\mathbf{0},(-1)\boldsymbol{\alpha}=-\boldsymbol{\alpha},\lambda\mathbf{0}=\mathbf{0}$

证明： $\boldsymbol{\alpha}+0\boldsymbol{\alpha}=1\boldsymbol{\alpha}+0\boldsymbol{\alpha}=(1+0)\boldsymbol{\alpha}=1\boldsymbol{\alpha}=\boldsymbol{\alpha}$，所以 $0\boldsymbol{\alpha}=\mathbf{0}$。

$$\boldsymbol{\alpha}+(-1)\boldsymbol{\alpha}=1\boldsymbol{\alpha}+(-1)\boldsymbol{\alpha}=[1+(-1)]\boldsymbol{\alpha}=0\boldsymbol{\alpha}=0$$

所以

$$(-1)\boldsymbol{\alpha}=-\boldsymbol{\alpha}$$

$$\lambda\mathbf{0}=\lambda[\boldsymbol{\alpha}+(-1)\boldsymbol{\alpha}]=\lambda\boldsymbol{\alpha}+(-\lambda)\boldsymbol{\alpha}=[\lambda+(-\lambda)]\boldsymbol{\alpha}=0\boldsymbol{\alpha}=\mathbf{0}$$

■

4. 若 $\lambda\boldsymbol{\alpha}=\mathbf{0}$，则 $\lambda=0$ 或 $\boldsymbol{\alpha}=\mathbf{0}$

证明： 若 $\lambda\neq 0$，在 $\lambda\boldsymbol{\alpha}=\mathbf{0}$ 两边乘 $\dfrac{1}{\lambda}$，得

$$\frac{1}{\lambda}(\lambda\boldsymbol{\alpha})=\frac{1}{\lambda}\mathbf{0}=\mathbf{0}$$

而

$$\frac{1}{\lambda}(\lambda\boldsymbol{\alpha})=\left(\frac{1}{\lambda}\lambda\right)\boldsymbol{\alpha}=1\boldsymbol{\alpha}=\boldsymbol{\alpha}$$

所以

$$\boldsymbol{\alpha}=\mathbf{0}$$

■

7.1.3　线性子空间

第 4 章中提出过子空间的定义，现稍作修正。

定义 7.1.2　设 V 是一个线性空间，W 是 V 的一个非空子集，如果 W 对于 V 中所定义的加法和数乘两种运算也构成一个线性空间，则称 W 为 V 的子空间。

对于给定的一个线性空间 V，由于 V 为线性空间，加法和数乘运算总是会得到 V 中的另一个向量。若要使以 V 的子集 W 作为全集的系统成为线性空间，则集合 W 必须对加法和数乘运算封闭。有下述定理。

定理 7.1.1　设 W 是线性空间 V 的非空子集，则 W 是 V 的子空间的充要条件是:

(1) 若 $\boldsymbol{\alpha},\boldsymbol{\beta}\in W$，则 $\boldsymbol{\alpha}+\boldsymbol{\beta}\in W$;

(2) 若 $\lambda\in\mathbb{R},\boldsymbol{\alpha}\in W$，则 $\lambda\boldsymbol{\alpha}\in W$。

即 W 对于 V 中规定的加法和数乘运算封闭。

证明： 必要性显然成立，只证充分性。若 W 对于 V 中的加法和数乘运算封闭，由于 W 中的元是 V 中的元，故规律 (1)、规律 (2)、规律 (5)～规律 (8) 均成立。因 $\boldsymbol{\alpha}\in W,\lambda\in\mathbb{R}$，有 $\lambda\boldsymbol{\alpha}\in W$，取 $\lambda=0$，则 $0\boldsymbol{\alpha}=\mathbf{0}\in W$，即 W 中存在零元。又取 $\lambda=-1$，则 $-\boldsymbol{\alpha}=(-1)\boldsymbol{\alpha}\in W$，说明 W 中每一元都有负元。

■

例 7.1.5　在线性空间 $\mathbb{R}^{n\times n}$ 中取集合

(1) $W_1=\{\boldsymbol{A}|\boldsymbol{A}^{\mathrm{T}}=\boldsymbol{A},\boldsymbol{A}\in\mathbb{R}^{n\times n}\}$,

(2) $W_2=\{\boldsymbol{B}||\boldsymbol{B}|=0,\boldsymbol{B}\in\mathbb{R}^{n\times n}\}$, 判定它们是否为 $\mathbb{R}^{n\times n}$ 的子空间。

解： (1) 对任意 $\boldsymbol{A}\in W_1,\lambda\in\mathbb{R}$，由于 $(\lambda\boldsymbol{A})^{\mathrm{T}}=\lambda\boldsymbol{A}^{\mathrm{T}}=\lambda\boldsymbol{A}$，所以 $\lambda\boldsymbol{A}\in W_1$；又对任意 $\boldsymbol{A}_1,\boldsymbol{A}_2\in W_1$，有 $(\boldsymbol{A}_1+\boldsymbol{A}_2)^{\mathrm{T}}=\boldsymbol{A}_1^{\mathrm{T}}+\boldsymbol{A}_2^{\mathrm{T}}=\boldsymbol{A}_1+\boldsymbol{A}_2$，所以 $\boldsymbol{A}_1+\boldsymbol{A}_2\in W_1$，从而 W_1 是 $\mathbb{R}^{n\times n}$ 的子空间。

(2) 因为行列式为零的矩阵其和的行列式不一定为 0，从而 W_2 不是 $\mathbb{R}^{n\times n}$ 的子空间。

7.2 基、维数与坐标

由于线性空间是 n 维向量空间的推广，因而在第 4 章中介绍的一些重要概念，如线性组合、线性相关与线性无关等，这些概念及其相关的性质只涉及线性运算，因此，对于一般的线性空间中的向量仍然适用。以后我们将直接引用这些概念和性质。

第 4 章已经提出了基与维数的概念，这当然也适用于一般的线性空间。这是线性空间的主要特性，再叙述如下。

定义 7.2.1 在线性空间 V 中，如果存在 n 个元 $\boldsymbol{\alpha}_1,\boldsymbol{\alpha}_2,\cdots,\boldsymbol{\alpha}_n$，满足:

(1) $\boldsymbol{\alpha}_1,\boldsymbol{\alpha}_2,\cdots,\boldsymbol{\alpha}_n$ 线性无关;

(2) V 中任意元 $\boldsymbol{\alpha}$ 总可以由 $\boldsymbol{\alpha}_1,\boldsymbol{\alpha}_2,\cdots,\boldsymbol{\alpha}_n$ 线性表示。

则称 $\boldsymbol{\alpha}_1,\boldsymbol{\alpha}_2,\cdots,\boldsymbol{\alpha}_n$ 为线性空间 V 的一个基，n 称为线性空间 V 的维数，记作 $\dim V$。

维数是 n 的线性空间称为 n 维线性空间，记作 V_n，此时也称 V 为有限维线性空间，否则称 V 为无限维线性空间。

只含一个零向量的线性空间没有基，规定它的维数为 0，即 $\dim\{\mathbf{0}\}=0$。

如果 $\boldsymbol{\alpha}_1,\boldsymbol{\alpha}_2,\cdots,\boldsymbol{\alpha}_n$ 为 V_n 的一个基，则 V_n 可表示为

$$V_n=\{\boldsymbol{\alpha}=x_1\boldsymbol{\alpha}_1+x_2\boldsymbol{\alpha}_2+\cdots+x_n\boldsymbol{\alpha}_n|x_i\in\mathbb{R},i=1,2,\cdots,n\}$$

即 V_n 是基所生成的线性空间，这就清楚地显示出线性空间 V_n 的结构。

例 7.2.1 求矩阵空间 $\mathbb{R}^{2\times 2}$ 的一个基。

解: 对任意 $\begin{bmatrix}a&b\\c&d\end{bmatrix}\in\mathbb{R}^{2\times 2}$，则由矩阵运算性质可知

$$\begin{bmatrix}a&b\\c&d\end{bmatrix}=a\begin{bmatrix}1&0\\0&0\end{bmatrix}+b\begin{bmatrix}0&1\\0&0\end{bmatrix}+c\begin{bmatrix}0&0\\1&0\end{bmatrix}+d\begin{bmatrix}0&0\\0&1\end{bmatrix}$$

从而 $\begin{bmatrix}a&b\\c&d\end{bmatrix}$ 可由 $\boldsymbol{E}_{11}=\begin{bmatrix}1&0\\0&0\end{bmatrix},\boldsymbol{E}_{12}=\begin{bmatrix}0&1\\0&0\end{bmatrix},\boldsymbol{E}_{21}=\begin{bmatrix}0&0\\1&0\end{bmatrix},\boldsymbol{E}_{22}=\begin{bmatrix}0&0\\0&1\end{bmatrix}$ 线性表示。

设 $k_1\boldsymbol{E}_{11}+k_2\boldsymbol{E}_{12}+k_3\boldsymbol{E}_{21}+k_4\boldsymbol{E}_{22}=\boldsymbol{O}$，即

$$k_1\begin{bmatrix}1&0\\0&0\end{bmatrix}+k_2\begin{bmatrix}0&1\\0&0\end{bmatrix}+k_3\begin{bmatrix}0&0\\1&0\end{bmatrix}+k_4\begin{bmatrix}0&0\\0&1\end{bmatrix}=\begin{bmatrix}0&0\\0&0\end{bmatrix}$$

于是

$$\begin{bmatrix}k_1&k_2\\k_3&k_4\end{bmatrix}=\begin{bmatrix}0&0\\0&0\end{bmatrix}$$

或

$$k_1=k_2=k_3=k_4=0$$

故$\boldsymbol{E}_{11},\boldsymbol{E}_{12},\boldsymbol{E}_{21},\boldsymbol{E}_{22}$线性无关，从而$\boldsymbol{E}_{11},\boldsymbol{E}_{12},\boldsymbol{E}_{21},\boldsymbol{E}_{22}$为$\mathbb{R}^{2\times 2}$的一个基且$\dim\mathbb{R}^{2\times 2}=4$。

一般地，在线性空间 $\mathbb{R}^{m\times n}$ 中，任意矩阵 $\boldsymbol{A}=(a_{ij})$ 都可由 $m\times n$ 矩阵 $\boldsymbol{E}_{ij}(i=1,2,\cdots,m;\ j=1,2,\cdots,n)$ 表示为 $\boldsymbol{A}=\sum\limits_{i=1}^{m}\sum\limits_{j=1}^{n}a_{ij}\boldsymbol{E}_{ij}$；又由于 $\boldsymbol{E}_{ij}(i=1,2,\cdots,m;\ j=1,2,\cdots,n)$ 线性无关，故它们是 $\mathbb{R}^{m\times n}$ 一个基，且 $\dim\mathbb{R}^{m\times n}=m\times n$。其中 $\boldsymbol{E}_{ij}(i=1,2,\cdots,m;j=1,2,\cdots,n)$ 表示第 i 行与第 j 列交叉处的元为 1，其余元为 0 的 $m\times n$ 矩阵。这个基称为线性空间 $\mathbb{R}^{m\times n}$ 的自然基。

例 7.2.2　在线性空间 $P_n[x]$ 中，任意多项式

$$f(x)=a_0+a_1x+a_2x^2+\cdots+a_nx^n$$

都可由线性无关的向量 $1,x,x^2,\cdots,x^n$ 线性表示，故 $P_n[x]$ 为 $n+1$ 维线性空间，而 $1,x,x^2,\cdots,x^n$ 为 $P_n[x]$ 的一个基，$1,x,x^2,\cdots,x^n$ 称为线性空间 $P_n[x]$ 的自然基。

若 $\boldsymbol{\alpha}_1,\boldsymbol{\alpha}_2,\cdots,\boldsymbol{\alpha}_n$ 为 V_n 的一个基，则对任何 $\boldsymbol{\alpha}\in V_n$，都有唯一的一组有序数 $x_1,x_2,\cdots,x_n$ 使

$$\boldsymbol{\alpha}=x_1\boldsymbol{\alpha}_1+x_2\boldsymbol{\alpha}_2+\cdots+x_n\boldsymbol{\alpha}_n$$

反之，任给一组有序数 $x_1,x_2,\cdots,x_n$，总有唯一的向量

$$\boldsymbol{\alpha}=x_1\boldsymbol{\alpha}_1+x_2\boldsymbol{\alpha}_2+\cdots+x_n\boldsymbol{\alpha}_n\in V_n$$

这样 V_n 的向量与有序数组 $(x_1,x_2,\cdots,x_n)^{\mathrm{T}}$ 之间存在着一一对应的关系，因此可以用这组有序数来表示向量 $\boldsymbol{\alpha}$。于是有

定义 7.2.2　设 $\boldsymbol{\alpha}_1,\boldsymbol{\alpha}_2,\cdots,\boldsymbol{\alpha}_n$ 是线性空间 V_n 的一个基。对应任一向量 $\boldsymbol{\alpha}\in V_n$，总有且仅有一组有序数 $x_1,x_2,\cdots,x_n$ 使

$$\boldsymbol{\alpha}=x_1\boldsymbol{\alpha}_1+x_2\boldsymbol{\alpha}_2+\cdots+x_n\boldsymbol{\alpha}_n$$

称 $x_1,x_2,\cdots,x_n$ 这组有序数为向量 $\boldsymbol{\alpha}$ 在基 $\boldsymbol{\alpha}_1,\boldsymbol{\alpha}_2,\cdots,\boldsymbol{\alpha}_n$ 下的坐标，记作 $(x_1,x_2,\cdots,x_n)^{\mathrm{T}}$。

例 7.2.3　在 $P_3[x]$ 中，$\boldsymbol{p}_1=1,\boldsymbol{p}_2=x,\boldsymbol{p}_3=x^2,\boldsymbol{p}_4=x^3$ 是它的一个基。任何不超过 3 次的多项式

$$f(x)=a_0+a_1x+a_2x^2+a_3x^3$$

都可表示为

$$f(x)=a_0\boldsymbol{p}_1+a_1\boldsymbol{p}_2+a_2\boldsymbol{p}_3+a_3\boldsymbol{p}_4$$

因此 $f(x)$ 在这个基中的坐标为 $(a_0,a_1,a_2,a_3)^{\mathrm{T}}$。

若另取一个基 $\boldsymbol{q}_1=1,\boldsymbol{q}_2=x-2,\boldsymbol{q}_3=(x-2)^2,\boldsymbol{q}_4=(x-2)^3$，则由 $f(x)$ 在 $x=2$ 处的泰勒公式

$$\begin{aligned}f(x)&=f(2)+f'(2)(x-2)+\frac{f''(2)}{2!}(x-2)^2+\frac{f'''(2)}{3!}(x-2)^3\\&=f(2)\boldsymbol{q}_1+f'(2)\boldsymbol{q}_2+\frac{f''(2)}{2!}\boldsymbol{q}_3+\frac{f'''(2)}{3!}\boldsymbol{q}_4\end{aligned}$$

可知，$f(x)$ 在基 $\boldsymbol{q}_1,\boldsymbol{q}_2,\boldsymbol{q}_3,\boldsymbol{q}_4$ 下的坐标为 $\left(f(2),f'(2),\dfrac{f''(2)}{2!},\dfrac{f'''(2)}{3!}\right)^{\mathrm{T}}$。

建立了坐标以后，就把抽象的向量 $\boldsymbol{\alpha}$ 与具体的数组向量 $(x_1,x_2,\cdots,x_n)^{\mathrm{T}}$ 联系起来了，并且还可把 V_n 中抽象的线性运算与 $\mathbb{R}^n$ 中数组向量的线性运算联系起来。

设 $\boldsymbol{\alpha}$、$\boldsymbol{\beta}\in V_n$，有 $\boldsymbol{\alpha}=x_1\boldsymbol{\alpha}_1+x_2\boldsymbol{\alpha}_2+\cdots+x_n\boldsymbol{\alpha}_n$，$\boldsymbol{\beta}=y_1\boldsymbol{\alpha}_1+y_2\boldsymbol{\alpha}_2+\cdots+y_n\boldsymbol{\alpha}_n$，于是

$$\boldsymbol{\alpha}+\boldsymbol{\beta}=(x_1+y_1)\boldsymbol{\alpha}_1+(x_2+y_2)\boldsymbol{\alpha}_2+\cdots+(x_n+y_n)\boldsymbol{\alpha}_n$$

$$\lambda\boldsymbol{\alpha}=(\lambda x_1)\boldsymbol{\alpha}_1+(\lambda x_2)\boldsymbol{\alpha}_2+\cdots+(\lambda x_n)\boldsymbol{\alpha}_n$$

即 $\boldsymbol{\alpha}+\boldsymbol{\beta}$ 和 $\lambda\boldsymbol{\alpha}$ 的坐标分别为

$$(x_1+y_1,x_2+y_2,\cdots,x_n+y_n)^{\mathrm{T}}=(x_1,x_2,\cdots,x_n)^{\mathrm{T}}+(y_1,y_2,\cdots,y_n)^{\mathrm{T}}$$

及

$$(\lambda x_1,\lambda x_2,\cdots,\lambda x_n)^{\mathrm{T}}=\lambda(x_1,x_2,\cdots,x_n)^{\mathrm{T}}$$

总之，在 n 维线性空间 V_n 中取定一个基 $\boldsymbol{\alpha}_1,\boldsymbol{\alpha}_2,\cdots,\boldsymbol{\alpha}_n$，则 V_n 中的向量 $\boldsymbol{\alpha}$ 与 $\mathbb{R}^n$ 中数组向量 $\boldsymbol{x}=(x_1,x_2,\cdots,x_n)^{\mathrm{T}}$ 之间建立起了一一对应的关系，且这种关系保持线性组合的对应。因此，V_n 与 $\mathbb{R}^n$ 有相同的结构，我们称 V_n 和 $\mathbb{R}^n$ 同构。

一般地，设 V 与 U 是两个线性空间，如果在它们的向量之间有一一对应的关系，且这个对应关系保持线性组合的对应，那么就说线性空间 V 与 U 同构。

显然，任何 n 维线性空间都与 $\mathbb{R}^n$ 同构，即维数相等的线性空间都同构。从而可知，线性空间的结构完全被它的维数所决定。

同构的概念除向量一一对应外，主要是保持线性运算的对应关系。因此，V_n 中抽象的线性运算就可转化为 $\mathbb{R}^n$ 中的线性运算，并且 $\mathbb{R}^n$ 中凡是只涉及线性运算的性质就适用于 V_n。但 $\mathbb{R}^n$ 中超出线性运算的性质，在 V_n 中就不一定具备，例如 $\mathbb{R}^n$ 中的内积概念在 V_n 中就不一定有意义。

7.3 基变换与坐标变换

在 n 维线性空间中，任意 n 个线性无关的向量都可作为线性空间的基。由例 7.2.3 可知，同一向量在不同基中有不同的坐标，那么，不同的基与不同的坐标之间有怎样的关系呢？

设 $\boldsymbol{\alpha}_1,\boldsymbol{\alpha}_2,\cdots,\boldsymbol{\alpha}_n$ 及 $\boldsymbol{\beta}_1,\boldsymbol{\beta}_2,\cdots,\boldsymbol{\beta}_n$ 是线性空间 V_n 的两个基，对于任意 $\boldsymbol{\alpha}_i$ $(i=1,2,\cdots,n)$ 均可由基 $\boldsymbol{\beta}_1,\boldsymbol{\beta}_2,\cdots,\boldsymbol{\beta}_n$ 线性表示，即

$$\begin{cases}\boldsymbol{\alpha}_1=s_{11}\boldsymbol{\beta}_1+s_{21}\boldsymbol{\beta}_2+\cdots+s_{n1}\boldsymbol{\beta}_n\\\boldsymbol{\alpha}_2=s_{12}\boldsymbol{\beta}_1+s_{22}\boldsymbol{\beta}_2+\cdots+s_{n2}\boldsymbol{\beta}_n\\\qquad\vdots\\\boldsymbol{\alpha}_n=s_{1n}\boldsymbol{\beta}_1+s_{2n}\boldsymbol{\beta}_2+\cdots+s_{nn}\boldsymbol{\beta}_n\end{cases}\tag{7.1}$$

记 n 阶矩阵 $\boldsymbol{S}=(s_{ij})$，利用向量和矩阵的形式，式 (7.1) 可表示为

$$(\boldsymbol{\alpha}_1,\boldsymbol{\alpha}_2,\cdots,\boldsymbol{\alpha}_n)=(\boldsymbol{\beta}_1,\boldsymbol{\beta}_2,\cdots,\boldsymbol{\beta}_n)\boldsymbol{S} \tag{7.2}$$

称式 (7.1) 或式 (7.2) 为基变换公式，矩阵 $\boldsymbol{S}$ 称为由基 $\boldsymbol{\alpha}_1,\boldsymbol{\alpha}_2,\cdots,\boldsymbol{\alpha}_n$ 到基 $\boldsymbol{\beta}_1,\boldsymbol{\beta}_2,\cdots,\boldsymbol{\beta}_n$ 的过渡矩阵。由于 $\boldsymbol{\alpha}_1,\boldsymbol{\alpha}_2,\cdots,\boldsymbol{\alpha}_n$ 线性无关，故过渡矩阵 $\boldsymbol{S}$ 可逆。

定理 7.3.1　设线性空间 V_n 中的向量 $\boldsymbol{\alpha}$，在基 $\boldsymbol{\alpha}_1,\boldsymbol{\alpha}_2,\cdots,\boldsymbol{\alpha}_n$ 下的坐标为 $(x_1,x_2,\cdots,x_n)^{\mathrm{T}}$；在基 $\boldsymbol{\beta}_1,\boldsymbol{\beta}_2,\cdots,\boldsymbol{\beta}_n$ 下的坐标为 $(y_1,y_2,\cdots,y_n)^{\mathrm{T}}$。由 $\boldsymbol{\alpha}_1,\boldsymbol{\alpha}_2,\cdots,\boldsymbol{\alpha}_n$ 到 $\boldsymbol{\beta}_1,\boldsymbol{\beta}_2,\cdots,\boldsymbol{\beta}_n$ 的过渡矩阵为 $\boldsymbol{S}$，则有坐标变换公式

$$\begin{bmatrix} y_1\\ y_2\\ \vdots\\ y_m \end{bmatrix}=\boldsymbol{S}\begin{bmatrix} x_1\\ x_2\\ \vdots\\ x_m \end{bmatrix} \quad 或 \quad \begin{bmatrix} x_1\\ x_2\\ \vdots\\ x_m \end{bmatrix}=\boldsymbol{S}^{-1}\begin{bmatrix} y_1\\ y_2\\ \vdots\\ y_m \end{bmatrix} \tag{7.3}$$

证明： 因

$$\boldsymbol{\alpha}=(\boldsymbol{\alpha}_1,\boldsymbol{\alpha}_2,\cdots,\boldsymbol{\alpha}_n)\begin{bmatrix} x_1\\ x_2\\ \vdots\\ x_n \end{bmatrix}=(\boldsymbol{\beta}_1,\boldsymbol{\beta}_2,\cdots,\boldsymbol{\beta}_n)\boldsymbol{S}\begin{bmatrix} x_1\\ x_2\\ \vdots\\ x_n \end{bmatrix}$$

$$=(\boldsymbol{\beta}_1,\boldsymbol{\beta}_2,\cdots,\boldsymbol{\beta}_n)\begin{bmatrix} y_1\\ y_2\\ \vdots\\ y_n \end{bmatrix}$$

由于 $\boldsymbol{\beta}_1,\boldsymbol{\beta}_2,\cdots,\boldsymbol{\beta}_n$ 线性无关，故有关系式 (7.3) 成立。

■

这个定理的逆命题也成立，即若任一向量的两种坐标满足坐标公式 (7.3)，则这两个基满足基变换公式 (7.2)。

例 7.3.1　在 $P_3[x]$ 中取两个基

$\boldsymbol{\alpha}_1=x^3+2x^2-x$，$\boldsymbol{\alpha}_2=x^3-x^2+x+1$，$\boldsymbol{\alpha}_3=-x^3+2x^2+x+1$，$\boldsymbol{\alpha}_4=-x^3-x^2+1$

及

$\boldsymbol{\beta}_1=2x^3+x^2+1$，$\boldsymbol{\beta}_2=x^2+2x+2$，$\boldsymbol{\beta}_3=-2x^3+x^2+x+2$，$\boldsymbol{\beta}_4=x^3+3x^2+x+2$

求坐标变换公式。

解： 取 $P_3[x]$ 的自然基 $(1,x,x^2,x^3)$，则

$$(\boldsymbol{\alpha}_1,\boldsymbol{\alpha}_2,\boldsymbol{\alpha}_3,\boldsymbol{\alpha}_4)=(x^3,x^2,x,1)\boldsymbol{A}$$

$$(\boldsymbol{\beta}_1,\boldsymbol{\beta}_2,\boldsymbol{\beta}_3,\boldsymbol{\beta}_4)=(x^3,x^2,x,1)\boldsymbol{B}$$

其中

$$\boldsymbol{A}=\begin{bmatrix}1&1&-1&-1\\2&-1&2&-1\\-1&1&1&0\\0&1&1&1\end{bmatrix},\quad \boldsymbol{B}=\begin{bmatrix}2&0&-2&1\\1&1&1&3\\0&2&1&1\\1&2&2&2\end{bmatrix}$$

得

$$(\boldsymbol{\beta}_1,\boldsymbol{\beta}_2,\boldsymbol{\beta}_3,\boldsymbol{\beta}_4)=(\boldsymbol{\alpha}_1,\boldsymbol{\alpha}_2,\boldsymbol{\alpha}_3,\boldsymbol{\alpha}_4)\boldsymbol{A}^{-1}\boldsymbol{B}$$

故坐标变换公式为

$$\begin{bmatrix}y_1\\y_2\\y_3\\y_4\end{bmatrix}=\boldsymbol{B}^{-1}\boldsymbol{A}\begin{bmatrix}x_1\\x_2\\x_3\\x_4\end{bmatrix}$$

用矩阵的初等行变换求 $\boldsymbol{B}^{-1}\boldsymbol{A}$: 把矩阵 $(\boldsymbol{B},\boldsymbol{A})$ 中的 $\boldsymbol{B}$ 变成 $\boldsymbol{I}$, 则 $\boldsymbol{A}$ 即变成 $\boldsymbol{B}^{-1}\boldsymbol{A}$。经计算可求得

$$\boldsymbol{B}^{-1}\boldsymbol{A}=\begin{bmatrix}0&1&-1&1\\-1&1&0&0\\0&0&0&1\\1&-1&1&-1\end{bmatrix}$$

7.4 线性变换

从一个向量空间到另一个向量空间的线性映射在数学中扮演着重要的角色，本节将简单介绍有关这类映射的理论。

定义 7.4.1 设 A,B 是两个非空集合，如果存在一个对应法则 T，使得对于 A 中任一元素 α 按照这个法则都有 B 中唯一确定的元素 β 和它对应，则称 T 是集合 A 到集合 B 的一个映射（变换）。β 称为 α 在映射 T 下的像，而 α 称为 β 在映射 T 下的原像，α 在 T 下的像用符号 $T(\alpha)$ 或 $T\alpha$ 表示，于是映射可记为

$$\beta=T(\alpha)\qquad 或 \qquad \beta=T\alpha\ \ (\alpha\in A)$$

集合 A 称为映射 T 的定义域。

映射的概念是函数概念的推广。例如，设二元函数 $z=f(x,y)$ 的定义域为平面区域

G，函数值域为 Z，那么，函数关系 f 即为一个从定义域 G 到实数域 $\mathbb{R}$ 的映射；函数值 $f(x_0,y_0)=z_0$ 为 (x_0,y_0) 的像，即 (x_0,y_0) 是 z_0 的原像；Z 为像集。

例 7.4.1　定义

$$T_1(\boldsymbol{A})=|\boldsymbol{A}|,\quad \boldsymbol{A}\in\mathbb{R}^{n\times n}$$

则 T_1 是 $\mathbb{R}^{n\times n}$ 到 $\mathbb{R}$ 的一个映射。

例 7.4.2　定义

$$T_2(a)=a\boldsymbol{I},\quad a\in\mathbb{R}$$

其中，$\boldsymbol{I}$ 为 $n\times n$ 单位矩阵；T_2 是 $\mathbb{R}$ 到 $\mathbb{R}^{n\times n}$ 的一个映射。

例 7.4.3　定义

$$T_3(f(x))=\int_a^b f(x)\,\mathrm{d}x,\quad f(x)\in C[a,b]$$

其中，$C[a,b]$ 表示 $[a,b]$ 上全体的连续函数；T_3 是 $C[a,b]$ 到 $\mathbb{R}$ 的一个映射。

设 T 是从 A 到 B 的一个映射，A 中的元素在 T 下的像的全体构成的集合称为像集，记作 $T(A)$，即

$$T(A)=\{\beta=T(\alpha)|\alpha\in A\}$$

显然，$T(A)\subset B$。若 $T(A)=B$，则称 T 是一个满射，若 T 是从 A 到 B 的一个满射，则 B 中的每一个元素都至少有一个原像。若 T 的定义域 A 中不同元素在映射 T 下的像也不同，即若 $x_1,x_2\in A$ 且 $x_1\neq x_2$ 就有 $T(x_1)\neq T(x_2)$，则称 T 为单射，如果 T 既是单射又是满射，则称 T 是双射或一一对应。

定义 7.4.2　设 L 是一个从线性空间 V 到线性空间 W 的映射，如果对任意的 $\boldsymbol{v}_1,\boldsymbol{v}_2\in V$ 及任意的 $\lambda,\mu\in\mathbb{R}$，有

$$L(\lambda\boldsymbol{v}_1+\mu\boldsymbol{v}_2)=\lambda L(\boldsymbol{v}_1)+\mu L(\boldsymbol{v}_2) \tag{7.4}$$

则称 L 为从 V 到 W 的线性变换。

若 L 是线性空间 V 到 W 的线性变换，则由式 (7.4) 有

$$L(\boldsymbol{v}_1+\boldsymbol{v}_2)=L(\boldsymbol{v}_1)+L(\boldsymbol{v}_2),\qquad \lambda=\mu=1 \tag{7.5}$$

和

$$L(\lambda\boldsymbol{v})=\lambda L(\boldsymbol{v}),\qquad \boldsymbol{v}=\boldsymbol{v}_1,\mu=0 \tag{7.6}$$

反之，若 L 满足式 (7.5) 和式 (7.6)，则

$$\begin{aligned}L(\lambda\boldsymbol{v}_1+\mu\boldsymbol{v}_2)&=L(\lambda\boldsymbol{v}_1)+L(\mu\boldsymbol{v}_2)\\&=\lambda L(\boldsymbol{v}_1)+\mu L(\boldsymbol{v}_2)\end{aligned}$$

如果线性空间 V 和 W 是相同的，那么 L 是一个从线性空间 V 到其自身的线性变换，称为线性空间 V 中的线性变换（线性算子）。

现在考虑一些线性变换的例子。首先，从 $\mathbb{R}^2$ 中的线性变换开始，此时，容易看出变换的几何作用。

例 7.4.4 在线性空间 $\mathbb{R}^2$ 中，定义

$$L(\boldsymbol{x})=3\boldsymbol{x},\quad \boldsymbol{x}\in\mathbb{R}^2$$

则 L 为 $\mathbb{R}^2$ 中的线性变换。由于

$$L(\lambda\boldsymbol{x})=3(\lambda\boldsymbol{x})=\lambda(3\boldsymbol{x})=\lambda L(\boldsymbol{x})$$

及

$$L(\boldsymbol{x}+\boldsymbol{y})=3(\boldsymbol{x}+\boldsymbol{y})=3\boldsymbol{x}+3\boldsymbol{y}=L(\boldsymbol{x})+L(\boldsymbol{y})$$

故 L 为 $\mathbb{R}^2$ 中的线性变换。L 的作用是将向量伸长 3 倍。一般地，若 $k\in\mathbb{R}$，则线性变换 $L(\boldsymbol{x})=k\boldsymbol{x}$ 是将向量伸长或压缩 k 倍。

例 7.4.5 对于 $\mathbb{R}^2$ 中的向量 $\boldsymbol{x}=(x_1,x_2)^{\mathrm{T}}$，定义

$$L(\boldsymbol{x})=x_1\boldsymbol{e}_1$$

于是，若 $\boldsymbol{x}=(x_1,x_2)^{\mathrm{T}}$，则 $L(\boldsymbol{x})=(x_1,0)^{\mathrm{T}}$。若 $\boldsymbol{y}=(y_1,y_2)^{\mathrm{T}}$，则

$$\lambda\boldsymbol{x}+\mu\boldsymbol{y}=\begin{bmatrix}\lambda x_1+\mu y_1\\ \lambda x_2+\mu y_2\end{bmatrix}$$

由此可得

$$L(\lambda\boldsymbol{x}+\mu\boldsymbol{y})=(\lambda x_1+\mu y_1)\boldsymbol{e}_1=\lambda(x_1\boldsymbol{e}_1)+\mu(y_1\boldsymbol{e}_1)=\lambda L(\boldsymbol{x})+\mu L(\boldsymbol{y})$$

因此，L 为 $\mathbb{R}^2$ 中的线性变换。L 的作用可以看成是一个到 x_1 轴的投影。

例 7.4.6 对于 $\mathbb{R}^2$ 中的向量 $\boldsymbol{x}=(x_1,x_2)^{\mathrm{T}}$，定义

$$L(\boldsymbol{x})=(x_1,-x_2)^{\mathrm{T}}$$

由于

$$\begin{aligned}L(\lambda\boldsymbol{x}+\mu\boldsymbol{y})&=\begin{bmatrix}\lambda x_1+\mu y_1\\ -(\lambda x_2+\mu y_2)\end{bmatrix}\\ &=\lambda\begin{bmatrix}x_1\\ -x_2\end{bmatrix}+\mu\begin{bmatrix}y_1\\ -y_2\end{bmatrix}\\ &=\lambda L(\boldsymbol{x})+\mu L(\boldsymbol{y})\end{aligned}$$

故 L 为 $\mathbb{R}^2$ 中的线性变换。线性变换 L 的作用是将向量关于 x_1 轴作对称变换。

例 7.4.7 若 $\boldsymbol{x}=(x_1,x_2)^{\mathrm{T}}$，则

$$L(\boldsymbol{x})=(-x_2,x_1)^{\mathrm{T}}$$

为 $\mathbb{R}^2$ 中的线性变换，因为

$$L(\lambda\boldsymbol{x}+\mu\boldsymbol{y})=\begin{bmatrix}-(\lambda x_2+\mu y_2)\\ \lambda x_1+\mu y_1\end{bmatrix}$$

$$
= \lambda \begin{bmatrix} -x_2 \\ x_1 \end{bmatrix} + \mu \begin{bmatrix} -y_2 \\ y_1 \end{bmatrix}
$$

$$
= \lambda L(\boldsymbol{x}) + \mu L(\boldsymbol{y})
$$

线性变换 L 的作用是将 $\mathbb{R}^2$ 中的向量逆时针旋转 $90°$。

1. 从 $\mathbb{R}^n$ 到 $\mathbb{R}^m$ 的线性变换

例 7.4.8　由

$$
L(\boldsymbol{x}) = x_1 + x_2
$$

定义的映射 L 为 $\mathbb{R}^2$ 到 $\mathbb{R}^1$ 的线性变换。因为

$$
\begin{aligned}
L(\lambda\boldsymbol{x} + \mu\boldsymbol{y}) &= (\lambda x_1 + \mu y_1) + (\lambda x_2 + \mu y_2) \\
&= \lambda(x_1 + x_2) + \mu(y_1 + y_2) \\
&= \lambda L(\boldsymbol{x}) + \mu L(\boldsymbol{y})
\end{aligned}
$$

例 7.4.9　由

$$
L(\boldsymbol{x}) = (x_2, x_1, x_1 + x_2)^{\mathrm{T}}
$$

定义的映射 L 为 $\mathbb{R}^2$ 到 $\mathbb{R}^3$ 的线性变换，因为

$$
L(\lambda\boldsymbol{x}) = (\lambda x_2, \lambda x_1, \lambda x_1 + \lambda x_2)^{\mathrm{T}} = \lambda L(\boldsymbol{x})
$$

及

$$
\begin{aligned}
L(\lambda\boldsymbol{x} + \mu\boldsymbol{y}) &= (x_2 + y_2, x_1 + y_1, x_1 + y_1 + x_2 + y_2)^{\mathrm{T}} \\
&= (x_2, x_1, x_1 + x_2)^{\mathrm{T}} + (y_2, y_1, y_1 + y_2)^{\mathrm{T}} \\
&= L(\boldsymbol{x}) + L(\boldsymbol{y})
\end{aligned}
$$

注意到，如果定义矩阵 $\boldsymbol{A}$ 为

$$
\boldsymbol{A} = \begin{bmatrix} 0 & 1 \\ 1 & 0 \\ 1 & 1 \end{bmatrix}
$$

则对任意的 $\boldsymbol{x} \in \mathbb{R}^2$，有

$$
L(\boldsymbol{x}) = \begin{bmatrix} x_2 \\ x_1 \\ x_1 + x_2 \end{bmatrix} = \boldsymbol{A}\boldsymbol{x}
$$

一般地，如果 $\boldsymbol{A}$ 为任意 $m \times n$ 矩阵，可以定义一个从 $\mathbb{R}^n$ 到 $\mathbb{R}^m$ 的线性变换 $L_{\boldsymbol{A}}$，即对任意 $\boldsymbol{x} \in \mathbb{R}^n$，有

$$
L_{\boldsymbol{A}}(\boldsymbol{x}) = \boldsymbol{A}\boldsymbol{x}
$$

变换 $L_{\boldsymbol{A}}$ 为线性的，因为

$$\begin{aligned}L_{\boldsymbol{A}}(\lambda\boldsymbol{x}+\mu\boldsymbol{y})&=\boldsymbol{A}(\lambda\boldsymbol{x}+\mu\boldsymbol{y})\\&=\lambda\boldsymbol{A}\boldsymbol{x}+\lambda\boldsymbol{A}\boldsymbol{y}\\&=\lambda L_{\boldsymbol{A}}(\boldsymbol{x})+\lambda L_{\boldsymbol{A}}(\boldsymbol{y})\end{aligned}$$

因此，我们可以认为每一个 $m\times n$ 矩阵 $\boldsymbol{A}$ 定义了一个从 $\mathbb{R}^n$ 到 $\mathbb{R}^m$ 的线性变换。

在例 7.4.9 中，我们看到线性变换 L 可以用一个矩阵 $\boldsymbol{A}$ 来定义。下一节我们将看到，对所有从 $\mathbb{R}^n$ 到 $\mathbb{R}^m$ 的线性变换，这个结论都是正确的。

2. 从 $\boldsymbol{V}$ 到 $\boldsymbol{W}$ 的线性变换

若 L 为从线性空间 V 到线性空间 W 的线性变换，则下列命题成立：

(1) $L(\mathbf{0}_V)=\mathbf{0}_W$ (其中 $\mathbf{0}_V$ 和 $\mathbf{0}_W$ 分别为 V 和 W 中的零向量)。

(2) 若 $\boldsymbol{v}_1,\boldsymbol{v}_2,\cdots,\boldsymbol{v}_n$ 为 V 的元素，$\lambda_1,\lambda_2,\cdots,\lambda_n$ 为实数，则

$$L(\lambda_1\boldsymbol{v}_1+\lambda_2\boldsymbol{v}_2+\cdots+\lambda_n\boldsymbol{v}_n)=\lambda_1L(\boldsymbol{v}_1)+\lambda_2L(\boldsymbol{v}_2)+\cdots+\boldsymbol{v}_nL(\boldsymbol{v}_n)$$

(3) 对所有的 $\boldsymbol{v}\in V$，有 $L(-\boldsymbol{v})=-L(\boldsymbol{v})$。

命题 (1) 可在 $L(\lambda\boldsymbol{v})=\lambda L(\boldsymbol{v})$ 中令 $\lambda=0$ 得到。命题 (2) 可用数学归纳法证明。为证明命题 (3)，注意到

$$\mathbf{0}_W=L(\mathbf{0}_V)=L(\boldsymbol{v}+(-\boldsymbol{v}))=L(\boldsymbol{v})+L(-\boldsymbol{v})$$

因此，$L(-\boldsymbol{v})=-L(\boldsymbol{v})$。

例 7.4.10 若 V 为任意线性空间，则对任意 $\boldsymbol{v}\in V$，恒等映射 $\mathcal{I}$ 定义为

$$\mathcal{I}(\boldsymbol{v})=\boldsymbol{v}$$

显然，$\mathcal{I}$ 为将 V 映射到其自身的线性变换：

$$\mathcal{I}(\lambda\boldsymbol{v}_1+\mu\boldsymbol{v}_2)=\lambda\boldsymbol{v}_1+\mu\boldsymbol{v}_2=\lambda\mathcal{I}(\boldsymbol{v}_1)+\mu\mathcal{I}(\boldsymbol{v}_2)$$

例 7.4.11 令 L 为从 $C[a,b]$ 到 $\mathbb{R}^1$ 的映射，定义为

$$L(f)=\int_a^b f(x)\mathrm{d}x$$

则 L 为线性变换，因为若 $f,g\in C[a,b]$，则

$$\begin{aligned}L(\lambda f+\mu g)&=\int_a^b(\lambda f+\mu g)(x)\mathrm{d}x\\&=\lambda\int_a^b f(x)\mathrm{d}x+\mu\int_a^b g(x)\mathrm{d}x\\&=\lambda L(f)+\mu L(g)\end{aligned}$$

例 7.4.12 令 D 为从 $C^1[a,b]$ ($[a,b]$上一阶可导函数的全体) 到 $C[a,b]$ 的线性变换，定义为

$$D(f)=f' \quad (f'\text{是}f\text{的导数})$$

D 为线性变换，因为

$$D(\lambda f+\mu g)=\lambda f'+\mu g'=\lambda D(f)+\mu D(g)$$

3. 像与核

令 L 为 V 到 W 的线性变换，考虑 L 在 V 的子空间上的映射，特别是 V 中被映射为 W 中的零向量的向量集合。

定义 7.4.3 设 L 是线性空间 V 到 W 的线性变换，L 的核记为 $\mathrm{Ker}(L)$，定义为

$$\mathrm{Ker}(L) = \{\boldsymbol{v} \in V | L(\boldsymbol{v}) = \boldsymbol{0}_W\}$$

定义 7.4.4 设 L 是线性空间 V 到 W 的线性变换，S 为 V 的一个子空间。S 的像记为 $L(S)$，定义为

$$L(S) = \{\boldsymbol{w} \in W | \boldsymbol{w} = L(\boldsymbol{v}), \boldsymbol{v} \in S\}$$

整个线性空间的像 $L(V)$ 称为 L 的值域。

令 L 是线性空间 V 到 W 的线性变换。容易看出，$\mathrm{Ker}(L)$ 为 V 的子空间，且若 S 为 V 的任意子空间，$L(S)$ 为 W 的一个子空间。特别地，$L(V)$ 为 W 的一个子空间。事实上，我们有如下的定理。

定理 7.4.1 若 L 是线性空间 V 到 W 的线性变换，S 为 V 的子空间，则

(1) $\mathrm{Ker}(L)$ 为 V 的一个子空间。

(2) $L(S)$ 为 W 的一个子空间。

证明: 显然 $\mathrm{Ker}(L)$ 非空，因为 V 中的零向量 $\boldsymbol{0}_V$ 在 $\mathrm{Ker}(L)$ 中。为证明 (1)，我们必须证明 $\mathrm{Ker}(L)$ 对向量加法和数乘运算是封闭的。若 $\boldsymbol{v} \in \mathrm{Ker}(L)$，且 λ 为一实数，则

$$L(\lambda\boldsymbol{v}) = \lambda L(\boldsymbol{v}) = \lambda\boldsymbol{0}_W = \boldsymbol{0}_W$$

因此，$\lambda\boldsymbol{v} \in \mathrm{Ker}(L)$。

若 $\boldsymbol{v}_1, \boldsymbol{v}_2 \in \mathrm{Ker}(L)$，则

$$L(\boldsymbol{v}_1 + \boldsymbol{v}_2) = L(\boldsymbol{v}_1) + L(\boldsymbol{v}_2) = \boldsymbol{0}_W + \boldsymbol{0}_W = \boldsymbol{0}_W$$

因此，$\boldsymbol{v}_1 + \boldsymbol{v}_2 \in \mathrm{Ker}(L)$，于是 $\mathrm{Ker}(L)$ 为 V 的子空间。

类似地，可以证明 (2)。$L(S)$ 非空，因为 $\boldsymbol{0}_W = L(\boldsymbol{0}_V) \in L(S)$。若 $\boldsymbol{w} \in L(S)$，则对某个 $\boldsymbol{v} \in S$ 有 $\boldsymbol{w} = L(\boldsymbol{v})$。对任意实数 λ，有

$$\lambda\boldsymbol{w} = \lambda L(\boldsymbol{v}) = L(\lambda\boldsymbol{v})$$

因为 $\lambda\boldsymbol{v} \in S$，故可得 $\lambda\boldsymbol{w} \in L(S)$，由此有 $L(S)$ 对数乘运算封闭。若 $\boldsymbol{w}_1, \boldsymbol{w}_2 \in L(S)$，则存在 $\boldsymbol{v}_1, \boldsymbol{v}_2 \in S$，使得 $L(\boldsymbol{v}_1) = \boldsymbol{w}_1, L(\boldsymbol{v}_2) = \boldsymbol{w}_2$，因此

$$\boldsymbol{w}_1 + \boldsymbol{w}_2 = L(\boldsymbol{v}_1) + L(\boldsymbol{v}_2) = L(\boldsymbol{v}_1 + \boldsymbol{v}_2)$$

于是，$L(S)$ 对向量加法也封闭。

■

例 7.4.13 令 L 为 $\mathbb{R}^2$ 到其自身的线性变换，定义为

$$L(\boldsymbol{x}) = \begin{bmatrix} x_1 \\ 0 \end{bmatrix}$$

则向量 $\boldsymbol{x}$ 在 $\text{Ker}(L)$ 中的充要条件是 $x_1=0$，因此 $\text{Ker}(L)$ 为由 $\boldsymbol{e}_2$ 张成的 $\mathbb{R}^2$ 的一维子空间。一个向量 $\boldsymbol{y}$ 在 L 的值域中的充要条件是 $\boldsymbol{y}$ 是 $\boldsymbol{e}_1$ 的倍数，因此 $L(\mathbb{R}^2)$ 为由 $\boldsymbol{e}_1$ 张成的 $\mathbb{R}^2$ 的一维子空间。

例 7.4.14 令 L 为 $\mathbb{R}^3$ 到 $\mathbb{R}^2$ 的线性变换，定义为

$$L(\boldsymbol{x})=(x_1+x_2,x_2+x_3)^{\mathrm{T}}$$

并令 S 为由 $\boldsymbol{e}_1$ 和 $\boldsymbol{e}_2$ 张成的子空间。

若 $\boldsymbol{x}\in\text{Ker}(L)$，则

$$x_1+x_2=0 \quad \text{且} \quad x_2+x_3=0$$

令自由变量 $x_3=k$，有

$$x_2=-k,\quad x_1=k$$

因此 $\text{Ker}(L)$ 为由所有形如 $k(1,-1,1)^{\mathrm{T}}$ 的向量组成的 $\mathbb{R}^3$ 的一维子空间。

若 $\boldsymbol{x}\in S$，则 $\boldsymbol{x}$ 必形如 $(k_1,0,k_2)^{\mathrm{T}}$，因此有 $L(\boldsymbol{x})=(a,b)^{\mathrm{T}}$。显然 $L(S)=\mathbb{R}^2$。由于子空间 S 的像为 $\mathbb{R}^2$ 全体，由此得 L 的整个值域必为 $\mathbb{R}^2$ (即 $L(\mathbb{R}^3)=\mathbb{R}^2$)。

例 7.4.15 令 D 为 $P_3[x]$ 到其自身的线性变换，定义为

$$D(p(x))=p'(x)$$

D 的核包含所有次数为 0 的多项式，因此，$\text{Ker}(D)=P_0(x)$。任何 $P_3(x)$ 中的多项式的导数将为 2 次或更低次的多项式。反之，任何 $P_2[x]$ 中的多项式将在 $P_3[x]$ 中存在一个原函数，因此，每一 $P_2[x]$ 中的多项式均为 $P_3[x]$ 中的多项式在 D 下的像。因此，$D(P_3)=P_2$。

7.5 线性变换的矩阵表示

在 7.4 节，每一个 $m\times n$ 矩阵 $\boldsymbol{A}$ 都定义了一个从 $\mathbb{R}^n$ 到 $\mathbb{R}^m$ 的线性变换 $L_{\boldsymbol{A}}$，其中

$$L_A(\boldsymbol{x})=\boldsymbol{A}\boldsymbol{x}$$

对任意 $\boldsymbol{x}\in\mathbb{R}^n$ 都成立。本节将进一步说明对每一从 $\mathbb{R}^n$ 到 $\mathbb{R}^m$ 的线性变换 L，存在一个 $m\times n$ 矩阵 $\boldsymbol{A}$，使得

$$L(\boldsymbol{x})=\boldsymbol{A}\boldsymbol{x}$$

我们还将学习如何把任意有限维空间上的线性变换表示为一个矩阵。

定理 7.5.1 若 L 是 $\mathbb{R}^n$ 到 $\mathbb{R}^m$ 的线性变换，则存在 $m\times n$ 矩阵 $\boldsymbol{A}$，使得对任意 $\boldsymbol{x}\in\mathbb{R}^n$，有

$$L(\boldsymbol{x})=\boldsymbol{A}\boldsymbol{x}$$

事实上，$\boldsymbol{A}$ 的第 j 个列向量为

$$\boldsymbol{a}_j=L(\boldsymbol{e}_j),\quad j=1,2,\cdots,n$$

证明: 对 $j=1,2,\cdots,n$, 定义

$$\boldsymbol{a}_j = L(\boldsymbol{e}_j)$$

并令

$$\boldsymbol{A} = (a_{ij}) = (\boldsymbol{a}_1, \boldsymbol{a}_2, \cdots, \boldsymbol{a}_n)$$

若

$$\boldsymbol{x} = x_1\boldsymbol{e}_1 + x_2\boldsymbol{e}_2 + \cdots + x_n\boldsymbol{e}_n$$

为 $\mathbb{R}^n$ 中任意的元素，则

$$\begin{aligned} L(\boldsymbol{x}) &= x_1L(\boldsymbol{e}_1) + x_2L(\boldsymbol{e}_2) + \cdots + x_nL(\boldsymbol{e}_n) \\ &= x_1\boldsymbol{a}_1 + x_2\boldsymbol{a}_2 + \cdots + x_n\boldsymbol{a}_n \\ &= (\boldsymbol{a}_1, \boldsymbol{a}_2, \cdots, \boldsymbol{a}_n)\begin{bmatrix} x_1 \\ x_2 \\ \vdots \\ x_n \end{bmatrix} \\ &= \boldsymbol{A}\boldsymbol{x} \end{aligned}$$

■

7.4 节中已经证明了每一个从 $\mathbb{R}^n$ 到 $\mathbb{R}^m$ 的线性变换均可表示为一个 $m\times n$ 矩阵，定理 7.5.1 告诉我们对给定的线性变换 L 如何构造矩阵 $\boldsymbol{A}$。为得到 $\boldsymbol{A}$ 的第一列，观察 L 对 $\mathbb{R}^n$ 的第一个基向量 $\boldsymbol{e}_1$ 的作用是什么，令 $\boldsymbol{a}_1 = L(\boldsymbol{e}_1)$；为得到 $\boldsymbol{A}$ 的第二列，观察 L 对 $\mathbb{R}^n$ 的第二个基向量 $\boldsymbol{e}_2$ 的作用是什么，并令 $\boldsymbol{a}_2 = L(\boldsymbol{e}_2)$；等等。因为 $\mathbb{R}^n$ 中的标准基为 $\boldsymbol{e}_1, \boldsymbol{e}_2, \cdots, \boldsymbol{e}_n$ ($n\times n$ 单位矩阵的列向量)，因此我们称 $\boldsymbol{A}$ 为线性变换 L 的标准矩阵表示。以后我们将看到如何在其他基下线性变换的矩阵表示。

例 7.5.1　设 L 为 $\mathbb{R}^3$ 到 $\mathbb{R}^2$ 的线性变换，对 $\mathbb{R}^3$ 中的向量 $\boldsymbol{x}=(x_1,x_2,x_3)^{\mathrm{T}}$，定义

$$L(\boldsymbol{x}) = (x_1+x_2, x_2+x_3)^{\mathrm{T}}$$

我们希望求一个矩阵 $\boldsymbol{A}$，使得对任意 $\boldsymbol{x}\in\mathbb{R}^3, L(\boldsymbol{x}) = \boldsymbol{A}\boldsymbol{x}$。为此，必须求 $L(\boldsymbol{e}_1)$、$L(\boldsymbol{e}_2)$ 和 $L(\boldsymbol{e}_3)$:

$$L(\boldsymbol{e}_1) = L((1,0,0)^{\mathrm{T}}) = \begin{bmatrix} 1 \\ 0 \end{bmatrix}$$

$$L(\boldsymbol{e}_2) = L((0,1,0)^{\mathrm{T}}) = \begin{bmatrix} 1 \\ 1 \end{bmatrix}$$

$$L(\boldsymbol{e}_3) = L((0,0,1)^{\mathrm{T}}) = \begin{bmatrix} 0 \\ 1 \end{bmatrix}$$

于是，

$$\boldsymbol{A}=\begin{bmatrix}1 & 1 & 0\\0 & 1 & 1\end{bmatrix}$$

为验证结果，计算 $\boldsymbol{Ax}$:

$$\boldsymbol{Ax}=\begin{bmatrix}1 & 1 & 0\\0 & 1 & 1\end{bmatrix}\begin{bmatrix}x_1\\x_2\\x_3\end{bmatrix}=\begin{bmatrix}x_1+x_2\\x_2+x_3\end{bmatrix}$$

例 7.5.2 设 L 为 $\mathbb{R}^2$ 到其自身的线性变换，它将每一向量逆时针旋转角度 θ。不难得到，$\boldsymbol{e}_1$ 被映射为 $(\cos\theta,\sin\theta)^{\mathrm{T}}$，$\boldsymbol{e}_2$ 被映射为 $(-\sin\theta,\cos\theta)^{\mathrm{T}}$，于是，相应于该线性变换的矩阵 $\boldsymbol{A}$ 为

$$\boldsymbol{A}=\begin{bmatrix}\cos\theta & -\sin\theta\\\sin\theta & \cos\theta\end{bmatrix}$$

若 $\boldsymbol{x}$ 为 $\mathbb{R}^2$ 中任意向量，则要将 $\boldsymbol{x}$ 逆时针旋转角度 θ，只需简单地乘以 $\boldsymbol{A}$。

我们已经看到如何用矩阵表示从 $\mathbb{R}^n$ 到 $\mathbb{R}^m$ 的线性变换，事实上，对于一般的 n 维线性空间 V 和 m 维线性空间 W，我们也可以类似地用矩阵表示从 V 到 W 的线性变换。

定理 7.5.2 设线性空间 V 和 W 的基分别为 $\boldsymbol{v}_1,\boldsymbol{v}_2,\cdots,\boldsymbol{v}_n$ 和 $\boldsymbol{w}_1,\boldsymbol{w}_2,\cdots,\boldsymbol{w}_m$，$L$ 为 V 到 W 的线性变换，对任意的 $\boldsymbol{v}\in V$，令 $\boldsymbol{x}$ 为向量 $\boldsymbol{v}$ 在基 $\boldsymbol{v}_1,\boldsymbol{v}_2,\cdots,\boldsymbol{v}_n$ 下的坐标，$\boldsymbol{y}$ 为向量 $L(\boldsymbol{v})$ 在基 $\boldsymbol{w}_1,\boldsymbol{w}_2,\cdots,\boldsymbol{w}_m$ 下的坐标，则存在 $m\times n$ 矩阵 $\boldsymbol{A}$，使得

$$\boldsymbol{y}=\boldsymbol{Ax}$$

矩阵 $\boldsymbol{A}$ 称为 L 相应于基 $\boldsymbol{v}_1,\boldsymbol{v}_2,\cdots,\boldsymbol{v}_n$ 和 $\boldsymbol{w}_1,\boldsymbol{w}_2,\cdots,\boldsymbol{w}_m$ 的矩阵。事实上，

$$\boldsymbol{a}_j=a_{1j}\boldsymbol{w}_1+a_{2j}\boldsymbol{w}_2+\cdots+a_{mj}\boldsymbol{w}_m,\quad j=1,2,\cdots,n$$

即矩阵 $\boldsymbol{A}$ 的第 j 列为 $L(\boldsymbol{v}_j)$ 在基 $\boldsymbol{w}_1,\boldsymbol{w}_2,\cdots,\boldsymbol{w}_m$ 下的坐标。

证明: 设 $\boldsymbol{v}_1,\boldsymbol{v}_2,\cdots,\boldsymbol{v}_n$ 为 V 的一组基，$\boldsymbol{w}_1,\boldsymbol{w}_2,\cdots,\boldsymbol{w}_m$ 为 W 的一组基，L 为 V 到 W 的线性变换，则对任意的 $\boldsymbol{v}\in V$，有

$$\boldsymbol{v}=x_1\boldsymbol{v}_1+x_2\boldsymbol{v}_2+\cdots+x_n\boldsymbol{v}_n \tag{7.7}$$

$$L(\boldsymbol{v})=y_1\boldsymbol{w}_1+y_2\boldsymbol{w}_2+\cdots+y_m\boldsymbol{w}_m \tag{7.8}$$

我们要证明，存在 $m\times n$ 矩阵 $\boldsymbol{A}$，使得

$$\boldsymbol{Ax}=\boldsymbol{y}$$

其中，$\boldsymbol{x}=(x_1,x_2,\cdots,x_n)^{\mathrm{T}},\boldsymbol{y}=(y_1,y_2,\cdots,y_m)^{\mathrm{T}}$ 分别为 $\boldsymbol{v}$ 和 $L(\boldsymbol{v})$ 在基 $\boldsymbol{v}_1,\boldsymbol{v}_2,\cdots,\boldsymbol{v}_n$ 和 $\boldsymbol{w}_1,\boldsymbol{w}_2,\cdots,\boldsymbol{w}_m$ 下的坐标。

对 $j=1,2,\cdots,n$, 令 $\boldsymbol{a}_j=(a_{1j},a_{2j},\cdots,a_{mj})^{\mathrm{T}}$ 为 $L(\boldsymbol{v}_j)$ 在基 $\boldsymbol{w}_1,\boldsymbol{w}_2,\cdots,\boldsymbol{w}_m$ 下的坐标, 即

$$L(\boldsymbol{v}_j)=a_{1j}\boldsymbol{w}_1+a_{2j}\boldsymbol{w}_2+\cdots+a_{mj}\boldsymbol{w}_m,\ 1\leqslant j\leqslant n \tag{7.9}$$

并令 $\boldsymbol{A}=(a_{ij})=(\boldsymbol{a}_1,\boldsymbol{a}_2,\cdots,\boldsymbol{a}_n)$, 则由式 (7.7) 和式 (7.9), 有

$$\begin{aligned}L(\boldsymbol{v})&=L\left(\sum_{j=1}^{n}x_j\boldsymbol{v}_j\right)=\sum_{j=1}^{n}x_jL(\boldsymbol{v}_j)\\&=\sum_{j=1}^{n}x_j\left(\sum_{i=1}^{m}a_{ij}\boldsymbol{w}_i\right)=\sum_{i=1}^{m}\left(\sum_{j=1}^{n}a_{ij}x_j\right)\boldsymbol{w}_i\end{aligned}$$

对 $i=1,2,\cdots,m$, 令

$$y_i=\sum_{j=1}^{n}a_{ij}x_j$$

于是,

$$\boldsymbol{y}=(y_1,y_2,\cdots,y_m)^{\mathrm{T}}=\boldsymbol{A}\boldsymbol{x}$$

为 $L(\boldsymbol{v})$ 在基 $\boldsymbol{w}_1,\boldsymbol{w}_2,\cdots,\boldsymbol{w}_m$ 下的坐标。

■

不难发现，定理 7.5.2 求矩阵 $\boldsymbol{A}$ 的过程和定理 7.5.1 的方法本质上是相同的。若 $\boldsymbol{A}$ 为 L 相应于基 $\boldsymbol{v}_1,\boldsymbol{v}_2,\cdots,\boldsymbol{v}_n$ 和 $\boldsymbol{w}_1,\boldsymbol{w}_2,\cdots,\boldsymbol{w}_m$ 的矩阵，$\boldsymbol{x}$和$\boldsymbol{y}$ 分别为 $\boldsymbol{v}$ 和 $\boldsymbol{w}$ 在基 $\boldsymbol{v}_1,\boldsymbol{v}_2,\cdots,\boldsymbol{v}_n$ 和 $\boldsymbol{w}_1,\boldsymbol{w}_2,\cdots,\boldsymbol{w}_m$ 下的坐标，定理 7.5.2 表明，当且仅当 $\boldsymbol{A}$ 将 $\boldsymbol{x}$ 映射为 $\boldsymbol{y}$ 时，L 将 $\boldsymbol{v}$ 映射为 $\boldsymbol{w}$。

例 7.5.3　令 L 为 $\mathbb{R}^3$ 到 $\mathbb{R}^2$ 的线性变换, 对任意 $\boldsymbol{x}\in\mathbb{R}^3$, 有

$$L(\boldsymbol{x})=x_1\boldsymbol{b}_1+(x_2+x_3)\boldsymbol{b}_2$$

其中, $\boldsymbol{b}_1=(1,1)^{\mathrm{T}},\boldsymbol{b}_2=(-1,1)^{\mathrm{T}}$, 求 L 相应于基 $\boldsymbol{e}_1,\boldsymbol{e}_2,\boldsymbol{e}_3$ 和 $\boldsymbol{b}_1,\boldsymbol{b}_2$ 的矩阵 $\boldsymbol{A}$。

解:

$$L(\boldsymbol{e}_1)=1\boldsymbol{b}_1+0\boldsymbol{b}_2$$

$$L(\boldsymbol{e}_2)=0\boldsymbol{b}_1+1\boldsymbol{b}_2$$

$$L(\boldsymbol{e}_3)=0\boldsymbol{b}_1+1\boldsymbol{b}_2$$

矩阵 $\boldsymbol{A}$ 的第 j 列有 $L(\boldsymbol{e}_j)$ 在基 $\boldsymbol{b}_1$和$\boldsymbol{b}_2$ 下的坐标确定, 其中 $j=1,2,3$, 因此

$$\boldsymbol{A}=\begin{bmatrix}1&0&0\\0&1&1\end{bmatrix}$$

例 7.5.4　线性变换 D 是 $P_3[x]$ 到 $P_2[x]$ 的映射, 定义为 $D(p(x))=p'(x)$, 分别给定 $P_3[x]$ 和 $P_2[x]$ 的一组基为 $x^3,x^2,x,1$ 和 $x^2,x,1$, 求 D 在这组基下的矩阵。

解: 将 D 作用在 $P_3(x)$ 的基元素上:

$$D(x^3) = 3x^2 + 0 \cdot x + 0 \cdot 1$$
$$D(x^2) = 0x^2 + 2 \cdot x + 0 \cdot 1$$
$$D(x) = 0x^2 + 0 \cdot x + 1 \cdot 1$$
$$D(1) = 0x^2 + 0 \cdot x + 0 \cdot 1$$

于是, 在 $P_2[x]$ 中, $D(x^3), D(x^2), D(x), D(1)$ 的坐标分别为 $(3,0,0)^{\mathrm{T}}, (0,2,0)^{\mathrm{T}}, (0,0,1)^{\mathrm{T}}$, $(0,0,0)^{\mathrm{T}}$, 因此,

$$\boldsymbol{A} = \begin{bmatrix} 3 & 0 & 0 & 0 \\ 0 & 2 & 0 & 0 \\ 0 & 0 & 1 & 0 \end{bmatrix}$$

若 $p(x) = ax^3 + bx^2 + cx + d$，则向量 $p(x)$ 在基 $x^3, x^2, x, 1$ 下的坐标为 $(a,b,c,d)^{\mathrm{T}}$，要求 $D(p(x))$ 在基 $x^2, x, 1$ 下的坐标，只需简单作乘法

$$\begin{bmatrix} 3 & 0 & 0 & 0 \\ 0 & 2 & 0 & 0 \\ 0 & 0 & 1 & 0 \end{bmatrix} \begin{bmatrix} a \\ b \\ c \\ d \end{bmatrix} = \begin{bmatrix} 3a \\ 2b \\ c \end{bmatrix}$$

因此，

$$D(ax^3 + bx^2 + cx + d) = 3ax^2 + 2bx + c$$

若 L 为 n 维线性空间 V 到其自身的线性变换，则线性变换 L 的矩阵依赖于 V 中基的选择，一般而言，选取不同的基，可能将 L 表示为不同的 $n \times n$ 矩阵。下面的定理刻画了同一个线性变换在不同基下矩阵之间的关系。

定理 7.5.3 设线性空间 V 中取定两个基

$$\boldsymbol{v}_1, \boldsymbol{v}_2, \cdots, \boldsymbol{v}_n \quad 和 \quad \boldsymbol{w}_1, \boldsymbol{w}_2, \cdots, \boldsymbol{w}_n$$

由基 $\boldsymbol{w}_1, \boldsymbol{w}_2, \cdots, \boldsymbol{w}_n$ 到基 $\boldsymbol{v}_1, \boldsymbol{v}_2, \cdots, \boldsymbol{v}_n$ 的过渡矩阵为 $\boldsymbol{S}$, 若 V 中的线性变换 L 在这两个基下的矩阵分别为 $\boldsymbol{B}$ 和 $\boldsymbol{A}$, 则 $\boldsymbol{B} = \boldsymbol{S}^{-1}\boldsymbol{A}\boldsymbol{S}$。

证明: 记 $E = \{\boldsymbol{v}_1, \boldsymbol{v}_2, \cdots, \boldsymbol{v}_n\}$, $F = \{\boldsymbol{w}_1, \boldsymbol{w}_2, \cdots, \boldsymbol{w}_n\}$。令 $\boldsymbol{x}$ 为 $\mathbb{R}^n$ 中的任一向量, 并令

$$\boldsymbol{v} = x_1\boldsymbol{w}_1 + x_2\boldsymbol{w}_2 + \cdots + x_n\boldsymbol{w}_n$$

即 $\boldsymbol{x}$ 为 $\boldsymbol{v}$ 在 F 下的坐标。令

$$\boldsymbol{y} = \boldsymbol{S}\boldsymbol{x}, \quad \boldsymbol{t} = \boldsymbol{A}\boldsymbol{y}, \quad \boldsymbol{z} = \boldsymbol{B}\boldsymbol{x} \tag{7.10}$$

因 $\boldsymbol{S}$ 为 F 到 E 的过渡矩阵, 故向量 $\boldsymbol{v}$ 在基 E 下的坐标为 $\boldsymbol{y}$。由矩阵 $\boldsymbol{A}$ 和 $\boldsymbol{B}$ 的定义可

知，$\boldsymbol{t}$ 和 $\boldsymbol{z}$ 分别为 $L(\boldsymbol{v})$ 在 E 和 F 下的坐标。又由从 E 到 F 的过渡矩阵为 $\boldsymbol{S}^{-1}$，有

$$\boldsymbol{S}^{-1}\boldsymbol{t} = \boldsymbol{z} \tag{7.11}$$

由式 (7.10) 和式 (7.11)，有

$$\boldsymbol{S}^{-1}\boldsymbol{A}\boldsymbol{S}\boldsymbol{x} = \boldsymbol{S}^{-1}\boldsymbol{A}\boldsymbol{y} = \boldsymbol{S}^{-1}\boldsymbol{t} = \boldsymbol{z} = \boldsymbol{B}\boldsymbol{x}$$

因此，对任意 $\boldsymbol{x} \in \mathbb{R}^n$，有

$$\boldsymbol{S}^{-1}\boldsymbol{A}\boldsymbol{S}\boldsymbol{x} = \boldsymbol{B}\boldsymbol{x}$$

于是 $\boldsymbol{S}^{-1}\boldsymbol{A}\boldsymbol{S} = \boldsymbol{B}$。

■

定理 7.5.3 可表述为：线性空间上同一个线性变换在不同基下的矩阵是相似的；反之，若已知线性变换 L 在某个基下的矩阵 $\boldsymbol{A}$ 相似于矩阵 $\boldsymbol{B}$，则存在可逆矩阵 $\boldsymbol{S}$，使得 $\boldsymbol{B} = \boldsymbol{S}^{-1}\boldsymbol{A}\boldsymbol{S}$，于是一定可以找到线性空间 V 的另一个基，使得线性变换 L 在该基下的矩阵恰为 $\boldsymbol{B}$，而矩阵 $\boldsymbol{S}$ 恰为两个基之间的过渡矩阵，这就为我们提供了一种研究线性变换和线性空间的方法。

例 7.5.5　设 D 为 $P_2[x]$ 上的线性变换，定义为

$$D(p(x)) = p'(x), \quad p(x) \in P_2[x]$$

求 D 相应于 $1, x, x^2$ 的矩阵 $\boldsymbol{B}$，以及相应于 $1, 2x, 4x^2-2$ 的矩阵 $\boldsymbol{A}$。

解： 由

$$D(1) = 0 \cdot 1 + 0 \cdot x + 0 \cdot x^2$$

$$D(x) = 1 \cdot 1 + 0 \cdot x + 0 \cdot x^2$$

$$D(x^2) = 0 \cdot 1 + 2 \cdot x + 0 \cdot x^2$$

可得矩阵 $\boldsymbol{B}$ 为

$$\boldsymbol{B} = \begin{bmatrix} 0 & 1 & 0 \\ 0 & 0 & 2 \\ 0 & 0 & 0 \end{bmatrix}$$

将 D 作用于 $1, 2x, 4x^2-2$，有

$$D(1) = 0 \cdot 1 + 0 \cdot 2x + 0 \cdot (4x^2-2)$$

$$D(x) = 2 \cdot 1 + 0 \cdot 2x + 0 \cdot (4x^2-2)$$

$$D(4x^2-2) = 0 \cdot 1 + 4 \cdot 2x + 0 \cdot (4x^2-2)$$

因此

$$\boldsymbol{A} = \begin{bmatrix} 0 & 2 & 0 \\ 0 & 0 & 4 \\ 0 & 0 & 0 \end{bmatrix}$$

从基 $1, 2x, 4x^2-2$ 到基 $1, x, x^2$ 的过渡矩阵 $\boldsymbol{S}$ 及其逆矩阵为

$$\boldsymbol{S}=\begin{bmatrix}1&0&-2\\0&2&0\\0&0&4\end{bmatrix} \quad 和 \quad \boldsymbol{S}^{-1}=\begin{bmatrix}1&0&\frac{1}{2}\\0&\frac{1}{2}&0\\0&0&\frac{1}{4}\end{bmatrix}$$

$\boldsymbol{A}=\boldsymbol{S}^{-1}\boldsymbol{B}\boldsymbol{S}$ 的验证留给读者作为练习。

例 7.5.6 设 L 为 $\mathbb{R}^3$ 上的线性变换，定义为

$$L(\boldsymbol{x})=(2x_1+x_2-x_3, x_2+x_3, x_1+x_3)^{\mathrm{T}}$$

求线性变换 L 在基

$$\boldsymbol{u}_1=(1,1,1)^{\mathrm{T}}, \quad \boldsymbol{u}_2=(1,1,0)^{\mathrm{T}}, \quad \boldsymbol{u}_3=(1,0,0)^{\mathrm{T}}$$

下的矩阵 $\boldsymbol{B}$。

解: 设线性变换 L 在基 $\boldsymbol{e}_1=(1,0,0)^{\mathrm{T}}, \boldsymbol{e}_2=(0,1,0)^{\mathrm{T}}, \boldsymbol{e}_3=(0,0,1)^{\mathrm{T}}$ 下的矩阵为 $\boldsymbol{A}$，由

$$L(\boldsymbol{e}_1)=2\boldsymbol{e}_1+0\boldsymbol{e}_2+1\boldsymbol{e}_3$$

$$L(\boldsymbol{e}_2)=1\boldsymbol{e}_1+1\boldsymbol{e}_2+0\boldsymbol{e}_3$$

$$L(\boldsymbol{e}_3)=-1\boldsymbol{e}_1+0\boldsymbol{e}_2+1\boldsymbol{e}_3$$

可得

$$\boldsymbol{A}=\begin{bmatrix}2&1&-1\\0&1&1\\1&0&1\end{bmatrix}$$

从基 $\boldsymbol{u}_1, \boldsymbol{u}_2, \boldsymbol{u}_3$ 到基 $\boldsymbol{e}_1, \boldsymbol{e}_2, \boldsymbol{e}_3$ 的过渡矩阵 $\boldsymbol{S}$ 及逆矩阵 $\boldsymbol{S}^{-1}$ 分别为

$$\boldsymbol{S}=\begin{bmatrix}1&1&1\\1&1&0\\1&0&0\end{bmatrix} \quad 和 \quad \boldsymbol{S}^{-1}=\begin{bmatrix}0&0&1\\0&1&-1\\1&-1&0\end{bmatrix}$$

所以

$$\boldsymbol{B}=\boldsymbol{S}^{-1}\boldsymbol{A}\boldsymbol{S}=\begin{bmatrix}0&0&1\\0&1&-1\\1&-1&0\end{bmatrix}\begin{bmatrix}2&1&-1\\0&1&1\\1&0&1\end{bmatrix}\begin{bmatrix}1&1&1\\1&1&0\\1&0&0\end{bmatrix}=\begin{bmatrix}2&1&1\\0&0&-1\\0&2&2\end{bmatrix}$$

7.6 应用举例

计算机图形和动画

平面上的图形在计算机上存储为顶点的集合，通过画出顶点，并将顶点用直线相连即可得到相应的图形。若有 n 个顶点，则它们存储在一个 $2\times n$ 矩阵中。顶点 x 的坐标存储在矩阵的第一行，y 的坐标存储在第二行。每一对顶点用一条直线相连。

例如，要存储一个顶点为 $(0,0),(1,1),(1,-1)$ 的三角形，将每一个顶点对应的数对存储为矩阵的一列：

$$T=\begin{bmatrix}0 & 1 & 1 & 0\\ 0 & 1 & -1 & 0\end{bmatrix}$$

顶点 $(0,0)$ 的副本存储在 T 的最后一列，这样，前一个顶点 $(1,-1)$ 可以画回到 $(0,0)$。

通过改变顶点的位置重新绘制图形，即可变换图形。如果变换是线性的，则可通过矩阵乘法实现。观测一系列这样的图形就得到一个动画。

计算机中用到的 4 个基本几何变换如下：

1. 放大和缩小

对于形如

$$L(\boldsymbol{x})=c\boldsymbol{x}$$

的线性变换，当 $c>1$ 时为放大，当 $0<c<1$ 时为缩小。线性变换 L 可表示为矩阵 $c\boldsymbol{I}$，其中 $\boldsymbol{I}$ 为 2×2 单位矩阵。

2. 关于某轴对称

若 L_x 为将向量 $\boldsymbol{e}$ 关于 x 轴作对称变换，则 L_x 为一线性变换，且可表示为 2×2 矩阵 $\boldsymbol{A}$。因为

$$L_x(\boldsymbol{e}_1)=\boldsymbol{e}_1 \quad 且 \quad L_x(\boldsymbol{e}_2)=-\boldsymbol{e}_2$$

故

$$\boldsymbol{A}=\begin{bmatrix}1 & 0\\ 0 & -1\end{bmatrix}$$

类似地，若 L_y 为将向量关于 y 轴作对称变换，则 L_y 可表示为矩阵

$$\boldsymbol{A}=\begin{bmatrix}-1 & 0\\ 0 & 1\end{bmatrix}$$

3. 旋转

令 L 为一将向量从初始位置逆时针旋转角度 θ 的变换，且 $L(\boldsymbol{x})=\boldsymbol{A}\boldsymbol{x}$，其中

$$A = \begin{bmatrix} \cos\theta & -\sin\theta \\ \sin\theta & \cos\theta \end{bmatrix}$$

4. 平移

向量 $\boldsymbol{x}$ 的平移变换形如

$$L(\boldsymbol{x}) = \boldsymbol{x} + \boldsymbol{a}$$

若 $\boldsymbol{a} \neq \boldsymbol{0}$，则 L 不是线性变换，且 L 不能表示为 2×2 矩阵。然而，在计算机图形学中，要求所有的变换均表示为矩阵的乘法。围绕这个问题，引入了一个新的坐标系，称为齐次坐标系。这个新的坐标系使得我们可以将平移表示为线性变换。

齐次坐标系是通过将 $\mathbb{R}^2$ 中的向量等同于 $\mathbb{R}^3$ 中与该向量前两个坐标相同，而第三个坐标为 1 的向量来构造的，即

$$\begin{bmatrix} x_1 \\ x_2 \end{bmatrix} \leftrightarrow \begin{bmatrix} x_1 \\ x_2 \\ 1 \end{bmatrix}$$

当需要画出由齐次坐标向量 $(x_1, x_2, 1)^{\mathrm{T}}$ 表示的点时，只要简单地忽略它的第三个坐标并画出有序对 (x_1, x_2) 即可。

在齐次坐标系下，前面所讨论的线性变换现在必须表示为 3×3 矩阵。为此，将 2×2 矩阵通过添加 3×3 矩阵的第三行和第三列元素进行扩展。例如，将一个 2×2 放大矩阵

$$\begin{bmatrix} 3 & 0 \\ 0 & 3 \end{bmatrix}$$

替换为 3×3 矩阵

$$\begin{bmatrix} 3 & 0 & 0 \\ 0 & 3 & 0 \\ 0 & 0 & 1 \end{bmatrix}$$

注意到

$$\begin{bmatrix} 3 & 0 & 0 \\ 0 & 3 & 0 \\ 0 & 0 & 1 \end{bmatrix} \begin{bmatrix} x_1 \\ x_2 \\ 1 \end{bmatrix} = \begin{bmatrix} 3x_1 \\ 3x_2 \\ 1 \end{bmatrix}$$

若 L 将 $\mathbb{R}^2$ 中的向量平移向量 $\boldsymbol{a}$，则可以在齐次坐标系中求出 L 的矩阵。我们只需要简单地用 $\boldsymbol{a}$ 中的元素替换 3×3 单位矩阵前两行中的第三列元素即可。为说明这是可行的，举例如下：考虑一个将向量 $\boldsymbol{x}$ 平移 $\boldsymbol{a} = (6, 2)^{\mathrm{T}}$ 的变换。在齐次坐标系中，这个变换可通过矩阵乘法实现：

$$\boldsymbol{Ax}=\begin{bmatrix}1&0&6\\0&1&2\\0&0&1\end{bmatrix}\begin{bmatrix}x_1\\x_2\\1\end{bmatrix}=\begin{bmatrix}x_1+6\\x_2+2\\1\end{bmatrix}$$

思考题 1:

令

$$\boldsymbol{M}=\begin{bmatrix}0&0&1&1&0\\0&1&1&0&0\\1&1&1&1&1\end{bmatrix}$$

$\boldsymbol{M}$ 的列向量表示在齐次坐标下平面上的点。

(1) 绘制 $\boldsymbol{M}$ 的列向量对应的顶点表示的图形。这个图形是什么类型的?

(2) 对下列矩阵 $\boldsymbol{A}$，绘制 $\boldsymbol{AM}$ 的草图并说明线性变换的几何意义。

① $\boldsymbol{A}=\begin{bmatrix}\frac{1}{2}&0&0\\0&\frac{1}{2}&0\\0&0&1\end{bmatrix}$;

② $\boldsymbol{A}=\begin{bmatrix}\frac{1}{\sqrt{2}}&\frac{1}{\sqrt{2}}&0\\-\frac{1}{\sqrt{2}}&\frac{1}{\sqrt{2}}&0\\0&0&1\end{bmatrix}$;

③ $\boldsymbol{A}=\begin{bmatrix}1&0&2\\0&1&-3\\0&0&1\end{bmatrix}$。

思考题 2:

对下列 $\mathbb{R}^2$ 上的线性变换，求变换在齐次坐标系中的矩阵。

(1) 变换 L 将向量逆时针旋转 120°;

(2) 变换 L 将每一点左移 3 个单位、上移 5 个单位;

(3) 变换 L 将向量缩小原来的 $\frac{1}{3}$;

(4) 变换 L 将向量关于 y 轴作对称，然后向上平移 2 个单位。

7.7　MATLAB 练习

1. 用 MATLAB 命令

$$\boldsymbol{W}=\text{triu}(\text{ones}(5))\quad 和 \quad \boldsymbol{x}=[1:5]'$$

生成矩阵 $\boldsymbol{W}$ 和向量 $\boldsymbol{x}$。$\boldsymbol{W}$ 的列向量可用于构造一组基

$$F=[\boldsymbol{w}_1,\boldsymbol{w}_2,\boldsymbol{w}_3,\boldsymbol{w}_4,\boldsymbol{w}_5]$$

令 L 为 $\mathbb{R}^5$ 上的线性变换，使得

$$L(\boldsymbol{w}_1)=\boldsymbol{w}_2,\quad L(\boldsymbol{w}_2)=\boldsymbol{w}_3,\quad L(\boldsymbol{w}_3)=\boldsymbol{w}_4$$

且

$$L(\boldsymbol{w}_4)=4\boldsymbol{w}_1+3\boldsymbol{w}_2+2\boldsymbol{w}_3+\boldsymbol{w}_4$$

$$L(\boldsymbol{w}_5)=\boldsymbol{w}_1+\boldsymbol{w}_2+\boldsymbol{w}_3+3\boldsymbol{w}_4+\boldsymbol{w}_5$$

(1) 求 L 在 F 下的矩阵 $\boldsymbol{A}$，并将其输入 MATLAB。

(2) 利用 MATLAB 计算 $\boldsymbol{x}$ 在 F 下的坐标向量 $\boldsymbol{y}=\boldsymbol{W}^{-1}\boldsymbol{x}$。

(3) 用 $\boldsymbol{A}$ 计算 $L(\boldsymbol{x})$ 在 F 下的坐标向量 $\boldsymbol{z}$。

(4) W 为 F 到 $\mathbb{R}^5$ 的标准基的转移矩阵。用 W 计算 $L(\boldsymbol{x})$ 在标准基下的坐标向量。

2. 令 $\boldsymbol{A}=\text{triu}(\text{ones}(5))*\text{tril}(\text{ones}(5))$。若 L 为线性算子，定义为对所有 $\mathbb{R}^n$ 中的 $\boldsymbol{x}$，有 $L(\boldsymbol{x})=\boldsymbol{A}\boldsymbol{x}$, 则 $\boldsymbol{A}$ 为 L 在 $\mathbb{R}^5$ 的标准基下的矩阵。用

$$\boldsymbol{U}=\text{hankel}(\text{ones}(5,1),1:5)$$

构造 5×5 矩阵 $\boldsymbol{U}$。用 MATLAB 函数 rank 验证 $\boldsymbol{U}$ 的列向量线性无关。因此 $E=[\boldsymbol{u}_1,\boldsymbol{u}_2,\boldsymbol{u}_3,\boldsymbol{u}_4,\boldsymbol{u}_5]$ 为 $\mathbb{R}^5$ 的一组基。矩阵 $\boldsymbol{U}$ 为从 E 到标准基的转移矩阵。

(1) 用 MATLAB 计算 L 在 E 下的矩阵 $\boldsymbol{B}$（矩阵 $\boldsymbol{B}$ 可使用 $\boldsymbol{A}$、$\boldsymbol{U}$ 和 $\boldsymbol{U}^{-1}$ 求得）。

(2) 用命令

$$\boldsymbol{V}=\text{toeplitz}([1,0,1,1,1])$$

生成另一矩阵。用 MATLAB 验证 $\boldsymbol{V}$ 是可逆的。由于 $\boldsymbol{V}$ 的列向量是线性无关的，故构成 $\mathbb{R}^5$ 的基 F。用 MATLAB 计算 L 在 F 下的矩阵 $\boldsymbol{C}$（矩阵$\boldsymbol{C}$ 可利用 $\boldsymbol{A}$、$\boldsymbol{V}$ 和 $\boldsymbol{V}^{-1}$ 求得）。

(3) (1) 和 (2) 中的矩阵 $\boldsymbol{B}$ 和 $\boldsymbol{C}$ 应为相似的。为什么？用 MATLAB 计算从 F 到 E 的转移矩阵 $\boldsymbol{S}$。用 $\boldsymbol{B}$、$\boldsymbol{S}$ 和 $\boldsymbol{S}^{-1}$ 计算矩阵 $\boldsymbol{C}$。与在 (2) 中求得的结果进行比较。

7.8 习题

1. 证明下列线性变换为 $\mathbb{R}^2$ 上的线性变换。给出每一线性变换作用的几何意义。

(1) $L(\boldsymbol{x})=(-x_1,x_2)^{\mathrm{T}}$;

(2) $L(\boldsymbol{x})=-\boldsymbol{x}$;

(3) $L(\boldsymbol{x})=(x_2,x_1)^{\mathrm{T}}$;

(4) $L(\boldsymbol{x})=\dfrac{1}{2}\boldsymbol{x}$;

(5) $L(\boldsymbol{x})=x_2\boldsymbol{e}_2$。

2. 判断下列集合对指定的运算是否构成线性空间。

(1) $V_1=\{\boldsymbol{A}=(a_{ij})_{3\times 3}|a_{11}+a_{22}+a_{33}=0\}$，对矩阵的加法和数乘运算；

(2) $V_2=\{\boldsymbol{A}|\boldsymbol{A}\in\mathbb{R}^{n\times n},\boldsymbol{A}^{\mathrm{T}}=-\boldsymbol{A}\}$，对矩阵的加法和数乘运算；

(3) $V_3=\mathbb{R}^3$，对 $\mathbb{R}^3$ 中向量的加法和如下定义的数乘运算：对任意 $\boldsymbol{\alpha}\in\mathbb{R}^3, k\boldsymbol{\alpha}=\mathbf{0}$；

(4) $V_4=\{f(x)|f(x)\geqslant 0\}$，通常的函数加法和数乘运算；

(5) $V_5=\{f(x)|f(x)$是闭区间$[a,b]$上的可微函数$\}$，对通常的函数加法和数乘运算。

3. 判断下列集合是否构成子空间，若是子空间，则求它的维数和一个基。

(1) $\mathbb{R}^3$ 中平面 $x-2y+4z=0$ 上点的集合；

(2) $\mathbb{R}^n$ 中前两个分量的和为 0 的 n 维向量集合；

(3) $\mathbb{R}^{2\times 2}$ 中，二阶正交矩阵集合；

(4) $\mathbb{R}_{2n}[x]$ 中，满足条件 $f(x)=f(-x)$ 的多项式集合。

4. 全体实函数的集合按通常的函数加法与数乘运算构成线性空间。证明：在此实函数空间中，$1,\cos^2 x,\cos 2x$ 线性相关。

5. 在线性空间 $\mathbb{R}_2[x]$ 中，证明 $1,x-1,(x-2)(x-1)$ 是一个基，求向量 $1+x+x^2$ 在该基下的坐标。

6. 求下列向量生成的线性空间的维数与基。

(1) $\boldsymbol{\alpha}_1=(-1,3,4,7)^{\mathrm{T}},\boldsymbol{\alpha}_2=(2,1,-1,0)^{\mathrm{T}},\boldsymbol{\alpha}_3=(1,2,1,3)^{\mathrm{T}},\boldsymbol{\alpha}_4=(-4,1,5,6)^{\mathrm{T}}$；

(2) $\boldsymbol{\alpha}_1=(1,4,1,0,2)^{\mathrm{T}},\boldsymbol{\alpha}_2=(2,5,-1,-3,2)^{\mathrm{T}},\boldsymbol{\alpha}_3=(1,0,-3,-1,1)^{\mathrm{T}},\boldsymbol{\alpha}_4=(0,5,5,-1,0)^{\mathrm{T}}$。

7. 已知 $\boldsymbol{\alpha}_1,\boldsymbol{\alpha}_2,\boldsymbol{\alpha}_3$ 是线性空间 V_3 的一个基，试求由 $\boldsymbol{\beta}_1=\boldsymbol{\alpha}_1-2\boldsymbol{\alpha}_2+3\boldsymbol{\alpha}_3$，$\boldsymbol{\beta}_2=2\boldsymbol{\alpha}_1+3\boldsymbol{\alpha}_2+2\boldsymbol{\alpha}_3$，$\boldsymbol{\beta}_3=4\boldsymbol{\alpha}_1+13\boldsymbol{\alpha}_2$ 生成的子空间 $W(\boldsymbol{\beta}_1,\boldsymbol{\beta}_2,\boldsymbol{\beta}_3)$ 的维数与基。

8. 设 $\mathbb{R}^3$ 中两个基为

$$\boldsymbol{\alpha}_1=(1,0,-1)^{\mathrm{T}},\quad \boldsymbol{\alpha}_2=(2,1,1)^{\mathrm{T}},\quad \boldsymbol{\alpha}_3=(1,1,1)^{\mathrm{T}}$$
$$\boldsymbol{\beta}_1=(0,1,1)^{\mathrm{T}},\quad \boldsymbol{\beta}_2=(-1,1,0)^{\mathrm{T}},\quad \boldsymbol{\beta}_3=(1,2,1)^{\mathrm{T}}$$

(1) 求从基 $\boldsymbol{\alpha}_1,\boldsymbol{\alpha}_2,\boldsymbol{\alpha}_3$ 到基 $\boldsymbol{\beta}_1,\boldsymbol{\beta}_2,\boldsymbol{\beta}_3$ 的转移矩阵；

(2) 求 $\boldsymbol{\alpha}=3\boldsymbol{\alpha}_1+2\boldsymbol{\alpha}_2+\boldsymbol{\alpha}_3$ 在基 $\boldsymbol{\beta}_1,\boldsymbol{\beta}_2,\boldsymbol{\beta}_3$ 下的坐标。

9. 设 V_3 中的两个基为 $\boldsymbol{\alpha}_1,\boldsymbol{\alpha}_2,\boldsymbol{\alpha}_3$ 和 $\boldsymbol{\beta}_1,\boldsymbol{\beta}_2,\boldsymbol{\beta}_3$，且

$$\boldsymbol{\beta}_1=\boldsymbol{\alpha}_1-\boldsymbol{\alpha}_2,\quad \boldsymbol{\beta}_2=2\boldsymbol{\alpha}_1+3\boldsymbol{\alpha}_2+2\boldsymbol{\alpha}_3,\quad \boldsymbol{\beta}_3=\boldsymbol{\alpha}_1+3\boldsymbol{\alpha}_2+2\boldsymbol{\alpha}_3$$

(1) 求 $\boldsymbol{\alpha}=2\boldsymbol{\beta}_1-\boldsymbol{\beta}_2+3\boldsymbol{\beta}_3$ 在基 $\boldsymbol{\alpha}_1,\boldsymbol{\alpha}_2,\boldsymbol{\alpha}_3$ 下的坐标；

(2) 求 $\boldsymbol{\beta}=2\boldsymbol{\alpha}_1-\boldsymbol{\alpha}_2+3\boldsymbol{\alpha}_3$ 在基 $\boldsymbol{\beta}_1,\boldsymbol{\beta}_2,\boldsymbol{\beta}_3$ 下的坐标。

10. 在 $\mathbb{R}^{2\times 2}$ 中，已知两个基为

$$\boldsymbol{E}_1=\begin{bmatrix}1&0\\0&0\end{bmatrix},\quad \boldsymbol{E}_2=\begin{bmatrix}0&1\\0&0\end{bmatrix},\quad \boldsymbol{E}_3=\begin{bmatrix}0&0\\1&0\end{bmatrix},\quad \boldsymbol{E}_4=\begin{bmatrix}1&0\\0&1\end{bmatrix}$$

$$\boldsymbol{F}_1=\begin{bmatrix}0&1\\1&1\end{bmatrix},\quad \boldsymbol{F}_2=\begin{bmatrix}1&0\\1&1\end{bmatrix},\quad \boldsymbol{F}_3=\begin{bmatrix}1&1\\0&1\end{bmatrix},\quad \boldsymbol{F}_4=\begin{bmatrix}1&1\\1&0\end{bmatrix}$$

求从基 $\boldsymbol{E}_1,\boldsymbol{E}_2,\boldsymbol{E}_3,\boldsymbol{E}_4$ 到基 $\boldsymbol{F}_1,\boldsymbol{F}_2,\boldsymbol{F}_3,\boldsymbol{F}_4$ 的转移矩阵，并求矩阵 $\begin{bmatrix}0&1\\2&-3\end{bmatrix}$ 在后一个基

下的坐标。

11. 证明下列变换为 $\mathbb{R}^2$ 上的线性变换。给出每一线性变换作用的几何描述。

(1) $L(\boldsymbol{x})=(-x_1,x_2)^{\mathrm{T}}$；

(2) $L(\boldsymbol{x})=-\boldsymbol{x}$；

(3) $L(\boldsymbol{x})=(x_2,x_1)^{\mathrm{T}}$；

(4) $L(\boldsymbol{x})=\dfrac{1}{2}\boldsymbol{x}$；

(5) $L(\boldsymbol{x})=(0,x_2)^{\mathrm{T}}$。

12. 令 $\boldsymbol{a}$ 为 $\mathbb{R}^2$ 中一个固定的非零向量。映射

$$L(\boldsymbol{x})=\boldsymbol{x}+\boldsymbol{a}$$

称为平移。证明：平移不是 $\mathbb{R}^2$ 上的线性变换。给出平移作用的几何描述。

13. 确定下列哪些是 $\mathbb{R}^3$ 到 $\mathbb{R}^2$ 的线性变换。

(1) $L(\boldsymbol{x})=(x_2,x_3)^{\mathrm{T}}$；

(2) $L(\boldsymbol{x})=(0,0)^{\mathrm{T}}$；

(3) $L(\boldsymbol{x})=(1+x_1,x_2)^{\mathrm{T}}$；

(4) $L(\boldsymbol{x})=(x_3,x_1+x_2)^{\mathrm{T}}$。

14. 确定下列哪些是 $\mathbb{R}^2$ 到 $\mathbb{R}^3$ 的线性变换。

(1) $L(\boldsymbol{x})=(x_1,x_2,1)^{\mathrm{T}}$；

(2) $L(\boldsymbol{x})=(x_1,x_2,x_1+2x_2)^{\mathrm{T}}$；

(3) $L(\boldsymbol{x})=(x_1,0,0)^{\mathrm{T}}$；

(4) $L(\boldsymbol{x})=(x_1,x_2,x_1^2+x_2^2)^{\mathrm{T}}$。

15. 确定下列哪些是 $\mathbb{R}^{n\times n}$ 上的线性变换。

(1) $L(\boldsymbol{A})=2\boldsymbol{A}$；

(2) $L(\boldsymbol{A})=\boldsymbol{A}^{\mathrm{T}}$；

(3) $L(\boldsymbol{A})=\boldsymbol{A}+\boldsymbol{I}$；

(4) $L(\boldsymbol{A})=\boldsymbol{A}-\boldsymbol{A}^{\mathrm{T}}$。

16. 令 $\boldsymbol{B}$ 为一个固定的 $n\times n$ 矩阵。确定下列是否为 $\mathbb{R}^{n\times n}$ 上的线性变换。

(1) $L(\boldsymbol{A})=\boldsymbol{BA}+\boldsymbol{AB}$；

(2) $L(\boldsymbol{A})=\boldsymbol{B}^2\boldsymbol{A}$；

(3) $L(\boldsymbol{A})=\boldsymbol{A}^2\boldsymbol{B}$。

17. 确定下列是否为从 $P_1[x]$ 到 $P_2[x]$ 的线性变换。

(1) $L(p(x))=xp(x)$；

(2) $L(p(x))=x^2+p(x)$；

(3) $L(p(x))=p(x)+xp(x)+x^2p(x)$。

18. 对每一 $f\in C[0,1]$，定义 $L(f)=F$，其中

$$F(x)=\int_0^x f(t)\mathrm{d}t,\quad 0\leqslant x\leqslant 1$$

证明: L 为 $C[0,1]$ 上的线性变换，然后求 $L(\mathrm{e}^x)$ 和 $L(x^2)$。

19. 令 L 为线性空间 V 上的线性算子。递归定义 L^n $(n \geqslant 1)$ 为

$$L^1 = L$$
$$L^{k+1} = L(L^k(\boldsymbol{v})), \quad 对所有的\boldsymbol{v} \in V$$

证明：对 $n \geqslant 1$，L^n 为 V 上的线性变换。

20. 令 L_1 为 U 到 V 上的线性变换，L_2 为 V 到 W 上的线性变换，且令映射 $L = L_2 \circ L_1$ 定义为对每一 $\boldsymbol{u} \in U$，

$$L(\boldsymbol{u}) = L_2(L_1(\boldsymbol{u}))$$

证明：L 为从 U 到 W 的线性变换。

21. 求下列 $\mathbb{R}^3$ 上线性变换的核和值域。

(1) $L(\boldsymbol{x}) = (x_3, x_2, x_1)^{\mathrm{T}}$；

(2) $L(\boldsymbol{x}) = (x_1, x_2, 0)^{\mathrm{T}}$；

(3) $L(\boldsymbol{x}) = (x_1, x_1, x_1)^{\mathrm{T}}$。

22. 求下列 $P_2[x]$ 上线性变换的核和值域。

(1) $L(p(x)) = xp'(x)$；

(2) $L(p(x)) = p(x) - p'(x)$；

(3) $L(p(x)) = p(0)x + p(1)$。

23. 在第 1 题中，对每一线性变换 L，求 L 在标准基 $\boldsymbol{e}_1, \boldsymbol{e}_2$ 下的矩阵 $\boldsymbol{A}$ 及 L 相应于基 $\boldsymbol{u}_1 = (1,1)^{\mathrm{T}}, \boldsymbol{u}_2 = (-1,1)^{\mathrm{T}}$ 的矩阵 $\boldsymbol{B}$。

24. 对下列每一个从 $\mathbb{R}^3$ 到 $\mathbb{R}^2$ 的线性变换 L，求一个矩阵 $\boldsymbol{A}$，使得对 $\mathbb{R}^3$ 中的每一个 $\boldsymbol{x}$ 有 $L(\boldsymbol{x}) = \boldsymbol{A}\boldsymbol{x}$。

(1) $L((x_1, x_2, x_3)^{\mathrm{T}}) = (x_1 + x_2, 0)^{\mathrm{T}}$；

(2) $L((x_1, x_2, x_3)^{\mathrm{T}}) = (x_1, x_2)^{\mathrm{T}}$；

(3) $L((x_1, x_2, x_3)^{\mathrm{T}}) = (x_2 - x_1, x_3 - x_2)^{\mathrm{T}}$。

25. 令 L 为 $\mathbb{R}^3$ 上的线性变换，定义为

$$L(\boldsymbol{x}) = (2x_1 - x_2 - x_3, 2x_2 - x_1 - x_3, 2x_3 - x_1 - x_2)^{\mathrm{T}}$$

求 L 在标准基下的矩阵 $\boldsymbol{A}$，并利用 $\boldsymbol{A}$ 求下列向量 $\boldsymbol{x}$ 对应的 $L(\boldsymbol{x})$。

(1) $\boldsymbol{x} = (1,1,1)^{\mathrm{T}}$；

(2) $\boldsymbol{x} = (2,1,1)^{\mathrm{T}}$；

(3) $\boldsymbol{x} = (-5,3,2)^{\mathrm{T}}$。

26. 求下列线性变换在标准基下的矩阵。

(1) L 为将 $\mathbb{R}^2$ 中的每一个 $\boldsymbol{x}$ 顺时针旋转 $45°$ 的线性变换；

(2) L 为将 $\mathbb{R}^2$ 中的每一个向量 $\boldsymbol{x}$ 关于 x_1 轴对称，然后逆时针旋转 $90°$ 的线性变换；

(3) L 为将 $\mathbb{R}^2$ 中的每一个向量 $\boldsymbol{x}$ 长度加倍，然后逆时针旋转 $30°$ 的线性变换；

(4) L 为将 $\mathbb{R}^2$ 中的每一个向量 $\boldsymbol{x}$ 关于直线 $x_2 = x_1$ 作对称变换，然后投影到 x_1 轴上的线性变换。

27. 令

$$\boldsymbol{b}_1=(1,1,0)^{\mathrm{T}},\quad \boldsymbol{b}_2=(1,0,1)^{\mathrm{T}},\quad \boldsymbol{b}_3=(0,1,1)^{\mathrm{T}}$$

并令 L 为 $\mathbb{R}^2$ 到 $\mathbb{R}^3$ 的线性变换，定义为

$$L(\boldsymbol{x})=x_1\boldsymbol{b}_1+x_2\boldsymbol{b}_2+(x_1+x_2)\boldsymbol{b}_3$$

求 L 在基 $\boldsymbol{e}_1,\boldsymbol{e}_2$ 和 $\boldsymbol{b}_1,\boldsymbol{b}_2,\boldsymbol{b}_3$ 下的矩阵 $\boldsymbol{A}$。

28. 从 $P_2[x]$ 到 $P_1[x]$ 的线性变换定义为

$$L(p(x))=p'(x)+p(0)$$

求 L 在基 $x^2,x,1$ 和 $2,1-x$ 下的矩阵。对下列每一 $P_2[x]$ 中的向量 $p(x)$，求在基 $2,1-x$ 下 $L(p(x))$ 的坐标。

(1) x^2+2x-3;

(2) x^2+1;

(3) $3x$;

(4) $4x^2+2x$。

29. 设 $\boldsymbol{u}_1,\boldsymbol{u}_2,\boldsymbol{u}_3$ 为 $\mathbb{R}^3$ 的一组基，$\boldsymbol{b}_1,\boldsymbol{b}_2$ 为 $\mathbb{R}^2$ 的一组基，其中

$$\boldsymbol{u}_1=(1,0,-1)^{\mathrm{T}},\quad \boldsymbol{u}_2=(1,2,1)^{\mathrm{T}},\quad \boldsymbol{u}_3=(1,1,1)^{\mathrm{T}}$$

及

$$\boldsymbol{b}_1=(1,-1)^{\mathrm{T}},\quad \boldsymbol{b}_2=(2,1)^{\mathrm{T}}$$

对下列每一 $\mathbb{R}^3$ 到 $\mathbb{R}^2$ 的线性变换，求 L 在基 $\boldsymbol{u}_1,\boldsymbol{u}_2,\boldsymbol{u}_3$ 和 $\boldsymbol{b}_1,\boldsymbol{b}_2$ 下的矩阵。

(1) $L(\boldsymbol{x})=(x_3,x_1)^{\mathrm{T}}$;

(2) $L(\boldsymbol{x})=(x_1+x_2,x_1-x_3)^{\mathrm{T}}$;

(3) $L(\boldsymbol{x})=(2x-2,-x_1)^{\mathrm{T}}$。

30. 设 L 为 $\mathbb{R}^3$ 上的线性变换，定义为

$$L(\boldsymbol{x})=\begin{bmatrix}2x_1-x_2-x_3\\2x_2-x_1-x_3\\2x_3-x_1-x_2\end{bmatrix}$$

并令 $\boldsymbol{A}$ 为 L 在标准基下的矩阵 (见第 25 题)。若 $\boldsymbol{u}_1=(1,1,0)^{\mathrm{T}},\boldsymbol{u}_2=(1,0,1)^{\mathrm{T}},\boldsymbol{u}_3=(0,1,1)^{\mathrm{T}}$ 为 $\mathbb{R}^3$ 的一组基，且 $\boldsymbol{U}=(\boldsymbol{u}_1,\boldsymbol{u}_2,\boldsymbol{u}_3)$ 为从基 $\boldsymbol{u}_1,\boldsymbol{u}_2,\boldsymbol{u}_3$ 到标准基 $\boldsymbol{e}_1,\boldsymbol{e}_2,\boldsymbol{e}_3$ 的转移矩阵。通过计算 $\boldsymbol{U}^{-1}\boldsymbol{AU}$ 求 L 在基 $\boldsymbol{u}_1,\boldsymbol{u}_2,\boldsymbol{u}_3$ 下的矩阵 $\boldsymbol{B}$。

31. 令 L 为 $\mathbb{R}^3$ 上的线性变换，定义为 $L(\boldsymbol{x})=\boldsymbol{Ax}$，其中

$$\boldsymbol{A}=\begin{bmatrix}3&-1&-2\\2&0&-2\\2&-1&-1\end{bmatrix}$$

并令 $\boldsymbol{v}_1=(1,1,1)^{\mathrm{T}},\boldsymbol{v}_2=(1,2,0)^{\mathrm{T}},\boldsymbol{v}_3=(0,-2,1)^{\mathrm{T}}$，求从基 $\boldsymbol{v}_1,\boldsymbol{v}_2,\boldsymbol{v}_3$ 到 $\boldsymbol{e}_1,\boldsymbol{e}_2,\boldsymbol{e}_3$ 的转

移矩阵，并利用它求 L 在 $\boldsymbol{v}_1, \boldsymbol{v}_2, \boldsymbol{v}_3$ 下的矩阵 $\boldsymbol{B}$。

32. 令 L 为 $P_2[x]$ 上的线性变换，定义为

$$L(p(x)) = xp'(x) + p''(x)$$

(1) 求 L 在 $1, x, x^2$ 下的矩阵 $\boldsymbol{A}$；

(2) 求 L 在 $1, x, 1+x^2$ 下的矩阵 $\boldsymbol{B}$；

(3) 求矩阵 $\boldsymbol{S}$，使得 $\boldsymbol{B} = \boldsymbol{S}^{-1}\boldsymbol{A}\boldsymbol{S}$；

(4) 若 $p(x) = a_0 + a_1 x + a_2(1+x^2)$，计算 $L^n(p(x))$。

References

参 考 文 献

[1] LAY D C, LAY S R, McDONALD J J. 线性代数及其应用 [M]. 刘深泉，张万芹，陈玉珍，等译. 北京：机械工业出版社，2005.

[2] LEON S J. 线性代数 [M]. 张文博，张丽静，译. 9 版. 北京：机械工业出版社，2015.

[3] 同济大学数学系. 工程数学—线性代数 [M]. 6 版. 北京：高等教育出版社，2014.

[4] 刘三阳，马建荣，杨国平. 线性代数 [M]. 2 版. 北京：高等教育出版社，2009.

[5] 李晓培，齐春燕，邱建军. 线性代数 [M]. 上海：复旦大学出版社，2014.

[6] 陈怀琛，龚杰民. 线性代数实践及 MATLAB 入门 [M]. 北京：电子工业出版社，2005.

[7] 张志涌，杨祖樱. MATLAB 教程 R2012a [M]. 北京：北京航空航天大学出版社，2010.

图书资源支持

感谢您一直以来对清华大学出版社图书的支持和爱护。为了配合本书的使用，本书提供配套的资源，有需求的读者请扫描下方的“书圈”微信公众号二维码，在图书专区下载，也可以拨打电话或发送电子邮件咨询。

如果您在使用本书的过程中遇到了什么问题，或者有相关图书出版计划，也请您发邮件告诉我们，以便我们更好地为您服务。

我们的联系方式：

地　　址：北京市海淀区双清路学研大厦 A 座 714

邮　　编：100084

电　　话：010-83470236　010-83470237

资源下载：http://www.tup.com.cn

客服邮箱：tupjsj@vip.163.com

QQ：2301891038（请写明您的单位和姓名）

教学资源・教学样书・新书信息

人工智能科学与技术
人工智能|电子通信|自动控制

资料下载・样书申请

书圈

用微信扫一扫右边的二维码，即可关注清华大学出版社公众号。